M. ARTHUS

PRÉCIS DE CHIMIE PHYSIOLOGIQUE

COLLECTION DE PRÉCIS MÉDICAUX

MASSON & Cⁱᵉ ÉDITEURS, PARIS

1913

Collection de Précis Médicaux

(Volumes in-8° cartonnés, toile souple.)

Cette collection s'adresse aux étudiants pour la préparation aux examens, et à tous les praticiens qui, à côté des grands traités, ont besoin d'ouvrages concis, mais vraiment scientifiques, qui les tiennent au courant. D'un format maniable, élégamment cartonnés en toile anglaise souple, ces livres sont très abondamment illustrés.

Introduction à l'étude de la Médecine, par G.-H. Roger, professeur à la Faculté de Paris, *5ᵉ édition*. . . . . . . -. (*Sous presse*).

Anatomie et Dissection, par H. Rouvière, professeur agrégé à la Faculté de Paris. Tome I : *Tête, Cou, Membre supérieur*, 431 pages, 197 figures presque toutes en couleurs. . . . . **12 fr.**
Tome II et dernier : *Thorax. Abdomen. Bassin. Membre inférieur* (259 figures). . . . . **12 fr.**

Dissection, par P. Poirier, professeur, et A. Baumgartner, ancien prosecteur à la Faculté de Paris, chirurgien des hôpitaux. *2ᵉ édition*, xxiv-360 pages, avec 241 figures. . . . . **8 fr.**

Anatomie pathologique, par M. Letulle, professeur à la Faculté de Paris et L. Nattan Larrier, ancien chef de Laboratoire à la Faculté. Tome I. 940 pages, 248 figures, toutes originales. . . . . . **16 fr.**
Le Tome II et dernier. . . . . (*En préparation*).

Physique biologique, par G. Weiss, professeur à la Faculté de Paris. *2ᵉ édition*, xii-556 pages et 570 figures. . . . . **7 fr.**

Physiologie, par Maurice Arthus, professeur à l'Université de Lausanne. *4ᵉ édition* entièrement refondue, 930 pages, 320 figures. **12 fr.**

Chimie physiologique, par Maurice Arthus. *7ᵉ édition*.

Biochimie, par E. Lambling, professeur à la Faculté de Lille. *2ᵉ édition*. . . . . (*Sous presse*).

Microbiologie clinique, par Fernand Bezançon, professeur agrégé à la Faculté de Paris. *2ᵉ édition*, xviii-640 pages, 148 figures . . **9 fr.**

Microscopie, par M. Langeron, préparateur à la Faculté de Paris Préface de M. le Pʳ R. Blanchard. *Technique. Expérimentation. Diagnostic*, 875 pages, 270 figures. . . . . **10 fr.**

Examens de Laboratoire employés en clinique, par L. Bard, professeur à l'Université de Genève, avec la collaboration de MM. G. Humbert et H. Mallet. *2ᵉ édition*, xiv-766 pages, 162 figures. **10 fr.**

Diagnostic médical, par P. Spillmann et L. Haushalter, professeurs, et L. Spillmann, professeur agrégé à la Faculté de Nancy. *2ᵉ édition*, xiv-569 pages, avec 181 figures. . . . . **8 fr.**

Thérapeutique et Pharmacologie, par A. Richaud, professeur agrégé à la Faculté de Paris. *2ᵉ édition*, xxx-984 pages . . . **12 fr.**

Médecine légale, par A. Lacassagne, professeur à l'Université de Lyon. *2ᵉ édition*, 866 pages, 112 figures, 2 planches. . . . . . **10 fr.**

Chirurgie infantile, par E. Kirmisson, professeur à la Faculté de Paris. *2ᵉ édition*, xviii-796 pages, avec 475 figures . . . . **12 fr.**

<u>**Médecine infantile**</u>, par P. Nobécourt, professeur agrégé à la Faculté de Paris, *2ᵉ édition*, 932 pages, 136 figures, 2 planches . . **14 fr.**

<u>**Ophtalmologie**</u>, par V. Morax, ophtalmologiste de l'hôpital Lariboisière. *2ᵉ édition entièrement refondue.* . . . . *(Sous presse)*.

<u>**Dermatologie**</u>, par J. Darier, médecin de l'hôpital Broca. xvi-708 pages, 122 figures. . . . . **12 fr.**

<u>**Pathologie exotique**</u>, par Jeanselme, professeur agrégé à la Faculté de Paris, et Rist, médecin des hôpitaux, ancien inspecteur général des services sanitaires maritimes d'Égypte (160 figures). . . **12 fr.**

<u>**Parasitologie**</u>, par E. Brumpt, professeur agrégé à la Faculté de Paris. *2ᵉ édition* . . . . *(Sous presse)*.

<u>**Pathologie chirurgicale**</u>, par MM. Bégouin, Bourgeois, Pierre Duval, Gosset, Jeanbrau, Lecène, Lenormant, R. Proust, Tixier.

<u>**Tome I.**</u> — *Pathologie chirurgicale générale. Maladies générales des tissus, Crâne et Rachis*, par P. Lecène et R. Proust, professeurs agrégés à la Fac. de Paris, et L. Tixier, prof. agrégé à la Fac. de Lyon. 1.028 pages, 349 fig. **10 fr.**

<u>**Tome II.**</u> — *Tête, Cou, Thorax*, par H. Bourgeois, oto-rhino-laryngologiste des hôpitaux de Paris, et Ch. Lenormant, professeur agrégé à la Faculté de Paris. xii-984 pages, 312 figures. . . . . **10 fr.**

<u>**Tome III.**</u> — *Glandes mammaires, Abdomen*, par MM. Pierre Duval, A. Gosset, P. Lecène, Ch. Lenormant, professeurs agrégés à la Faculté de Paris. xii-782 pages, 352 figures. . . . . **10 fr.**

Vient de paraître :

<u>**Tome IV.**</u> — *Organes génito-urinaires, Membres*, par MM. P. Bégouin, professeur à la Faculté de Bordeaux, E. Jeanbrau, professeur agrégé à la Faculté de Montpellier, R. Proust, professeur agrégé à la Faculté de Paris, L. Tixier, professeur agrégé à la Faculté de Lyon. 1305 pages, 429 figures. . . **10 fr.**

Précis de Technique opératoire

PAR LES PROSECTEURS DE LA FACULTÉ DE MÉDECINE DE PARIS

Chaque vol. illustré de plus de 200 figures, la plupart originales. **4 fr. 50**

Pratique courante et chirurgie d'urgence, par Victor Veau. *Troisième édition.*

Tête et cou, par Ch. Lenormant. *Troisième édition.*

Thorax et membre supérieur, par A. Schwartz. *Troisième édition.*

Abdomen, par M. Guibé. *Troisième édition.*

Appareil urinaire et appareil génital de l'homme, par Pierre Duval. *Troisième édition.*

Appareil génital de la femme, par R. Proust. *Troisième édition.*

Membre inférieur, par Georges Labey. *Deuxième édition.*

1994-12. — Coulommiers. Imp. Paul BRODARD. — 4-13.

PRÉCIS

DE

CHIMIE PHYSIOLOGIQUE

PRÉCIS

·DE

CHIMIE PHYSIOLOGIQUE

PAR

MAURICE ARTHUS

Professeur de physiologie à l'Université de Lausanne.

SEPTIÈME ÉDITION, REVUE ET CORRIGÉE

AVEC 130 FIGURES DANS LE TEXTE
ET 5 PLANCHES HORS TEXTE EN COULEURS

PARIS

MASSON ET Cⁱᵉ, ÉDITEURS

LIBRAIRES DE L'ACADÉMIE DE MÉDECINE

120, BOULEVARD SAINT-GERMAIN

1913

PRÉFACE

DE LA SEPTIÈME ÉDITION

Pour connaître les phénomènes de la nutrition, qui constituent l'un des chapitres les plus importants de la physiologie, il est nécessaire de posséder certaines notions élémentaires de chimie physiologique. Au moment où a paru la première édition de ce livre, il n'existait pas d'ouvrage dans lequel l'étudiant ait pu trouver exposé le minimum de ces notions chimiques fondamentales; — les traités de physiologie supposaient connues ces notions, ou, s'ils contenaient un chapitre de chimie physiologique, ce chapitre ne réunissait pas tous les faits indispensables à la compréhension des autres parties de l'ouvrage; — les traités de chimie physiologique renfermaient les notions utiles aux physiologistes, disséminées au milieu de beaucoup d'autres, qui n'ont d'intérêt que pour les chimistes, sans qu'il fût possible à l'étudiant de reconnaître, dans cet ensemble, l'indispensable et le superflu. Ce livre, intermédiaire aux traités de chimie physiologique et aux traités de physiologie, a été écrit pour combler cette lacune et présenter aux étudiants *toutes les notions chimiques nécessaires et rien que les notions chimiques nécessaires pour l'étude de la physiologie.*

Il répondait évidemment à un besoin, ainsi qu'en témoignent ses six éditions françaises, les trois éditions de sa traduction allemande et ses traductions russes. Il a incontestablement favorisé le développement des études physiologiques, dont le niveau, dans les pays de langue française, est notablement supérieur à ce qu'il était au siècle dernier.

Je me suis toujours efforcé, dans les éditions successives, de conserver à ce livre son caractère primitif de simplicité, tout en le tenant au courant des développements rapides de la physiologie. J'ai dû y introduire de nouvelles notions sur la constitution et la structure de la molécule protéique et de ses produits de désintégration, un chapitre sur les enzymoïdes, des renseignements sur la composition des aliments et les méthodes adoptées pour les analyser, des données importantes sur la composition et le mode d'action des sucs digestifs, des indications sur les glandes vasculaires sanguines, etc., sans lesquels nombre de questions physiologiques à l'ordre du jour seraient incompréhensibles. Malgré ces additions successives, qu'il a dû recevoir, ce livre reste *le livre élémentaire, contenant le minimum de ce que doit savoir aujourd'hui l'étudiant en physiologie.*

MAURICE ARTHUS

Lausanne, 1ᵉʳ avril 1913.

TABLE DES MATIÈRES

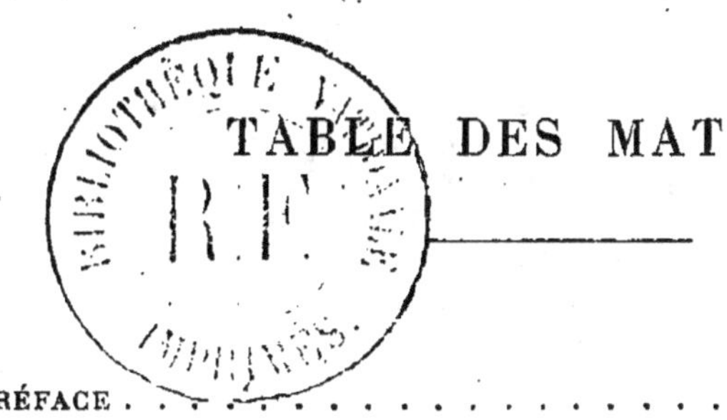

PRÉCIS

DE

CHIMIE PHYSIOLOGIQUE

CHAPITRE PREMIER

LES MATIÈRES MINÉRALES

EAU, CENDRES, SELS, GAZ.

SOMMAIRE. — Éléments des tissus et des liquides de l'organisme. Une substance est-elle azotée, sulfurée, phosphorée?
Eau des tissus et des liquides de l'organisme. Dessiccation et résidu sec. Carbonisation et incinération.
I. CENDRES. — *a. Chlorures.* — *b. Phosphates.* — *c. Sulfates.* — *d. Carbonates.* — *e. Bases.* — Nature des composés minéraux des liquides et tissus de l'organisme.
II. GAZ des liquides de l'organisme.
III. RÉACTION des liquides de l'organisme. Indicateurs colorés. Solutions acides ou alcalines, normales, décinormales, etc. Dosages acidimétriques et alcalimétriques.

Les substances qui entrent dans la constitution des liquides et des tissus de l'organisme sont formées par un petit nombre d'éléments, qui sont le *carbone*, l'*hydrogène*, l'*oxygène*, l'*azote*, le *soufre*, le *chlore*, le *phosphore*, le *potassium*, le *sodium*, le *calcium*, le *magnésium*, le *fer*, et accessoirement le *silicium* et le *fluor*.

Certaines substances, uniquement constituées de carbone, d'hydrogène et d'oxygène, sont dites *substances ternaires*. Certaines substances, constituées de carbone, d'hydrogène, d'oxygène et d'azote, sont dites *substances quaternaires* ou mieux *azotées* [1]. Certaines substances, constituées par ces mêmes éléments auxquels vient s'adjoindre un élément métallique, — par exemple une substance formée de carbone, d'hydrogène, d'oxygène, d'azote et de fer, — peuvent être appelées *substances métallo-organiques* [2]

A l'exception de l'eau, du gaz carbonique, de l'ammoniaque, des matières salines, toutes les substances organiques des tissus animaux contiennent du carbone, de l'hydrogène et de l'oxygène. Mais toutes ne contiennent pas de l'azote, du soufre, du phosphore, etc. Il peut donc être utile, dans certains cas, de rechercher si une substance retirée de l'organisme animal, est azotée, sulfurée, phosphorée, etc.

I. On peut manifester la présence de *carbone* dans un composé organique par l'essai suivant. Dans un tube en verre vert, on introduit un mélange bien homogène formé de 1 à 2 décigr. de la substance et de 4 à 5 gr. d'oxyde de cuivre : en chauffant au rouge sombre, on provoque le dégagement d'acide carbonique et la réduction de l'oxyde de cuivre. Si le tube porte un tube de dégagement, dont l'extrémité plonge dans de l'eau de chaux ou dans de l'eau de baryte, on voit que le gaz dégagé y provoque la formation d'un louche, puis d'un précipité blanc (carbonate de chaux ou de baryte). En même temps, l'oxyde de cuivre noir change de couleur : il devient rougeâtre, en passant à l'état de cuivre métallique.

II. *Une substance est-elle azotée?*

La recherche peut être faite suivant deux méthodes [3] :

1° La substance à étudier est mélangée avec un excès de chaux sodée préalablement calcinée (p. ex. 1 p. de substance et 10 à 20 p. de chaux sodée, ou, pour préciser, 2 cgr. de substance et 3 à 4 cgr. de chaux sodée), et le mélange est chauffé au rouge sombre dans un tube à essai. Si la substance est azotée, il se dégage des vapeurs d'ammoniaque, facilement reconnaissables à leur odeur piquante, à la coloration bleue qu'elles font prendre au papier rouge du tournesol humecté d'eau distillée, aux fumées blanches qu'elles

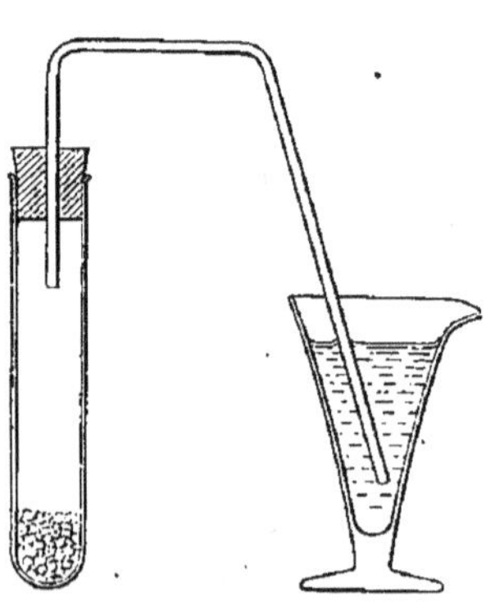

Fig. 1.

---

1. Il vaut mieux dire azotées que quaternaires, parce que les protéines, qui représentent la fraction la plus grande des substances azotées de l'organisme, renferment toujours du soufre, et sont dès lors formées de cinq éléments.

2. Il convient de réserver la dénomination de *substances organo-métalliques* aux corps désignés par ce terme en chimie organique.

3. La méthode décrite sous le n° 2 est surtout recommandable.

donnent en se combinant avec les vapeurs que dégage à l'air une solution aqueuse d'acide chlorhydrique.

2° La substance à étudier, préalablement desséchée parfaitement, est introduite dans un tube à essai bien sec, contenant déjà un petit fragment de potassium métallique ou de sodium métallique [1]. Le mélange est chauffé progressivement, d'abord jusqu'à fusion du métal, puis au rouge sombre, et il est maintenu à cette température jusqu'à disparition complète des substances goudronneuses engendrées sous l'influence de la chaleur, afin qu'il soit possible d'opérer ensuite sur des liqueurs claires. Si la substance est azotée, le carbone et l'azote de la matière organique donnent avec le potassium ou le sodium du cyanure de potassium ou de sodium. En ajoutant à la masse refroidie une petite quantité d'une solution de sulfate ferreux, il se produit du ferrocyanure de potassium ou de sodium. Or le ferrocyanure de potassium ou de sodium donne avec les sels ferriques, en liqueur acidulée par l'acide chlorhydrique, du bleu de Prusse. La matière organique ayant été calcinée, comme il a été dit ci-dessus, avec du potassium ou du sodium, on laisse refroidir, on ajoute de l'eau goutte à goutte (pour éviter les explosions qui se produiraient par l'action d'une trop grande quantité d'eau sur le potassium ou le sodium en excès) dans le tube; on agite, on filtre, et, au filtrat clair, on ajoute quelques gouttes d'une solution de sulfate ferreux, contenant un peu de sels ferriques; on vérifie que la liqueur est alcaline, et au besoin on l'alcalinise avec de la potasse; on fait bouillir une minute, et on acidule par l'acide chlorhydrique après refroidissement. Il se produit du bleu de Prusse.

III. *Une substance est-elle sulfurée? Une substance est-elle phosphorée?*

1° Si la substance est solide, on la mélange bien intimement, en la broyant dans un mortier, avec 12 parties de potasse caustique solide et 6 parties d'azotate de potasse cristallisé, qu'on a vérifiés exempts de soufre ou de phosphore; on chauffe ce mélange jusqu'à fusion dans une capsule de platine ou d'argent, et on maintient à la température de fusion jusqu'à disparition totale du charbon. Après refroidissement, la masse fondue est dissoute par l'eau, et, dans la liqueur aqueuse, on recherche soit les sulfates, soit les phosphates. En effet, sous l'influence de la potasse caustique et de l'azotate de potasse, à température élevée, le soufre et le phosphore des matières organiques donnent respectivement du sulfate de potasse et du phosphate de potasse.

2° Si la substance est liquide ou dissoute, on la traite par l'acide nitrique fumant en tube scellé à la lampe, et on chauffe à une température de 150° à 200° pendant quelques heures [2]. Le tube étant ouvert après refroidissement, on recherche, dans le liquide qu'il contient, les acides sulfurique et phosphorique. Sous l'influence de l'acide nitrique à cette température élevée, les matières organiques ont été oxydées : le soufre est passé en totalité à l'état d'acide sulfurique, le phosphore est passé en totalité à l'état d'acide phosphorique.

---

1. Si la substance est sulfurée, il faut employer plus de potassium ou du sodium que si la substance n'est pas sulfurée; un excès ne nuit d'ailleurs pas. Il faut employer au moins 4 à 5 fois plus de potassium ou de sodium que de substance à essayer.

2. Il importe, pour éviter tout accident, que le tube de verre scellé soit introduit dans l'appareil dit canon de fusil, pour être porté à cette température. Ce procédé est un procédé de laboratoire de chimie.

Tous les liquides et tous les tissus de l'organisme contiennent de l'eau, des matières minérales et des matières organiques.

Tout liquide et tout tissu de l'organisme, soumis à l'action d'une température élevée, soit inférieure, soit supérieure à 100°, mais voisine de 100°, dégagent de la vapeur d'eau en quantité plus ou moins grande. Soumise à l'action d'une température plus élevée, la matière animale est décomposée; elle se transforme en une masse noirâtre, généralement poreuse, principalement constituée par du charbon. Enfin, à une température plus élevée encore, voisine de la température du rouge sombre, le résidu de la carbonisation est brûlé : le charbon donne du gaz carbonique, et il reste un résidu blanc grisâtre de nature minérale : ce sont les cendres. On peut donc considérer trois stades de transformation des substances de l'organisme, sous l'influence de la chaleur : une *dessiccation*, une *carbonisation* et une *incinération*.

Selon que la *dessiccation* est faite à une température plus ou moins élevée, la quantité de vapeur d'eau dégagée peut être plus ou moins considérable : en effet, cette vapeur d'eau provient non seulement de l'eau contenue à l'état libre dans les tissus, mais encore de l'eau résultant de la décomposition de certaines matières organiques de ces tisssus, sous l'influence de la chaleur. Or, on conçoit aisément que tel corps peut être décomposé, et, par suite, peut dégager de la vapeur d'eau à 110°, sans être décomposé, et, par suite, sans dégager de vapeur d'eau à 100°, à 102°, à 105°. L'expression *dessiccation*, par conséquent, doit être précisée par l'indication de la *température de dessiccation*.

Le terme *carbonisation* n'a pas une signification bien précise : on dit en général qu'une substance est carbonisée lorsque, réduite par l'action d'une température croissante en une masse charbonneuse noire et sèche, elle ne dégage plus, sous l'influence de la chaleur, de produits condensables, comme sont les hydrocarbures. La température de carbonisation varie beaucoup d'une substance organique à l'autre, d'un tissu à l'autre. La carbonisation est un stade par lequel passent les matières animales soumises à l'action de la chaleur croissante, mais ce stade n'a rien d'assez important et surtout d'assez précis, pour qu'il convienne d'en tenir compte en chimie physiologique.

Il n'en est pas de même de l'*incinération*. Une matière est incinérée lorsque ses composés organiques sont totalement détruits, lorsqu'il ne reste plus qu'un résidu purement minéral. Il suffit en général de porter la matière organique au rouge naissant pour obtenir une incinération parfaite.

La *dessiccation* des liquides et des tissus de l'organisme, qu'ont coutume de faire les physiologistes, est une dessiccation soit à 105°, soit

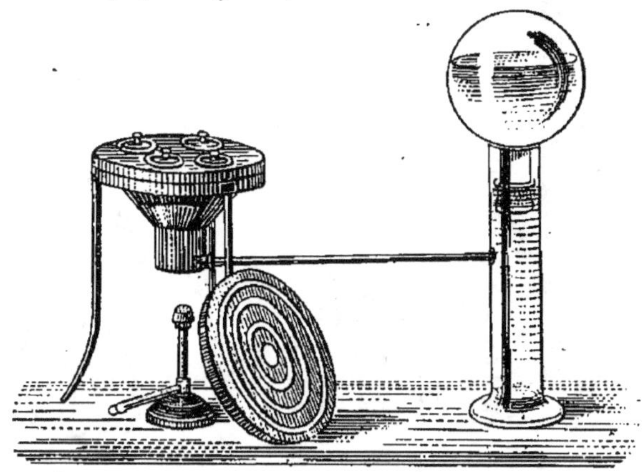

Fig. 2. — Bain-marie à niveau constant.

à 110°. Cette dessiccation se fait toujours en plusieurs temps. Si la matière étudiée est liquide, on l'évapore à siccité au bain-marie

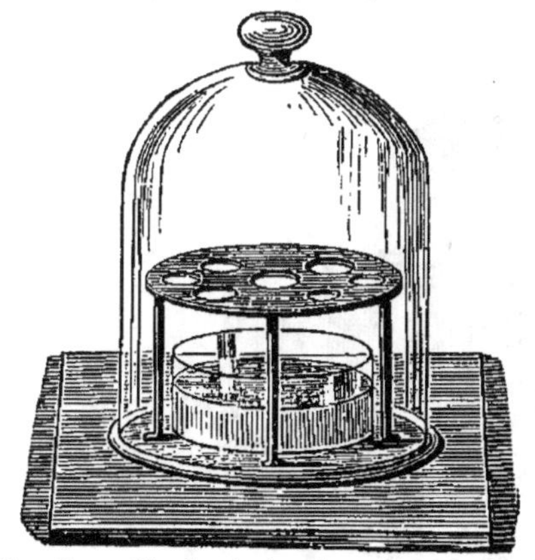

Fig. 3. — Cloche à dessiccation sur l'acide sulfurique.

Fig. 4. — Petit exsiccateur à acide sulfurique.

bouillant [1]. Si cette matière est solide, on la dessèche au bain-marie bouillant; la matière est ensuite desséchée à l'étuve à air à 110° [2],

1. Les physiologistes peuvent utiliser un bain-marie quelconque ; ils ont coutume, pour plus de commodité, de se servir d'un bain-marie à niveau constant.

2. On a avantage à substituer aux étuves à air des étuves à huile ou à glycérine, munies de régulateurs de température, parce que la constance de la température est plus facile à obtenir avec celles-ci qu'avec les étuves à air.

jusqu'à ce que son poids reste constant. Il convient, avant de peser le résidu, de le laisser refroidir dans un exsiccateur à acide sulfurique, afin d'éviter toute absorption de vapeur d'eau par ce résidu, qui souvent

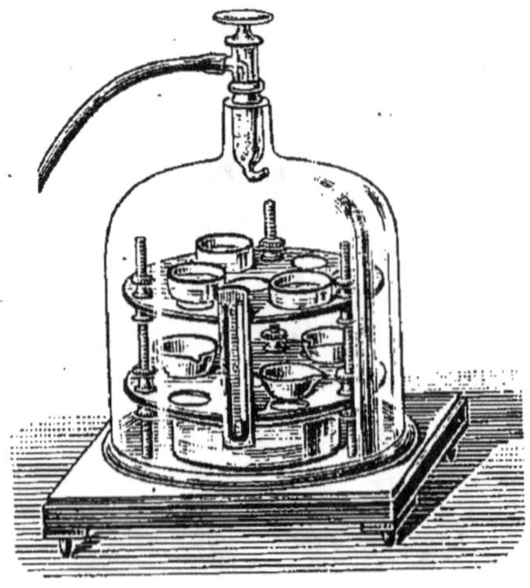

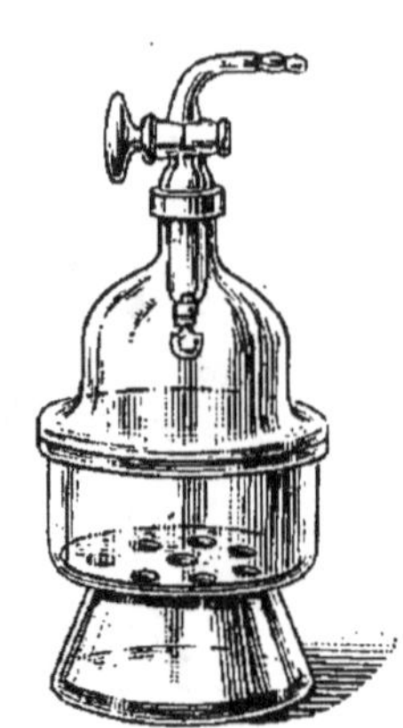

Fig. 5. — Grand exsiccateur à vide.　　　Fig. 6. — Petit exsiccateur à vide.

est fortement hygroscopique. Le résidu ainsi obtenu est appelé *résidu sec*.

L'*incinération* doit également se faire en plusieurs temps. Supposons que la matière à incinérer ait été desséchée à 110°. Cette matière, intro-

Fig. 7. — Étuve à dessiccation.

duite dans une capsule de platine ou dans un creuset de porcelaine [1], est chauffée peu à peu jusqu'à la température du rouge naissant et maintenue à cette température tant qu'il se dégage des vapeurs : en élevant avec une extrême lenteur la température, on a évité soit la

1. La capacité de la capsule ou du creuset doit représenter au moins 6 fois le volume de la matière à incinérer.

mousse, soit les projections, que provoquerait un dégagement trop rapide des gaz résultant de la décomposition de la matière organique. Au rouge naissant, la matière est carbonisée, elle n'est pas véritablement incinérée. Pour achever l'incinération, il conviendrait d'élever encore notablement la température ; mais, en procédant ainsi, on fondrait d'abord, puis on volatiliserait une partie des sels alcalins, notamment les chlorures alcalins, contenus dans le résidu de carbonisation. Or les sels fondus, surtout s'ils sont un peu abondants, pourraient englober une partie du charbon et le soustraire ainsi à la combustion qu'on se propose de réaliser. On sait d'ailleurs que, si les chlorures alcalins ne sont pas sensiblement volatils au rouge naissant, ils sont volatils à une température un peu supérieure. Il convient donc d'épuiser par l'eau le résidu de la carbonisation, afin de dissoudre les sels fusibles ou volatils qu'il contient. À cet effet, la matière charbonneuse est broyée dans le creuset avec une petite quantité d'eau, puis lessivée par l'eau bouillante ; les liqueurs, séparées du charbon par filtration sur un filtre sans cendres, constituent l'extrait aqueux. Cet extrait aqueux du résidu de carbonisation contient une partie des substances minérales de la matière analysée, mais n'en contient qu'une partie : en l'évaporant, on obtient un premier résidu minéral a.

Fig. 8. — Four à incinération des matières organiques.

Le résidu de la calcination épuisé par l'eau ne contient plus de sels fusibles et volatils : on peut alors (après l'avoir desséché successivement à 100° et à 110°) l'incinérer sans inconvénient, en élevant sa température jusqu'à ce que toute trace de charbon ait disparu. Il reste un second résidu salin b. En réunissant les résidus salins a et b, on obtient la totalité des cendres de la substance étudiée [1].

Lorsqu'on pratique l'incinération dans une capsule ou dans un creuset de platine ou de porcelaine, il est souvent difficile d'obtenir des cendres absolument blanches, c'est-à-dire absolument débarrassées de

1. Il est possible que, dans cette incinération, une partie des matières minérales soit réduite par le charbon à la température du rouge : par exemple, les sulfates peuvent être ramenés à l'état de sulfures, etc. ; — il est par conséquent utile, dans certains cas, une fois l'incinération terminée, d'ajouter au résidu une petite quantité d'acide nitrique, agent oxydant, et de calciner de nouveau, pour chasser l'excès d'acide nitrique : les matières réduites ont été réoxydées par ce traitement. Notons que, dans ce traitement par l'acide nitrique, les carbonates des cendres sont transformés en nitrates, et que ces derniers sont, par la nouvelle calcination, transformés en oxydes ou en nitrites.

charbon. On obtient des résultats meilleurs et plus rapides en pratiquant l'incinération dans une atmosphère d'oxygène. A cet effet, la matière ayant été carbonisée à la température la plus basse possible, puis lessivée comme il a été dit ci-dessus, le charbon résidu est mis dans une nacelle de platine et celle-ci est introduite dans un tube de verre peu fusible, qu'on peut chauffer par une rampe de gaz. Par l'une de ses extrémités, ce tube de verre communique avec deux gazomètres, l'un contenant de l'acide carbonique, l'autre de l'oxygène; son autre extrémité, effilée, plonge dans l'eau d'un flacon laveur. L'appareil étant rempli d'acide carbonique, on chauffe doucement et progressivement le tube et la nacelle qu'il contient, puis on fait pénétrer lentement l'oxygène : la calcination se produit alors progressivement, régulièrement et

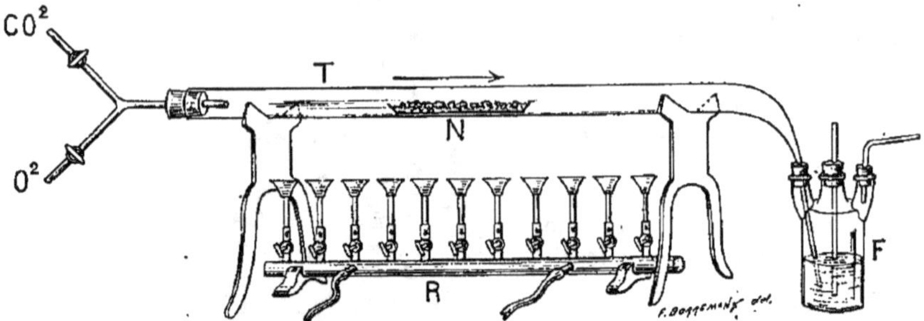

Fig. 9. — Appareil à incinération dans un courant d'acide carbonique et d'oxygène. — T, Tube de verre contenant la nacelle de platine N, dans laquelle est la substance à incinérer; R, rampe à gaz; CO¹, tube d'amenée de l'acide carbonique; O², tube d'amenée de l'oxygène; F, flacon laveur.

complètement, pourvu qu'on gradue raisonnablement l'arrivée de l'oxygène. Le flacon laveur, dans lequel viennent barboter les gaz ayant traversé l'appareil, permet de connaître la rapidité de leur écoulement, et de retenir les chlorures qui pourraient être volatisés et entraînés par le courant gazeux, dans le cas où le lessivage du charbon n'aurait pas été total.

Une fois obtenues, les cendres sont généralement pesées : on admet que le poids de ces cendres est le poids des *matières minérales* contenues dans le tissu ou dans le liquide organique examinés. Ce n'est qu'approximativement exact, car une partie des matières contenues dans les cendres, notamment une partie du phosphore et du soufre, prenaient part, dans le tissu, à la constitution des matières organiques, nucléines, lécithines, albumines.

En retranchant, du poids de la matière desséchée, le poids des cendres qu'elle a fournies, on obtient le poids des *matières organiques*; ce poids étant lui aussi approximatif, étant donné l'erreur faite sur la détermination des matières minérales.

I. — CENDRES

Les cendres obtenues peuvent contenir des *chlorures*, des *sulfates*, des *phosphates*, des *carbonates*, des sels de *potassium*, de *sodium*, de *calcium*, de *magnésium* et de *fer*.

Passons rapidement en revue celles des propriétés de ces sels que nous aurons besoin de connaître.

a. — *Chlorures*.

Les *chlorures alcalins* et *alcalino-terreux* sont des sels très solubles dans l'eau. L'eau dissout à 15° 36 p. 100, à 100° 40 p. 100 de chlorure de sodium ; — elle dissout à 15° 33 p. 100, à 100° 60 p. 100 de chlorure de potassium. Les chlorures de sodium et de potassium sont insolubles dans l'alcool absolu ; dans l'alcool dilué, ils se dissolvent d'autant mieux que la proportion d'alcool est moindre. Les chlorures alcalino-terreux sont volatils au rouge vif, les chlorures alcalins sont déjà un peu volatils au rouge sombre ; — par conséquent, ainsi que nous l'avons précédemment dit, si l'on veut obtenir la totalité des matières minérales contenues dans un tissu ou dans un liquide de l'organisme, la matière doit être carbonisée au rouge naissant et débarrassée par lessivage de ses chlorures, avant incinération complète au rouge vif.

Les chlorures solubles sont précipités de leur solution acidulée (acidulée par l'acide nitrique), par l'azotate d'argent, à l'état de chlorure d'argent ; le précipité de chlorure d'argent produit a la propriété de noircir à la lumière ; il est insoluble dans l'acide nitrique, il est soluble dans l'ammoniaque.

Pour *doser les chlorures* contenus dans des cendres [1], on épuise ces cendres par l'eau bouillante : les chlorures alcalins et alcalino-terreux étant solubles dans l'eau, l'extrait aqueux des cendres contient la totalité des chlorures. On acidule cet extrait par l'acide nitrique, et on ajoute une solution d'azotate d'argent, tant qu'il se forme un précipité. Lorsque

---

1. Pendant l'incinération des tissus de l'organisme, il se peut qu'une partie des chlorures qu'ils contiennent soit décomposée (action d'acide phosphorique ou de phosphates acides) et que l'acide chlorhydrique résultant de cette décomposition soit chassé et perdu pour l'analyse. Il importe donc, quand on veut retrouver dans les cendres la totalité du chlore contenu dans un tissu ou liquide de l'organisme, de prendre des dispositions pour éviter toute perte d'acide chlorhydrique : on mélange à cet effet à la matière, avant la carbonisation, un excès soit de carbonate de soude, soit de carbonate de chaux, qui retiennent l'acide chlorhydrique à l'état de chlorure de sodium ou de chlorure de calcium.

l'addition du sel d'argent ne trouble plus la liqueur, au fond de laquelle s'est rapidement déposé le précipité précédemment formé, la totalité du chlore des chlorures de la liqueur a été précipitée. D'autre part, les chlorures seuls ont été précipités, car ni le carbonate d'argent, ni le phosphate d'argent, ni le sulfate d'argent, ne sont insolubles dans les liqueurs aqueuses acidulées par l'acide nitrique. On jette alors le précipité sur un filtre sans cendres [1], et on l'y lave à l'eau bouillante, pour enlever l'excès d'azotate d'argent, jusqu'à ce que les eaux de lavage ne contiennent plus de sel d'argent, ce qu'on reconnaît à ce que ces eaux ne précipitent plus et ne louchissent plus par l'addition de quelques

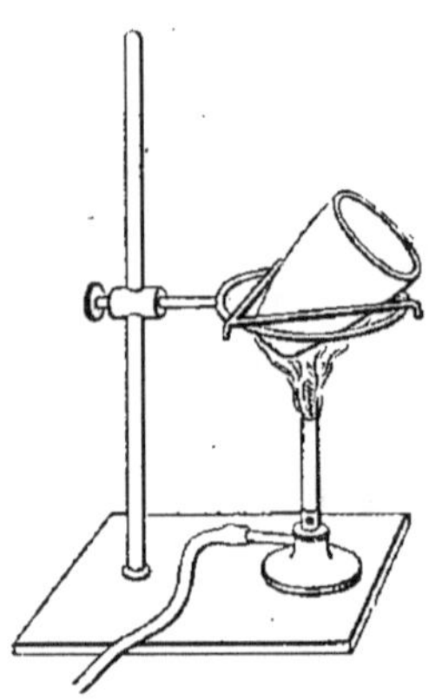

Fig. 10. — Creuset à calcination.

gouttes d'une solution aqueuse de chlorure de sodium. Le filtre, qui doit être un filtre sans cendres, et le précipité qu'il supporte sont desséchés à l'étuve, suivant les préceptes que nous avons ci-dessus rappelés, puis calcinés au rouge dans un creuset de porcelaine. Dans cette calcination, une partie du chlorure d'argent peut avoir été décomposée par le charbon du filtre et ramenée à l'état d'argent métallique. Il convient donc, une fois la calcination terminée et le creuset refroidi, d'ajouter au résidu de la calcination une goutte d'acide nitrique, qui transforme l'argent métallique en azotate d'argent, et une goutte d'acide chlorhydrique, qui précipite, à l'état de chlorure d'argent, l'argent ainsi dissous. Une nouvelle calcination chasse l'excès d'acide nitrique et d'acide chlorhydrique. Il ne reste que du chlorure d'argent AgCl, qu'on pèse, après refroidissement dans un exsiccateur à acide sulfurique. Connaissant le poids de chlorure d'argent, on en déduit le poids correspondant de chlore (1 gr. AgCl contient 0 gr. 24729 Cl). Ce chlore est le chlore des chlorures contenus dans les cendres analysées.

Nous indiquerons, en étudiant l'urine, un procédé permettant de doser volumétriquement le chlore contenu à l'état de chlorures métalliques dans un liquide de l'organisme.

b. — *Phosphates*.

Les *phosphates* des cendres des substances animales sont des orthophosphates, c'est-à-dire des composés répondant à la formule générale PO^4R^3.

---

1. On appelle *filtres sans cendres* des filtres qui ont été débarrassés de la presque totalité des matières minérales que contiennent les filtres de papier par lavages répétés à l'acide chlorhydrique dilué, à l'acide fluorhydrique dilué et à l'eau distillée. Il existe de tels filtres dans le commerce, ne contenant plus qu'une quantité négligeable de matières minérales, et ne donnant par suite à l'incinération qu'un résidu salin négligeable.

L'acide phosphorique triatomique donne trois séries d'ortho-phosphates :

Les sels trimétalliques PO^4M^3 ou $(PO^4)^2D^3$ ou $(PO^4)^3T^3$,
Les sels dimétalliques PO^4HM^2 ou $(PO^4H)^2D^2$ ou $(PO^4H)^3T^2$,
Les sels monométalliques PO^4H^2M ou $(PO^4H^2)^2D$ ou $(PO^4H^2)^3T$.

M représentant un atome de métal monovalent, tel que le sodium, D représentant un atome de métal divalent, tel que le calcium, T représentant un atome de métal trivalent, tel que le fer.

Les orthophosphates d'alcalis trimétalliques ont aussi été appelés phosphates basiques; les orthophosphates d'alcalis dimétalliques, phosphates neutres; les orthophosphates d'alcalis monométalliques, phosphates acides, parce que les premiers sont alcalins, les seconds sont neutres, les derniers sont acides à la phénolphtaléine.

La réaction des phosphates d'alcalis peut d'ailleurs varier selon la nature du réactif indicateur employé. Le tableau suivant en fournit la preuve.

	PHTALÉINE	TOURNESOL	ORANGÉ
Phosphate monosodique	acide	acide	neutre
— disodique	neutre	alcalin	alcalin
— trisodique	alcalin	alcalin	alcalin

Les orthophosphates alcalino-terreux tribasiques sont appelés phosphates neutres, les orthophosphates alcalino-terreux bibasiques ou monobasiques sont appelés phosphates acides.

Ils présentent en effet les premiers une réaction neutre, les seconds et les troisièmes une réaction acide en présence de l'un quelconque des trois indicateurs, tournesol, phtaléine et orangé.

Il convenait de rappeler ces dénominations, car, on le voit, le terme *phosphate neutre* ne représente pas des composés chimiquement analogues dans la série des sels d'alcalis et dans la série des sels alcalino-terreux : les phosphates trimétalliques sont basiques dans la série des sels alcalins; ils sont neutres dans la série des sels alcalino-terreux; les phosphates dimétalliques sont neutres dans la série des sels d'alcalis; ils sont acides dans la série des sels alcalino-terreux.

Lorsque la matière incinérée a une réaction neutre à la phtaléine, lorsque les cendres elles-mêmes sont neutres à la phtaléine, les phosphates contenus dans ces cendres sont des orthophosphates alcalino-terreux trimétalliques et des orthophosphates d'alcalis dimétalliques.

Lorsque la matière incinérée est acide à la phtaléine ou au tournesol, ou lorsque les cendres sont acides à la phtaléine ou au tournesol, les phosphates des cendres sont des phosphates alcalino-terreux dimétalliques et des phosphates d'alcalis monométalliques.

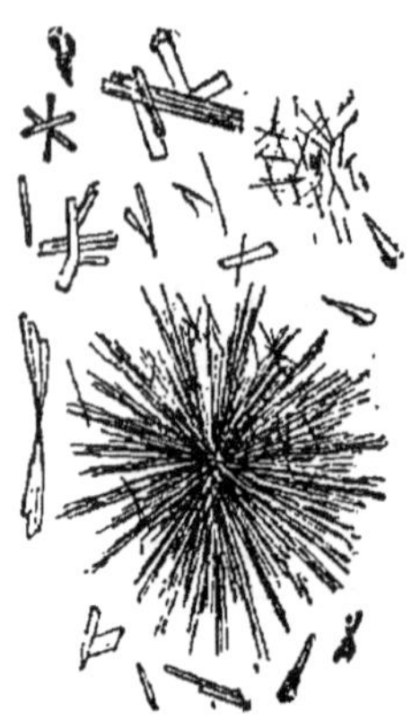

Fig. 11. — Phosphate bibasique de chaux (d'après A. Gautier).

Tout phosphate trimétallique en présence d'un acide, même en présence d'acide carbonique, est transformé, totalement ou partiellement suivant la nature et la quantité de l'acide employé, en phosphate dimétallique ou monométallique et sel de l'acide employé. Inversement, tout phosphate monométallique ou dimétallique, en présence d'alcalis ou de carbonates alcalins, est transformé, totalement ou partiellement suivant la nature et la quantité de l'alcali employé, en phosphate dimétallique ou trimétallique.

— Les phosphates d'alcalis sont solubles dans l'eau, insolubles dans l'alcool.

Lorsqu'on chauffe à 100° une solution contenant des phosphates monométalliques d'alcalis et de l'acide chlorhydrique, une partie de cet acide est retenue par la liqueur : dans ces conditions, en effet, il se produit un peu de chlorures alcalins, en même temps qu'une quantité équivalente d'acide phosphorique est mise en liberté. La même chose se produit si l'on chauffe à une température supérieure à 100° une masse contenant un phosphate monométallique d'alcali et des matières organiques chlorées décomposables, capables de donner un dégagement d'acide chlorhydrique : une partie de l'acide provenant de la décomposition de ces substances forme, aux dépens du phosphate monométallique d'alcali, un chlorure d'alcali et met une quantité équivalente d'acide phosphorique en liberté. — Cette notion trouvera son application dans l'étude des combinaisons acides du contenu gastrique.

— Le phosphate tricalcique $(PO^4)^2Ca^3$ est insoluble dans l'eau, insoluble dans l'alcool. Le phosphate dicalcique $(PO^4H)^2Ca^2$ est un peu soluble dans l'eau, insoluble dans l'alcool.

Par conséquent, si l'on met en suspension dans l'eau du phosphate tricalcique et si l'on fait passer un courant de gaz carbonique, on parviendra à dissoudre une partie du phosphate tricalcique : par le gaz carbonique, ce phosphate est décomposé en phosphate dicalcique, un peu soluble dans l'eau, et en bicarbonate de chaux, également un peu soluble dans l'eau. On a quelquefois appelé la substance qui se dissout ainsi *phospho-carbonate de chaux* : ce n'est pas un sel défini, c'est un mélange de phosphate dicalcique et de bicarbonate de chaux. A la température d'ébullition, le bicarbonate de chaux est décomposé en gaz carbonique, qui se dégage, et carbonate de chaux ; le carbonate de chaux, en présence de phosphate dicalcique, est décomposé : le gaz carbonique est mis en liberté, et la chaux se combine au phosphate dicalcique, pour reconstituer le phosphate tricalcique.

Le phosphate tricalcique est insoluble dans l'eau, mais se dissout dans l'eau acidulée soit par l'acide chlorhydrique, soit par l'acide acétique. En effet, sous l'influence de ces acides, il est décomposé en phosphate dicalcique un peu soluble et chlorure ou acétate de calcium solubles. Le phosphate tricalcique n'est donc pas véritablement et directement soluble dans l'eau acidulée : il est transformé par l'eau acidulée, et les produits de transformation sont solubles dans l'eau acidulée.

Lorsqu'on chauffe au rouge un mélange de phosphate dicalcique et de chlorures d'alcalis, le phosphate dicalcique décompose partiellement les chlorures : il se produit du phosphate tricalcique et de l'acide chlorhydrique est mis en liberté. — Cette notion trouvera son application dans l'étude du contenu gastrique.

— Les cendres des tissus et des liquides de l'organisme contiennent quelquefois du phosphate de fer PO^4Fe. Ce sel est insoluble dans l'eau, comme le phosphate tricalcique ; insoluble dans l'acide acétique, ce qui permet de le séparer du phosphate tricalcique ; mais soluble, comme ce dernier, dans l'acide chlorhydrique.

— Les phosphates solubles sont précipités de leurs solutions par une solution acide de molybdate d'ammoniaque ou par une solution ammoniacale de sels de magnésie.

Lorsqu'on traite une solution d'un phosphate soluble, acidulée par l'acide nitrique, par un excès d'une solution de molybdate d'ammoniaque, il se forme, très lentement à froid, plus rapidement à chaud, un fin précipité jaunâtre de phosphomolybdate d'ammoniaque, insoluble dans l'acide nitrique, mais soluble dans les alcalis : d'où la nécessité de faire la précipitation dans une liqueur nitrique. Ce précipité ne peut être desséché sans se décomposer; par conséquent, il ne peut pas permettre de doser en poids l'acide phosphorique contenu dans une liqueur, mais il permet de reconnaître facilement la présence de phosphates.

Lorsqu'on ajoute à une solution d'un phosphate soluble une liqueur contenant du chlorhydrate d'ammoniaque, de l'ammoniaque et du sulfate de magnésie, il se forme, à froid, un précipité blanc cristallin de phosphate ammoniaco-magnésien, insoluble dans l'ammoniaque, mais soluble dans les acides : d'où la nécessité de faire la précipitation en milieu ammoniacal. Les phosphates sont les seuls sels, contenus dans les cendres des tissus animaux, qui soient précipités dans ces conditions; d'autre part, leur précipitation est totale, si la quantité de la liqueur ammoniaco-magnésienne ajoutée est suffisante. On a donc là un moyen de doser les phosphates des cendres.

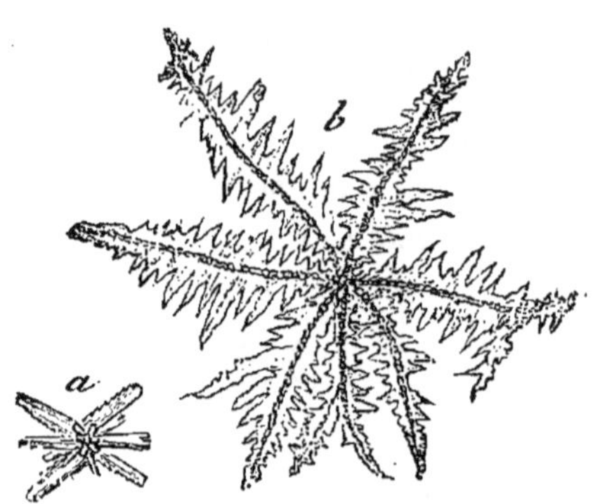

Fig. 12. — Phosphate ammoniaco-magnésien. — a, obtenu par évaporation lente ; — b, obtenu par évaporation rapide de l'urine (d'après A. Gautier).

Les cendres sont dissoutes dans l'eau acidulée par l'acide chlorhydrique, et la solution est précipitée à froid par addition d'une liqueur contenant du chlorhydrate d'ammoniaque, de l'ammoniaque en excès et du chlorure de magnésium [1], qu'on ajoute en excès : on verse donc par petites portions cette liqueur, tant qu'il se forme un précipité, et quand il ne se produit plus de précipité, on ajoute encore un peu de cette liqueur. Le précipité est jeté sur un filtre, lavé à l'eau ammoniacale (obtenue en mélangeant 1 volume d'une solution forte d'ammo-

1. Pour préparer cette liqueur, on peut, à 500 centimètres cubes d'eau distillée, ajouter 120 centimètres cubes d'acide chlorhydrique concentré, puis, par petites portions, 50 grammes de carbonate de magnésie pulvérisé, puis 100 grammes de chlorhydrate d'ammoniaque, puis 100 centimètres cubes d'une solution forte d'ammoniaque, et compléter à 1 litre par addition d'eau distillée.

niaque et 2 volumes d'eau distillée), desséché, calciné et pesé. Par la calcination, le phosphate ammoniaco magnésien PO^4MgNH^4 est décomposé en eau, ammoniaque et pyrophosphate de magnésie $P^2O^7Mg^2$. Sachant que 1 gramme de pyrophosphate de magnésie correspond à 0 gr. 86485 d'acide phosphorique PO^4H^3 ou à 0 gr. 71171 PO^3, on peut, connaissant le poids du pyrophosphate obtenu, calculer le poids d'acide phosphorique contenu dans les cendres.

Nous indiquerons, en étudiant l'urine, un procédé volumétrique de dosage des phosphates dissous.

c. — *Sulfates*.

Les *sulfates* contenus dans les cendres animales sont des sulfates de potasse, de soude, de chaux, de magnésie.

On sait qu'il existe deux séries de sulfates d'alcalis : les sulfates neutres tels que SO^4Na^2, et les sulfates acides ou bisulfates tels que SO^4HNa. Dans les cendres. des substances animales, ce sont les sulfates neutres qu'on rencontre.

Tous les sulfates des cendres sont solubles dans l'eau : les sulfates de potasse, de soude et de magnésie sont très solubles dans l'eau ; le sulfate de chaux est moins soluble : l'eau, à la température ordinaire, en dissout 0,25 p. 100. Tous ces sulfates sont insolubles dans l'alcool.

Les sulfates ne sont pas volatils : par conséquent, lorsqu'on se propose de déterminer les sulfates des cendres d'une matière animale, on peut incinérer franchement au rouge vif : il n'y a pas perte de sulfates par volatilisation.

Mais les sulfates des cendres, au rouge, sont réduits par le charbon à l'état de sulfures. Par conséquent, lorsqu'on a incinéré une matière animale, il convient d'ajouter aux cendres une goutte d'acide nitrique, pour ramener les sulfures à l'état de sulfates, et de calciner de nouveau, pour chasser l'acide nitrique.

Les sulfates solubles, traités par le chlorure de baryum, donnent un précipité de sulfate de baryum, absolument insoluble dans l'eau distillée, ou dans l'eau acidulée par l'acide acétique ou par l'acide chlorhydrique. Le précipité de sulfate de baryum, au moment de sa formation, est extrêmement fin, et passe à travers les filtres, mais il s'agglomère rapidement à chaud, de façon à pouvoir être facilement retenu par les filtres.

Pour doser les sulfates, dissous dans un extrait aqueux de cendres animales, on acidule cette liqueur par l'acide acétique ou par l'acide chlorhydrique, et on ajoute un excès d'une solution de chlorure de baryum. La liqueur, dans laquelle le précipité de sulfate de baryte est en suspension, est maintenue pendant quelques heures au bain-marie bouillant, pour que le précipité se réunisse au fond du vase en une masse grenue, séparable par filtration. On vérifie que la liqueur ne précipite plus par le chlorure de baryum. On jette le précipité sur un filtre sans cendres; on le lave à l'eau acidulée par l'acide acétique ou par l'acide chlorhydrique, puis à l'eau distillée bouillante, et on calcine le filtre et le précipité qu'il supporte. Pendant cette calcination, il peut s'être produit une réduction partielle du sulfate de baryum à l'état de sulfure par le charbon du filtre : il convient donc, la calcination étant terminée, d'ajouter une goutte d'acide nitrique pour transformer le sulfure en sulfate et de calciner de nouveau. Il ne reste plus qu'à peser le sulfate de baryum calciné et à calculer le poids correspondant d'acide sulfurique; ce calcul est facile à faire; 1 gramme de sulfate de baryum correspond à 0 gr. 4205 d'acide sulfurique SO_4H_2 ou à 0 gr. 3433 d'anhydride sulfurique SO_3.

d. — Carbonates.

Les *carbonates* se rencontrent en petite quantité dans les cendres : ce sont des carbonates alcalins.

Il existe, on le sait, deux séries de carbonates : les *carbonates neutres* répondant à la formule CO_3X_2 ou CO_3Y, X représentant un métal monovalent, tel que le sodium; Y un métal divalent, tel que le calcium; — et les *bicarbonates* répondant à la formule CO_3HX ou $(CO_3)_2H_2Y$.

Les carbonates et les bicarbonates d'alcalis sont solubles dans l'eau et insolubles dans l'alcool; les carbonates alcalino-terreux sont insolubles dans l'eau et insolubles dans l'alcool; les bicarbonates alcalino-terreux sont un peu solubles dans l'eau, insolubles dans l'alcool.

Si on fait passer un courant de gaz carbonique dans une solution d'un carbonate alcalin, on transforme ce sel en bicarbonate. Si on fait passer un courant de gaz carbonique dans une liqueur tenant en suspension du carbonate de chaux, on transforme ce sel en bicarbonate de chaux, un peu soluble dans l'eau.

Inversement, en calcinant les bicarbonates alcalins, on les décompose en carbonates neutres, eau et gaz carbonique. Si on fait bouillir une solution aqueuse d'un bicarbonate alcalino-terreux, de bicarbonate de chaux par exemple, on décompose le sel en eau, gaz carbonique qui se dégage et carbonate de chaux qui se précipite, étant insoluble dans l'eau. Les cendres obtenues par calcination des matières organiques ne peuvent donc pas contenir de bicarbonates.

Les carbonates alcalins ne sont pas décomposés au rouge ; les carbonates de chaux et de magnésie sont au contraire décomposés au rouge en oxyde métallique, chaux et magnésie caustiques, d'une part, et gaz carbonique, d'autre part. Par conséquent, les cendres obtenues par calcination des matières animales peuvent ne pas contenir de carbonates alcalino-terreux, si la calcination a été faite à haute température, et contenir à leur place une petite quantité de chaux ou de magnésie, provenant de leur décomposition.

Les carbonates d'alcalis sont les seuls carbonates des cendres obtenues au rouge. Ces sels étant solubles dans l'eau, l'extrait aqueux des cendres contient la totalité des carbonates des cendres, mais non la totalité des carbonates qui pouvaient exister dans la substance analysée, au moins à l'état de carbonates, car une partie a pu être détruite par la chaleur ; car une autre partie a pu être décomposée par un acide, dans le cas où la réaction n'est pas restée alcaline ou neutre pendant toute la durée.de l'incinération.

Le dosage des carbonates des cendres consiste essentiellement à mettre en liberté le gaz carbonique de ces carbonates par un acide, et à déterminer, soit en volume, soit en poids, la quantité de gaz carbonique dégagée [1].

e. — *Bases*.

Les cendres contiennent toujours des *sels de potasse, de soude, de chaux, de magnésie*, et quelquefois des *sels de fer*.

En étudiant les chlorures, sulfates, phosphates et carbonates, nous avons passé en revue les sels alcalins et alcalino-terreux des cendres. Nous nous bornerons à indiquer les particularités suivantes :

Les *sels de chaux* solubles sont totalement précipités par un excès d'oxalate d'ammoniaque ; le précipité d'oxalate calcique est insoluble dans l'eau, insoluble dans l'eau acidulée par l'acide acétique, soluble dans l'eau acidulée par l'acide chlorhydrique ;

1. Le dosage en volume consiste essentiellement à recueillir les gaz de l'enceinte où s'est faite la décomposition, et à déterminer la diminution de volume qu'on obtient en présence d'une solution de potasse caustique. — Le dosage en poids consiste essentiellement à faire passer les gaz de l'enceinte où s'est faite la décomposition dans des tubes absorbants à potasse caustique, et à déterminer l'augmentation de poids de ces tubes.

calciné, il donne d'abord du carbonate de chaux, puis, si la température est suffisante, de la chaux CaO.

Les *sels de magnésie* solubles sont précipités de leurs solutions par addition de chlorhydrate d'ammoniaque, d'ammoniaque et de phosphate de soude, à l'état de phosphate ammoniaco-magnésien insoluble dans l'eau ammoniacale.

Par suite, dans la solution chlorhydrique des cendres, alcalinisée par l'ammoniaque, les sels de chaux seront séparés à l'état d'oxalate calcique par addition d'une solution saturée d'oxalate d'ammoniaque, ajoutée en grand excès ; — dans la solution chlorhydrique des cendres, rendue alcaline pas addition d'ammoniaque et débarrassée des sels de chaux par l'oxalate d'ammoniaque, les sels de magnésie seront séparés à l'état de phosphate ammoniaco-magnésien, par addition d'ammoniaque en excès et de phosphate de soude. Par calcination de l'oxalate calcique au rouge vif, on obtient de la chaux CaO qu'on pèse, ce qui permet de connaître la quantité de calcium contenue dans l'extrait chlorhydrique des cendres. — Par calcination au rouge vif du phosphate ammoniaco-magnésien, on obtient du pyrophosphate de magnésie $P^2O^7Mg^2$ qu'on pèse, ce qui permet de connaître la quantité de magnésium contenue dans l'extrait chlorhydrique des cendres.

La séparation et le dosage des métaux alcalins sont des opérations très délicates ; nous ne devons pas nous en occuper ici.

Les cendres peuvent contenir soit de l'*oxyde ferrique*, soit du *phosphate de fer*. Ces substances sont insolubles dans l'eau, solubles dans l'eau acidulée par l'acide chlorhydrique.

On reconnaît dans un extrait chlorhydrique des cendres la présence d'un sel de fer au moyen des réactions suivantes : 1° la potasse ou l'ammoniaque déterminent la formation d'un précipité floconneux rouge brun d'hydrate de fer ; — 2° le ferrocyanure de potassium donne un précipité de bleu de Prusse ; — 3° le sulfocyanure de potassium donne une coloration rouge-sang ; — 4° le tannin colore la solution en noir.

Le dosage du fer dans l'extrait chlorhydrique des cendres se fait toujours volumétriquement ou colorimétriquement en chimie physiologique. Nous ne pouvons nous arrêter à décrire ici les différents procédés de dosage du fer : ils le sont, avec détails, dans tous les traités de chimie analytique.

____

La connaissance de la composition des cendres ne renseigne qu'imparfaitement sur la nature et sur les proportions des différentes matières minérales des liquides et des tissus de l'organisme, soumis à l'analyse.

Les *chlorures des cendres* peuvent provenir de la décomposition de composés organiques chlorés. Nous en avons un exemple dans le contenu gastrique ; les combinaisons chlorées acides de ce liquide se décomposent, à température supérieure à 100°, en dégageant de l'acide chlorhydrique, capable de former des chlorures aux dépens de certains phosphates des cendres, ou aux dépens des alcalis et carbonates alcalins résultant de la destruction des sels à acides organiques.

Les *phosphates des cendres* peuvent provenir partiellement de la décomposition de substances organiques phosphorées. C'est ainsi que les nucléoprotéides de tous les tissus, la lécithine du tissu nerveux et la caséine du lait fournissent par calcination de l'acide phosphorique, qui se combine avec les carbonates ou avec les bases des cendres.

Les *sulfates des cendres* peuvent provenir partiellement de la décomposition de substances organiques sulfurées. C'est ainsi que toutes les substances protéiques, c'est ainsi que l'acide taurocholique biliaire, c'est ainsi que de nombreux composés urinaires, connus ou non connus, fournissent par calcination de l'acide sulfurique, qui, réagissant sur les carbonates ou sur les alcalis et terres alcalines des cendres, donne des sulfates.

Les *carbonates des cendres* peuvent provenir partiellement de la combustion de sels d'alcalis à acides organiques, tels que les oxalates, les lactates, les malates, les tartrates, etc.

Les *terres alcalines des cendres* peuvent provenir partiellement de la décomposition de carbonates alcalino-terreux, provenant eux-mêmes soit de la décomposition de bicarbonates alcalino-terreux, soit de la décomposition de sels alcalino-terreux à acides organiques.

L'*oxyde ferrique* ou le *phosphate de fer des cendres* peuvent provenir de combinaisons organiques ferrugineuses, telles que l'hémoglobine du sang et l'hématogène du jaune de l'œuf des oiseaux.

II. — GAZ

Les liquides de l'organisme contiennent tous des *gaz* dissous : ces gaz sont du *gaz carbonique*, de l'*oxygène* et de l'*azote*.

On sait que les gaz dissous dans les liquides en peuvent être extraits soit dans le vide, soit à l'ébullition ; et *a fortiori* par l'action combinée du vide et de l'ébullition.

On peut faire cette extraction au moyen de la pompe à mercure, et grâce à une disposition décrite dans tous les traités techniques de physiologie, à propos des gaz du sang.

Les gaz sont généralement recueillis humides sur le mercure et le volume total est déterminé. Soit V le volume observé, H la pression atmosphérique donnée par le baromètre, T la température donnée par le thermomètre, F la tension maxima de la vapeur d'eau à la température T donnée par tous les traités de physique, α le coefficient de dilatation cubique des gaz $= 0.003\,665$; le volume du gaz mesuré à $0°$ et à la pression 760 millimètres[1] est donné par la formule :

$$V_0 = V \times \frac{1}{1 + \alpha T} \times \frac{H - F}{760}.$$

Pour reconnaître et doser les trois gaz généralement contenus dans le mélange gazeux, on se sert, en chimie physiologique, de la méthode par absorption ; le gaz carbonique est absorbé par la potasse ; l'oxygène n'est pas absorbé par la potasse, mais est absorbé par le pyrogallate de potasse ; l'azote n'est absorbé ni par la potasse, ni par le pyrogallate de potasse.

On fait donc pénétrer dans l'éprouvette contenant les gaz et reposant sur le mercure, un petit fragment de potasse humide, ou une petite quantité d'une solution aqueuse de potasse caustique.

---

1. Quelques physiologistes ont coutume de calculer le volume des gaz à la pression 1 mètre de mercure. Le calcul se trouve par là simplifié, puisque la formule devient alors :

$$V_0 = V \times \frac{1}{1 + \alpha T} \times (H - F) \times \frac{1}{1\,000}$$

on évite ainsi une division par 760.

Nous n'acceptons pas cette pratique parce que les résultats ainsi enregistrés sont artificiels, les nombres donnés ne représentant pas les volumes tels qu'ils se manifestent dans les expériences réelles ; mais bien les volumes tels qu'ils se manifesteraient si l'on comprimait à 1 mètre de mercure les gaz recueillis.

On détermine le nouveau volume V' et on calcule le volume correspondant de gaz mesuré sec à 0° et à 760 millimètres, par la formule :

$$V_0 = V' \times \frac{1}{1 + \alpha T} \times \frac{H - F}{760},$$

en admettant que la température et la pression atmosphérique n'ont pas varié d'une détermination à l'autre.

On fait alors pénétrer une solution d'acide pyrogallique, qui, se combinant à la potasse déjà introduite dans le tube à gaz, fournit le pyrogallate de potasse capable d'absorber l'oxygène. Il se produit une absorption de l'oxygène, mais cette absorption n'est généralement complète qu'après un temps assez long : il faut souvent plusieurs heures pour que l'absorption d'oxygène soit terminée. On note la nouvelle valeur V'' qui correspond à l'azote et on calcule le volume correspondant d'azote mesuré sec à 0° et 760 millimètres par la formule :

$$V''_0 = V'' \times \frac{1}{1 + \alpha T} \times \frac{H - F}{760}.$$

Les volumes des gaz sont :

$$
\begin{cases}
\text{Azote} = V''_0 = V'' \times \dfrac{1}{1 + \alpha T} \times \dfrac{H - F}{760}. \\[2ex]
\text{Oxygène} = V'_0 - V''_0 = (V' - V'') \times \dfrac{1}{1 + \alpha T} \times \dfrac{H - F}{760}. \\[2ex]
\text{Gaz carbonique} = V_0 - V'_0 = (V - V') \times \dfrac{1}{1 + \alpha T} \times \dfrac{H - F}{760}.
\end{cases}
$$

Si l'on se propose seulement de connaître le rapport des volumes de deux gaz dissous, par exemple le rapport de l'oxygène au gaz carbonique, il est inutile de faire les corrections précédentes, en supposant les mesures de volumes faites à la même pression et à la même température : en effet,

$$\frac{O}{CO^2} = \frac{V'_0 - V''_0}{V_0 - V'_0} = \frac{(V' - V'') \times \dfrac{1}{1 + \alpha T} \times \dfrac{H - F}{760}}{(V - V') \times \dfrac{1}{1 + \alpha T} \times \dfrac{H - F}{760}}$$

ou, en supprimant au numérateur et au dénominateur les facteurs communs :

$$\frac{O}{CO^2} = \frac{V' - V''}{V - V'}.$$

III. — RÉACTION DES LIQUIDES DE L'ORGANISME

Les physiologistes ont à déterminer qualitativement et quantitativement la *réaction d'un liquide de l'organisme*.

1° Au point de vue *qualitatif*, un liquide donné est-il *acide*, *neutre* ou *alcalin*? On répond facilement à cette question en ayant recours aux réactifs colorés, dont les principaux sont le *tournesol*, la *phénolphtaléine*, l'*acide rosolique*, le *méthylorange*.

En liqueur acide, le tournesol est rouge pelure d'oignon (Pl. col. III, fig. A_1, A_3), la phénolphtaléine est incolore, l'acide rosolique est rose, le méthylorange est orangé. — En liqueur alcaline, le tournesol est bleu, la phénolphtaléine est violacée, l'acide rosolique est incolore, le méthylorange est rouge. (Pl. col. III, fig. A_2, B.)

Il importe toutefois, quand il s'agit de liqueurs très faiblement acides ou très faiblement alcalines, de noter le réactif indicateur auquel on a recours, car tous ces réactifs ne sont pas équivalents : une liqueur peut être acide ou alcaline pour un indicateur donné, neutre pour un autre indicateur.

Par exemple, l'acide carbonique dissous dans l'eau est acide à la phénolphtaléine, il est neutre au méthylorange ; le phosphate bipotassique dissous dans l'eau est neutre à la phénolphtaléine, à peine alcalin au tournesol, franchement alcalin au méthylorange. Il est donc indispensable de dire qu'une liqueur est acide au tournesol, ou acide au méthylorange, ou alcaline à la phénolphtaléine, ou neutre à l'acide rosolique, etc., et non pas seulement qu'elle est acide, alcaline ou neutre. La réaction d'une liqueur est fonction de la constitution de cette liqueur et aussi du réactif indicateur employé.

2° Au point de vue *quantitatif*, on dose l'acidité ou l'alcalinité d'une liqueur en la rapportant à l'acidité ou à l'alcalinité de solutions typiques de composition connue.

On dira, par exemple, qu'un suc gastrique a une acidité de 4 p. 1000 exprimée en acide chlorhydrique, quand, pour neutraliser, en présence du tournesol par exemple, un volume V de ce liquide, il faudra lui ajouter une quantité d'une solution donnée de soude caustique égale à celle qu'il faut ajouter au même volume V d'une solution à 4 p. 1000 d'acide chlorhydrique, en présence du même réactif indicateur, le tournesol, pour la neutraliser.

On dira, par exemple, qu'un suc intestinal a une alcalinité de 5 p. 1000 exprimée en soude caustique, quand, pour neutraliser, en présence de phénolphtaléine par exemple, un volume V de ce suc, il faudra lui ajouter une quantité d'une solution donnée d'acide oxalique par exemple égale à celle qu'il faut ajouter au même volume d'une solution à 5 p. 1000 de soude caustique, en présence du même réactif indicateur, la phénolphtaléine, pour le neutraliser.

Pour ces déterminations d'acidités et d'alcalinités, on emploie avantageusement les solutions dites *solutions normales, décinormales, centinormales,* etc.

Qu'est-ce donc qu'une solution normale? Considérons la soude caustique NaOH : son poids moléculaire est 40; par définition, la solution normale de soude caustique est celle qui contient 40 grammes de soude par litre. Considérons l'acide chlorhydrique HCl : son poids moléculaire est 36,5; par définition, la solution normale d'acide chlorhydrique est celle qui contient 36 gr. 5 d'acide par litre. Remarquons qu'un volume donné de la solution normale d'acide chlorhydrique neutralise un égal volume de la solution normale de soude, puisque 40 grammes de soude sont neutralisés par 36 gr. 5 d'acide chlorhydrique.

Pour toutes les bases monoatomiques, potasse, ammoniaque, etc., la solution normale s'obtiendra en dissolvant dans l'eau un poids de la substance représenté en grammes par son poids moléculaire, et en complétant à 1 litre par

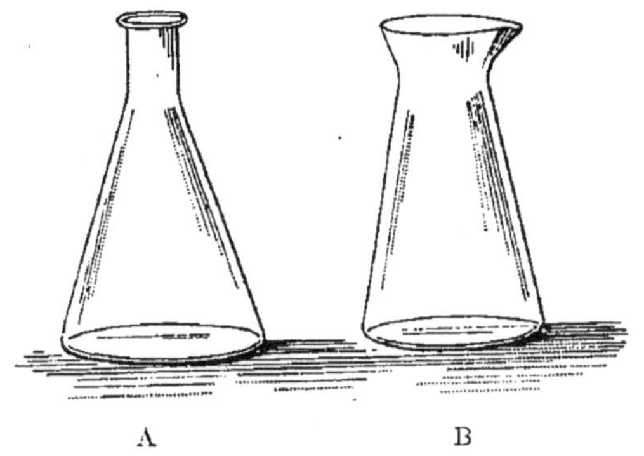

Fig. 13. — Fioles coniques en verre de Bohême.

addition d'eau : 56 grammes de potasse KHO, 17 grammes d'ammoniaque NH³. Pour les bases diatomiques, chaux, magnésie, etc., la solution normale s'obtiendra en dissolvant dans l'eau un poids de la substance représenté en grammes par la moitié de son poids moléculaire et en complétant à un litre par addition d'eau, — etc.

Pour tous les acides monobasiques, acide bromhydrique, acide acétique, etc., la solution normale s'obtiendra en dissolvant dans l'eau un poids de la substance représenté en grammes par son poids moléculaire et en complétant à 1 litre par addition d'eau. Pour les acides bibasiques, comme l'acide sulfurique, l'acide oxalique, etc., pour les acides tribasiques, comme l'acide phosphorique, la solution normale s'obtiendra en dissolvant dans l'eau un poids de la substance représenté en grammes par la moitié pour les acides bibasiques, par le tiers pour les acides tribasiques de leur poids moléculaire et en complétant à 1 litre par addition d'eau.

Les solutions décinormales ou centinormales sont les solutions renfermant 1/10ᵉ ou 1/100ᵉ de la quantité de substance contenue dans un même volume de la solution normale : 10 centimètres cubes de la solution décinormale, 100 centimètres cubes de la solution centinormale sont équivalents à 1 centimètre cube de la solution normale.

Pratiquement, on prépare les solutions normales de la façon suivante.

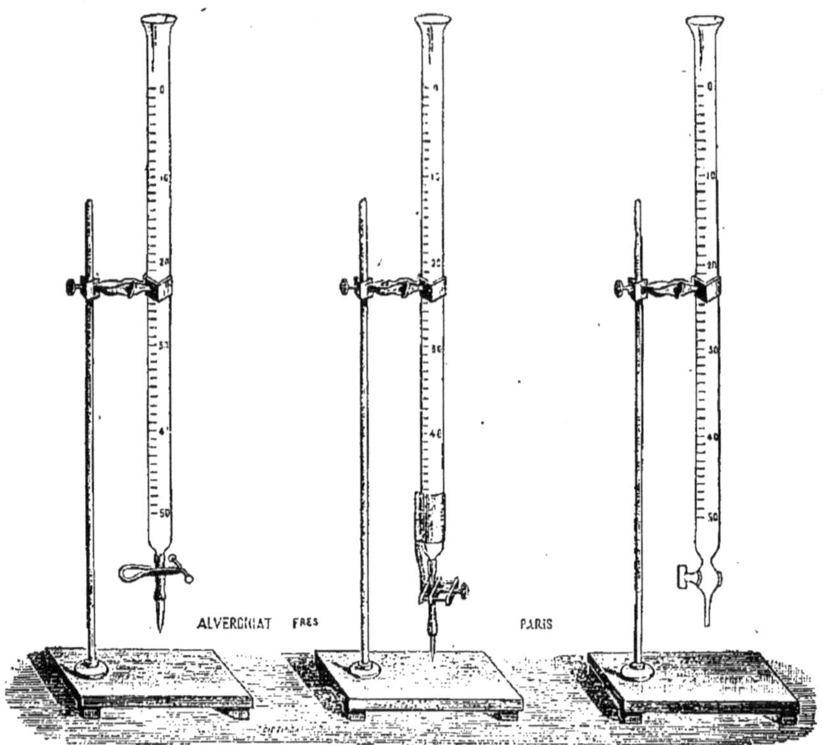

Fig. 14. — Burettes graduées.

On calcine du bicarbonate de soude chimiquement pur, de façon à obtenir du carbonate neutre de soude. De ce dernier on pèse 53 grammes (poids moléculaire de $CO^3Na^2 = 106$; on prend 53, moitié de ce poids moléculaire, parce qu'une molécule de carbonate de soude est neutralisée par 2 molécules d'acide chlorhydrique), qu'on dissout dans l'eau, et on complète à 1 litre par addition d'eau.

Veut-on préparer une solution normale d'un acide, d'acide oxalique par exemple, dont le poids moléculaire $CO^2H — CO^2H$ est 90, dont le demi-poids moléculaire est 45, on dissout 45 grammes de cet acide dans une quantité d'eau moindre que 1 litre (800 à 900 grammes par exemple). On détermine alors, comme il sera indiqué ci-dessous, quelle quantité de cette solution acide doit être ajoutée à un volume donné de la solution normale de carbonate de soude pour la neutraliser en présence du

tournesol par exemple. Supposons qu'à 10 centimètres cubes de la
solution normale de carbonate de soude il faille ajouter 8 cc. 72 de la
solution d'acide oxalique. Par définition, les 10 centimètres cubes de la
solution normale de carbonate de soude sont neutralisés par 10 centimètres cubes d'une solution normale d'acide oxalique. Donc 8 cc. 72 de
la solution préparée équivalent à 10 centimètres cubes d'une solution
normale. On pourra donc transformer sans peine la solution considérée
en solution normale, en ajoutant à 872 centimètres cubes de cette solution 128 centimètres cubes d'eau distillée.

On procédera de même pour préparer une solution alcaline normale
quelconque, en neutralisant avec une solution préparée approximativement la solution normale acide ci-devant préparée.

Pour pratiquer un dosage acidimétrique ou alcalimétrique, on
procède de la façon suivante. — Supposons qu'il s'agisse de
déterminer l'alcalinité d'un liquide de l'organisme. Dans une fiole
conique à fond plat (fig. 13) en verre de Bohême, on introduit par
exemple 25 centimètres cubes du liquide ; on y ajoute une ou
deux gouttes de teinture de tournesol ou de tout autre indicateur
coloré qu'on aura choisi. On chauffe à l'ébullition et on y fait
tomber goutte à goutte une solution acide titrée, par exemple une
solution décinormale d'acide oxalique, jusqu'à ce que la coloration
bleue du tournesol ait complètement et définitivement disparu. La
solution acide décinormale étant contenue dans une burette
graduée, on connaît par une simple lecture la quantité d'acide
employée ; soit 7 cc. 3. Donc les 25 centimètres cubes de la
liqueur examinée contenaient une quantité d'alcalis chimiquement
équivalente à 7 cc. 3 d'une solution décinormale d'acide oxalique,
ou à 7 cc. 3 d'une solution décinormale de soude, soit à
0 gr. 004 × 7,3 ou 0 gr. 0292 de soude.

CHAPITRE II

LES GRAISSES OU MATIÈRES GRASSES

Avant d'aborder l'étude des matières grasses, il est bon de
rappeler brièvement ce que sont un *acide*, une *base*, un *sel*, un
alcool, un *éther*.

— Les *acides* sont des *composés essentiellement hydrogénés*, dans lesquels
au moins un atome d'hydrogène peut être remplacé par un atome de
métal monovalent [1] : les produits de substitution ainsi obtenus sont
des *sels.*

Dans l'acide chlorhydrique HCl, par exemple, l'hydrogène peut être
remplacé par du sodium : le produit est un sel, le chlorure de sodium
$NaCl$.

Dans l'acide nitrique NO^3H, l'hydrogène peut être remplacé par du
sodium : le produit est un sel, le nitrate de soude NO^3Na.

Ces acides, dans lesquels un seul atome d'hydrogène est remplaçable
par un atome métallique monovalent, sont dits *acides monoatomiques*, ou
monobasiques. Il existe d'autres acides dans lesquels deux, trois... atomes
d'hydrogène sont remplaçables par deux, trois... atomes de sodium ; ces
acides sont dits *diatomiques triatomiques*,... ou *bibasiques, tribasiques...*.

---

1. La proposition réciproque n'est pas vraie ; il existe, en effet, des composés
qui ne sont pas acides, dans lesquels un atome d'hydrogène est remplaçable par
un atome de métal monovalent.

Dans l'acide sulfurique SO_4H_2, par exemple, un seul ou les deux atomes d'hydrogène peuvent être remplacés par un seul ou par deux atomes de sodium : l'acide sulfurique est un acide diatomique. Le composé obtenu en remplaçant un seul atome d'hydrogène par un seul atome de sodium, SO_4HNa, est un *sel acide* ou *monobasique*; le composé obtenu en remplaçant les deux atomes d'hydrogène par deux atomes de sodium est un *sel neutre* ou *bibasique*.

Dans l'acide phosphorique PO_4H_3, un, deux ou trois atomes d'hydrogène peuvent être remplacés par un, deux ou trois atomes de sodium : l'acide phosphorique est un acide triatomique. Cet acide fournit trois séries de sels : les *phosphates monobasiques* tels que PO_4H_2Na, les *phosphates bibasiques* tels que PO_4HNa_2, et les *phosphates tribasiques* tels que PO_4Na_3.

Le groupe atomique obtenu en retranchant de la molécule acide le ou les hydrogènes remplaçables par les atomes métalliques, est ce qu'on peut appeler un *reste* ou *résidu d'acide* :

Le résidu d'acide chlorhydrique est Cl.
— — nitrique est NO_3.
— — sulfurique est SO_4.
— — phosphorique est PO_4.

Il en est de même en chimie organique. L'acide acétique CH_3CO_2H est un acide monoatomique, un seul atome d'hydrogène étant remplaçable par un atome de sodium, CH_3CO_2Na. — L'acide oxalique CO_2H-CO_2H est un acide diatomique, deux atomes d'hydrogène étant remplaçables par du sodium : le composé CO_2H-CO_2Na est un sel acide ou monobasique; le composé CO_2Na-CO_2Na est un sel neutre ou bibasique. On peut considérer des restes ou résidus d'acides organiques.

Le résidu d'acide acétique est CH_3-CO_2.
— — oxalique est CO_2-CO_2.

— Les *bases* sont des *composés essentiellement oxhydrilés*, c'est-à-dire contenant le groupe atomique OH (*oxhydrile*), remplaçable par un reste d'acide monoatomique. Le produit de substitution est un *sel*.

Dans la soude NaOH, l'oxhydrile OH peut être remplacé par le reste d'acide nitrique NO_3; le produit est l'azotate de soude $NaNO_3$.

Ces bases, dans lesquelles il n'existe qu'un oxhydrile remplaçable par un reste d'acide monoatomique sont dites *bases monoatomiques*. Il existe des bases dans lesquelles deux groupes oxhydriles sont remplaçables par deux restes d'acide monoatomique ou par un reste d'acide diatomique : ces bases sont dites *diatomiques*. De même, il existe des bases contenant trois groupes oxhydriles remplaçables par trois restes d'acide monoatomique ou par un reste d'acide triatomique.

Dans la chaux, par exemple, $Ca(OH)_2$, les deux oxhydriles peuvent être remplacés par deux restes d'acide nitrique monoatomique $Ca(NO_3)_2$, ou par un reste d'acide sulfurique diatomique $CaSO_4$. La chaux est une base diatomique.

Dans l'hydrate ferrique $Fe(OH)_3$, les trois oxhydriles peuvent être remplacés par trois restes d'acide monoatomique, NO_3 par exemple, ou par un reste d'acide triatomique, PO^4 par exemple $Fe(NO^3)^3$ ou $FePO^4$. L'hydrate ferrique est une base triatomique.

Les bases de la chimie organique portent le nom d'*alcools*. Les alcools sont également *monoatomiques*, *diatomiques*, *triatomiques*, suivant qu'ils contiennent un, deux ou trois groupes oxhydriles remplaçables par un, deux ou trois restes d'acide monoatomique. La substance résultant de la substitution est un *éther*.

L'alcool éthylique CH^3-CH^2OH est un alcool monoatomique : un seul oxhydrile étant remplaçable par un reste d'acide monoatomique, NO^3 par exemple : CH^3-CH^2NO^3.

Le glycol CH^2OH-CH^2OH est un alcool diatomique, car les deux oxhydriles peuvent être remplacés soit par deux restes d'acide monoatomique NO^3, soit par un reste d'acide diatomique SO^4 : ainsi seraient obtenus les deux composés CH^2NO^3-CH^2NO^3 et $(CH^2)^2SO^4$.

La *glycérine* CH^2OH-$CHOH$-CH^2OH est un alcool triatomique, les trois oxhydriles étant remplaçables soit par trois restes d'acide monoatomique NO^3, soit par un reste d'acide triatomique PO^4 : ainsi seraient obtenus les composés suivants :

$$CH^2NO^3\text{-}CHNO^3\text{-}CH^2NO^3 \text{ et } (CH^2\text{-}CH\text{-}CH^2)\text{-}PO^4.$$

On peut concevoir qu'un, deux ou trois oxhydriles de la glycérine sont remplacés par un, deux ou trois restes d'acide monoatomique ; on obtiendrait ainsi une *monoglycéride*, une *diglycéride*, une *triglycéride*, telles que :

La mononitrine CH^2OH-$CHOH$-CH^2NO^3.
La dinitrine CH^2OH-$CHNO^3$-CH^2NO^3.
La trinitrine CH^2NO^3-$CHNO^3$-CH^2NO^3.

Les acides organiques peuvent, comme les acides minéraux, donner des éthers. En particulier, on obtient avec la glycérine des mono-, des di- et des triglycérides à acides organiques, des monostéarine, distéarine et tristéarine, par exemple.

— Étant donné un sel minéral, on peut le décomposer de façon à régénérer soit l'acide, soit la base qui lui ont donné naissance. D'une façon générale, pour obtenir l'acide, il faut traiter le sel par un autre acide plus énergique ; pour avoir la base, il faut traiter le sel par une base plus énergique.

Par exemple, pour obtenir l'acide nitrique aux dépens d'un des sels de cet acide, le nitrate de soude, par exemple, NO^3Na, on fait agir, dans des conditions convenables, l'acide sulfurique sur ce sel : l'acide nitrique et régénéré.

Pour obtenir l'hydrate ferrique aux dépens d'un sel ferrique, l'azotate par exemple, on fait agir, dans des conditions convenables, la soude sur ce sel : la base, hydrate ferrique, est régénérée.

Ce qui s'accomplit en chimie minérale, s'accomplit aussi en chimie organique. En particulier, étant donné un éther, on peut régénérer l'alcool qui lui a donné naissance, en faisant agir sur l'éther une base. Supposons, par exemple, qu'on fasse agir la soude sur l'éther nitrique de l'alcool éthylique CH^3-CH^2NO^3, on régénérera l'alcool éthylique CH^3-CH^2OH.

Ces notions étant bien établies, nous pouvons aborder l'étude des matières grasses de l'organisme.

I. — GRAISSES DES TISSUS

Les *graisses neutres* des tissus de l'organisme sont surtout des *triglycérides* : ce sont généralement les éthers trioléique, tripalmitique et tristéarique de la glycérine, les *trioléine*, *tripalmitine* et *tristéarine*. Elles résultent de l'union d'une molécule de glycérine avec trois molécules d'acide oléique, ou d'acide palmitique, ou d'acide stéarique, avec élimination de trois molécules d'eau.

$$
\begin{array}{c|c|c}
\begin{array}{l}
CH^2\text{-}C^{18}H^{33}O^2 \\
\mid \\
CH\text{-}C^{18}H^{33}O^2 \\
\mid \\
CH^2\text{-}C^{18}H^{33}O^2 \\
\text{trioléine.}
\end{array}
&
\begin{array}{l}
CH^2\text{-}C^{16}H^{31}O^2 \\
\mid \\
CH\text{-}C^{16}H^{31}O^2 \\
\mid \\
CH^2\text{-}C^{16}H^{31}O^2 \\
\text{tripalmitine.}
\end{array}
&
\begin{array}{l}
CH^2\text{-}C^{18}H^{35}O^2 \\
\mid \\
CH\text{-}C^{18}H^{35}O^2 \\
\mid \\
CH^2\text{-}C^{18}H^{35}O^2 \\
\text{tristéarine.}
\end{array}
\end{array}
$$

Toutefois, on rencontre dans les graisses de l'organisme, sinon toujours, au moins quelquefois, les éthers tributyrique, trivalérianique, etc., de la glycérine, résultant de l'union d'une molécule de glycérine avec trois molécules d'acide butyrique, etc., en général avec trois molécules d'un acide organique monoatomique du type acétique $C^nH^{2n}O^2$.

Notons, en passant, que l'acide oléique, qui existe à l'état de trioléine dans toutes les graisses de l'organisme, n'appartient pas à la série acétique, mais à la série acrylique $C^nH^{2n-2}O^2$. Sa formule de constitution est vraisemblablement la suivante $CH^3\text{-}(CH^2)^7\text{-}CH = CH\text{-}(CH^2)^7\text{-}COOH$.

On trouve encore dans certains organismes des substances présentant des analogies plus ou moins grandes avec les graisses, et en particulier des analogies de constitution générale. Telles sont : dans le blanc de baleine, l'éther palmitique de l'alcool cétylique (l'alcool cétylique, $C^{16}H^{34}O$, est l'alcool correspondant à l'acide palmitique, $C^{16}H^{32}O^2$) ; — dans la cire d'abeille, l'éther palmitique de l'alcool myricique (alcool myricique $C^{30}H^{62}O$) ; dans la lanoline, l'éther palmitique de la cholestérine ; — dans la cire de Chine, l'éther cérotique (acide cérotique $C^{27}H^{54}O^2$) de l'alcool cétylique ; — etc.

Les trioléine, tripalmitime et tristéarine, mélangées en proportions variables, constituent la plus grande partie des différentes matières grasses qu'on rencontre chez les êtres vivants[1]. Les mélanges contenant une forte proportion de trioléine et peu de tripalmitine et de tristéarine sont liquides à la température ordinaire (*huiles*) : les mélanges riches en tristéarine restent solides jusqu'à une température notablement élevée. En un mot, la température de fusion de ces mélanges varie suivant leur composition[2]. Lorsqu'on élève lentement la température d'une matière grasse naturelle, les premières parties qui fondent sont riches en trioléine, mais ne sont pas de la trioléine pure, car cette matière grasse possède la propriété de dissoudre une certaine quantité des autres triglycérides, de même que la tripalmitine fondue possède la propriété de dissoudre une certaine quantité de tristéarine.

La trioléine pure est un liquide incolore, huileux à la température ordinaire. La tripalmitine pure et la tristéarine pure sont solides à la température ordinaire; elles fondent : la première à 62°, la seconde à 74°,5.

Lorsqu'on agite vigoureusement une graisse neutre naturelle liquide, soit une huile, soit une graisse fondue, avec de l'eau, la matière grasse se divise en une infinité de petits globules, qui se trouvent répandus dans tout le liquide, auquel ils donnent un aspect laiteux : la matière grasse a été mise en *émulsion* dans l'eau, la matière a été émulsionnée par agitation dans l'eau ; — mais une émulsion ainsi obtenue n'est pas permanente : les globules gras ne tardent pas à se réunir entre eux pour former des gouttes graisseuses, qui se fusionnent pour former une couche à la surface de l'eau.

Lorsqu'on agite une matière grasse liquide avec une solution étendue de soude caustique ou de potasse caustique, il se forme une *émulsion* qui est *stable* (un *lait*) : les globules gras restent à l'état de grande division et demeurent suspendus dans le liquide, au moins pendant un temps assez long. On obtient encore des émulsions plus ou moins permanentes en agitant les graisses

---

1. Les graisses présentent une réaction microchimique souvent utilisée par les histologistes : la solution aqueuse d'acide osmique à 1 p. 100 colore en noir les gouttelettes huileuses contenues dans les tissus, par suite de la réduction de l'acide osmique par l'oléine constamment présente dans les graisses des tissus.

2. La graisse humaine est riche en oléine : elle fond généralement à 17°,5 et se solidifie à 15°.

liquides avec des solutions aqueuses de savons, avec des liquides aqueux renfermant de la mucine, avec une solution aqueuse de saponine, avec le liquide de macération de bois de Panama dans l'eau, etc. Lorsque les densités de la graisse émulsionnée et du liquide émulsionnant sont différentes, le mélange ne reste pas homogène : la matière grasse monte à la surface, ou descend au fond du liquide, mais sans cesser d'être émulsionnée (une crème).

Les graisses neutres sont insolubles dans l'eau. Elles sont solubles dans l'éther, dans le chloroforme, dans la benzine, dans l'éther de pétrole, dans le sulfure de carbone, dans l'acétone, etc. Elles sont très peu solubles dans l'alcool absolu à froid, elles sont plus facilement solubles dans l'alcool absolu bouillant.

L'alcool fort les dissout toujours moins bien que l'alcool absolu, et d'autant moins qu'il contient une plus forte proportion d'eau. La trioléine est plus soluble dans l'alcool que la tripalmitine, la tripalmitine que la tristéarine.

La tristéarine se précipite de sa solution dans l'alcool absolu bouillant par refroidissement, en cristaux qui sont généralement des tablettes rectangulaires, exceptionnellement des prismes rhombiques. La tripalmitine se précipite de sa solution dans l'alcool absolu bouillant par refroidissement, en fines aiguilles cristallines. Si, dans l'alcool absolu bouillant, on dissout un mélange de tristéarine et de tripalmitine, il s'en précipite par refroidissement des boules formées de cristaux disposés radialement. On avait considéré autrefois ces boules comme formées d'une graisse spéciale, la *margarine ou trimargarine*; on sait aujourd'hui que c'est un mélange de tripalmitine et de tristéarine.

Les substances grasses liquides (trioléine) dissolvent les substances grasses solides (tripalmitine, tristéarine); ainsi sont constituées les huiles naturelles. Les substances grasses liquides dissolvent également les acides gras libres et notamment les acides oléique, palmitique et stéarique.

Quand les matières grasses subissent une oxydation complète, soit dans l'organisme, soit en dehors de l'organisme, elles fournissent exclusivement de l'acide carbonique et de l'eau. En se reportant aux formules chimiques de ces matières grasses, on reconnaîtra sans peine que le volume d'oxygène nécessaire pour en assurer la combustion est plus grand que le volume d'acide carbonique produit dans la combustion : le rapport de ces volumes $\frac{CO^2}{O^2}$, dont la connaissance est très importante en phy-

siologie, le quotient respiratoire des graisses, comme on l'appelle
en physiologie, varie un peu selon la nature de la graisse brûlée,
mais ces variations sont assez faibles pour qu'on les néglige pratiquement : on admet que le quotient respiratoire de toutes les
graisses neutres est égale à 0,70.

Abandonnées au contact de l'air et à la lumière les matières grasses
subissent une transformation particulière, dite *rancissement*. Elles se
colorent en jaune, prennent une odeur et un goût désagréables, acquiè-
rent une réaction acide. Il s'est produit tout d'abord une décomposition
très limitée de la matière grasse en glycérine et acides gras libres, puis
une oxydation de ces derniers qui se sont transformés en substances
volatiles d'odeur désagréable.

Nous avons dit ci-dessus que si l'on fait agir à une température
convenable sur un sel ou sur un éther une base métallique convenablement choisie, on décompose le sel ou l'éther ; on régénère la
base du sel ou l'alcool de l'éther et on forme un sel aux dépens de
l'acide du sel et de la base décomposante.

Si l'on fait agir sur les graisses neutres, à la température
d'ébullition, une lessive de soude caustique, ou, à la température
ordinaire, une solution alcoolique de soude caustique, ou une
solution alcoolique d'alcoolate de sodium[1], on décompose les
graisses neutres en glycérine et acides gras, ces derniers se combinant avec la soude, pour donner des sels sodiques. Les sels
minéraux des acides oléique, palmitique et stéarique sont appelés
savons; dans le cas actuel, on a des savons de soude. La décomposition des graisses neutres par les alcalis caustiques en glycérine
et savons d'alcalis est appelée *saponification*.

Par extension, on applique quelquefois en physiologie l'expression *saponification* à une simple décomposition des matières
grasses neutres en glycérine et acides gras libres, sans formation
de savons. Nous en avons un premier exemple dans l'industrie où
l'on décompose les graisses neutres en glycérine et acides gras
libres par l'action de la vapeur d'eau surchauffée à 220°. Nous en
trouvons un second exemple en physiologie dans l'action du suc
pancréatique sur les matières grasses.

Les alcalis caustiques, les terres alcalines, à la température
d'ébullition, saponifient les matières grasses neutres. Mais les car-

1. Cette solution s'obtient en projetant dans de l'alcool absolu de petits fragments de sodium métallique.

bonates d'alcalis ou les carbonates alcalino-terreux n'agissent pas sur les graisses neutres, ne les saponifient pas.

Dans la saponification des matières grasses, il y a régénération de la glycérine et formation de savons. La *glycérine* $C^3H^8O^3$ ou $CH^2OH-CHOH-CH^2OH$ est une substance extrèmement visqueuse, miscible en toutes proportions à l'eau et à l'alcool, insoluble dans l'éther et dans le chloroforme. C'est, nous l'avons dit, un alcool triatomique, deux fois alcool primaire et une fois alcool secondaire.

Si on soumet à l'action d'une température élevée la glycérine ou ses composés (graisses neutres par exemple), surtout en présence de corps déshydratants, tels que l'acide phosphorique, le bisulfate de potasse, etc., elle perd deux molécules d'eau et il se dégage des vapeurs d'*acroléine* $CH^2=CH-CHO$ reconnaissables à leur odeur âcre[1]. Cette réaction permet de caractériser la glycérine et ses combinaisons et de les distinguer de substances, telles que les acides gras et la cholestérine, qui sont solubles dans les dissolvants des graisses.

Les *savons* sont les sels minéraux des acides oléique, palmitique et stéarique. Les savons d'alcalis sont solubles dans l'eau, un peu solubles dans l'alcool absolu, insolubles dans l'éther absolu[2]. Ils sont insolubles dans les solutions saturées de chlorure de sodium et de sulfate d'ammoniaque; l'addition de ces sels à saturation dans les liqueurs contenant des savons les en précipite en totalité. Les savons alcalino-terreux sont insolubles dans l'eau, dans l'alcool et dans l'éther. Parmi les savons métalliques, les savons de plomb présentent seuls un intérêt : l'oléate de plomb est soluble dans l'éther froid[3], le stéarate et le palmitate de plomb

---

1. Les vapeurs d'acroléine possèdent des propriétés réductrices : en particulier, elles réduisent le nitrate d'argent ammoniacal (parties égales d'ammoniaque concentrée, de lessive de soude et de solution aqueuse de nitrate d'argent à 2 p. 100). Une baguette trempée dans ce réactif et introduite dans l'axe du tube dont sortent les vapeurs d'acroléine, se colore en noir par mise en liberté d'argent réduit.

2. Des opinions discordantes ont été émises touchant la solubilité des savons d'alcalis dans l'éther. Ces discordances ont pour cause la différence des éthers employés par les observateurs.
L'éther pur et sec (éther officinal de densité 0,720 à 15°) ne dissout pas trace de savons d'alcalis. — L'éther humide, saturé d'eau, ne dissout que des traces indosables de savons d'alcalis. — L'éther alcoolisé, qu'il soit humide ou non, dissout d'autant plus de savons d'alcalis qu'il contient plus d'alcool; mais la quantité dissoute n'est notable que si la proportion d'alcool est grande : l'éther rectifié du commerce (densité 0,724 à 15°) qui contient 3 p. 100 d'alcool, ne dissout que des traces insignifiantes de savons d'alcalis.

3. On doit employer l'éther froid, car les oléates sont décomposés par l'éther bouillant.

sont insolubles : l'éther froid permet donc de séparer les composés oléiques des composés palmitiques et stéariques à l'état de savons de plomb.

Nous avons dit ci-dessus qu'on peut, en faisant agir sur un sel un acide convenablement choisi, régénérer l'acide de ce sel et produire un nouveau sel aux dépens de la base du sel primitif et de l'acide décomposant. Faisons agir sur les savons un acide minéral, nous décomposons ces savons en acides gras libres et en bases métalliques, lesquelles se combinent à l'acide minéral pour donner un sel. Si, par exemple, nous faisons agir sur un oléate de soude de l'acide chlorhydrique, nous mettons en liberté l'acide oléique et nous produisons du chlorure de sodium : l'acide oléique, étant insoluble dans l'eau, se précipite donc lorsqu'on traite par l'acide chlorhydrique une solution aqueuse d'oléate de soude.

Les *acides gras*, *oléique*, *palmitique* et *stéarique* sont insolubles dans l'eau, solubles dans l'alcool, solubles dans l'éther. Ils sont également solubles dans les matières grasses neutres. Les matières grasses, tenant en solution des acides gras libres, donnent des émulsions beaucoup plus persistantes que les graisses neutres. L'acide oléique fond à 14° ; les acides palmitique et stéarique fondent respectivement à 62° et 72°. Quand on traite les acides gras par un alcali caustique ou une terre alcaline, la soude caustique, ou la chaux caustique, par exemple, on détermine la formation de savons. On produit également des savons en traitant les acides gras par les carbonates d'alcalis ou les carbonates alcalino-terreux, dont le gaz carbonique est mis en liberté. (C'est là un caractère qui les différencie des graisses neutres.)

Application à la séparation et au dosage des matières grasses et de leurs dérivés. — Supposons qu'on ait un mélange de matières grasses neutres, d'acide gras libres, de savons (savons d'alcalis et savons alcalino-terreux).

Cette supposition n'est pas gratuite, les excréments contiennent ces différentes substances.

Épuisons par l'éther pur et sec les matières à analyser, préalablement desséchées à 110° et broyées au besoin avec du sable fin : nous dissoudrons les graisses neutres et les acides gras libres; nous laisserons dans le résidu les savons alcalins et alcalino-terreux, obtenant ainsi une solution éthérée S et un résidu R. — La solution éthérée, S, contenant les graisses neutres et les acides gras libres, sera agitée avec une solution aqueuse de carbonate de soude : les acides gras libres passeront à l'état de savons sodiques et se dissoudront dans l'eau (solution aqueuse *a*) les graisses neutres ne seront pas altérées et resteront en solution dans l'éther (solution éthérée *b*).

La solution aqueuse de savons sodiques *a* pourrait, après neutralisation de l'excès de carbonate de soude qu'elle contient, être précipitée par le chlorure de baryum, et les savons barytiques insolubles seraient séparés par le filtre, lavés, desséchés et pesés. Mais cette façon de procéder est fort délicate ; dans la neutralisation, en effet, il faut ajouter une quantité d'acide suffisante pour neutraliser rigoureusement la totalité du carbonate de soude, sous peine de faire ensuite du carbonate de baryte qui souillerait le précipité des savons de baryte ; — il faut, d'autre part, éviter d'ajouter un excès d'acide, sous peine de précipiter une partie des acides gras des savons et de diminuer d'autant le précipité des savons de baryte. Aussi a-t-on avantage à procéder de la façon suivante : les acides gras de la solution des savons sont précipités par un excès d'acide chlorhydrique, jetés sur un filtre, lavés, dissous par la soude caustique : la solution est précipitée par le chlorure de baryum, et les savons de baryte sont lavés, desséchés et pesés.

La solution éthérée *b*, débarrassée des acides gras libres, contient des graisses neutres : elle sera saponifiée par la soude caustique. Les savons sodiques produits seront dissous dans l'eau, précipités par le chlorure de baryum, et les savons barytiques produits, séparés par le filtre, seront lavés, desséchés et pesés.

Le résidu des matières épuisées par l'éther R renferme encore les savons alcalins et alcalino-terreux. Traitons ce résidu par une liqueur acide, une solution chlorhydrique étendue, par exemple, les savons seront décomposés : les acides seront mis en liberté. On pourra, par conséquent, après dessiccation de la masse, les extraire par l'éther, agiter la solution éthérée avec une

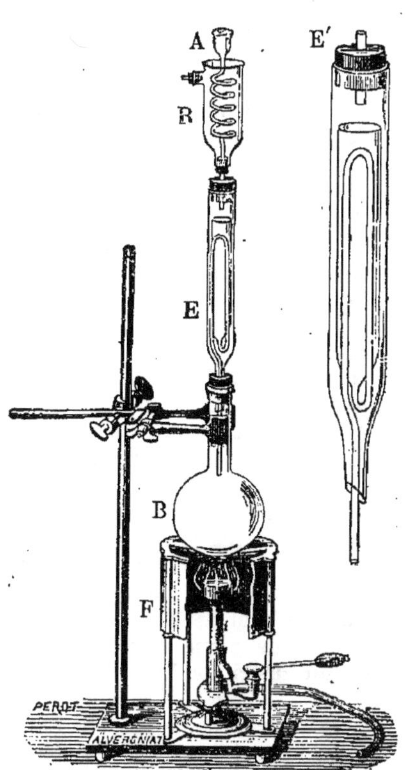

Fig. 15. — Appareil de Soxhlet pour l'extraction des matières grasses. — A, Appareil complet ; E', partie E grandie de l'appareil A ; F, fourneau à gaz ; B, ballon dans lequel est introduit l'éther (dans la pratique, il ne faut jamais chauffer directement un ballon d'éther, il faut l'immerger dans un bain-marie) ; E, appareil extracteur composé de deux parties, une externe formant enveloppe, une interne munie d'un tube siphon dans laquelle est placée, contenue dans une douille de papier filtre, la matière à épuiser ; R, réfrigérant à eau.

solution aqueuse de carbonate de soude et obtenir des savons d'alcalis en solution dans la liqueur carbonatée, précipiter de cette liqueur les acides gras, en acidulant par l'acide chlorhydrique, laver ces acides sur le filtre, les dissoudre dans la soude caustique à l'état de savons sodiques, précipiter ces savons sodiques par le chlorure de baryum, séparer par filtration les savons barytiques, les laver à l'eau, les dessécher et les peser. On a ainsi isolé les trois groupes de substances grasses, qu'on a ramenées à l'état des savons barytiques.

Si on voulait séparer les savons alcalins et les savons alcalino-terreux, on épuiserait le résidu R par l'eau, qui lui enlèverait, entre autres choses, les savons alcalins (solution aqueuse *c*), les savons alcalino-terreux restant dans le nouveau résidu *r*. — La solution *c* est alors traitée par un acide qui en précipite, entre autres choses, les acides gras; ceux-ci sont dissous par l'éther; puis saponifiés par le carbonate de soude ou mieux par la soude caustique, et les savons ainsi engendrés sont précipités par le chlorure de baryum à l'état de savons de baryte. — Le résidu *r* est traité par un acide qui libère les acides gras des savons alcalino-terreux qu'il contient, desséché, épuisé par l'éther; les acides gras dissous dans l'éther sont saponifiés par le carbonate de soude ou mieux par la soude caustique· et précipités par le chlorure de baryum à l'état de savons de baryte.

Remarque. — Il est possible d'extraire assez rapidement, au moyen de l'éther, les matières grasses et leurs dérivés contenus dans les excréments; il en est tout autrement lorsqu'il s'agit d'un tissu organique; les graisses y sont retenues, au moins pour une part, de si forte façon qu'un épuisement par l'éther, quelque prolongé qu'il soit, ne suffit pas pour les en retirer en totalité. On a, dans ce cas, recours à l'un des deux artifices suivants :

1° Après avoir épuisé par l'éther le tissu préalablement desséché, on le broie et on le soumet à l'action du suc gastrique artificiel. Les substances protéiques sont transformées; les matières grasses ne sont pas modifiées; un nouvel épuisement à l'éther du résidu de cette digestion gastrique desséché permet d'en extraire la totalité des matières grasses.

2° On peut procéder à des extractions successives à l'alcool fort et à l'éther : le traitement par l'alcool favorise l'épuisement ultérieur par l'éther.

II. — LÉCITHINES

A côté des substances grasses que nous venons d'étudier, il convient de placer les *lécithines*. Les lécithines sont essentiellement des *graisses phosphorées*.

L'acide phosphorique triatomique peut donner avec la glycérine trois phosphines, suivant que un, deux ou trois oxhydriles de la glycérine sont remplacés par le résidu d'acide phosphorique.

Considérons la *monophosphine* : comme la glycérine et l'acide phosphorique sont triatomiques, la monophosphine est une fois éther, deux fois alcool par les deux oxhydriles glycériques non substitués et deux fois acide par les deux hydrogènes phosphoriques non substitués :

$$CH^2\!-\!OH$$
$$CH\!-\!OH$$
$$CH^2\!-\!O$$
$$HO\!-\!\!>\!PO.$$
$$HO$$

Ce composé est encore appelé *acide phosphoglycérique*.

Imaginons que les deux oxhydriles alcooliques soient remplacés par deux restes d'acides gras, par exemple par deux restes d'acide stéarique, ou, comme on dit, par deux stéaryles, on obtiendra un

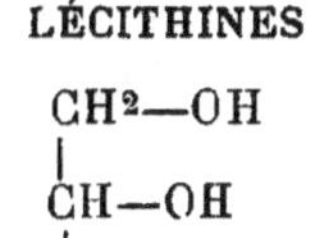

Fig. 16. — Chloroplatinate de choline (d'après Halliburton).

composé qui sera trois fois éther et deux fois acide, l'*acide distéarylephosphoglycérique*.

$$CH^2\!-\!C^{18}H^{35}O^2$$
$$CH\!-\!C^{18}H^{35}O^2$$
$$CH^2\!-\!O$$
$$HO\!-\!\!>\!PO.$$
$$HO$$

Considérons d'autre part un alcaloïde, la *choline*, dont la formule [1] est :

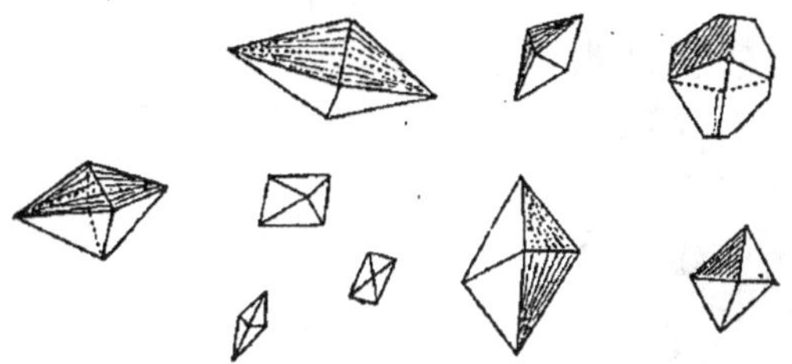

et imaginons que l'oxhydrile de cette base soit remplacé par le reste de l'acide distéarylephosphoglycérique, nous obtenons le composé :

1. La choline est l'hydrate de triméthyloxéthylammonium. — On l'a préparée synthétiquement par l'union de l'oxyde d'éthylène C^2H^4O, de la triméthylamine $N(CH^3)^3$ et de l'eau H^2O.

$$\begin{array}{l}
CH^2 - C^{18}H^{35}O^2 \\
\quad | \\
CH - C^{18}H^{35}O^2 \\
\quad | \\
CH^2 - O \diagdown \\
\qquad\qquad\qquad HO \longrightarrow PO, \\
C^2H^4 \diagup OH \\
\qquad \diagdown N(CH^3)^3 - O \diagup
\end{array}$$

la lécithine, ou, plus exactement, une lécithine, la *lécithine distéarique*.

On connaît en effet des lécithines dans lesquelles les deux restes stéaryles sont remplacés par deux restes palmytiles ou oléyles, une lécithine *dipalmitique*, une lécithine *dioléique*; et on peut supposer l'existence de lécithines mixtes, une lécithine *oléylepalmitique*, une lécithine *oléylestéarique* et une lécithine *palmitylestéarique*; mais ces corps n'ont pas été préparés. Les lécithines des tissus des animaux sont généralement des distéariques.

Les lécithines sont, on le voit d'après leur constitution, quatre fois éther et une fois acide.

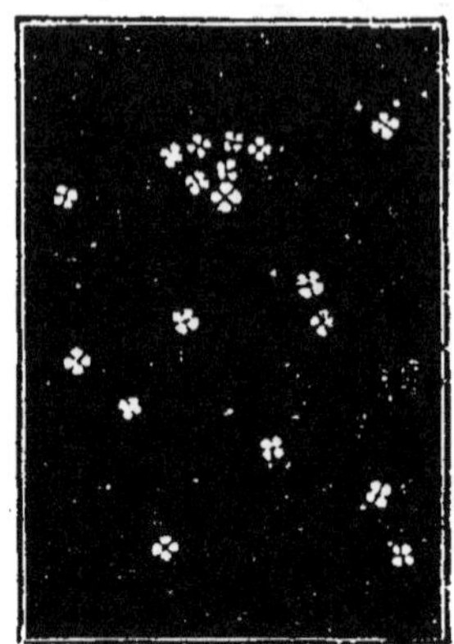

Fig. 17. — Grains de lécithine examinés à la lumière polarisée (d'après Dastre et Morat).

Les lécithines sont insolubles dans l'eau; elles sont solubles dans l'alcool absolu et même dans l'alcool à 90 p. 100, solubles dans l'éther, solubles surtout dans un mélange d'alcool et d'éther. Elles se dissolvent également dans les huiles neutres. Elles sont insolubles dans l'acétone.

Lorsqu'on évapore lentement leurs solutions alcoolo-éthérées, elles se déposent sous forme de masses résineuses gluantes. Si on évapore seulement en partie le dissolvant, de manière à déterminer la précipitation d'une partie de la lécithine dissoute, celle-ci se dépose sous forme de petits globules sphériques, qui, examinés au microscope polarisant, présentent le phénomène de la *croix de polarisation*, c'est-à-dire, suivant la position des nicols polarisateur et analyseur, une croix noire sur fond blanc ou une croix blanche sur fond noir.

Par la carbonisation des lécithines, le phosphore de leur molécule passe à l'état d'acide phosphorique : les lécithines donnent un résidu charbonneux acide. Si l'on ajoute aux lécithines du salpêtre et de la potasse caustique, et si l'on calcine, il se forme, aux dépens du phosphore des lécithines, du phosphate tripotassique.

Solubilité dans l'alcool et dans l'éther, insolubilité dans l'acétone, croix de polarisation des globules, acidité du résidu de carbonisation, ce sont là trois propriétés *caractéristiques des lécithines*. Un tissu contient-il une substance soluble dans l'alcool et l'éther, substance se déposant par évaporation du dissolvant en globules présentant le phénomène de la croix de polarisation, et donnant à la carbonisation un charbon acide, on peut affirmer la présence d'une lécithine dans ce tissu.

Les lécithines, quatre fois éther, sont décomposées par les alcalis caustiques, soude ou potasse caustiques, ou par les terres alcalines caustiques, notamment par la baryte caustique, comme le sont tous les éthers : les alcools sont régénérés, les acides se combinent avec l'alcali ou la terre alcaline, pour donner un sel d'alcali ou de terre alcaline.

Traitons les lécithines, ou, pour fixer les idées, la lécithine distéarique, par la soude caustique à chaud, il se formera de la glycérine, de la choline, du phosphate trisodique et du stéarate sodique, c'est-à-dire un savon. On dit que la soude saponifie les lécithines.

Lorsqu'on saponifie les lécithines par les alcalis caustiques, et mieux encore par la baryte caustique, la choline libérée ne reste pas totalement inaltérée : une partie est transformée par élimination d'une molécule d'eau, en un nouvel alcaloïde, la *neurine*, qui est l'hydrate de triméthylvinylammonium :

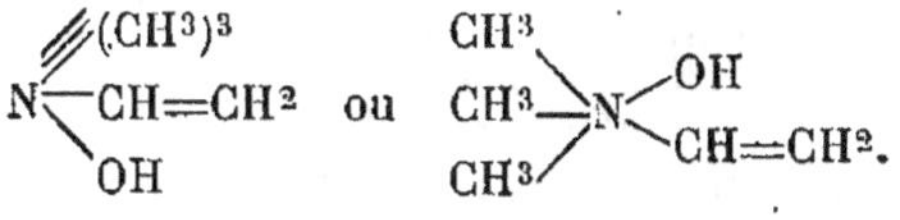

$$N \underset{OH}{\overset{(CH^3)^3}{\big<}} CH{=}CH^2 \quad \text{ou} \quad \underset{CH^3}{\overset{CH^3}{\big>}} N \underset{CH{=}CH^2}{\overset{OH}{\big<}} CH^3 .$$

Cette même neurine se produit dans la putréfaction des matières contenant des lécithines, et notamment dans la putréfaction du cerveau. Elle est douée de propriétés toxiques énergiques, tandis que la choline n'est pas toxique.

Si l'on veut obtenir de la lécithine pour en étudier les propriétés, on triture des jaunes d'œufs avec un poids égal d'acétone, on sépare l'acétone du résidu par décantation, et on répète ce traitement jusqu'à ce que l'acétone ne se colore plus.

L'acétone a enlevé les graisses neutres; la lécithine reste dans le résidu. On l'en retire en traitant par le chloroforme ce résidu desséché.

— Il existe deux procédés permettant de *doser les lécithines* extraites d'un tissu : le *procédé de saponification* et le *procédé d'incinération*.

Supposons une lécithine sans mélange de graisses neutres ou d'acides gras libres (par exemple une lécithine débarrassée des graisses neutres et des acides gras par agitation répétée avec de l'acétone), saponifions par la soude, séparons et dosons les savons formés, nous en concluons la quantité de lécithines qui leur a donné naissance.

Supposons une lécithine non mélangée de phosphates (par exemple une lécithine dissoute dans l'alcool-éther, qui ne dissout pas les phosphates métalliques), additionnons-la de nitrate de potasse et de potasse, calcinons le mélange, et, dans le résidu de calcination, dosons les phosphates. Nous en conclurons la quantité de lécithines qui leur a donné naissance.

a. — *Lipochromes*.

Les graisses neutres pures, les acides gras et les savons alcalins ou alcalino-terreux qui en dérivent sont incolores. Les graisses naturelles sont en général plus ou moins colorées. Elles doivent cette coloration à la présence de substances dites *lipochromes* ou *lutéines*. Ces lipochromes, jaunes (huiles) ou rougeâtres (jaune de l'œuf des oiseaux), sont des corps non azotés, dont la constitution est inconnue.

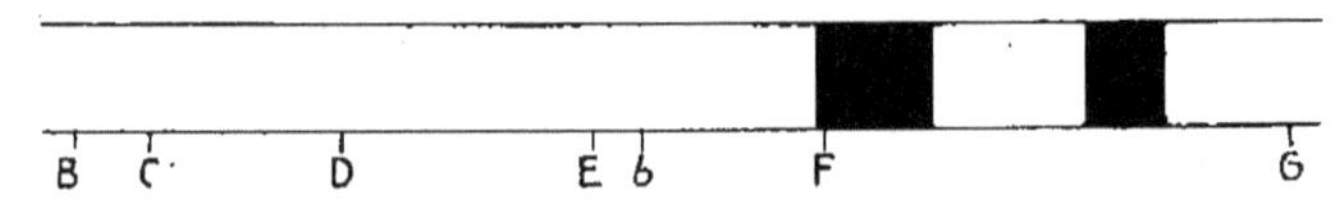

Fig. 18. — Spectre d'absorption d'un lipochrome d'après Hammarsten.

On peut les séparer des matières grasses : on prépare une solution alcoolique de la matière grasse, et on saponifie au moyen d'une solution alcoolique de soude caustique; on chasse l'alcool par la chaleur; on reprend la masse par l'eau, et on précipite les savons soit par le chlorure de sodium en excès à l'état de savons d'alcalis, soit par un chlorure alcalino-terreux à l'état de savons alcalino-terreux. Les savons entraînent avec eux les lipochromes, qu'on en sépare en agitant la masse desséchée avec de l'éther de pétrole : celui-ci dissout les lipochromes et les abandonne par évaporation. On facilite beaucoup l'extraction des lipochromes fixés par les savons insolubles, en transformant ceux-ci en acides gras par addition d'un acide minéral.

Les lipochromes présentent un spectre d'absorption à deux bandes comprises entre les raies F et G du spectre solaire.

b. — *Lipoïdes*.

Quelques biologistes réunissent en un groupe commun toutes les substances protoplasmiques solubles dans l'éther et les désignent sous le nom général de *lipoïdes*. Il peut y avoir intérêt d'ordre physiologique à réaliser un tel groupement; mais, au point de vue chimique, ce groupement est artificiel et somme toute inadmissible. Les graisses neutres et les acides gras sont des lipoïdes, les lécithines sont des lipoïdes, la cholestérine est un lipoïde; à coup sûr pourtant la cholestérine ne présente pas de parenté chimique avec les graisses neutres ou phosphorées. Il n'y a donc pas lieu d'insister sur les lipoïdes.

Notons simplement qu'on a considéré des lipoïdes phosphorés ou phosphatides (par exemple les lécithines), des lipoïdes non phosphorés (ce sont le plus souvent des corps glycosidiques), des lipoïdes sans phosphore et sans azote (telle est la cholestérine) et enfin des lipoïdes divers de nature chimique inconnue.

CHAPITRE III

LES HYDROCARBONES
OU HYDRATES DE CARBONE

GLYCOSES, SACCHAROSES, AMYLOSES.

Sommaire. — Qu'est-ce qu'un hydrate de carbone? Trois classes d'hydrates de carbone intéressant le physiologiste : glycoses, saccharoses, amyloses. — Glycosides.

I. *Les* glycoses. — Trois glycoses intéressantes : glycose, lévulose, galactose. *a.* Étude de la glycose prise comme type de sa classe. Solubilités. Trois propriétés de la glycose : une propriété physique : pouvoir rotatoire; une propriété chimique : pouvoir réducteur; une propriété biologique : fermentescibilité. Ces trois propriétés permettent de reconnaître et de doser la glycose. *b.* Lévulose. *c.* Galactose. — Aldoses et cétoses. Réaction de la phénylhydrazine.

II. *Les* saccharoses. — Trois saccharoses intéressantes : saccharose, lactose, maltose. *a.* Étude de la saccharose prise comme type de sa classe. Action des acides dilués à l'ébullition. La saccharose est une substance dextrogyre, non réductrice, non directement fermentescible. Sucre interverti. *b.* Lactose. Substance dextrogyre, réductrice, non fermentescible. *c.* Maltose. Substance dextrogyre, réductrice, fermentescible. Distinction de la maltose et de la glycose.

III. *Les* amyloses. — Trois amyloses intéressantes : amidon, glycogène, dextrines. *a.* Amidon. Grains d'amidon. Empois d'amidon. Quelques propriétés de l'amidon. Réaction de l'iode sur l'amidon. Inuline. *b.* Glycogène, *c.* Dextrines.

IV. Un mot sur la *glycosamine* et sur l'*acide glycuronique*.

Les *hydrates de carbone* ou *hydrocarbones* peuvent être définis d'une façon générale : des substances composées de carbone, d'hydrogène et d'oxygène, dans lesquelles le rapport des quantités d'hydrogène et d'oxygène est le même que le rapport des quantités d'hydrogène et d'oxygène dans l'eau. Ces substances ont par conséquent une formule du type

$$C^n(H^2O)^p.$$

Lorsqu'elles subissent la combustion complète, soit hors de l'organisme, soit dans l'organisme, elles donnent exclusivement de l'acide carbonique et de l'eau ; comme on peut concevoir qu'elles sont formées de carbone et d'eau, leur combustion est équivalente à celle du carbone qu'elles contiennent. Or le carbone en brûlant fournit un volume d'acide carbonique égal à celui de l'oxygène employé à le brûler ; donc les hydrocarbones fournissent en brûlant un volume d'acide carbonique égal au volume d'oxygène employé à les brûler.

$$(1) \qquad C^n(H^2O)^p + nO^2 = nCO^2 + pH^2O.$$

On désigne en physiologie sous le nom de *quotient respiratoire* d'une substance donnée le rapport du volume d'acide carbonique produit dans sa combustion au volume d'oxygène nécessaire pour en assurer la combustion. Pour tous les hydrocarbones, ce rapport est égal à l'unité, ainsi qu'il résulte de l'égalité chimique (1).

$$Q.\ R. = \frac{CO^2}{O^2} = 1.$$

Tous les hydrocarbones répondent à la formule $C^n(H^2O)^p$, mais, toute substance organique répondant à cette formule générale n'est pas nécessairement un hydrate de carbone : l'acide acétique $C^2H^4O^2$ ou $C^2(H^2O)^2$ et l'acide lactique $C^3H^6O^3$ ou $C^3(H^2O)^3$ ne sont pas des hydrates de carbone.

Les hydrates de carbone sont des dérivés aldéhydiques ou cétoniques d'alcools polyatomiques : la glycose est un dérivé aldéhydique de la sorbite, alcool hexatomique ; la lévulose est un dérivé cétonique de la mannite, alcool hexatomique.

Les hydrates de carbone les plus simples sont une fois aldéhyde, ou une fois cétone, et n fois alcools. Ce sont les *monosaccharides*. Leur formule générale est $C^n(H^2O)^n$. On en connaît pour lesquels n est égal à 3, 4, 5, 6, 7, 8 et 9 ; on leur donne dès lors les noms génériques de trioses, tétroses, pentoses, hexoses, heptoses, octoses, nonoses.

Des hydrates de carbone plus compliqués résultent de l'union de deux molécules (semblables ou dissemblables) de monosaccharides, avec élimination d'une molécule d'eau ; ce sont des anhydrides des monosaccharides. On les appelle *disaccharides*. Ils répondent à la formule $C^{2n}(H^2O)^{2n-1}$.

Enfin, on connaît les *polysaccharides*, qu'on peut considérer comme résultant de l'union de plusieurs molécules de monosaccharides, avec élimination d'eau : ils répondent à la formule $x[C^n(H^2O)^{n-1}]$.

Les hydrates de carbone, qu'il importe au physiologiste de connaître, peuvent être rangés dans trois classes, caractérisées respectivement par leur composition centésimale. Ces classes sont :

$$
\begin{aligned}
\text{La classe des } \textit{glycoses} &\ldots\ldots && C^6(H^2O)^6 \\
\text{—} \qquad \textit{saccharoses} &\ldots && C^6(H^2O)^{5\,1/2} \ \text{ou}\ C^{12}(H^2O)^{11} \\
\text{—} \qquad \textit{amyloses} &\ldots\ldots && C^6(H^2O)^5.
\end{aligned}
$$

Les corps des deux premières classes, glycoses et saccharoses, sont appelés *sucres* [1].

Aux glycoses on doit rattacher les *glycosides*; ce sont des substances très répandues dans le règne végétal, résultant de l'union d'une glycose avec une substance organique oxhydrilée, alcool ou phénol, avec élimination d'eau. Sous l'influence des acides, ou de diastases convenables, ces glycosides se décomposent, régénérant la glycose et la substance organique conjuguée ou les produits de décomposition de cette dernière.

La salicine, qu'on peut extraire de l'écorce de saule, se dédouble ainsi en glycose et en alcool salicylique (ou saligénine) suivant la formule suivante :

$$
C^6H^4\!\!\begin{array}{l}{\diagup O\text{-}C^6H^{11}O^5}\\{\diagdown CH^2\text{-}OH}\end{array} \ +\ H^2O \ =\ C^6H^{12}O^6 \ +\ C^6H^4\!\!\begin{array}{l}{\diagup OH}\\{\diagdown CH^2OH.}\end{array}
$$

$$
\text{salicine} \qquad\qquad\qquad\qquad \text{glycose} \qquad \text{saligénine}
$$

L'amygdaline, qu'on peut extraire des amandes amères, se dédouble en glycose, aldéhyde benzoïque et acide cyanhydrique suivant la formule

$$
C^{20}H^{27}NO^{11} \ +\ 2H^2O \ =\ 2C^6H^{12}O^6 \ +\ C^7H^6O \ +\ CNH
$$

$$
\text{amygdaline} \qquad\qquad \text{glycose} \qquad \underset{\text{benzoïque}}{\text{ald.}} \qquad \underset{\text{cyanhydrique}}{\text{acide}}
$$

I. — GLYCOSES ou MONOSACCHARIDES $C^6(H^2O)^6$.

Parmi les *glycoses*, nous devons en considérer trois.

$$
\left\{\begin{array}{l}
\text{La } \textit{glycose} \text{ (ou } \textit{glucose}\text{),}\\
\text{La } \textit{lévulose,}\\
\text{La } \textit{galactose.}
\end{array}\right.
$$

Les glycoses possèdent soit une fonction aldéhydique, soit une fonction cétonique : on les divise pour cette raison chimique en *Aldoses* et *Cétoses* : la glycose et la galactose sont des aldoses; la lévulose est une cétose. Cette distinction a surtout un intérêt d'ordre chimique : nous la signalons simplement, sans insister.

1. Les chimistes définissent les sucres : des corps à saveur sucrée possédant plusieurs fonctions alcooliques.

a. — *Glycose.*

La glycose, ou **glucose**, ou **sucre de raisin**, est soluble dans l'eau et soluble dans l'alcool fort et dans l'alcool absolu. Elle est insoluble dans l'éther ; celui-ci la précipite de sa solution alcoolique. L'eau à 15° en dissout 80 p. 100. L'alcool absolu à 15° en dissout 2 p. 100 ; l'alcool bouillant en dissout 30 p. 100.

En solution aqueuse, elle peut être bouillie avec les acides minéraux dilués, par exemple avec l'acide chlorhydrique à 1 p. 100, sans subir de modification ; — mais elle est altérée à l'ébullition en présence des alcalis caustiques.

La glycose possède trois propriétés importantes à connaître pour le physiologiste : une propriété physique, une propriété chimique, une propriété biologique ; — une *propriété physique* : elle fait tourner à droite le plan de polarisation de la lumière ; — une *propriété chimique* : en présence des alcalis caustiques, elle réduit certains sels métalliques ; une *propriété biologique* : elle fermente sous l'influence de la levure de bière.

On sait que la lumière est considérée actuellement par les physiciens comme un mouvement vibratoire s'accomplissant perpendiculairement à la direction de propagation. Mais comme, en un point quelconque d'une ligne droite dans l'espace, on peut mener une infinité de perpendiculaires à cette droite, l'une quelconque de ces perpendiculaires représente indifféremment la direction de la *vibration lumineuse naturelle*. La vibration lumineuse est donc seulement perpendiculaire à la direction de propagation ; elle n'est pas contenue dans un même plan passant par la direction de propagation lumineuse. Mais il est possible, par des artifices divers, que nous n'avons pas à décrire ici, d'obtenir une lumière telle que la vibration lumineuse se fasse uniquement dans un seul des plans passant par la direction de propagation, et, bien entendu, toujours perpendiculaire à cette direction : une telle *lumière* est dite *polarisée*. Il existe des appareils, appelés *polariseurs*, permettant d'obtenir une lumière polarisée, et des appareils, appelés *analyseurs*, permettant de connaître la direction de la vibration lumineuse.

Lorsqu'on fait traverser une solution de glycose par un rayon de lumière polarisée, on constate, au moyen de l'analyseur, que la direction vibratoire de la lumière émergente n'est plus la même que celle de la lumière incidente : cette direction a été déviée. On dit que la glycose dévie le plan de polarisation de la lumière, qu'elle possède un *pouvoir rotatoire*. — La vibration lumineuse a été déviée vers la droite [1] par la glycose : on dit que la glycose est une substance *dextrogyre*. A cause de cette propriété, on a quelquefois donné à la glycose le nom de *dextrose*.

Pour une solution donnée de glycose, la déviation observée est proportionnelle à l'épaisseur de la solution traversée par la lumière polarisée; — pour deux solutions inégalement concentrées de glycose, observées sous une même épaisseur, le physiologiste peut admettre, tout en n'ignorant pas qu'il commet de ce fait une erreur, que la déviation observée est proportionnelle à la quantité de glycose en solution.

Le *pouvoir rotatoire spécifique* de la glycose anhydre $C^6H^{12}O^6$ pour la lumière monochromatique donnée par les sels de sodium est de 52°,6 à droite :

$$[\alpha]_D = + 52°,6^2.$$

Cela veut dire que si l'on fait traverser, sous une épaisseur de 1 décimètre, une solution de glycose qui contiendrait 1 gramme de glycose par centimètre cube, par un rayon de lumière (monochromatique obtenue par la flamme sodique) polarisée, on constaterait une rotation du plan de polarisation vers la droite, rotation égale à 52°,6[3].

Supposons qu'une liqueur contenant en solution de la glycose et ne contenant pas d'autre substance capable de faire tourner le plan de polarisation de la lumière, examinée sous une épaisseur de 1 décimètre, fasse tourner le plan de polarisation d'un angle β. Soit x la quantité de glycose contenue dans 1 centimètre cube de cette liqueur, nous pourrons écrire la proportion :

$$\frac{1 \text{ gr.}}{x} = [\alpha]_D$$

1. On suppose l'observateur regardant vers la source lumineuse et recevant dans l'œil la lumière polarisée ayant traversé la solution de glycose, comme les choses se passent dans l'examen polarimétrique. On dit qu'il y a rotation du plan de polarisation à droite quand, dans ces conditions, la vibration lumineuse est déviée dans le sens des aiguilles d'une montre dont on regarde le cadran, et rotation du plan de polarisation à gauche, quand, dans les mêmes conditions, la vibration lumineuse est déviée dans le sens inverse des aiguilles d'une montre dont on regarde le cadran.

2. $[\alpha]_D$ représente le pouvoir rotatoire pour une lumière qui occupe dans le spectre la place de la raie D du spectre solaire. Le signe + indique que la rotation se fait vers la droite. Les rotations qui se font vers la gauche sont indiquées par le signe —.

3. Ce nombre s'applique aux solutions aqueuses contenant environ 10 p. 100 de glycose et à la température de 20°. — Le pouvoir rotatoire de la glycose dissoute dans l'alcool fort est environ le double du pouvoir rotatoire de la glycose dissoute dans l'eau. — Le pouvoir rotatoire spécifique de la glycose est modifié par la concentration de la solution : il augmente en même temps que la concentration. — La température modifie aussi, mais seulement très faiblement, le pouvoir rotatoire spécifique de la glycose.

d'où :

$$x = \frac{\beta}{[\alpha]_{\text{D}}} \text{ grammes.}$$

Pour fixer les idées, supposons que β soit égal à $5°,26$,

$$x = \frac{5,26}{52,6} = 0 \text{ gr. } 1 \text{ [1].}$$

— La glycose jouit de *propriétés réductrices* : lorsque des solutions de glycose sont bouillies, en présence d'alcalis caustiques, avec des sels de bismuth, d'or, de mercure ou d'argent, ces sels sont réduits : le métal est précipité. La même réduction se fait également à la température ordinaire; mais elle demande alors pour s'accomplir un temps souvent considérable.

Si, dans une solution de glycose, additionnée d'une forte proportion de soude caustique (20 à 30 p. 100 par exemple), on met en suspension du sous-nitrate de bismuth ou de l'hydrate de bismuth fraîchement précipité, et si on porte à l'ébullition, on voit le composé de bismuth blanc passer au noir : il a été réduit à l'état de bismuth métallique pulvérulent noir (*Réaction de Böttger*) [2]. (Pl. col. III, fig. D_1, D_2.)

Les sels cuivriques, en présence d'alcalis caustiques, sont réduits par la glycose, surtout à la température d'ébullition, à l'état d'oxyde cuivreux (oxydule de cuivre), précipité rougeâtre, insoluble dans les alcalis caustiques fixes (potasse et soude caustiques). Par conséquent, lorsqu'on fait bouillir une solution alcaline d'un sel cuivrique, solution transparente d'un beau bleu, après l'avoir additionnée de glycose, on voit la liqueur devenir rougeâtre et opaque par suite de la réduction du sel cuivrique et de la formation d'un précipité d'oxyde cuivreux. Lorsqu'on abandonne au repos cette liqueur réduite, le précipité cuivreux se dépose au fond

1. Les solutions aqueuses de glycose présentent le phénomène de la *birotation* Si on dissout dans l'eau de la glycose solide, et si on détermine le pouvoir rotatoire spécifique de la glycose sur cette solution, aussitôt qu'elle est faite, on trouve un nombre voisin de $+105°$. La solution étant abandonnée à la température ordinaire, ce pouvoir rotatoire spécifique diminue progressivement jusqu'à devenir, après environ vingt-quatre heures, égal à $+52°,6$. — On amène très rapidement une solution de glycose fraîche à avoir le pouvoir rotatoire spécifique $+52°,6$ en la faisant bouillir. — Les solutions alcooliques de glycose ne présentent pas le phénomène de la birotation.

2. On utilise parfois pour cette réaction le réactif de Nylander. (Voy. *Urines sucrées*, chap. XXII, V, *b*.)

d'une liqueur transparente, décolorée [1] si la réduction a été totale, c'est-à-dire si la quantité de glycose ajoutée a été grande, — bleue si la réduction a été partielle, c'est-à-dire si la quantité de glycose ajoutée a été petite (*Réaction de Trommer*). (Pl. col. III, fig. C_1, C_2.)

La solution cuivrique généralement employée par les physiologistes est la *liqueur de Fehling* : c'est essentiellement une solution aqueuse de tartrate cuivrique et de tartrate potassique, fortement alcalinisée par la soude caustique : on l'appelle quelquefois liqueur cupro-potassique [2] ou liqueur bleue.

Pour une même solution de glycose, la quantité de liqueur de Fehling réduite est proportionnelle à la quantité de solution de glycose ajoutée. Pour deux solutions contenant des proportions différentes de glycose, le physiologiste peut admettre, tout en n'oubliant pas qu'il commet par là une légère erreur, que la quantité de liqueur de Fehling réduite est proportionnelle à la quantité de glycose ajoutée. Inversement, le physiologiste peut admettre, tout en n'oubliant pas qu'il commet par là une légère erreur, que, pour réduire une même quantité de liqueur de Fehling, il faut ajouter des volumes de deux solutions de glycose contenant la même quantité de glycose.

Ces faits permettent de doser la quantité de glycose contenue dans une liqueur, pourvu que cette liqueur ne contienne pas de substances, autres que la glycose, capables de réduire la liqueur de Fehling.

Dans un volume déterminé de liqueur de Fehling maintenue à l'ébullition, faisons tomber goutte à goutte la solution de glycose, jusqu'à ce que la liqueur, dans laquelle flotte le précipité d'oxyde cuivreux formé, soit complètement décolorée. La quantité de la solution de glycose

1. Quand il y a grand excès de sucre, la liqueur qui surmonte le précipité d'oxyde cuivreux est jaune. Cette coloration est due à l'action exercée à la température d'ébullition sur le sucre par l'alcali caustique.

La *réaction de Moore*, qu'on a parfois employée pour manifester le sucre, est basée sur la même action chimique : si on chauffe une solution de sucre mélangée à une solution d'un alcali caustique, le liquide prend une coloration brune. Pl. col. III, fig. D_3.

2. Pour préparer cette liqueur de Fehling, on dissout 34 gr. 65 de sulfate de cuivre cristallisé pur dans 200 centimètres cubes d'eau, d'une part; — on dissout 173 grammes de tartrate de sodium et de potassium (sel de Seignette) dans 480 centimètres cubes de lessive de soude de densité 1,14 (contenant 12 p. 100 de soude caustique), d'autre part. On mélange les deux solutions, et on ajoute de l'eau pour faire 1 litre, à la température de 15°. — La liqueur de Fehling s'altérant, surtout sous l'influence de l'air, de la chaleur, de la lumière, on recommande de conserver cette liqueur dans des flacons complètement remplis, noirs et placés à l'obscurité dans un lieu frais. — Il vaut encore mieux préparer les deux solutions, la solution cuivrique et la solution tartrique alcaline, qui ne s'altèrent pas spontanément, et ne les mélanger qu'au moment d'utiliser la liqueur de Fehling.

ajoutée renferme une quantité de glycose suffisante pour réduire le volume
employé de la liqueur de Fehling. — Si nous avons
le titre de cette liqueur de Fehling, c'est-à-dire si
nous avons déterminé la quantité de glycose pure
qu'il faut ajouter à un volume donné de cette
liqueur de Fehling pour en produire la réduction
totale, nous pourrons savoir quelle est la quantité de glycose contenue dans la liqueur analysée.

Supposons, par exemple, que 10 centimètres
cubes de liqueur de Fehling soient totalement
réduits par 0 gr. 05 de glycose pure [1]. Supposons
d'autre part que, pour réduire totalement ces
10 centimètres cubes, il faille ajouter 20 centimètres cubes d'une solution de glycose analysée : ces
20 centimètres cubes contiennent 0 gr. 05 de
glycose; — 100 centimètres cubes contiennent

$$0 \text{ gr. } 05 \times \frac{100}{20}, \text{ soit } 0 \text{ gr. } 25 \text{ de glycose}; — \text{ la}$$

solution contient donc 0 gr. 25 p. 100 de glycose.

Mais il est difficile de déterminer rigoureusement la quantité exacte de solution de glycose
qu'il faut ajouter à un volume donné de liqueur
de Fehling pour en produire la réduction totale :
le précipité d'oxyde cuivreux rouge masque la
coloration bleue du liquide dans lequel il se
forme : il faut, par conséquent, laisser ce précipité
se déposer, en supprimant l'ébullition du liquide,
tout en maintenant la température voisine de 100°,
pour pouvoir observer la coloration du liquide;
le faire bouillir de nouveau, ajouter une petite
quantité de la solution de glycose, laisser déposer,
etc., jusqu'à décoloration complète [2].

1. Il est toujours nécessaire de titrer la liqueur de
Fehling dont on se sert pour déterminer les quantités
absolues de glycose, au moyen de glycose pure anhydre.
A cet effet, on peut préparer de la glycose cristallisée
anhydre de la façon suivante. A 1 500 centimètres cubes
d'alcool à 90 p. 100, on ajoute 60 centimètres cubes
d'acide chlorhydrique fumant, et, après avoir porté ce
mélange à 45°, on y ajoute par petites portions, en
agitant constamment, 500 grammes de sucre de canne
pur (sucre candi absolument blanc, par exemple). On
maintient le mélange à 45° pendant deux heures, puis
on l'abandonne six à huit jours dans un lieu frais; la
cristallisation ne tarde pas à se produire. Les cristaux
sont égouttés, lavés à l'alcool à 90 p. 100, jusqu'à ne
plus contenir trace d'acide chlorhydrique. — Pour les
purifier, on peut les redissoudre dans l'alcool méthylique
pur de densité 0,80 bouillant, et refroidir rapidement
la liqueur filtrée : les cristaux se déposent très purs.

2. Pour s'assurer que la totalité du sel de cuivre a bien été précipitée, on peut
filtrer quelques gouttes de liquide, l'aciduler, et ajouter du ferrocyanure de potassium. Si la liqueur contient une trace de sel de cuivre, elle se colore en rouge
(ferrocyanure de cuivre).

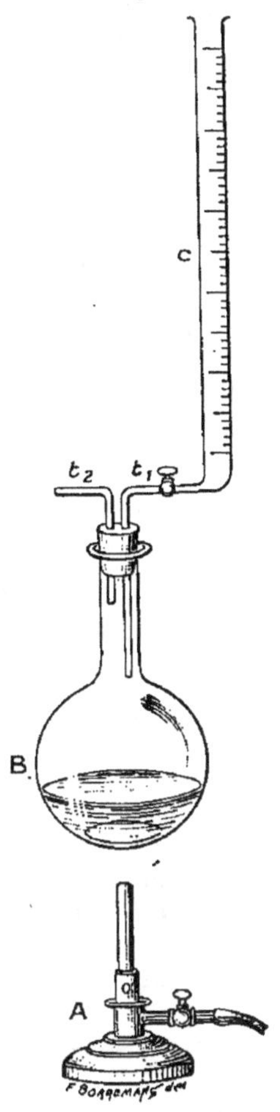

Fig. 19. — Appareil
pour le dosage du
sucre par la méthode
au ferrocyanure. —
A, brûleur de Bunsen;
B, ballon contenant la
liqueur bleue ferro-
cyanurée; c, burette
graduée; t_1, tube d'a-
menée de la solution
sucrée; t_2, tube de
dégagement pour la
vapeur.

M. ARTHUS. — Précis de chim. physiol.   4

On simplifie cette manœuvre en employant une *liqueur de Fehling ferrocyanurée*, obtenue en faisant dissoudre dans 100 centimètres cubes de liqueur de Fehling 2 grammes de ferrocyanure de potassium. Lorsqu'on porte à l'ébullition cette liqueur additionnée d'un excès de glycose, on observe une décoloration de la liqueur ; mais il ne se produit pas de précipité d'oxyde cuivreux : la liqueur reste constamment d'une transparence parfaite. Il est, par conséquent, facile de saisir exactement le moment où, par addition goutte à goutte d'une solution de glycose, un volume donné de la liqueur bleue titrée est exactement décoloré. En opérant ainsi le dosage de la glycose dans une liqueur, on gagne en rapidité et en exactitude. La réaction doit se faire à l'abri de l'air, car l'air fait passer au noir la liqueur bleue ferrocyanurée réduite par la glycose. Il convient donc de faire tomber la solution de glycose dans un ballon où la liqueur bleue ferrocyanurée est maintenue à l'ébullition continue [1] (fig. 19).

La glycose *fermente sous l'influence de la levure de bière.*

Lorsqu'on met de la levure de bière dans une solution de glycose, on voit bientôt se dégager des bulles de gaz carbonique. Sous l'influence de cette levure, la glycose est décomposée, fournissant essentiellement, mais non exclusivement, de l'*alcool éthylique* et du *gaz carbonique* (boissons fermentées, par exemple) :

$$C^6(H^2O)^6 = 2(C^2H^6O) + 2CO^2.$$

On peut manifester très facilement la nature du gaz dégagé dans la fermentation alcoolique. Dans un ballon à fond plat, muni d'un tube de dégagement, on introduit la liqueur sucrée et la levure ; le tube de dégagement plonge dans un verre contenant de l'eau de chaux ou de l'eau baryte (figure 20). On constate que les bulles de gaz qui se dégagent provoquent la formation d'un louche, d'un trouble, d'un précipité blanc qui présente les propriétés générales du carbonate de chaux ou du carbonate de baryte. Donc le gaz dégagé est de l'acide carbonique.

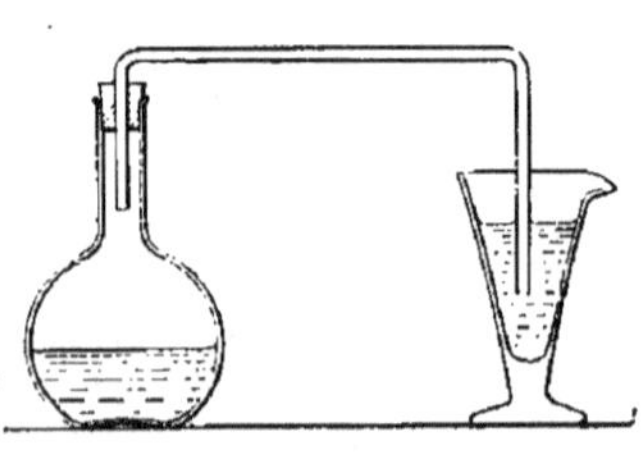

Fig. 20.

Plusieurs réactions ont été proposées pour manifester l'alcool dans la liqueur de fermentation. Nous ne retiendrons que les deux suivantes, non à cause de leur excellence, mais à cause de leur simplicité d'exécution.

a. Dans un ballon muni d'un long tube de dégagement effilé à son extrémité libre, on introduit la liqueur à examiner. On chauffe progressivement jusqu'à l'ébullition. La présence d'alcool, ou plus exactement d'une substance volatile distincte de l'eau, est révélée par l'apparition

1. Il est nécessaire de titrer la liqueur de Fehling ferrocyanurée elle-même, car l'addition de ferrocyanure à la liqueur de Fehling en modifie considérablement le titre.

sur les parois du tube de dégagement de petites gouttelettes d'apparence huileuse, qui semblent cheminer lentement vers l'extrémité du tube. Quand elles y sont parvenues, on peut les enflammer à l'aide d'une allumette allumée (fig. 21). Cet essai montre que la liqueur contenait une substance volatile et combustible, qui peut être de l'alcool, mais qui assurément n'est pas nécessairement de l'alcool.

b. Dans une capsule de porcelaine, ou dans un ballon de verre, on place le liquide à exa-miner, auquel on ajou-te quelques cristaux d'iodure de potassium et de la soude caustique. En chauffant progres-sivement ce mélange, on reconnaît, à son odeur caractéristique, la formation d'iodo-forme, si la liqueur contenait de l'alcool. Abandonnée au refroi-dissement, la liqueur laisse déposer des cris-taux jaunes et brillants

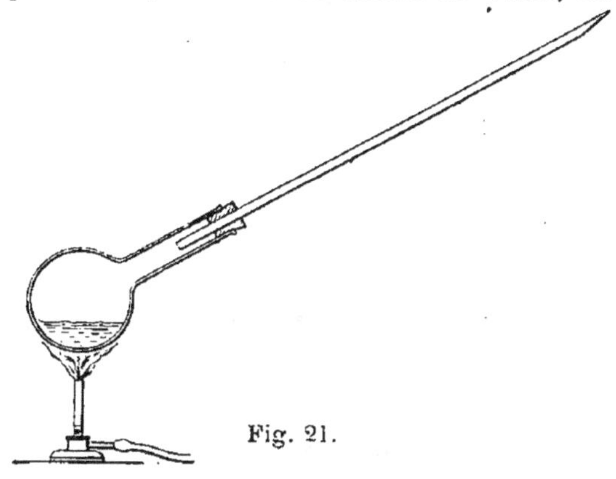

Fig. 21.

d'iodoforme. Cette réaction, comme la précédente, n'est pas caractéris-tique de l'alcool; elle se produit également bien avec quelques autres substances, notamment avec l'acétone.

La décomposition de la glycose se poursuit jusqu'à disparition totale : si donc on connaît la quantité d'alcool, ou la quantité de gaz carbonique produite, lorsque la décomposition est terminée, on peut calculer la quantité de glycose contenue dans la liqueur : en effet, 100 grammes de glycose fournissent théoriquement 50 gr. 111 d'alcool et 48 gr. 888 de gaz carbonique [1].

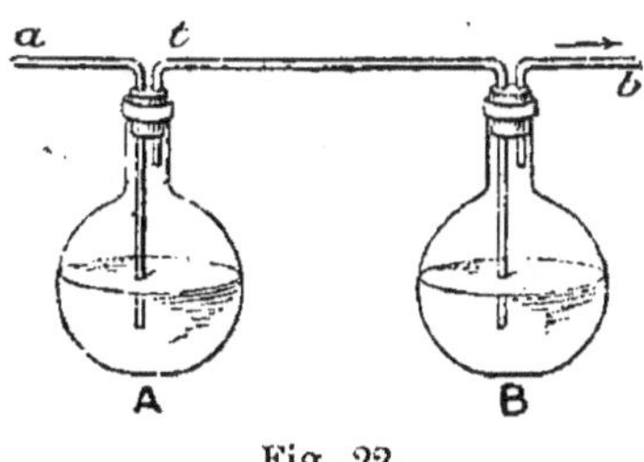

Fig. 22.

Pratiquement, on se sert d'un appa-reil, disposé comme l'indique la figure ci-contre, composé de deux ballons, l'un A contenant la solution de glycose et la levure préalablement lavée à l'eau (pour enlever le sucre qu'elle peut contenir), l'autre B contenant de l'acide sulfurique concentré. Au moment où l'on mélange

---

1. Ceci n'est qu'approximativement vrai, parce que l'alcool et le gaz carbonique ne sont pas les seuls produits dérivant de la transformation de la glycose. Il y a production notamment de petites quantités de glycérine, d'acide succinique, etc. D'après Pasteur, 100 grammes de glycose donnent, dans la fermentation alcoo-lique, 48,3 d'alcool, 46,4 d'acide carbonique, 2,5 à 3,6 de glycérine, 0,4 à 0,7 d'acide succinique, etc.

la levure et la solution de glycose, on pèse l'appareil. Le tube a étant fermé, on laisse fermenter ; le gaz carbonique se dégage par le tube t, barbote dans l'acide sulfurique B qui retient la vapeur d'eau entraînée, et s'échappe par b. Lorsque la fermentation est terminée, on fait passer par a dans tout l'appareil un courant d'air desséché ; ce courant d'air entraîne tout le gaz carbonique contenu encore dans les ballons et dans le liquide A. On pèse de nouveau l'appareil : la perte de poids p correspond à la perte du gaz carbonique produit dans la fermentation de la glycose. La quantité de glycose contenue dans la liqueur A est calculée au moyen de l'expression :

$$P = a \times \frac{100}{48,888}.$$

b. — Lévulose.

La **lévulose**, ou **fructose**, ou **sucre de fruit**, comme la glycose, est soluble dans l'eau, presque insoluble dans l'alcool absolu froid, soluble dans l'alcool absolu bouillant, un peu soluble dans le mélange d'alcool et d'éther, insoluble dans l'éther pur. C'est un sucre doué du *pouvoir rotatoire*, un sucre *réducteur* un sucre *fermentescible*.

Elle agit sur la lumière polarisée : elle fait tourner le plan de polarisation de la lumière vers la gauche, c'est une substance *lévogyre*, d'où son nom de *lévulose*. Son *pouvoir rotatoire spécifique* est :

$$[\alpha]_\text{D} = -89°,9 \; [1].$$

La lévulose réduit la liqueur de Fehling, mais son *pouvoir réducteur* n'est pas aussi grand que celui de la glycose. Si, par définition, on représente par 100 le pouvoir réducteur de la glycose, le pouvoir réducteur de la lévulose est représenté par 96. Cela veut dire que si un poids donné de glycose peut réduire totalement 100 centimètres cubes de liqueur de Fehling, le même poids de lévulose ne peut réduire que 96 centimètres cubes de cette liqueur.

Enfin la lévulose *fermente par la levure de bière*, fournissant de l'*alcool* et du *gaz carbonique* comme la glycose.

---

1. Ce nombre correspond à la température de 15° ; le pouvoir rotatoire de la lévulose varie très notablement avec la température. La lévulose présente le phénomène de la birotation. Son pouvoir rotatoire spécifique, au moment où la solution vient d'être faite, est de — 104°,

c. — *Galactose.*

La **galactose** est un sucre soluble dans l'eau, un peu soluble dans l'alcool fort, très peu soluble dans l'alcool absolu, insoluble dans l'éther. C'est un sucre *dextrogyre, réducteur, fermentescible.*

Son *pouvoir rotatoire spécifique* est :

$$[\alpha]_{\scriptscriptstyle D} = + 83° \; [1].$$

Son *pouvoir réducteur* est égal à 93, en supposant égal à 100 celui de la glycose.

Elle *fermente par la levure de bière*, en donnant de l'*alcool* et du *gaz carbonique*. Il convient toutefois de noter que la fermentation ne marche réellement bien qu'avec des levures qu'on a progressivement accoutumées à vivre en milieux galactosés.

Les réactions de la *phénylhydrazine* sur les glycoses sont importantes à signaler. Elles permettent, en effet, d'isoler les glycoses des liqueurs complexes dans lesquelles elles peuvent se trouver, sous forme d'une combinaison définie, insoluble dans l'eau, cristallisée, d'où l'on peut, par des réactions chimiques relativement simples, régénérer la glycose génératrice.

Comme toutes les aldéhydes et cétones, les glycoses en solution acétique s'unissent aux hydrazines. Cette réaction est particulièrement intéressante dans le cas de la phénylhydrazine

$$C^6H^{12}O^6 + NH^2NH-C^6H^5 = C^6H^{12}O^5-N-NH-C^6H^5 + H^2O$$

glycose   phénylhydrazine   glycose-phénylhydrazone.

Les phénylhydrazones sont généralement solubles dans l'eau ; elles ne présentent pas d'intérêt en chimie physiologique. — Mais si l'on additionne la solution aqueuse acétique d'une glycose-phénylhydrazone d'un excès de phénylhydrazine, et si on maintient le mélange à la température du bain-marie bouillant pendant un temps assez long, il se fait un dépôt cristallin jaune d'une substance insoluble ou tout au moins très peu soluble dans l'eau, soluble dans l'alcool, une phénylglycosazone, résultant de la fixation d'une molécule de phénylhydrazine sur une molécule de glycose-phénylhydrazone, avec formation d'une molécule d'eau et d'une molécule d'hydrogène [2].

---

1. La galactose présente le phénomène de la birotation : aussitôt après dissolution, son pouvoir rotatoire spécifique est + 117°.

2. Cet hydrogène ne se dégage d'ailleurs pas : il réagit sur l'excès de phénylhydrazine qu'il ramène à l'état d'aniline.

$$C^6H^{12}O^5\text{-}N\text{-}NHC^6H^5 \quad + \quad NH^2\text{-}NHC^6H^5$$

glycose-phénylhydrazone   phénylhydrazine.

$$= C^6H^{10}O^4 \Big\langle {{N\text{-}NHC^6H^5} \atop {N\text{-}NHC^6H^5}} + H^2O + H^2$$

phényglycosazone. .

En traitant une phénylglycosazone par l'acide chlorhydrique fumant, on la décompose en chlorhydrate de phénylhydrazine et en un corps, dit *osone*, qui diffère du sucre primitif en ce que la fonction ou l'une des deux fonctions alcool primaire de ce dernier est transformée en une fonction aldéhydique. Ces osones, traitées par l'hydrogène naissant (poudre de zinc et acide acétique, par exemple), reforment le sucre générateur.

Pratiquement, pour obtenir la phénylglycosazone, qui, de cette série de corps, est la plus intéressante pour la chimie physiologique, on prend 1 partie de glycose, 2 parties de chlorhydrate de phénylhydrazine, 3 parties d'acétate de soude et 20 parties d'eau : on maintient une heure au bain-marie bouillant, et on retient sur le filtre les cristaux de phénylglycosazone.

La glycose [1] et la lévulose fournissent une seule et même phénylglycosazone fondant [2] à 230-232°.

La galactose fournit une phénylgalactosazone fondant à 214°.

II. — SACCHAROSES ou DISACCHARIDES
$$C^6(H^2O)^{5^{1/2}} \text{ ou } C^{12}(H^2O)^{11}.$$

On a proposé quelquefois de considérer les sucres du groupe des saccharoses comme des glycosides : de même que les glycosides sont formés par l'union chimique d'un sucre du groupe des glycoses et d'un autre élément chimique, de même les saccharoses sont formées par l'union chimique d'un sucre du groupe des glycoses et d'un élément chimique qui est ici une glycose comme le premier. — Ce rapprochement nous paraît bon à conserver, car glycosides et saccharoses se dédoublent en leurs constituants sous l'influence des mêmes agents d'hydrolyse, les acides minéraux ou les diastases.

Parmi les *saccharoses*, nous en considérons trois :

{ La *saccharose* ou *sucre de canne*,
{ La *lactose* ou *sucre de lait*,
{ La *maltose*.

1. La glycosamine, dérivé aminé de la glycose, fournit la même osazone que la glycose.

2. Les osazones se décomposent facilement au voisinage de leur point de fusion. Il convient dès lors, pour déterminer cette température de fusion, de procéder de la façon suivante. La substance bien sèche et pulvérisée est projetée sur le bloc de Maquenne (fig. 27 et 28). Si ce bloc est à la température de fusion, la substance

Lorsqu'on fait bouillir une solution de l'un quelconque de ces sucres en présence d'un *acide minéral dilué*, en présence de 1 p. 100 d'acide chlorhydrique par exemple, la molécule du sucre se *dédouble* en fixant une molécule d'eau (phénomènes d'*hydrolyse*) : il se produit deux molécules de sucres appartenant à la classe des glycoses :

$$C^{12}(H^2O)^{11} + H^2O = C^6(H^2O)^6 + C^6(H^2O)^6.$$

La *saccharose* se dédouble en *glycose* et *lévulose*.
La *lactose* — en *glycose* et *galactose*.
La *maltose* — en *glycose* et *glycose*.

a. **Saccharose.**

La **saccharose** est soluble dans l'eau en toutes proportions, mais insoluble dans l'acool absolu.

La saccharose est un sucre *dextrogyre*; son *pouvoir rotatoire* est :

$$[\alpha]_n = + 66°,5 \ ^1,$$

la saccharose étant supposée anhydre.

Lorsqu'on fait bouillir la saccharose avec un acide minéral dilué, on obtient, nous venons de le dire, un mélange à poids égaux de glycose et de lévulose, c'est-à-dire un mélange à poids égaux de deux substances, dont l'une, dextrogyre, a un pouvoir rotatoire égal à + 52°,6 ; dont l'autre, lévogyre, a un pouvoir rotatoire égal à — 89°,9. Le mélange à poids égaux de ces deux sucres a donc un pouvoir rotatoire gauche. Par conséquent, lorsqu'on fait bouillir avec un acide minéral dilué une solution de saccharose, *solution dextrogyre*, on obtient une *solution lévogyre*. Le *sens de la rotation* de la lumière polarisée a été *interverti*. La saccharose, dit-on, soumise, à la température d'ébullition, à l'action des acides minéraux dilués, est *intervertie*, ou, comme on dit encore, est transformée en *sucre interverti*. Le

---

fond *instantanément*. Si la substance ne fond pas instantanément, on élève lentement la température du bloc, et on projette de temps en temps quelques parcelles de la substance. Au moyen de 3 ou 4 essais, on parvient à déterminer la température la plus basse à laquelle la substance fond instantanément. C'est sa température de fusion.

1. La saccharose ne présente pas le phénomène de la birotation. — Son pouvoir rotatoire spécifique est fort peu modifié par la concentration ou par la température.

sucre interverti, il convient d'insister sur ce point, n'est pas une substance chimiquement unique : c'est un *mélange à poids égaux de glycose et de lévulose.*

Les solutions aqueuses de saccharose peuvent être bouillies avec la liqueur de Fehling, ou avec les liqueurs bismuthiques alcalines, ou avec les mélanges d'alcalis et de sous-nitrate de bismuth sans les réduire : *la saccharose n'est pas un sucre réducteur.* — *Le sucre interverti*, résultant de l'action des acides minéraux dilués à l'ébullition sur la saccharose, étant un mélange de sucres réducteurs, *réduit la liqueur de Fehling* et les *liqueurs bismuthiques.* Si donc on veut doser dans une liqueur la saccharose, on doit commencer par faire l'interversion, puis on procède au dosage par réduction de la liqueur de Fehling. Pour calculer la quantité de saccharose, il suffit de savoir que 100 parties de saccharose, après interversion, ont un pouvoir réducteur égal à 95, celui de la glycose étant égal à 100, c'est-à-dire que 100 parties de saccharose intervertie réduisent la même quantité de liqueur de Fehling que 95 parties de glycose.

La saccharose enfin *n'est pas un sucre directement fermentescible.* Sans doute, lorsqu'on introduit de la levure de bière dans une solution de saccharose, il se développe une fermentation, donnant lieu à la production d'alcool et de gaz carbonique; mais cette fermentation comprend *deux phases successives* : 1° un *dédoublement*, avec fixation d'eau, de la saccharose en glycose et lévulose, une *interversion* de la saccharose par conséquent, produite par une *diastase*[1] engendrée par la levure de bière, diastase à laquelle on a donné le nom d'*invertine*, parce qu'elle possède la propriété d'intervertir la saccharose; — 2° une *fermentation* de la glycose et de la lévulose engendrées, produite par le ferment figuré. La saccharose ne fournit donc pas directement l'alcool et l'acide carbonique; elle doit être préalablement intervertie.

La réaction de la phénylhydrazine pratiquée comme il a été indiqué ci-dessus (p. 53) donne lieu à la production de phénylglycosazone, fusible à 230-232°, identique à celle engendrée dans l'action de la phénylhydrazine sur la glycose ou sur la lévulose.

Le *dosage de la saccharose* peut se faire : 1° par *détermination du pouvoir rotatoire* dans les liqueurs ne contenant pas de substances autres que la

---

1. Voir chapitre v, p. 118.

saccharose, capables d'agir sur la lumière polarisée ; — 2° par *réduction de la liqueur de Fehling* après interversion de la saccharose par un acide dilué, dans les liqueurs ne contenant pas d'autres substances réductrices : (à cet effet, on peut, à 10 grammes de saccharose dissoute dans l'eau, ajouter 20 centimètres cubes d'une solution normale d'acide sulfurique (solution contenant 49 grammes SO^4H^2 par litre), compléter à 1 litre par addition d'eau et maintenir une demi-heure au bain-marie bouillant) ; — 3° enfin, dans les liqueurs ne contenant pas d'autres substances fermentescibles, par *détermination de la quantité du gaz carbonique produit dans la fermentation par la levure de bière*, car, en ne tenant pas compte de l'interversion produite par le ferment inversif, la réaction peut être représentée approximativement par la formule :

$$C^{12}(H^2O)^{11} + H^2O = 4(C^2H^6O) + 4CO^2.$$

A 100 parties de saccharose correspondent 51,45 parties de gaz carbonique.

b. — Lactose.

La **lactose** est soluble dans l'eau, insoluble dans l'alcool absolu, insoluble dans l'éther. C'est un sucre *dextrogyre*, *réducteur*, mais *non fermentescible*.

Son *pouvoir rotatoire*

$$[\alpha]_D = + 55°,2\,^{1},$$

la lactose étant supposée anhydre.

Son *pouvoir réducteur*, en supposant celui de la glycose égal à 100, est égal à 70.

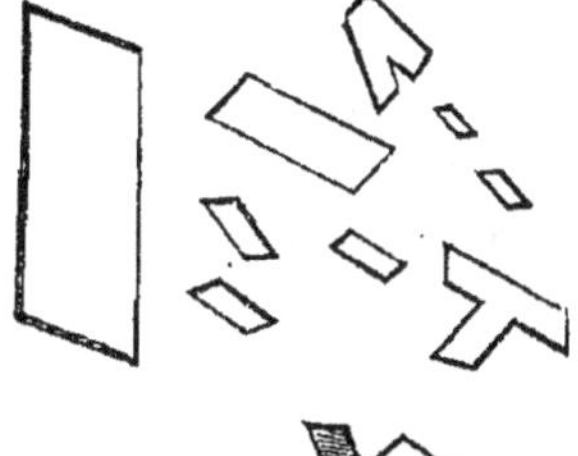

Fig. 23. — Cristaux de lactose.

L'invertine de la levure n'agit pas sur la lactose ; la levure ne peut faire fermenter la lactose *ni directement*, *ni indirectement*. Pour obtenir une fermentation alcoolique de la lactose, il faut, ou bien employer certaines levures, autres que les espèces vulgaires de levure de bière, capables de sécréter une diastase, la *lactase*, pouvant dédoubler la lactose en glycose et en galactose ; ou bien dédoubler préalablement la lactose en glycose et galactose par ébullition en présence d'acides minéraux étendus. Nous notons

---

1. La lactose présente le phénomène de la birotation : le pouvoir rotatoire spécifique, aussitôt après la dissolution, est + 83°. — Son pouvoir rotatoire spécifique, sensiblement indépendant de la concentration, diminue avec la température

que, dans le dédoublement de la lactose par hydrolyse, il y a augmentation du pouvoir réducteur et du pouvoir rotatoire.

Sous l'influence de divers microorganismes, nommés *ferments lactiques*, la lactose[1] subit une transformation : elle donne de *l'acide lactique de fermentation* :

$$C^{12}(H^2O)^{11} + H^2O = 4(C^3H^6O^3).$$

L'acide lactique engendré dans cette fermentation est généralement appelé acide lactique de fermentation. Cet acide est inactif sur la lumière polarisée. Sa formule de constitution est $CH^3\text{-}CHOH\text{-}COOH$: il est donc alcool secondaire.

La lactose peut subir d'autres fermentations encore ; citons simplement sa fermentation butyrique : sous l'influence du vibrion

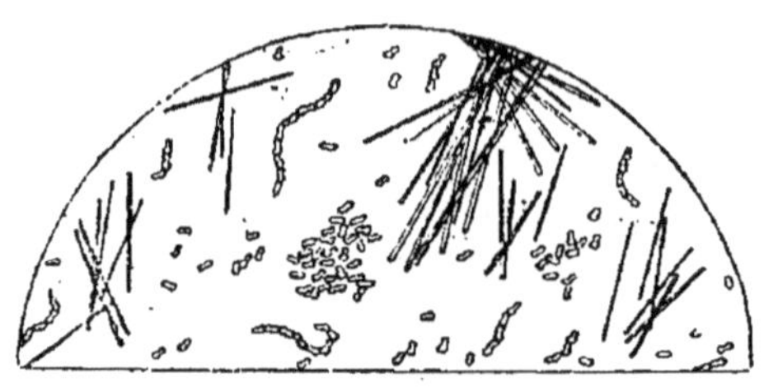

Fig. 24. — Ferment lactique et cristaux de lactate de chaux.

butyrique, anaérobie, elle est transformée, étant à l'abri du contact de l'air, en acide butyrique, acide carbonique et hydrogène, suivant la formule

$$C^{12}H^{22}O^{11} + H^2O = 2CH^3\text{-}CH^2\text{-}CH^2\text{-}COOH + 4CO^2 + 4H^2.$$

Dans la réaction par la phénylhydrazine, la lactose donne des cristaux jaunes fusibles à 200° environ, insolubles dans l'eau froide, mais solubles dans l'eau bouillante.

Le *dosage de la lactose* peut se faire : 1° dans les liqueurs qui ne contiennent pas d'autres substances actives sur la lumière polarisée, par *détermination polarimétrique*; 2° dans les liqueurs qui ne contiennent pas d'autres substances réductrices que la lactose, par *réduction de la liqueur de Fehling*.

c. — *Maltose*.

La **maltose** est soluble dans l'eau, soluble dans l'alcool absolu. C'est un sucre *dextrogyre, réducteur* et *fermentescible*.

1. Les fermentations lactique et butyrique ne se produisent pas seulement en partant de la lactose ; les ferments lactiques et le ferment butyrique les engendrent également en agissant sur la glycose, sur la lévulose, sur la saccharose, etc.

A la température d'ébullition, la maltose est transformée par les acides minéraux dilués en glycose. La même transformation peut être obtenue par l'action d'une diastase, que produit notamment la levure de bière, et qu'on nomme la *maltase*.

La maltose possède au moins *qualitativement toutes les réactions principales de la glycose* : elle est dextrogyre, réductrice et fermentescible. La séparation et même la détermination de ces deux sucres présentent, pour cette raison, d'assez grandes difficultés.

La maltose peut être *distinguée de la glycose par son pouvoir rotatoire et par son pouvoir réducteur.*

La maltose, sucre dextrogyre, a un *pouvoir rotatoire*

$$[\alpha]_D = + 144° \ [1],$$

la maltose étant supposée anhydre.

Supposons qu'on fasse bouillir la maltose avec un acide minéral dilué, de façon à la dédoubler avec fixation d'eau en deux molécules de glycose.

$$C^{12}(H^2O)^{11} + H^2O = C^6(H^2O)^6 + C^6(H^2O)^6$$
$$342 \text{ gr.} + 18 \text{ gr.} = 180 \text{ gr.} + 180 \text{ gr.}$$

342 grammes de maltose fournissent 360 grammes de glycose; — par conséquent 100 grammes de maltose fournissent 105 gr. 26 de glycose. Or le pouvoir rotatoire de la glycose est + 52°6; donc, après dédoublement de la maltose, son pouvoir rotatoire sera devenu :

$$144 \times \frac{105,26}{100} \times \frac{52,6}{144}$$

ou

$$\frac{105,26}{100} \times 52,6 \text{ soit } 53,8$$

Lorsqu'on soumet à l'ébullition en présence d'acides minéraux étendus une solution de maltose, le pouvoir rotatoire de la solution se trouve réduit dans la proportion de 114 à 53,8 —

1. Le pouvoir rotatoire spécifique de la maltose, au moment où la solution vient d'être faite, est + 120° : il est donc plus petit qu'après vingt-quatre heures. On dit, dans ce cas, qu'il y a phénomène de *semi-rotation*.

ou approximativement, très approximativement, du triple au simple.

La maltose, sucre réducteur, a un *pouvoir réducteur* égal à 66, le pouvoir réducteur de la glycose étant égal à 100. Après ébullition en présence d'acides minéraux dilués, 100 grammes de maltose se sont transformés en 105 gr. 26 de glycose; le pouvoir réducteur qui était 66 est devenu 105,26. Lors donc qu'on soumet à l'ébullition, en présence d'acides minéraux étendus, une solution de maltose, le pouvoir réducteur de la solution se trouve augmenté dans la proportion de 66 à 105 — ou approximativement, très approximativement, du simple au double.

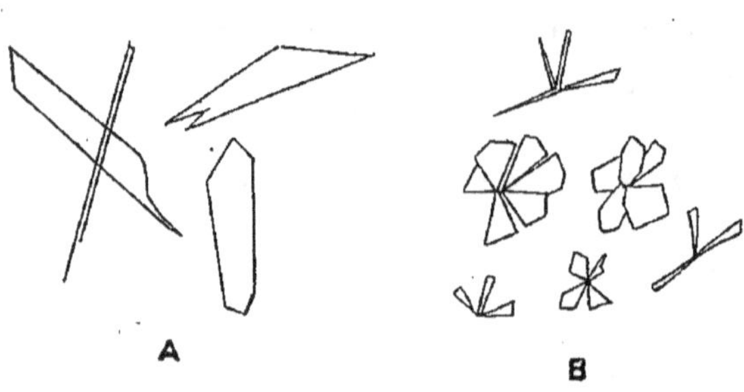

Fig. 25. — Cristaux microscopiques de glycosazone (d'après Grimbert); A, cristallisée en présence de phénylhydrazine; B, cristallisée dans l'eau.

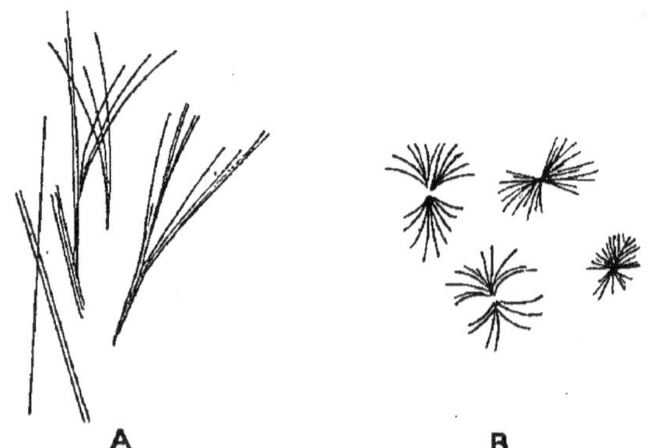

Fig. 26. — Cristaux microscopiques de maltosazone (d'après Grimbert); A, dans les solutions renfermant plus de 1/5 000ᵉ de glycose; B, dans les solutions à 1/10 000ᵉ ou à 1/20 000ᵉ.

Application des notions précédentes. — Une solution contenant un seul sucre est dextrogyre, réductrice et fermentescible : cette solution contient-elle de la glycose ou de la maltose ?

Si, après ébullition de la solution avec un acide minéral étendu, le pouvoir rotatoire et le pouvoir réducteur ne sont pas modifiés, le sucre est de la glycose. Si, après ébullition avec un acide minéral étendu, le pouvoir rotatoire est diminué du triple au simple, et le pouvoir réducteur augmenté du simple au double, le sucre est de la maltose.

On conçoit aisément qu'il soit possible, en se fondant sur ces modifications des pouvoirs rotatoires et réducteurs, de reconnaître dans une liqueur, ne contenant pas d'autres substances réductrices ou douées de pouvoir rotatoire, la présence simultanée de glycose et de maltose, et de doser ces deux sucres.

La réaction de la phénylhydrazine, pratiquée comme il a été dit plus haut (p. 53), donne lieu à la production d'une phénylmaltosazone dont les cristaux fondent à 206° [1].

Dans une liqueur contenant à la fois de la glycose et de la maltose, on peut caractériser ces sucres et les isoler, en s'appuyant sur les propriétés différentes de

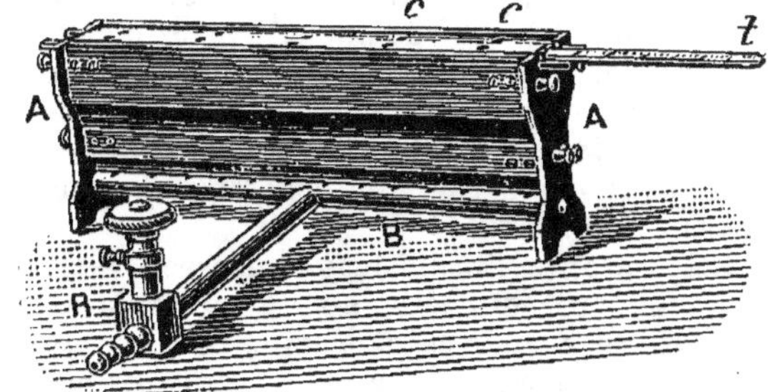

Fig. 27.

leurs osazones : — la phénylglycosazone est insoluble dans l'eau froide, dans l'eau bouillante, dans la benzine, dans l'éther, dans l'alcool méthylique, dans l'acétone dilué de son volume d'eau ; la phénylmaltosazone est insoluble dans l'eau froide, mais soluble dans l'eau bouillante, insoluble dans la benzine et dans l'éther, mais soluble dans l'alcool méthylique et dans l'acétone dilué de son volume d'eau. Les cristaux de phénylglycosazone se présentent à l'examen microscopique en longues aiguilles groupées en branches de genêt ou (quand ils proviennent de liqueurs

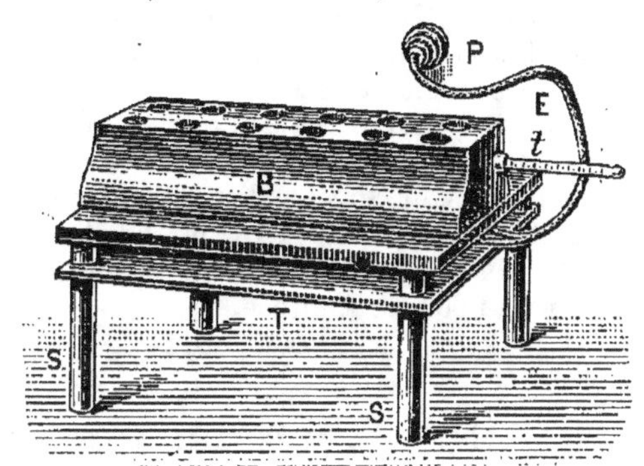

Fig. 28.

pauvres en glycose) en petits faisceaux, fondant à 230-232°. Les cristaux de phénylmaltosazone se présentent à l'examen microscopique en larges cristaux tabulaires allongés (d'autant plus larges qu'ils se sont formés en une solution plus riche en maltose), ces cristaux pouvant être isolés (quand ils proviennent directement de la préparation), ou groupés en

---

1. Pour déterminer la température de fusion d'une substance, on se sert de blocs métalliques, qu'on peut chauffer progressivement à l'aide du gaz ou de l'électricité et dont on peut connaître très exactement la température à l'aide d'un thermomètre à mercure. La surface de ces blocs est creusée de petites cupules dans lesquelles on place ou dans lesquelles on projette une petite quantité du corps dont on veut connaître la température de fusion (figures 27 et 28).

Pour obtenir des résultats exacts dans le cas des osazones, on doit chauffer le bloc assez fortement pour que sa température s'élève de 3 à 5° par minute : toutes les minutes, on projette une parcelle de l'osazone préalablement desséchée et on note la température pour laquelle on observe une fusion instantanée. On laisse alors refroidir le bloc de quelques degrés, et on répète l'essai de minute en minute pendant qu'on réchauffe très lentement le bloc, pour obtenir plus de précision.

rosaces (quand ils ont été purifiés par dissolution dans l'eau bouillante et refroidissement) fondant à 196-198°.

Ces notions permettent de caractériser et de séparer la glycose et la maltose contenues dans une même solution.

La liqueur glyco-maltosée est additionnée, pour 20 centimètres cubes, de 1 centimètre cube de phénylhydrazine purifiée et de 1 centimètre cube d'acide acétique, placée 1 heure au bain-marie bouillant, puis abandonnée au refroidissement. Les osazones sont séparées du liquide par filtration, lavées sur le filtre à l'eau froide, desséchées à 100°, lavées à la benzine jusqu'à ce que celle-ci passe incolore, et de nouveaa desséchées à 100°.

Les osazones ainsi isolées et desséchées peuvent être séparées par l'un des deux procédés suivants : — 1° les osazones sont broyées dans un mortier avec un peu d'acétone additionné de son volume d'eau, et la masse est jetée sur un filtre : la liqueur acétonique entraîne la phényl-maltosazone ; débarrassée par évaporation d'une partie au moins de l'acétone qu'elle contient, elle laisse déposer des cristaux de phénylmaltosazone qu'on caractérisera par leur forme, leur point de fusion, leurs solubilités ; — 2° les osazones sont additionnées d'une petite quantité d'eau distillée et portées à l'ébullition ; la liqueur filtrée bouillante entraîne la phénylmaltosazone qui cristallise par refroidissement, et qu'on caractérise comme ci-dessus.

Si l'on veut rechercher et caractériser la phénylglycosazone, il conviendra d'épuiser le mélange des osazones soit par l'acétone dilué de son volume d'eau, soit par l'eau bouillante, et, dans le résidu, de caractériser la glycosazone par la recherche de ses propriétés fondamentales.

La recherche réussit dans les liqueurs renfermant 1 p. 1 000 de glycose et 1 p. 1 000 de maltose. .

III. — AMYLOSES OU POLYSACCHARIDES

Parmi les *amyloses*, nous en étudierons trois :

> L'*amidon*,
> Le *glycogène*,
> Les *dextrines*.

Ces hydrates de carbone, sous l'influence des *acides minéraux dilués*, par exemple de l'acide chlorhydrique à 5 p. 100, à la température d'ébullition, fixent de l'eau, et, après une série de transformations, donnent finalement un sucre appartenant au groupe des glycoses.

Les amyloses peuvent être dissoutes par l'eau. Elles ne dialysent pas : c'est là un caractère qui les sépare des sucres, lesquels dialysent très facilement ; les amyloses sont des *substances colloïdes* (Voy. p. 85 ce qu'est une substance colloïde).

a. — **Amidon**.

L'amidon existe dans les végétaux sous forme de grains microscopiques, formés de couches concentriques, disposées autour d'un

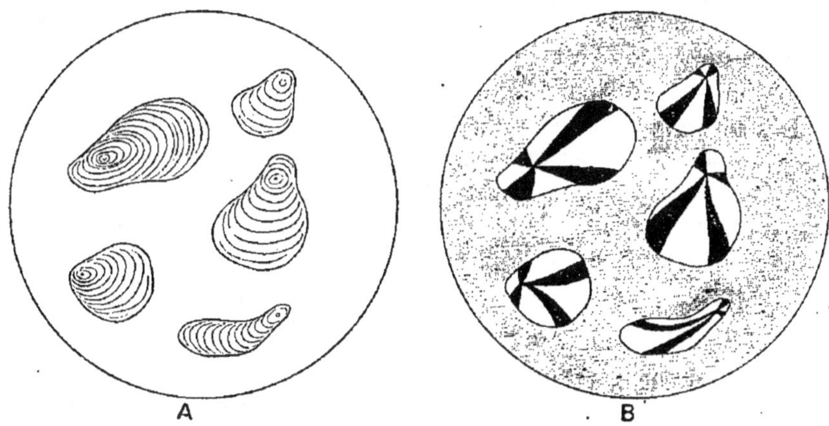

Fig. 29.

ou de plusieurs noyaux (fig. 29 A). Ces *grains*, examinés au microscope en lumière polarisée, présentant le *phénomène de la croix de polarisation*, c'est-à-dire une croix noire sur fond-blanc,

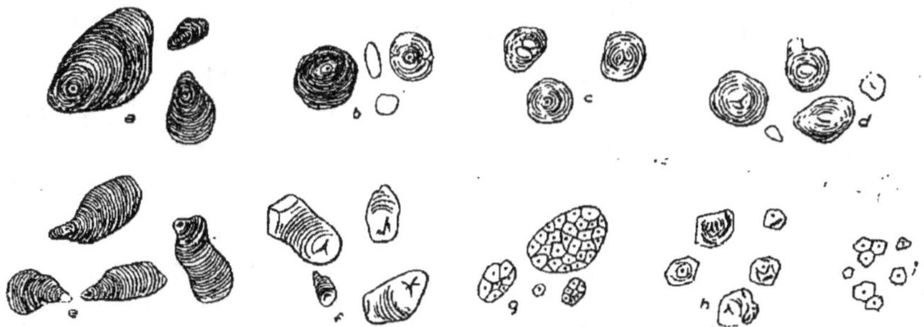

Fig. 30. — Grains d'amidon. — *a*, pomme de terre; *b*, blé; *c*, seigle; *d*, orge; *e*, curcuma leucorhiza (arrow-root des Antilles); *f*, fécule de sagou; *g*, avoine; *h*, maïs; *i*, riz.

ou une croix blanche sur fond noir, suivant la position relative de l'appareil polarisateur et de l'appareil analyseur (fig. 29 B).

La forme, la structure, la grosseur des grains d'amidon varient avec leur origine botanique; elles sont très souvent caractéristiques de l'espèce dont ils proviennent (fig. 30).

L'amidon est insoluble dans l'eau, mais, chauffé avec de l'eau à une température d'au moins 70 à 80°, ou, mieux encore, bouilli avec de l'eau, il se gonfle en se transformant en *empois d'amidon*, un peu soluble dans l'eau. Les solutions obtenues sont opalescentes, visqueuses; elles traversent très difficilement et seulement partiellement les filtres de papier et les bougies de porcelaine dégourdie; elles ne dialysent pas à travers les lames de papier parchemin ou de collodion. Ces solutions sont précipitées par l'alcool; l'amidon et l'empois d'amidon sont insolubles dans l'alcool.

Les solutions d'empois d'amidon *ne réduisent pas* la liqueur de Fehling et *ne fermentent pas* par la levure de bière. Bouillies avec des acides minéraux étendus, par exemple avec de l'acide chlorhydrique à 1 p. 100, elles donnent une série de produits de transformation et d'hydratation, des dextrines, de la maltose, de la glycose (phénomène de la *saccharification*). Lorsque l'ébullition a été prolongée pendant un temps suffisant, la liqueur ne renferme plus que de la glycose, les dextrines et la maltose étant elles-mêmes transformées en glycose par l'action des acides minéraux dilués à la température d'ébullition.

Si l'on ajoute à une solution d'empois d'amidon une *solution aqueuse d'iode* ou une *solution d'iode dans l'iodure de potassium*[1], on obtient une coloration bleue intense[2] (*iodure d'amidon*[3]). Lorsqu'on porte cette liqueur bleue à 70°, la coloration bleue disparaît, la liqueur devient incolore; par refroidissement, la coloration bleue reparaît, pour disparaître de nouveau à 70°, et ainsi de suite. De même, quand on fait agir l'eau iodée sur l'amidon solide, et même sur les grains naturels d'amidon, on obtient la coloration bleue d'iodure d'amidon. (Pl. col. III, fig. E$_1$.)

L'amidon subit, sous l'influence d'une diastase sécrétée par

1. Pour obtenir la solution aqueuse d'iode, on met au fond d'un flacon quelques paillettes d'iode solide et on remplit d'eau : l'iode se dissout lentement dans l'eau qu'il colore en brun peu intense. La solution d'iode dans l'iodure de potassium est obtenue en dissolvant, dans 200 grammes d'eau distillée, 2 grammes d'iodure de potassium et 1 gramme d'iode (*liqueur iodo-iodurée*).

2. Il vaut mieux employer ici la solution aqueuse d'iode : la réaction qu'elle engendre avec l'amidon conduit vraiment à une coloration bleue. La liqueur iodo-iodurée ne donne une coloration bleue que si elle est ajoutée en quantité extrêmement minime; dès qu'il y a un petit excès de réactif, la couleur bleue est tellement intense qu'elle paraît noire. — Donc, avec la solution iodo-iodurée, et même avec la solution aqueuse d'iode, il faut verser le réactif par gouttes et s'arrêter à temps.

3. Cela ne veut pas dire que la coloration bleue correspond à une combinaison d'amidon et d'iode comparable aux iodures; — cela ne veut même pas dire qu'il y ait combinaison chimique de l'amidon et de l'iode; — mais simplement qu'on obtient la coloration bleue par l'action de l'iode sur l'amidon.

l'orge germée (amylase), une transformation chimique : il donne
des dextrines et de la maltose. La même transformation se produit
sous l'influence de la ptyaline de la salive, et de l'amylopsine du
suc pancréatique des animaux.

L'amidon est-il un individu chimique ? C'est peu vraisemblable. C'est
très probablement un mélange de plusieurs substances, possédant des
propriétés et des réactions plus ou moins semblables. On tend aujour-
d'hui à ranger ces substances en deux groupes : les amylocelluloses et
les amylopectines ; les *amylocelluloses*
possédant la réaction iodée, se transformant en maltose par l'action de
l'amylase de l'orge germée, n'ayant
aucun caractère mucilagineux ; les
amylopectines, mucilagineuses, produisant la gélification de l'empois, ne
donnant pas la réaction iodée et ne
fournissant pas de maltose par l'action
de l'amylase de l'orge germée.

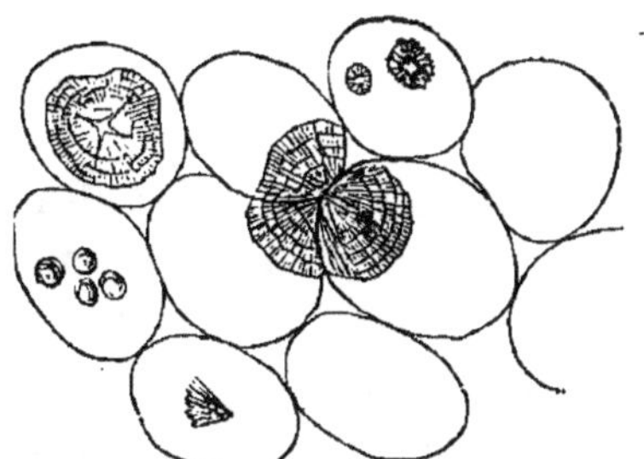

Fig. 31. — Inuline précipitée par
l'alcool dans les cellules du tuber-
cule do l'*Hélianthus tuberosus*
(d'après Beauregard et Galippe).

A côté de l'amidon, il faut signaler l'*inuline*, qu'on trouve dans
les tubercules de plusieurs plantes
à la place d'amidon. L'inuline se dissout assez facilement dans l'eau
bouillante, sans donner d'empois. La solution est précipitée par
l'alcool ; elle ne donne pas la réaction de l'iodure d'amidon : l'iode
la colore en jaune. Les diastases amylolytiques en général, les diastases amylolytiques des sucs digestifs en particulier, sont sans
action sur l'inuline. Les acides minéraux dilués bouillants transforment l'inuline, en lévulose, non en glycose.

b. — Glycogène.

Le **glycogène**, ou **amidon animal**, est une substance possédan
des propriétés colloïdes, soluble dans l'eau, insoluble dans l'alcool
(l'alcool, ajouté jusqu'à ce que la liqueur en contienne 66 p. 100,
précipite totalement le glycogène)[1], insoluble dans l'éther, non
dialysable. Les solutions aqueuses de glycogène sont des liqueurs
fortement opalescentes. Le glycogène *ne réduit pas* la liqueur de
Fehling, et *ne fermente pas* sous l'influence de la levure de
bière.

1. Toutefois l'alcool ne précipite le glycogène que si la liqueur contient des sels
minéraux ; la solution aqueuse de glycogène débarrassée de sels par dialyse prolongée en présence d'eau distillée ne précipite pas par l'alcool.

Bouilli avec des acides minéraux étendus, par exemple avec de l'acide chlorhydrique à 5 p. 100, le glycogène subit des transformations analogues à celles que subit, dans les mêmes conditions, l'amidon : la solution perd d'abord son opalescence; il se produit des dextrines et de la maltose, puis de la glycose [1].

Bouilli avec les alcalis caustiques, le glycogène ne subit aucune modification [2].

Le glycogène en solution est dextrogyre :

$$[\alpha]^{\scriptscriptstyle D} = + 200° \text{ environ.}$$

Lorsqu'on ajoute à une solution de glycogène un peu de liqueur iodo-iodurée (Voy. p. 64, note 1), la solution prend une coloration *brun-acajou*. Le glycogène en poudre ou les dépôts de glycogène dans les tissus se colorent de même par cette liqueur. Cette coloration brun-acajou disparaît vers 70°, pour reparaître pendant le refroidissement. L'eau iodée ne donne pas nettement cette réaction colorée, au moins avec les solutions de glycogène. (Pl. col. III, fig. E_2, E_3.)

c. — *Dextrines.*

Les **dextrines** sont solubles dans l'eau, insolubles dans l'alcool absolu; leurs solutions aqueuses ne sont pas opalescentes.

On a soutenu l'opinion que les dextrines sont douées d'un *pouvoir réducteur*, faible d'ailleurs. Il est vraisemblable que les dextrines réductrices sont des dextrines souillées d'impuretés réductrices : à mesure, en effet, qu'on les a préparées plus pures, on a constaté une diminution, et parfois même une suppression totale de ce pouvoir réducteur. On peut admettre que les dextrines ne sont pas réductrices.

Les dextrines *ne fermentent pas* par la levure de bière; elles ne fermentent qu'après avoir été saccharifiées.

Les acides dilués, à l'ébullition, les transforment. Il se produit d'abord de nouvelles dextrines et de la maltose; — et finalement de la glycose, et rien que de la glycose, tous les produits inter-

---

1. La saccharification du glycogène par les acides minéraux à 100° et même à 120°, demande plusieurs heures pour être totale.

2. Les alcalis concentrés n'altèrent pas le glycogène; les alcalis dilués au contraire le détruisent peu à peu.

médiaires étant transformables en glycose dans ces conditions (saccharification).

Parmi les dextrines, les unes se colorent en rose par l'eau iodée ou par la liqueur iodo-iodurée : on leur a donné le nom d'*érythro-dextrines*; les autres ne se colorent pas par ce réactif : on les a appelés *achroodextrines*. (Pl. col. III, fig. E_4.)

IV. — GLYCOSAMINE ET ACIDE GLYCURONIQUE

Au groupe des hydrocarbones se rattachent deux substances, qui présentent un intérêt physiologique, la glycosamine et l'acide glycuronique.

La *glycosamine* est un dérivé mono-aminé de la glycose. La glycose répond à la constitution CH^2OH-$CHOH$-$CHOH$-$CHOH$-$CHOH$-CHO, la glycosamine, à la constitution CH^2OH-$CHOH$-$CHOH$-$CHOH$-$CHNH^2$-CHO. On ne la connaît pas à l'état de liberté chimique dans l'organisme; mais elle fait partie de combinaisons, parmi lesquelles les plus importantes pour nous sont les mucines. Soumises à l'action des agents hydrolysants, et particulièrement à l'action des acides minéraux dilués bouillants, les mucines sont dédoublées en substance protéique et en glycosamine. La glycosamine nous apparaît là comme la forme hydrocarbonée prenant part aux combinaisons glycoprotéiques.

L'*acide glycuronique* peut être considéré comme un produit d'oxydation de la glycose. La glycose répond à la constitution CH^2OH-$CHOH$-$CHOH$-$CHOH$-$CHOH$-CHO; l'acide glycuronique à la constitution $COOH$-$CHOH$-$CHOH$-$CHOH$-$CHOH$-CHO. On ne le connaît pas à l'état de liberté chimique dans l'organisme; on le trouve dans l'urine sous forme de combinaisons phénoliques, équivalentes aux phénylsulfates, acides phénylglycuronique, indoxylglycuronique, etc. Soumis à l'action des agents hydrolysants, et particulièrement à l'action des acides minéraux dilués bouillants, les acides glycuroniques conjugués aux phénols sont dédoublés en phénols et acide glycuronique.

CHAPITRE IV

LES SUBSTANCES PROTÉIQUES OU PROTÉINES

Sommaire. — I. Substances albumineuses. — Qu'est-ce qu'une substance albumineuse ? Homogénéité du groupe albumineux : constitution et *réactions de coloration*. — a. *Réactions de coloration*. Quelques réactions de coloration des substances albumineuses : réaction xanthoprotéique; réaction du biuret; réaction de Millon; réaction glyoxylique. — b. *Acides aminés* ou *amino-acides*. Notions générales sur la *constitution chimique* des substances albumineuses. Amino-acides acycliques, aromatiques et hétérocycliques. — c. Protamines. — d. *État colloïdal des substances albumineuses*. Les substances albumineuses sont des *substances colloïdes*. Qu'est-ce qu'une substance colloïde? Colloïdes minéraux et colloïdes albumineux; atténuation du caractère colloïdal. — e. *Classification physiologique des substances albumineuses*, Substances albumineuses naturelles, substances albumineuses de transformation. — 1. *Substances albumineuses naturelles*, α. *Réactions de précipitation*, acides minéraux, sels neutres, ferrocyanure de potassium acétique, alcool, tannin acétique, acides phosphomolybdique et phosphotungstique, liqueur de Brücke chlorhydrique, réactif de Tanret, acide picrique, acide trichloracétique. Choix du réactif précipitant. Les substances albumineuses naturelles sont coagulables. Qu'est-ce qu'une *coagulation*? Précipitation et coagulation. — β. *Coagulation des substances albumineuses*. Caractères distinctifs des *albumines* et des *globulines*. Valeur de ces caractères. Applications : une substance albumineuse naturelle est-elle une albumine ou une globuline? Comment peut-on séparer une albumine d'une globuline ? — 2. *Substances albumineuses de transformation*. Quatre groupes intéressants : α Substances albumineuses coagulées. β. Alcalialbuminoïdes et acidalbuminoïdes. γ *Protéoses*. Propriétés des protéoses : solubilités et précipitations. Propeptones et peptones. Les trois réactions propeptoniques. Protéoses vraies et peptone de Kühne. Les stades de la peptonisation. γ. Polypeptides.
II. Protéides ou *Protéines conjuguées*. — Qu'est-ce qu'une protéide? Quatre groupes intéressants : hémoglobine, glycoprotéides, nucléoprotéides, paranucléoprotéides. a. Glycoprotéides. Qu'est-ce qu'une *glycoprotéide*? Mucines et mucoïdes. Propriétés principales des mucines. b. Nucléoprotéides. Qu'est-ce qu'une *nucléoprotéide*? Leurs principales propriétés. Qu'est-ce qu'une nucléine? 2. Acides nucléiques, bases nucléiniques ou xanthiques, bases pyrimidiques. — Nucléoprotamines. 3. Nucléohistone et histones. c. Paranucléoprotéides.
III. Albumoïdes ou *scléroprotéines* ou *protéoïdes*. — Gélatine; élastine.

On désigne sous le nom de *substances protéiques ou protéines* un grand nombre de corps, essentiellement composés de carbone, d'hydrogène, d'oxygène, d'azote et de soufre, entrant dans la constitution des organismes vivants. Donner une définition précise du groupe protéique n'est pas chose possible, dans l'état actuel de la science. Mais nous pouvons admettre qu'ils constituent une famille naturelle : physiologiquement, car ils dérivent les uns des autres dans l'organisme; chimiquement, car on trouve les mêmes substances dans leurs produits de décomposition.

Nous étudierons d'abord, comme types de ce groupe de substances, les *substances albuminoïdes* ou *albumineuses*, qui constituent une classe naturelle — et nous indiquerons ensuite les principales propriétés des autres protéines, en les comparant à celles des substances albuminoïdes.

I. — SUBSTANCES ALBUMINOÏDES [1]
OU ALBUMINEUSES

1. Ce sont des substances *essentiellement constituées de carbone, hydrogène, oxygène, azote et soufre* [2]. La proportion de ces différents éléments varie d'une substance albumineuse à l'autre, mais dans des limites assez étroites [3] :

C de 50,6 à 54,5 p. 100.
H de 6,5 à 7,3 —
N de 15,0 à 17,6 —
O de 21,5 à 23,5 —
S de 0,3 à 2,2 — [4]

---

1. Le mot albuminoïde ayant été employé par les divers auteurs dans un sens différent (les Allemands ont appelé albuminoïdes les substances que nous appelons albumoïdes), on a proposé d'y renoncer. Mais on n'a proposé aucun mot pour le remplacer; on s'est contenté de proposer le groupe des albumines et le groupe des globulines; mais comment désigner le groupe résultant de la réunion très légitime de ces deux groupes? Je lui conserve le nom de groupe albuminoïde. Toutefois, comme ce mot peut prêter à confusion, je suis tout prêt à lui substituer un autre mot, le mot albumineux par exemple, ou tout autre qu'on voudra bien proposer.

2. Nous avons indiqué au chapitre 1er, p. 2 et 3, les méthodes à employer pour reconnaître si une substance organique est azotée, sulfurée.

3. L'analyse élémentaire des substances albumineuses n'a pas d'importance au point de vue de la connaissance de leur constitution moléculaire, de leur classification et de leurs relations réciproques. — Ce qui est important, c'est la connaissance des principaux groupements atomiques entrant dans la constitution de leur molécule : il en sera parlé ci-dessous (Voy. p. 75 et suivantes).

4. La molécule de substance albumineuse contient au moins 2 atomes de soufre; en effet une partie du soufre, mais seulement une partie, passe à l'état de sul-

On peut très simplement démontrer l'existence de ces 5 éléments dans la molécule des protéines. — Un fragment (1 décigramme par exemple) d'albumine préalablement desséchée à l'étuve à 110° est introduit au fond d'un tube à essai et chauffé progressivement au-dessus de la flamme d'un bec de Bunsen. On expose au-dessus de l'orifice du tube une languette de papier de tournesol rouge, puis une languette de papier imprégné d'acétate de plomb (papier glacé). Le papier plombique noircit par formation de sulfure de plomb noir (présence de soufre). Le papier de tournesol bleuit par action de vapeurs ammoniacales (présence d'azote); les vapeurs dégagées sentent d'ailleurs l'ammoniaque et la corne brûlée (présence d'azote). Sur les parois du tube se déposent de fines gouttelettes d'eau (présence d'hydrogène et d'oxygène), et au fond du tube reste un résidu noir boursouflé (présence de carbone).

Les substances albumineuses possèdent un pouvoir rotatoire gauche.

2. Les différentes substances albumineuses donnent, sous l'influence de certains agents destructeurs, *les mêmes produits de décomposition.*

C'est ainsi que la vapeur d'eau sous pression à haute température, les alcalis et les acides dilués (10 p. 100 par exemple), à la température d'ébullition, décomposent la molécule albumineuse et donnent de l'ammoniaque, de l'hydrogène sulfuré et des amino-acides, qui sont la leucine (ou acide aminocaproïque), la tyrosine (ou acide paraoxyphénylaminopropionique), l'acide aspartique (ou acide aminosuccinique), etc. — C'est ainsi que la baryte caustique, à température élevée, 150° à 250°, et en vase clos, décompose les substances albumineuses en ammoniaque, gaz carbonique, acide acétique, acide oxalique, leucines (acides de la formule $C^nH^{2n+1}NO^2$), leucéines (acides de la formule $C^nH^{2n-1}NO^2$), tyrosine, etc. — C'est ainsi que les alcalis caustiques (potasse par exemple) détruisent les substances albumineuses, en donnant de l'ammoniaque, du gaz carbonique, de l'acide acétique, de l'acide oxalique, du phénol, de l'indol, du scatol, etc. — C'est ainsi que, par la putréfaction, toutes les substances albumineuses se décomposent en donnant de l'ammoniaque, du gaz carbonique, de l'hydrogène sulfuré, de la tyrosine, de l'indol, du scatol, etc. — C'est ainsi enfin que, sous l'influence des diastases protéolytiques, les substances albumineuses fournissent des produits divers, analogues sinon identiques pour les diverses substances

---

fure alcalin quand on fait agir une lessive alcaline bouillante sur la substance albumineuse. Le reste ne peut être enlevé que par l'action combinée d'alcali caustique et de salpêtre à la température de fusion.

albumineuses, variables d'ailleurs selon la nature de la diastase agissante.

3. Enfin, toutes les substances dites albumineuses, qu'elles soient en solution, ou qu'elles soient à l'état solide, présentent une même série de *réactions de coloration*. Parmi ces réactions de coloration, nous indiquerons seulement les suivantes, qui sont le plus fréquemment employées par les physiologistes.

a. — Réactions de coloration.

α. **Réaction xanthoprotéique.** — Sous l'influence de l'acide nitrique, à froid déjà, mais mieux à l'ébullition, les substances albumineuses ou leurs solutions se colorent en jaune serin très clair. — Sous l'influence des alcalis caustiques, ajoutés jusqu'à réaction alcaline, les substances albumineuses ou leurs solutions jaunies par l'acide nitrique prennent une coloration jaune orangé foncé, à la température ordinaire, ou à l'ébullition.

Avec l'ammoniaque, la teinte orangée est claire; elle est foncée avec les alcalis fixes. (Pl. col. IV, fig. F_1, F_2, F_3.)

La réaction xanthoprotéique est en rapport avec les groupements aromatiques contenus dans la molécule albumineuse; ces groupements donnent sous l'influence de l'acide nitrique des dérivés nitrés jaunes.

Supposons une substance albumineuse à l'état solide; mettons-la en suspension dans l'eau : additionnons cette eau de quelques centièmes d'acide nitrique fort et portons à l'ébullition : les flocons albumineux prennent rapidement la coloration jaune. — Faisons refroidir et laissons couler sur les parois du tube, dans lequel s'est produite la réaction, une solution d'ammoniaque caustique, nous verrons les flocons albumineux flottant dans les couches supérieures du liquide, alcalinisées par la solution d'ammoniaque, prendre la coloration jaune orangé, tandis que les flocons albumineux flottant dans les couches inférieures conservent leur coloration jaune serin très clair.

Supposons une solution d'une substance albumineuse : ajoutons à 5 centimètres cubes de cette solution 20 à 30 gouttes d'acide nitrique fort (acide à 36^B); tantôt il se produit un précipité, tantôt il ne s'en produit pas, peu importe. Portons à l'ébullition; tantôt le précipité formé à froid se dissout, tantôt il ne se dissout pas, peu importe. Lorsque l'ébullition aura duré quelques instants, les flocons albumineux en suspension, ou le liquide albumineux prennent une coloration jaune serin. — Après refroidissement, l'addition d'alcalis caustiques, d'ammoniaque caustique par exemple, détermine la production d'une coloration orangée soit des flocons, soit du liquide. En versant l'ammoniaque avec précaution dans le tube à essai, les parties supérieures seules deviennent alcalines, car la solution d'ammoniaque très légère ne se mélange que lentement et difficilement au liquide sous-jacent : les parties inférieures restent acides, et on observe très nettement dans les couches supérieures des flocons ou une liqueur jaune orangé foncé, dans les couches inférieures des flocons ou une liqueur jaune serin pâle.

β. Réaction du biuret. — Lorsqu'on traite les substances albumineuses ou leurs solutions par un très grand excès d'une lessive concentrée d'alcali caustique fixe (potasse ou soude), et par une très petite quantité d'une solution très diluée de sulfate de cuivre, la substance albumineuse ou la solution albumineuse se colorent en bleu violacé ou rosé [1]. Cette réaction permet de déceler la présence de substances albumineuses dans des liqueurs qui n'en renferment que 1 p. 10 000 [2]. (Pl. col. III, fig. G_1.)

Supposons une substance albumineuse solide, plongeons-la pendant quelques instants dans une assez grande quantité d'une solution de sulfate de cuivre à 1 p. 100 : elle prend une très légère coloration d'un bleu très pur (sans mélange de rose ou de violet). Retirons cette substance de la solution cuivrique, et plongeons-la dans une assez grande quantité d'une lessive de soude caustique à 30 p. 100 : nous voyons la coloration bleu pur passer au bleu violacé ou rosé, en augmentant d'intensité.

Supposons une solution albumineuse ; ajoutons à cette solution au moins un égal volume, ou mieux encore 4 à 5 volumes d'une lessive de soude caustique à 30 p. 100 et quelques gouttes d'une solution de sulfate de cuivre à 1 p. 100 : nous verrons la liqueur prendre une coloration bleu violacé. — On peut encore opérer d'une autre façon : dans un tube à essai, ajoutons à une lessive de soude caustique à 30 p. 100 quelques gouttes d'une solution de sulfate de cuivre à 1 p. 100 : nous obtenons une liqueur très dense, d'un bleu pur. Versons au-dessus de cette liqueur la solution albumineuse : celle-ci, beaucoup moins dense en général, ne se mélange pas avec la liqueur bleue. Après quelques instants de contact, on voit, au niveau de la séparation des deux liqueurs, une zone d'un bleu violacé ou rosé, d'autant plus facile à reconnaître qu'elle est en contact avec une liqueur d'un bleu pur.

γ. Réaction de Millon. — Le *réactif de Millon* (solution de nitrate de mercure dans l'acide nitrique nitreux) détermine dans les solutions des substances albumineuses la formation d'un

---

1. Avec les albumines naturelles, la coloration est moins intense qu'avec les protéoses et peptones (Pl. col. III, fig. G_2). Quelques auteurs ont autrefois donné cette réaction comme caractéristique des protéoses et peptones à l'exclusion des protéines naturelles. Cela est tout à fait inexact : toutes les protéines donnent la réaction du biuret.

2. On obtient avec les sels de nickel une réaction comparable à la réaction du biuret. Dans les mêmes conditions de milieu que les sels de cuivre, les sels de nickel produisent une coloration jaune rougeâtre ou orangé rougeâtre.

précipité blanc. (On versera par exemple 5 centimètres cubes de réactif de Millon dans 10 centimètres cubes de liqueur albumineuse.) Le précipité, abandonné dans la liqueur où il a pris naissance, se colore en rouge brique, lentement à la température ordinaire, rapidement à la température d'ébullition. Les substances albumineuses à l'état solide, plongées dans le réactif de Millon, se colorent en brun rougeâtre ou brun violacé lentement à la température ordinaire, rapidement à l'ébullition. La réaction de coloration de Millon se manifeste encore dans les liqueurs contenant 1 p. 2 500 de susbtances albumineuses. La réaction colorée de Millon est en rapport avec le groupement tyrosine contenu dans la molécule albumineuse : elle se produit en effet quand on fait agir le réactif de Millon sur la tyrosine elle-même, et elle ne se produit pas avec les protéines dans la molécule desquelles n'entre pas le groupement tyrosine [1] (la gélatine qui ne contient pas de groupement tyrosine ne donne pas la réaction de Millon). (Pl. col. IV, fig. H₁, H₂.)

Pour obtenir le réactif de Millon, on dissout 1 partie de mercure en poids dans 2 parties d'acide nitrique de densité 1,42 (soit par exemple 10 centimètres cubes de mercure dans 200 centimètres cubes d'acide nitrique) d'abord à froid, puis en élevant légèrement la température. Après dissolution totale du mercure, on ajoute à 1 volume de cette solution 2 volumes d'eau ; on abandonne au repos pendant quelques heures et on sépare par décantation le liquide du précipité, s'il s'en est produit un par addition d'eau.

Le réactif de Millon ne doit être employé que dans des liquides qui ne précipitent pas le sel mercurique. Si, par exemple, on traitait par la liqueur de Millon une solution albumineuse contenant une forte proportion d'un sel qui, comme le phosphate de soude ou le chlorure de sodium, donne un précipité insoluble ou peu soluble avec les sels de mercure, la réaction ne se produirait plus avec la même netteté.

δ. **Réaction glyoxylique** [2]. — Si l'on porte à l'ébullition pendant quelques instants un mélange formé de 1 vol. d'une solution albumineuse, 1 vol. d'acide glyoxylique dilué (à 2 p. 100) et 1 vol. d'acide sulfurique concentré, il se produit une belle

---

1. On obtient une réaction de Millon positive avec tous les dérivés monohydroxylés du benzol. Si, par exemple, on verse quelques gouttes du réactif de Millon dans de l'eau phéniquée (eau saturée de phénol), le liquide se colore en rouge à l'ébullition.

2. Si on ne possède pas d'acide glyoxylique, on en peut facilement préparer une solution comme suit : A 10 centimètres cubes d'une solution saturée d'acide oxalique, on ajoute un fragment d'amalgame de sodium à 2 p. 100 de la grosseur d'un pois. Quand le dégagement gazeux (hydrogène) est terminé, on décante le liquide clair : il peut servir pour réaliser la réaction glyoxylique.

coloration violette. (La réaction se produit à la température ordinaire, mais lentement.) La liqueur violette, convenablement diluée, a un spectre caractérisé par une large bande d'absorption située entre les raies C et F du spectre solaire. — La réaction glyoxylique est en rapport avec le groupement tryptophane (générateur de l'indol et du scatol) contenu dans la molécule albumineuse. (Pl. col. IV, fig. I.)

On pratiquait autrefois cette réaction sous la forme dite *réaction d'Adamkicwicz* : au lieu d'employer 2 vol. d'acide glyoxylique dilué, on employait 2 vol. d'acide acétique glacial. On a démontré que l'acide acétique n'intervenait dans la réaction que par les impuretés glyoxyliques qu'il contient généralement, et qu'autant qu'il renferme ces impuretés.

Aucune de ces réactions prise isolément n'est caractéristique des substances albumineuses ; il est en conséquence de toute nécessité, pour établir, au moyen des réactions colorées, la nature albumineuse d'une substance donnée, d'obtenir un résultat positif avec les divers réactifs colorés, et au moins avec les quatre que nous venons d'indiquer.

Ces réactions de coloration ne sont assurément pas les seules présentées par les protéines, mais ce sont les seules que les physiologistes emploient, à cause de la facilité de leur exécution et de la netteté de leurs résultats.

Nous citerons donc simplement pour mémoire et parce qu'elles révèlent la présence d'un groupement hydrocarboné dans la molécule protéique les réactions de Liebermann et de Molisch.

Réaction de Liebermann. — La liqueur albumineuse examinée ayant été coagulée par la chaleur, le coagulum débarrassé du liquide dans lequel il s'est produit est traité par un grand excès d'acide chlorhydrique concentré fumant, à la température d'ébullition pendant quatre à cinq minutes. Le coagulum se dissout peu à peu dans la liqueur chlorhydrique qui prend une coloration violette virant peu à peu au brun. — Dans cette réaction, il s'est produit du furfurol aux dépens de l'hydrate de carbone contenu dans la molécule protéique, furfurol qui, en présence des noyaux phénoliques de la même molécule, donne une coloration violette.

Réaction de Molisch. — A une solution protéique, on ajoute quelques gouttes d'une solution alcoolique d'α-naphtol et on verse cette liqueur dans un tube à essai au dessus d'acide sulfurique concentré. Il se produit, au niveau de la surface de séparation des deux liquides, un anneau violet ; la coloration violette envahissant d'ailleurs tout le liquide quand on agite pour mélanger. Si on remplace l'α-naphtol par le thymol, on obtient, dans les mêmes conditions, une coloration rouge carmin. — Comme la précédente, cette réaction, sous cette forme ou sous la forme de variantes, est la conséquence de réactions se produisant entre les groupements aromatiques (ajoutés ici sous forme de α-naphtol ou de thymol) et le furfurol produit par l'action d'acides minéraux concentrés sur les groupements hydrocarbonés contenus dans la molécule protéique.

b. — *Acides aminés ou amino-acides.*

Il n'est pas possible, à l'heure présente, de donner une formule de constitution des substances albumineuses; on ne connaît pas, en effet, tous les groupements atomiques qui entrent dans la composition de leur molécule extrêmement complexe; on ne connaît pas les proportions relatives des groupements actuellement isolés; on connaît moins encore les relations chimiques de ces groupements. Toutefois, on a pu retirer de la molécule albumineuse par des moyens appropriés, un certain nombre de corps de composition simple et connue, corps qui présentent des relations évidentes avec les produits de désassimilation des substances albumineuses dans l'organisme, et qui, pour cette raison, méritent de retenir l'attention du physiologiste.

En étudiant les produits de dédoublement des substances albumineuses et plus généralement des protéines par la vapeur d'eau surchauffée, par les alcalis caustiques ou par les acides minéraux bouillants[1], par la trypsine pancréatique et autres diastases protéolytiques et par les agents de la putréfaction, on a reconnu l'existence de nombreuses substances, parmi lesquelles les plus importantes[2] au point de vue physiologique sont des

---

1. Les chimistes emploient plus spécialement, pour isoler les divers groupements constituants des protéines, l'hydrolyse par les acides minéraux bouillants, qui leur a fourni de meilleurs résultats que les autres méthodes. Ils ont eu recours notamment à l'acide sulfurique à 25 à 30 p. 100 ou à l'acide chlorhydrique à 35 p. 100 ; — on a plus récemment recommandé d'hydrolyser les protéines à l'aide d'acide fluorhydrique à 20 ou 25 p. 100, la transformation se faisant en un vase de plomb plongé dans un bain-marie bouillant : l'acide fluorhydrique a sur les acides sulfurique et chlorhydrique l'avantage de mieux respecter que ceux-ci les groupements dérivés des protéines. L'hydrolyse fluorhydrique en effet n'est pas accompagnée du dégagement considérable d'ammoniaque et de la production de corps goudronneux qui sont les indices d'une altération profonde dans les hydrolyses sulfurique et chlorhydrique. Elle ne détruit pas les acides mono-aminés et diaminés, elle respecte mieux les hydrocarbones ; elle ménage les bases puriques, guanine et adénine qui ne sont plus oxydées ou détruites comme elles le sont par l'acide sulfurique.

2. Dans l'hydrolyse des protéines par les acides ou par les alcalis, il se produit toujours de l'ammoniaque; dans l'hydrolyse des protéines par les diastases digestives, il ne se produit pas d'ammoniaque ; dans la désintégration des protéines dans l'organisme vivant, il se produit très vraisemblablement de l'ammoniaque : on trouve en effet dans les urines des sels ammoniacaux et de l'urée, une partie de celle-ci provenant de la transformation intra-hépatique des composés ammoniacaux du sang.

amino-acides, c'est-à-dire des substances possédant la fonction amine et la fonction acide.

Ces amino-acides appartiennent, les uns à la série acyclique, les autres à la série aromatique, les autres à des séries hétérocycliques.

Tous ceux dont la formule de constitution a pu être établie répondent au schéma général

$$R - CH(NH^2) - COOH.$$

le groupement NH^2 étant fixé sur le chaînon préterminal de la chaîne ; R étant un radical acyclique, aromatique ou hétérocyclique.

1. — AMINO-ACIDES ACYCLIQUES.

Ces amino-acides sont les uns des monoamino-acides, les autres des diamino-acides, les autres des amino-acides sulfurés.

a. **Monoamino-acides.** — La nature et les proportions de ces corps trouvés varient selon la nature de la substance albumineuse considérée. Les principaux sont le *glycocolle*, l'*alanine*, la *valine*, la *leucine*, l'*isoleucine*, la *sérine*, l'*acide aspartique* et l'*acide glutamique*.

Le *glycocolle*, ou *glycine*, a été obtenu parmi les produits d'hydrolyse de la gélatine et de la plupart des protéines. C'est l'acide α amino-acétique $CH^2(NH^2)—COOH$.

Si l'on écrit la formule du glycocolle sous la forme suivante $H\text{-}CH(NH^2)\text{-}COOH$, on voit que le glycocolle représente le plus simple de tous les acides aminés possibles, celui dans lequel le radical R de la formule générale est remplacé par H.

C'est dire que tous les acides aminés dérivés des protéines sont des glycocolles substitués.

Fig. 32. — Leucine.

L'*alanine* existe dans la plupart des protéines, en particulier dans la gélatine. C'est l'acide α amino-propionique $CH^3\text{-}CH(NH^2) — COOH$.

Beaucoup de substances, parmi celles qu'on engendre par hydrolyse des protéines peuvent être considérés comme des dérivés de l'alanine : la sérine est une oxyalanine ; la cystéine est une théoalanine, la phénylalanine est une phénylalanine ; la tyrosine est une paraoxyphénylalanine ; le tryptophane est une indolalanine ; l'histidine est une imidazolalanine.

La *valine* a été retirée des produits d'hydrolyse de la gélatine, de la caséine, de la corne, etc. C'est l'acide α amino-isovalérianique $(CH^3)^2{=}CH\text{-}CH(NH^2)\text{-}COOH$.

La *leucine*, produit de dédoublement de la plupart des substances albumineuses est un acide amino-caproïgne ; c'est, si l'on tient compte de sa constitution, l'acide α amino-isobutylacétique $(CH^3)^2{=}CH{—}CH^2{—}CH(NH^2){—}COOH$.

L'*isoleucine*, produit de dédoublement de nombreuses substances albumineuses par le pancréas, est aussi un acide amino-caproïque ; c'est, d'après sa constitution, l'acide $\beta\beta$ méthyléthyl α amino-propionique $\dfrac{C^2H^5}{CH^3}{>}CH{—}CH(NH^2){—}COOH$.

La *sérine*, retirée tout d'abord des produits de dédoublement des protéines de la soie, a été trouvée ensuite dans diverses protéines. Elle est intéressante surtout par ses relations chimiques avec l'alanine et avec la cystine (voir ci-dessous p. 79). C'est un corps qui est à la fois acide, amine et alcool ; c'est un acide oxyaminé : c'est l'acide α amino β oxypropionique $CH^2OH\text{-}CH(NH^2)\text{-}COOH$. Il ne diffère de l'alanine ou acide α amino-propionique $CH^3\text{-}CH(NH^2)\text{-}COOH$ que par la substitution de OH à H dans le groupe CH^3.

L'*acide aspartique* [1], qui existe parmi les produits d'hydrolyse des protéines par les acides ou par le pancréas, est un acide amino-succinique. Il dérive donc d'un acide bibasique. Il répond à la formule de constitution $COOH{—}CH^2{—}CH(NH^2){—}COOH$.

L'*acide glutamique*, qu'on trouve aussi parmi les produits dérivés des protéines, est également un acide bibasique : c'est l'acide α amino-glutarique $COOH\text{-}CH^2\text{-}CH^2\text{-}CH(NH^2)\text{-}COOH$.

b. **Diamino-acides.** — Les principaux acides diaminés dérivés des protéines sont : l'*acide diamino-acétique*, la *lysine*, l'*ornithine* et l'*arginine*.

L'*acide diamino-acétique* [2] $\dfrac{NH^2}{NH^2}{>}CH\text{-}CO^2H$, trouvé dans les

<hr>

1. Le glycocolle, l'alanine, la valine, la leucine, l'isoleucine, la sérine n'ont pas les caractères d'acides ; les acides aspartique et glutamique ont par contre très nettement ces caractères : les noms que portent ces substances marquent bien cette différence.

2. L'acide diamino-acétique n'a pas les caractères d'un acide ; il serait donc

produits de dédoublement de la caséine, est intéressant à cause de ses rapports possibles avec l'allantoïne. L'expérience physiologique a appris que divers amino-acides, introduits dans l'organisme, s'y transforment en acides uraminés par addition d'acide cyanique ; si l'on admet une telle transformation pour l'acide diamino-acétique, ce dernier fournirait de l'acide allantoïque

$$\begin{array}{c} NH\!-\!CO\!-\!NH^2 \\ | \\ CH\!-\!COOH \\ | \\ NH\!-\!CO\!-\!NH^2 \end{array}$$

dont l'allantoïne est un anhydride

$$\begin{array}{ccc} NH\!-\!CO\!-\!NH & & \\ | & & | \\ CH & \!-\! & CO \\ | & & \\ NH\!-\!CO\!-\!NH^2 & & \end{array}$$

La *lysine* est un acide **1-5** diamino-caproïque $CH^2(NH^2)\text{-}CH^2\text{-}CH^2\text{-}CH^2\text{-}CH(NH^2)\text{-}CO^2H$; on l'a trouvée parmi les produits de transformation de la caséine par l'acide chlorhydrique. Elle présente un grand intérêt à cause de ses relations avec une ptomaïne bien connue, la cadavérine ou pentaméthylène-diamine

$$CH^2NH^2\text{-}(CH^2)^3\text{-}CH^2NH^2.$$

En soumettant la lysine à l'action des agents de putréfaction, on produit de la cadavérine ; or cette ptomaïne prend naissance dans la putréfaction des substances albumineuses, ce qui confirme l'existence du groupement lysine dans leur molécule.

L'*ornithine* est un acide **1-4** diamino-valérianique $CH^2NH^2\text{-}CH^2\text{-}CH^2\text{-}CHNH^2\text{-}CO^2H$. On ne l'a pas obtenue *in vitro* par dédoublement des substances albumineuses, mais on peut l'obtenir *in vivo* combinée à l'acide benzoïque. Quand on injecte, chez les mammifères, de l'acide benzoïque, il apparaît dans les urines sous forme d'acide hippurique ou benzoate de glycocolle, entraînant ainsi, en le préservant des transformations qu'il subit normalement dans l'organisme, le glycocolle que nous avons pu

desirable qu'il possédât un autre nom que celui qu'on lui a donné, lequel indique sa structure mais non son caractère.

dériver *in vitro* des substances albumineuses. Quand on injecte, chez les oiseaux, de l'acide benzoïque, on trouve dans les urines de l'acide ornithurique, ou benzoate d'ornithine ; on peut donc admettre, par analogie, que, chez les oiseaux, l'acide benzoïque a préservé de la destruction un chaînon détaché de la molécule albumineuse, l'ornithine.

L'*arginine* $C^6H^{14}N^4O^2$ est un des produits les plus intéressants parmi les substances dérivées de l'hydrolyse des protéines. Cette arginine, traitée par l'hydrate de baryte à l'ébullition, se transforme en urée et en ornithine par fixation des éléments d'une molécule d'eau ; cette même transformation se produit sous l'influence de l'arginase, diastase qui existe dans divers tissus de l'organisme, et notamment dans la muqueuse intestinale. On peut considérer l'arginine comme résultant de l'union de l'ornithine et de la cyanamide $CN-NH^2$: sa synthèse, en partant de ces deux corps, a d'ailleurs été réalisée. Sa constitution serait dès lors

$$\begin{matrix} NH^2 \\ NH \end{matrix} \Big\rangle C-NH-(CH^2)^3-CH(NH^2)-CO^2H.$$

L'existence dans la molécule d'arginine du groupement $C{<}^{NH^2}_{NH}$

qui ne diffère que peu de l'urée $CO{<}^{NH^2}_{NH^2}$, sa nature d'acide aminé, qui le rattache aux corps précédemment indiqués, nous font comprendre l'importance extrême de ce corps.

c. **Amido-acides sulfurés.** — Le mieux connu de ces corps est la *cystine*, qu'on trouve parmi les produits dérivés des protéines, et qu'on rencontre exceptionnellement dans l'urine.

L'alanine ou acide α amino-propionique $CH^3-CH(NH^2)-COOH$ et la sérine résultant de la substitution de OH à H dans CH^3 soit $CH^2OH-CH(NH^2)-COOH$, existent, nous l'avons vu, parmi les produits de destruction des protéines. Si, dans le groupement alcoolique de la sérine, on substitue S à O, on obtient la *cystéine* $CH^2SH-CH(NH^2)-COOH$.

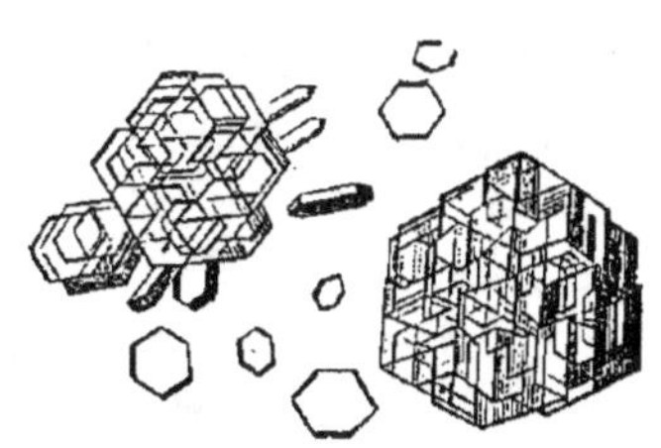

Fig. 33. — Cystine cristallisée dans l'ammoniaque.

Ce composé n'existe pas parmi les dérivés des protéines. La cystine qu'on y rencontre peut être considérée comme résultant de la soudure de deux molécules de cystéine. Sa formule de constitution est

$$S—CH^2—CH(NH^2)—COOH$$
$$S—CH^2—CH(NH^2)—COOH$$

Cette cystine est donc un acide bibasique diaminé.

2. — AMINO-ACIDES AROMATIQUES.

Les deux amino-acides aromatiques intéressants qu'on trouve parmi les produits d'hydrolyse des protéines sont la *phénylalanine* et la *tyrosine*.

La *phénylalanine* est l'acide β phényl α amino-propionique C^6H^5-CH^2-$CH(NH^2)$-$COOH$. Elle résulte de la substitution du groupement phényl C^6H^5 à H dans le groupe CH^3 de l'alanine ou acide α amino-propionique CH^3-$CH(NH^2)$-$COOH$.

La *tyrosine*, qui est un des corps les plus anciennement connus parmi les produits de dédoublement des pro-

Fig. 34. — Tyrosine.

téines, qu'on trouve dans les produits de dédoublement de la plupart des protéines (mais non de la gélatine), qui se reconnait facilement à l'aspect de ses aiguilles cristallines brillantes et groupées en faisceaux, est un acide paraoxyphényl α amino-propionique $C^6H^4(OH)$-CH^2-$CH(NH^2)$-$COOH$. On voit qu'elle résulte de la substitution de OH à H dans le groupement aromatique de la phénylalanine [1].

C'est, comme il a été dit précédemment, à la présence du groupement tyrosine dans la molécule des substances protéiques

---

1. Dans les produits de la putréfaction des substances albumineuses, on trouve, au moins parfois, de l'acide paraoxyphénylacétique et de l'acide phénylacétique, qui se rattachent respectivement à la tyrosine et à la phénylalanine de façon très

que celles-ci doivent leur propriété de donner la réaction de Millon (p. 72). La tyrosine à l'état de liberté chimique donne elle-même une réaction de Millon très nette. (Pl. col. IV, fig. H_2.)

3. — AMINO-ACIDES HÉTÉROCYCLIQUES.

Les amino-acides hétérocycliques sont représentés, parmi les produits d'hydrolyse des protéines, par la *proline* et l'*oxyproline*, par le *tryptophane* et par l'*histidine*.

La *proline* existe dans les produits d'hydrolyse de toutes les protéines. Elle répond à la formule

$$C^5H^9NO^2$$

ou à la formule de constitution :

$$NH\!\!\begin{cases} CH^2 \quad - \quad CH^2 \\ CH.CO^2H - CH^2. \end{cases}$$

Elle peut être considérée comme un acide pyrrolidinecarbonique dérivé de la pyrrolidine :

$$NH\!\!\begin{cases} CH^2 - CH^2 \\ CH^2 - CH^2 \end{cases}$$

groupement atomique important voisin du groupe pyrrol :

$$NH\!\!\begin{cases} CH^2 = CH \\ CH^2 = CH \end{cases}$$

que nous retrouverons dans la constitution de l'hémoglobine.
L'*oxyproline* n'en diffère que par O en plus.
Sa formule est :

$$C^5H^9NO^3.$$

intime, comme il résulte de la comparaison de leurs formules de constitution :

$$C^6H^4\!\!\begin{cases} OH \\ CH^2\text{-}CO^2H \end{cases}$$
Ac. paraoxyphénylacétique.

$$C^6H^4\!\!\begin{cases} OH \\ CH^2\text{-}CH(NH^2)\text{-}CO^2H \end{cases}$$
tyrosine.

$$C^6H^5\text{-}CH^2\text{-}CO^2H$$
Ac. phénylacétique.

$$C^6H^5\text{-}CH^2\text{-}CH(NH^2)\text{-}CO^2H$$
phénylalanine.

C'est l'acide oxypyrrolidinecarbonique. Sa formule de constitution n'est pas encore définitivement établie.

Le *tryptophane* ou *protéinochromogène*, qu'on trouve dans les produits de la digestion tryptique des substances albumineuses, est intéressant à cause de ses relations chimiques avec le scatol et avec l'indol[1], dont on trouve des dérivés dans les produits de putréfaction des substances albumineuses et dans l'urine normale : dans les produits de putréfaction, on trouve de l'acide scatolacétique, et, au moins parfois, de l'acide scatolcarbonique et de l'acide indolcarbonique; dans l'urine, on trouve de l'acide indoxylsulfurique. Les recherches chimiques récentes ont conduit à donner au tryptophane l'une des formules de constitution suivantes :

$$C_6H_4 \diagdown^{C.CH_2.CHNH_2-CO_2H}_{NH} CH$$

ou

$$C_6H_4 \diagdown^{C.CH(NH_2).CH_2.CO_2H}_{NH} CH$$

qui est ainsi un acide indol-amino-propionique, ou une indol-alanine.

C'est, comme il a été dit précédemment à la présence du groupement tryptophane dans la molécule des substances protéiques que celles-ci doivent leur propriété de donner la réaction glyoxylique (p. 73). La gélatine et les protamines qui ne contiennent pas de tryptophane ne donnent pas cette réaction.

L'*histidine* enfin aurait, d'après les travaux récents, la formule de constitution suivante :

$$HC \!=\!\!=\! C-CH_2-CH(NH_2)-COOH$$
$$HN \qquad N$$
$$CH$$

1. L'indol répond à la constitution $C_6H_4 \diagdown^{CH}_{NH} CH$; le scatol ou méthylindol à la constitution $C_6H_4 \diagdown^{C.CH_3}_{NH} CH$; l'acide scatolcarbonique à la constitution

C'est une imidazolalanine; et ainsi est manifestée la parenté chimique de cette histidine avec les purines qu'on peut elles aussi considérer comme des dérivés de l'imidazol (Voir p. 112).

Le tableau suivant renferme des données numériques relatives à la proportion des différents amino-acides entrant dans la constitution de quelques protéines.

100 grammes de protéine contiennent :

	Sérum-albumine.	Sérum-globuline.	Caséine.	Gélatine.	Kératine.	Élastine.
Glycocolle......	0,00	3,52	0,00	16,50	0,34	25,75
Alanine........	2,68	2,22	0,90	0,80	1,20	6,58
Leucine........	20,00	18,70	10,50	2,10	18,30	21,38
Proline........	1,04	2,76	3,10	5,20	3,60	1,74
Phénylalanine..	3,08	3,84	3,20	0,40	3,00	3,89
Ac. glutamique.	1,52	2,20	10,70	0,88	3,00	0,76
Ac. aspartique..	3,12	2,54	1,20	0,56	2,50	—
Cystine........	2,30	0,67	0,06	—	—	—
Sérine.........	0,60	—	0,23	—	5,70	—
Oxyproline	—	—	0,25	3,00	—	—
Tyrosine........	—	—	4,50	—	0,68	0,34
Lysine.........	—	—	5,80	2,75	—	—
Histidine.......	—	—	2,59	0,40	—	—
Arginine........	—	—	4,84	7,62	2,25	0,30
Tryptophane....	trouvé	trouvé	1,50	—	—	—

On a enfin retiré de la plupart des substances albumineuses, mais non de toutes, des substances appartenant au groupe des hydrates de carbone, soit des glycoses, soit des glycoses aminées. Mais l'étude de ces produits hydrocarbonés du dédoublement de la molécule albumineuse est encore peu avancée; il nous suffira donc d'avoir indiqué leur existence.

Il existe dans la molécule albumineuse d'autres groupements plus ou moins importants, mais leur étude n'est qu'amorcée et leur importance physiologique n'est encore que soupçonnée. Nous n'avons donc pas à en parler ici.

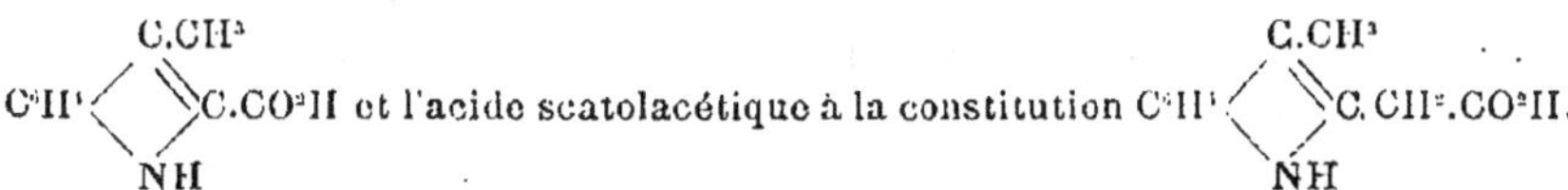

Sous l'influence des bactéries intestinales, on passe du tryptophane à l'indol, par les substances suivantes : tryptophane, acide indolacétique, scatol, acide indolcarbonique, indol.

c. — Protamines.

On a étudié, dans le cours des dernières années, un groupe important de corps, dits PROTAMINES, qu'on a considérés, avec raison semble-t-il, comme des substances albumineuses réduites à la structure la plus simple qui soit possible, et dont les substances albumineuses naturelles ordinaires pourraient être considérées comme dérivant par adjonction de groupements atomiques supplémentaires. Les protamines sont des substances qu'on a retirées de la laitance des poissons [1]; les principaux représentants de cette classe de corps sont : la salmine (du saumon), la sturine (de l'esturgeon), la clupéine (du hareng), la cycloptérine (du cycloptérus), la scombrine (du maquereau), la cyprinine (de la carpe), la crénilabrine (du crenilabrus), etc.

Ce sont des substances riches en azote, dépourvues de soufre, solubles dans l'eau, insolubles dans l'alcool, insolubles dans l'éther, non coagulables, non diffusibles. Elles donnent toutes la réaction du biuret, mais ne donnent pas les autres réactions colorées des protéines (sauf la cycloptérine qui donne la réaction de Millon; elle renferme en effet le groupement tyrosine).

Lorsqu'on soumet à l'action des agents hydrolysants la clupéine, la salmine et la cycloptérine, qui sont les plus simples des protamines connues, on obtient essentiellement de l'arginine, de l'acide monoamino-valérianique, et accessoirement quelques autres acides monoaminés. Lorsqu'on hydrolyse la crénilabrine, on obtient essentiellement de l'arginine, de la lysine et accessoirement quelques acides monoanimés. Lorsqu'on hydrolyse la sturine, on obtient essentiellement de l'acide monoamino-valérianique, et trois bases, l'arginine, la lysine et l'histidine.

Ces trois bases constituent ce qu'on appelle ordinairement le groupe des *bases hexoniques*, ainsi dénommées parce qu'elles contiennent 6 atomes de carbone dans leur molécule :

arginine $C^6H^{14}N^4O^2$, *lysine* $C^6H^{14}N^2O^2$, *histidine* $C^6H^9N^3O^2$.

Les protamines fournissent, sous l'influence des sucs digestifs, et notamment des liqueurs tryptiques, des corps appelés *protones*, qui diffèrent des protamines par quelques propriétés de précipi-

---

[1]. Les protamines ne sont pas toujours à l'état de liberté chimique dans la laitance des poissons. Elles existent, peut-être toujours, au moins certainement parfois, à l'état de combinaison avec des substances protéiques ayant les caractères généraux de l'histone (Voy. ci-dessous, p. 100).

tation en moins, et qui sont aux protamines ce que les protéoses sont aux substances albumineuses. Ces protones fournissent à l'hydrolyse les mêmes produits que les protamines.

Les mêmes produits d'hydrolyse se retrouvant d'une part dans les protones, résultant de l'action des ferments digestifs sur les protamines, d'autre part, accompagnés des autres substances que nous avons signalées ci-dessus, dans les substances albumineuses, on peut admettre que les protamines résultent de l'union de plusieurs molécules de protones, formées elles-mêmes de l'union d'un ou de plusieurs acides monoaminés avec une ou plusieurs bases hexoniques; et que, d'autre part, les substances albumineuses peuvent être considérées comme formées d'un noyau protaminique, auquel sont venus se greffer un certain nombre des groupements signalés précédemment.

d. — *État colloïdal des substances albumineuses.*

Les substances albumineuses sont des *substances colloïdes.* — Qu'est-ce qu'une substance colloïde?

Certaines substances, telles que les sels métalliques, le chlorure de sodium par exemple, telles que les sucres, la glycose par exemple, etc., possèdent la propriété de traverser les membranes de papier parchemin, de *dialyser* : supposons

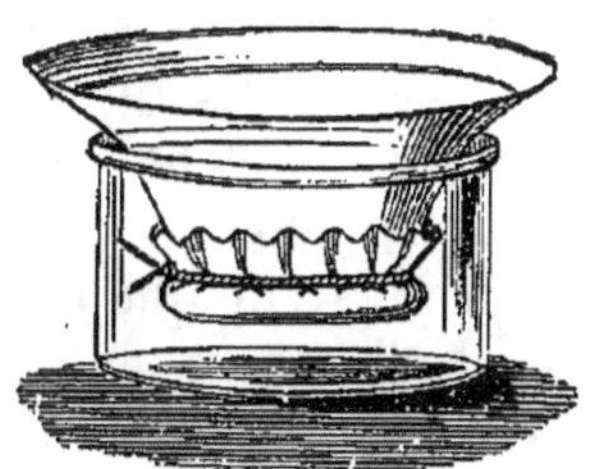

Fig. 35. — Dialyseur de Graham. — Lame de papier parchemin ficelée sur un vase tronc-conique en verre.

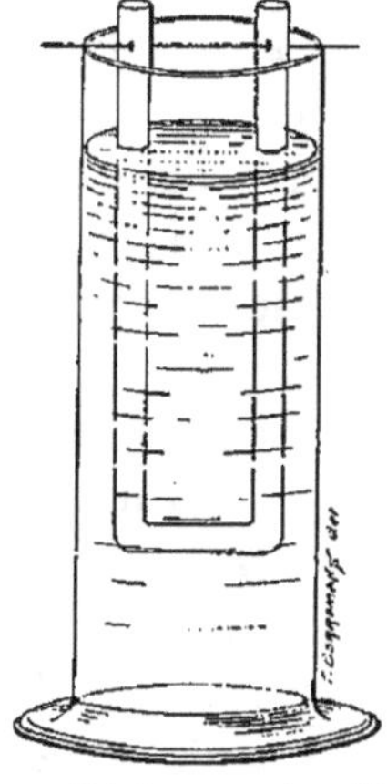

Fig. 36. — Dialyseur de Kühne. — Tube en papier-parchemin.

séparées par une lame de papier parchemin de l'eau distillée d'une part et une solution de sel ou de sucre d'autre part; le sel ou le sucre ne tardent pas à traverser la lame parcheminée, pour se répandre dans l'eau distillée. Comme les substances qui possèdent la propriété de dialyser peuvent en général être facilement obtenues sous forme cristalline, on les appelle *cristalloïdes.*

D'autres substances, telles que l'empois d'amidon, le glycogène, les substances albumineuses, etc., *ne dialysent pas* : elles ne peuvent traverser une membrane de papier parchemin pour se dissoudre dans le liquide qui baigne l'autre face de cette membrane. Ces substances, qui, contrairement aux précédentes, ne peuvent en général être obtenues sous forme cristalline [1], sont dites *substances colloïdes.*

Les substances colloïdes donnent en général des solutions opalescentes : telles sont les solutions de glycogène, d'empois d'amidon, de certaines substances albumineuses.

Les solutions aqueuses des substances colloïdes sont généralement précipitées par les sels, pour des sels et des quantités de sels variables selon la nature de ces substances; elles se présentent alors sous forme d'un précipité floconneux, léger, amorphe.

Dans la chimie minérale, on connaît des exemples de solutions colloïdes : telles sont les solutions de silice soluble, d'alumine soluble, d'hydrate de fer soluble. Si, par exemple, on verse dans un excès d'acide chlorhydrique une solution diluée d'un silicate alcalin, la silice séparée ne se précipite pas, et reste en solution, alors même qu'on enlève la totalité de l'acide chlorhydrique par la dialyse : on obtient ainsi une liqueur légèrement opalescente, présentant un certain nombre de propriétés qu'on retrouve dans les solutions des substances albumineuses et dans les solutions colloïdes en général. Ces solutions, qui restent limpides pendant des semaines et des mois, quand elles ne sont pas souillées par des impuretés salines, précipitent leur silice, sous forme amorphe, gélatineuse, quand on leur ajoute une petite quantité de sels en solution; pour un même sel, la précipitation de la silice se fait d'autant plus vite que la quantité de sel est plus grande; — pour des sels différents, en ne considérant que les sels alcalins et alcalino-terreux, ces derniers, à poids égaux, ont un pouvoir précipitant plus énergique que les premiers.

On peut admettre que les solutions d'alumine soluble et

1. Il y a des exceptions à cette règle : les pigments du sang (hémoglobine et oxyhémoglobine) ne sont pas dialysables; ils peuvent cependant être obtenus sous forme cristalline, et, au moins pour certaines espèces animales, avec la plus grande facilité. — On a pu obtenir de même des albumines végétales, et même des albumines animales, possédant des propriétés colloïdes typiques, sous forme cristalline très nette et très régulière (fig. 37).

d'hydrate ferrique soluble présentent les mêmes propriétés générales que les solutions de silice.

Opalescence de la solution, non-dialyse de la substance dissoute, précipitation à l'état floconneux ou gélatineux de cette substance par addition de sels neutres, plus facile et plus rapide par les sels d'alcalino-terreux que par les sels d'alcalis à poids égaux, ce sont là des propriétés communes aux solutions des colloïdes minéraux et aux solutions des colloïdes organiques, notamment aux solutions des substances albumineuses.

Toutefois, il convient de remarquer que les propriétés colloïdales ne sont pas en général aussi développées chez les substances albumineuses que chez les colloïdes minéraux. En effet, si les colloïdes minéraux sont précipités par tous les sels minéraux, et par des proportions faibles de ceux-ci, les colloïdes

Fig. 37. — **Cristaux de sérumalbumine** (d'après Gruzewska).

organiques et notamment les substances albumineuses ne sont précipités que par des quantités assez considérables de sels, variables d'ailleurs selon l'espèce albumineuse considérée, à tel point qu'on peut saturer certaines solutions albumineuses au moyen de certains sels sans en amener la précipitation.

C'est là, entre les colloïdes minéraux et les colloïdes organiques, une différence quantitative; il existe aussi une différence qualitative. Lorsque, par addition d'une quantité convenable d'un sel neutre, on a précipité de leur solution aqueuse la silice, l'alumine, l'hydrate ferrique, on ne peut les remettre directement en solution dans l'eau, en les débarrassant de la liqueur salée précipitante; — lorsque, au contraire, on a précipité, par addition d'une quantité convenable d'un sel neutre, une solution colloïde albumineuse, il suffit de débarrasser le précipité de la liqueur saline qui l'imprègne pour le rendre directement soluble soit dans l'eau distillée, soit dans l'eau faiblement salée, selon la nature de la substance.

Les substances colloïdes sont-elles vraiment dissoutes dans l'eau

comme le chlorure de sodium est dissous dans les solutions salées?
N'y sont-elles pas plutôt à l'état de suspension stable, et leur précipitation par les sels n'est-elle pas une simple agglutination de
particules existant déjà à l'état solide?

On ne saurait donner une réponse définitive à ces questions.
Contentons-nous de signaler les faits suivants : — Si on filtre sur
porcelaine dégourdie une substance colloïde, une proportion souvent considérable de cette substance est retenue par le filtre,
comme si elle était formée de particules trop grosses pour passer
à travers ses pores. Si on agite, ou si on broie avec de l'eau distillée de l'argile très fine, et si on abandonne au repos, pour
séparer les parties lourdes, on obtient une liqueur laiteuse, formée
par de très fines particules d'argile en suspension; or cette
liqueur, qui ne contient pas trace d'argile réellement dissoute,
présente les propriétés générales des solutions colloïdes; en particulier, elle est rapidement agglutinée par addition de petites
quantités de sels neutres d'alcalis ou par de très petites quantités
de sels neutres alcalino-terreux. Si on dissout dans le chloroforme
du palmitate de myricyle, extrait de la cire d'abeilles, et si on
mélange cette solution chloroformique avec plusieurs volumes
d'alcool absolu chaud, on obtient une liqueur qui, maintenue à
45° et projetée goutte par goutte dans un excès d'eau bouillante,
donne lieu à la formation d'une émulsion homogène, stable, qu'on
peut facilement débarrasser de l'alcool et du chloroforme par la
chaleur. Or cette émulsion stable présente les propriétés de
l'émulsion d'argile, et, comme celle-ci, elle est opalescente et
agglutinable soit par de très petites quantités de chlorure de
sodium, soit par de très petites quantités de chlorure de calcium.

Ces faits tendent sans doute à appuyer l'hypothèse d'un état
de suspension fine et stable des substances en solution colloïde.
Mais il serait peut-être imprudent d'en conclure d'une façon trop
ferme que les substances albumineuses sont, dans leur solutions,
toujours et uniquement à l'état de suspension. En effet, à côté
des substances albumineuses fournissant des solutions colloïdes
typiques, telles que les globulines du sang, il en est d'autres qui
fournissent des solutions présentant à peu près tous les caractères
des solutions salines, telles que la peptone vraie; celle-ci fournit
en effet des solutions non opalescentes, dialysables, et non précipitables par la plupart des sels neutres d'alcalis ou de terres alcalines. Or, entre les globulines du sang et la peptone, on trouve

une série ininterrompue de substances donnant des solutions dont le caractère colloïde diminue de l'une à la suivante, sans qu'il soit possible de discerner dans cette série une discontinuité.

Laissant de côté cette question de l'état physique des substances colloïdes, retenons le fait extrêmement important de l'*atténuation plus ou moins grande du caractére colloïdal* pour certaines espèces albumineuses. C'est sur cette atténuation du caractère colloïdal, et en particulier sur la précipitabilité plus ou moins grande des diverses substances albumineuses par les sels neutres d'alcalis ou de terres alcalines qu'est fondée la séparation de ces substances.

e. — *Classification physiologique des substances albumineuses.*

On a proposé de nombreuses *classifications des substances albumineuses* : aucune d'elles n'est une classification naturelle ; aucune ne repose sur une étude de la constitution moléculaire de ces substances et de leurs affinités chimiques.

Le *physiologiste* peut, *a priori*, établir *deux groupes* de substances albumineuses : les *substances albumineuses naturelles* et les *substances albumineuses dénaturées* ou *de transformation*. Les substances albumineuses naturelles se trouvent dans les tissus et dans les liquides des organismes vivants ; — Les substances albumineuses de transformation sont les produits de transformation des substances albumineuses naturelles sous l'influence de différents agents : acides, alcalis, diastases digestives, etc.

1. — SUBSTANCES ALBUMINEUSES NATURELLES.

Les substances albumineuses naturelles présentent un certain nombre de réactions communes : ce sont des *réactions de précipitation*. Supposons que nous ayons dissous dans une liqueur convenablement choisie une substance albumineuse naturelle. La solution est précipitée par les *acides minéraux*, par certains *sels de métaux lourds*, par le *ferrocyanure de potassium acétique*, par le *sulfate d'ammoniaque* dissous à *saturation*, par l'*alcool*, par le *tannin acétique*, par les *acides phosphomolybdique* et *phosphotungstique*, par la *liqueur de Brücke chlorhydrique* ou par le *réactif de Tanret*, par l'*acide picrique*, par l'*acide trichloracétique*.

α. — *Réactions de précipitation.*

Lorsqu'on verse goutte à goutte dans une solution d'une substance albumineuse naturelle un *acide minéral* [1], de l'acide chlor-

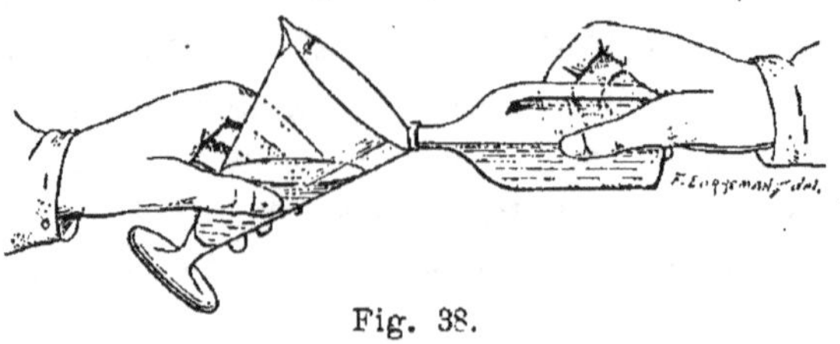

Fig. 38.

hydrique par exemple, on voit se produire un précipité blanc,
floconneux, au contact des gouttes d'acide : le précipité produit

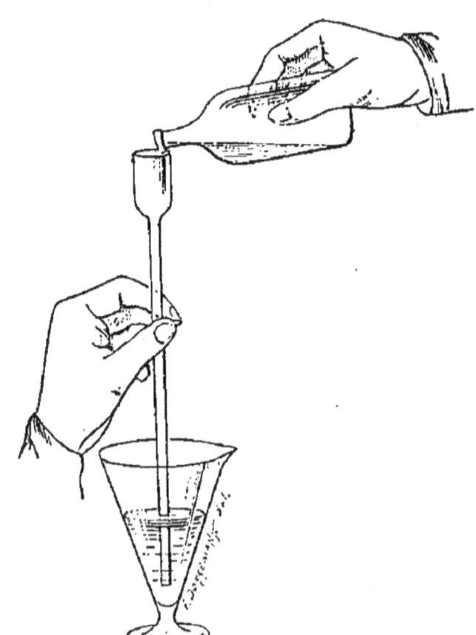

par les premières gouttes se
redissout par agitation ; mais si
l'on continue à ajouter l'acide,
il ne tarde pas à se produire un
précipité persistant de plus en
plus abondant. Si l'on continue
encore à ajouter de l'acide, le
précipité se redissout peu à peu,
et, pour une addition suffisante
d'acide, la redissolution est
totale. Les acides minéraux
déterminent donc, dans les solutions des substances albumineuses naturelles, la production
d'un *précipité, soluble dans un
accès d'acide* [2].

Fig. 39.

On emploie souvent l'acide nitrique fort, et on procède générale-
ment de la façon suivante. Dans un verre à réaction, on verse une

---

1. On peut employer les acides chlorhydrique, sulfurique, azotique et méta-
phosphorique. — L'acide orthophosphorique ne précipite pas les substances albumineuses.

2. L'acide acétique ne précipite pas toutes les substances albumineuses
(voir p. 96); mais vis-à-vis de celles qu'il précipite, il se comporte comme les
acides minéraux; le précipité formé par une petite quantité d'acide se redissout
dans un très grand excès d'acide — disons encore le précipité engendré par l'acide
acétique très étendu (1 à 5 pour 1000 par exemple) se redissout dans l'acide acétique glacial.

certaine quantité d'acide nitrique concentré ; au-dessus de cette couche acide, on fait arriver la solution albumineuse, en la versant lentement sur les parois du verre, de façon que la solution acide se répande à sa surface, sans se mélanger avec elle. Il se forme, au niveau de la séparation des deux liquides, un nuage albumineux.

On peut encore verser la solution albumineuse dans un verre à réaction et y ajouter lentement l'acide nitrique, soit en le faisant couler le long des parois du verre tenu incliné, soit en le faisant arriver au fond du verre au moyen d'un tube entonnoir (fig. 38 et fig. 39). Dans les deux cas, l'acide s'amasse au fond du verre, sans se mélanger à la liqueur albumineuse ; le nuage se forme au niveau de la séparation des liquides.

Certains *sels minéraux* en solution aqueuse précipitent les substances albumineuses naturelles de leurs solutions : les plus généralement et les plus avantageusement employées sont les solutions de *sulfate cuivrique*, des *acétates neutre et basique de plomb*, de *chlorure mercurique*, d'*acétate de fer* [1], etc. Le précipité produit est un composé métallo-organique, résultant de la combinaison du sel métallique avec la substance albumineuse. Pour des quantités suffisantes de sels minéraux, la précipitation peut être totale.

Lorsqu'on ajoute à une solution de substances albumineuses naturelles une certaine proportion (par exemple 1 p. 10 de son volume) d'une solution aqueuse étendue de *ferrocyanure de potassium* (à 5 p. 100 par exemple) et quelques gouttes d'*acide acétique glacial*, on détermine la production d'un précipité. L'addition de ferrocyanure seul ne produit pas de précipitation ; l'addition d'acide acétique seul ne produit pas toujours une précipitation des solutions des substances albumineuses naturelles (les globulines sont partiellement précipitées par l'acide acétique ; les albumines ne sont pas précipitées par cet acide).

Le précipité obtenu par le ferrocyanure de potassium et l'acide acétique ajoutés à la solution albumineuse peut, lorsqu'il a été séparé de la liqueur dans laquelle il a pris naissance et lorsqu'il a été lavé à l'eau, donner les réactions colorées générales des substances albumineuses, c'est-à-dire la réaction xanthoprotéique, la réaction du biuret, la réaction de Millon et la réaction glyoxylique. Ainsi pourra-t-on s'assurer que le précipité déterminé par le ferrocyanure de potassium et l'acide acétique est bien réellement un précipité d'une substance albumineuse.

Lorsqu'on dissout à la température ordinaire dans une solution d'une substance albumineuse naturelle du *sulfate d'ammoniaque*

---

1. Il est souvent avantageux d'avoir recours à l'acétate de fer ; car, à l'ébullition, l'excès d'acétate de fer est décomposé en acide acétique volatil et sous-acétate de fer insoluble, de sorte que la liqueur ne contient pas d'excès de réactif. Au lieu d'employer l'acétate directement, on ajoute, ce qui revient au même, du chlorure de fer et un excès d'acétate de soude.

jusqu'à refus, ou, comme on dit en général, *à saturation*, la substance albumineuse naturelle est précipitée de sa solution et *totalement précipitée* : la liqueur, séparée par filtration du précipité, ne donne plus la réaction du biuret. — On peut substituer au sulfate d'ammoniaque du *sulfate de soude*; mais il est nécessaire d'opérer à 30° et de saturer la liqueur de sulfate de soude à cette température.

L'*alcool* précipite les substances albumineuses naturelles de leurs solutions : il les précipite surtout bien dans les liqueurs à réaction neutre ou légèrement acide, contenant en solution une faible proportion de sels neutres [1]. La quantité d'alcool nécessaire pour précipiter totalement la substance albumineuse dissoute varie avec la nature de cette substance.

Pour précipiter, au moyen du *tannin*, les substances albumineuses naturelles de leurs solutions, il convient d'employer une solution obtenue en dissolvant 4 grammes de tannin dans 190 centimètres cubes d'alcool à 45 p. 100, et ajoutant à la solution 2 centimètres cubes d'acide acétique glacial : *réactif d'Almen* ou *tannin d'Almen*. — Pour des quantités suffisantes de la solution de tannin, la précipitation albumineuse peut être totale : par exemple, en mélangeant volumes égaux d'une solution albumineuse et de la solution de tannin acétique, on obtient en général une précipitation totale. Cette précipitation des substances albumineuses par le tannin s'accomplit surtout bien dans les liqueurs qui contiennent en solution une petite quantité de sels neutres.

Les *solutions sulfuriques des acides phosphomolybdique et phosphotungstique*, et en général les solutions de ces acides en présence d'acides minéraux forts, précipitent les substances albumineuses naturelles, et, pour une quantité convenable de réactif, les précipitent totalement. On emploie généralement une solution obtenue en dissolvant 1 partie d'acide phosphomolybdique ou phosphotungstique cristallisé dans 5 parties d'eau, et ajoutant à cette solution 2 p. 100 d'acide sulfurique concentré.

La *liqueur de Brücke* est une solution aqueuse d'iodure double de mercure et de potassium. On peut préparer cette liqueur de la façon suivante : on dissout dans l'eau distillée à saturation du chlorure mercurique (sublimé) et on verse dans cette solution une solution saturée d'iodure de potassium : il se forme d'abord

---

1. Une solution d'albumine débarrassée de ses sels par une dialyse prolongée en présence d'eau distillée n'est pas précipitée par l'alcool.

un précipité rouge d'iodure mercurique, soluble dans un excès d'iodure de potassium ; on ajoute la solution d'iodure de potassium goutte à goutte, jusqu'à solution totale du précipité rouge d'iodure mercurique. — On peut encore préparer cette liqueur de la façon suivante : dans 1 litre d'eau, on dissout 100 grammes d'iodure de potassium : on chauffe au bain-marie et on y dissout de l'iodure mercurique jusqu'à refus ; on laisse refroidir, on jette sur le filtre pour séparer le précipité rouge d'iodure mercurique formé pendant le refroidissement, et, à la liqueur claire, on ajoute un peu (2 à 5 gr.) d'iodure de potassium. — La liqueur de Brücke ajoutée aux solutions albumineuses ne les précipite pas lorsqu'elles sont neutres ; elle les précipite, au contraire, lorsqu'elles ont été acidifiées par l'*acide chlorhydrique*, et, pour des proportions convenables de liqueur de Brücke et d'acide chlorhydrique, la précipitation peut être totale. On obtient cette précipitation totale en ajoutant d'abord une petite quantité de liqueur de Brücke, puis, goutte à goutte, de l'acide chlorhydrique concentré, tant qu'il se forme un précipité ; puis goutte à goutte la liqueur de Brücke, tant qu'il se forme un précipité ; puis, l'acide chlorhydrique, etc., en alternant l'addition des deux réactifs, jusqu'à ce que ni l'un ni l'autre ne produise plus de précipité.

Pour préparer le *réactif de Tanret*, on ajoute, à 20 centimètres cubes d'acide acétique cristallisable, 3 gr. 32 d'iodure de potassium pur et 1 gr. 35 de bichlorure de mercure : et on additionne d'eau distillée, pour faire 60 centimètres cubes. Ce réactif précipite les substances albumineuses de leurs solutions, et le précipité est insoluble, à froid ou à chaud, dans un excès de réactif, insoluble dans l'alcool, insoluble dans l'éther, — caractères qui permettent de le distinguer des précipités produits par le même réactif dans des liqueurs contenant soit certaines substances albumineuses de transformation, soit certains alcaloïdes.

L'*iodure double de bismuth et de potassium* précipite les solutions albumineuses acidifiées par l'acide chlorhydrique ou le réactif de Tanret.

Les *solutions aqueuses concentrées*[1] *d'acide picrique* précipitent également les solutions des substances albumineuses naturelles, surtout après acidulation par l'acide acétique ou l'acide citrique. On emploie parfois une solution aqueuse d'acide picrique

1. A 1 p. 100 ; l'acide picrique se dissout dans 86 parties d'eau.

à 1 p. 100 et d'acide citrique à 3 p. 100 : *réactif d'Esbach*.

Enfin l'*acide trichloracétique* en solution aqueuse à 2, à 5 et à 10 p. 100 précipite les substances albumineuses, et, dans certaines circonstances, mais non pas toujours, peut les précipiter totalement.

Mais si ces différents réactifs précipitent les substances albumineuses naturelles de leurs solutions, il ne faudrait cependant pas considérer comme démontrée la présence de substances albumineuses dans une liqueur lorsque l'un quelconque de ces réactifs précipite cette liqueur. En effet, les substances albumineuses ne sont pas les seules substances que ces différents réactifs peuvent précipiter. En d'autres termes, ces différents réactifs ne sont pas indifféremment applicables à toutes les liqueurs : il faut savoir choisir. Ainsi, pour n'en citer que quelques exemples : on ne peut employer l'alcool lorsque la solution contient des substances précipitables par l'alcool, telles que les sulfates d'alcalis, le sulfate d'ammoniaque par exemple ; — on ne peut employer les acides phosphomolybdique et phosphotungstique dans les liqueurs contenant des sels ammoniacaux, parce qu'il se formerait des phosphomolybdate et phosphotungstate d'ammoniaque insolubles ; — on ne peut pas employer l'acide picrique dans les liqueurs contenant des sels ammoniacaux ou de la créatinine, ou de l'acide urique, ces différents corps étant précipités par l'acide picrique, etc.

β. — *Coagulation des substances albumineuses.*

Les *substances albumineuses naturelles sont coagulables*.

Qu'est-ce donc qu'une *substance albumineuse coagulable?* Qu'est-ce que la *coagulation?* Quelle différence y a-t-il entre la *coagulation* et la *précipitation* des substances albumineuses.

Quelques exemples vont nous renseigner sur ces questions.

Supposons qu'on ait préparé une solution de blanc d'œuf dans l'eau. Ajoutons à un volume de cette solution plusieurs volumes, dix volumes par exemple, d'une solution saturée de sulfate d'ammoniaque, nous déterminons l'apparition de flocons albumineux. Ces flocons, séparés par filtration du liquide dans lequel ils ont pris naissance, peuvent être redissous dans l'eau, comme le blanc d'œuf lui-même pouvait être dissous dans l'eau, et cette solution présente toutes les propriétés de la solution primitive de blanc d'œuf. On dit que le blanc d'œuf a été précipité de sa solution par le sulfate d'ammoniaque.

Supposons qu'on chauffe cette même solution de blanc d'œuf à une température de 80 à 100°, il se produit un dépôt floconneux albumineux; mais ces flocons, séparés du liquide dans lequel ils se sont produits, ne peuvent plus être dissous dans l'eau. On dit que le blanc d'œuf est coagulé par la chaleur.

La *précipitation* est un *simple changement d'état physique* : la substance précipitée passe de l'état dissous à l'état solide. La *coagulation* est à la fois un *changement d'état* et *un changement de propriétés* et probablement un *changement de constitution chimique*. Nous nous garderons toutefois d'affirmer que, dans une coagulation, il y a modification.chimique de la molécule, car on n'en a pas donné de démonstration. Nous admettons que cette transformation chimique est possible ; mais nous reconnaissons volontiers qu'il ne s'agit peut-être là que de modifications d'ordre physique, comparables à celles que présente la silice soluble en se transformant en silice gélatineuse.

Lorsqu'on ajoute à une solution de blanc d'œuf de l'alcool en quantité suffisante, on provoque l'apparition de flocons albumineux. Si, aussitôt après leur apparition, on sépare par le filtre ces flocons de la liqueur dans laquelle ils se sont formés, et si, par expression entre deux lames de papier filtre, on les débarrasse de la plus grande partie de la liqueur alcoolique qu'ils retiennent, on peut les redissoudre dans l'eau et obtenir une solution analogue, quant à ses propriétés, à la solution primitive de blanc d'œuf. L'alcool, d'après nos définitions, a donc précipité le blanc d'œuf de sa solution. Mais si, après avoir produit par addition d'alcool des flocons albumineux, on laisse pendant plusieurs jours, ou mieux pendant plusieurs semaines, ces flocons en contact avec l'alcool fort, ils deviennent absolument insolubles dans l'eau. L'alcool, en nous reportant à nos définitions, par un contact prolongé avec le blanc d'œuf précipité, le coagule.

Les substances albumineuses naturelles sont coagulables par la chaleur : lorsqu'on élève progressivement la température de leurs solutions, on voit, à partir d'une certaine température, variable suivant la substance considérée, se produire un *louche*, puis des *flocons* qui deviennent plus volumineux et plus abondants, à mesure qu'on élève la température [1]. Si la liqueur a une réaction neutre, la coagulation n'est pas totale, même si l'on porte la température à 100°.

---

1. Lorsque, par une dialyse prolongée en présence d'eau distillée, on débarrasse une solution d'albumine des sels minéraux qu'elle contient, on lui fait perdre la propriété de coaguler par la chaleur. Elle recouvre cette propriété par l'addition de petites quantités de matières salines. — Lorsqu'on ajoute à du sérum sanguin 3 ou 4 volumes d'eau distillée, on obtient un mélange, pauvre en sels, qu'on peut chauffer à l'ébullition sans y déterminer de coagulation.

Pour que la coagulation soit totale, il faut aciduler légèrement (à 1 ou 2 p. 1000 en général) la liqueur au moyen de l'acide acétique.

γ. — *Albumines et globulines.*

On distingue deux groupes de substances albumineuses naturelles, les *albumines*, les *globulines*.

Les albumines se distinguent des globulines par les caractères suivants :

Les *albumines* sont solubles dans l'eau distillée, — dans les solutions étendues de sels neutres d'alcalis ou de terres alcalines (chlorure de sodium, sulfate de soude, sulfate de magnésie, etc.); — dans les solutions étendues d'alcalis caustiques. Leurs solutions salines peuvent être diluées ou soumises à une dialyse prolongée sans précipiter; leurs solutions dans les alcalis peuvent être diluées et saturées de gaz carbonique sans précipiter. Les solutions d'albumines ne sont pas précipitées par l'acide acétique : elles ne sont pas précipitées par le chlorure de sodium ou par le sulfate de magnésie dissous à saturation à la température ordinaire, 15 à 20°; — elles sont, au contraire, précipitées par ces sels lorsqu'elles ont été acidulées par l'acide acétique.

Les *globulines* sont insolubles dans l'eau distillée; elles sont solubles dans les solutions étendues (à 1 p. 100 par exemple) de sels neutres d'alcalis ou de terres alcalines (chlorure de sodium, sulfate de soude, sulfate de magnésie, etc,); elles sont solubles dans les solutions très étendues d'alcalis caustiques (de 1 p. 1000 à 1 p. 100 par exemple). Leurs solutions salines sont précipitées partiellement par dilution par l'eau distillée, et par dialyse : la dilution diminuant la proportion du sel dissolvant, la dialyse éliminant ce sel dissolvant. Leurs solutions dans les alcalis sont précipitées partiellement lorsque, après dilution, elles sont saturées de gaz carbonique. Les solutions de globulines sont précipitées partiellement par l'acide acétique dilué (1 p. 1000 à 1 p. 100), le précipité étant soluble dans l'acide acétique glacial. Elles sont précipitées, les unes partiellement, les autres totalement, par le chlorure de sodium dissous à saturation à la température ordinaire; elles sont précipitées et *totalement précipitées par le sulfate de magnésie dissous à saturation* à la température ordinaire, et mieux encore à 30°[1].

1. Enfin on admet, mais il serait peut-être prudent de faire quelques réserves

Dans le groupe des globulines, nous distinguerons la famille des *vitellines*, qui diffèrent des globulines typiques par un seul caractère : leur non-précipitabilité par le chlorure de sodium dissous à saturation à la température ordinaire. Est-ce une raison suffisante pour faire des vitellines un groupe différent des globulines et pour opposer ces deux groupes, comme on l'a proposé? Nous ne le croyons par; les vitellines sont des globulines.

Quelle valeur doit-on attribuer aux caractères différentiels des deux groupes, albumines et globulines? Ne sont-ils pas bien superficiels? Des différences d'ordre physique (solubilité et précipitation) sont-elles suffisantes pour instituer deux grands groupes? Nous disons que les albumines et les globulines forment deux groupes naturels distincts, car jamais on n'a pu, en partant d'une albumine, obtenir une substance présentant les propriétés d'une globuline; jamais, en partant d'une globuline, on n'a pu obtenir une substance ayant les caractères d'une albumine. On peut transformer une albumine ou une globuline en quelque chose qui n'est plus albumine ou globuline (substance coagulée, acidalbuminoïde, alcalialbuminoïde, protéose); on ne peut pas transformer une albumine en globuline, ou une globuline en albumine Notons encore que les albumines (tout au moins la sérumalbumine et l'ovalbumine) ne contiennent pas de glycocolle parmi leurs produits d'hydrolyse. Toutes les globulines ont au contraire fourni du glycocolle sous l'influence des agents hydrolysants.

Applications. — 1. Une substance albumineuse naturelle coagulable est-elle une albumine ou une globuline?

Si la solution ne précipite ni par dilution, ni par dialyse, ni par acidification acétique, ni par saturation par le sulfate de magnésie, la substance en dissolution est une albumine. Si la solution précipite par dilution, par dialyse, par acidification acétique, par saturation par le sulfate de magnésie, la substance en solution est une globuline.

2. D'une solution contenant un mélange d'albumine et de globuline comment peut-on retirer de l'albumine pure et de la globuline pure?

Soumettons ce mélange à la dialyse, ou diluons-le par 10 à 20 volumes d'eau distillée, ou acidifions-le par l'acide acétique, ou saturons-le de sulfate de magnésie, le précipité est un précipité de globuline, sans albu-

à ce sujet, que les globulines sont totalement précipitées par semi-saturation de sulfate d'ammoniaque (volumes égaux de la liqueur albumineuse et de la solution saturée de sulfate d'ammoniaque), et que les albumines ne sont pas précipitées dans les mêmes conditions. Les albumines et les globulines sont d'ailleurs les unes et les autres totalement précipitées de leurs solutions par le sulfate d'ammoniaque dissous à saturation à froid.

mine. — Saturons le mélange de sulfate de magnésie, pour précipiter la totalité des globulines, jetons sur le filtre pour retenir le précipité formé, et acidulons la liqueur par l'acide acétique, il se produit un précipité d'albumine.

3. Dans une solution contenant un mélange d'albumines et de globulines, comment peut-on séparer les albumines des globulines et les doser ?

La liqueur est saturée de sulfate de magnésie. On jette sur le filtre pour retenir le précipité des globulines. On lave ce précipité sur le filtre avec une solution saturée de sulfate de magnésie, tant que cette solution entraîne des substances albumineuses ; on porte ensuite le filtre et le précipité qu'il contient à 100° pour coaguler les globulines retenues et on lave à l'eau distillée, pour enlever le sulfate de magnésie. Les globulines sont ainsi isolées à l'état coagulé. — La liqueur saturée de sulfate de magnésie et les eaux magnésiennes de lavage sont réunies et portées à l'ébullition : les albumines sont coagulées, et, en présence de cet excès de sulfate de magnésie, totalement coagulées. Il suffit alors de jeter sur le filtre et de laver à l'eau distillée pour enlever le sulfate de magnésie : les albumines restent isolées à l'état coagulé.

En étudiant l'œuf, le lait, le sang, le muscle, nous apprendrons à connaître plus spécialement quelques-unes des albumines et des globulines ; parmi les albumines, l'ovalbumine, la lactalbumine, la sérumalbumine ; — parmi les globulines, la lactoglobuline, la sérumglobuline, le fibrinogène, la fibrine, la myosine, l'ovovitelline.

2. — SUBSTANCES ALBUMINEUSES DÉNATURÉES
OU DE TRANSFORMATION.

Ces substances présentent les réactions colorées des substances albumineuses naturelles. Ce sont des substances colloïdes, donnant, sous l'influence des mêmes réactifs, les mêmes produits de décomposition que les substances albumineuses naturelles.

Nous considérons quatre groupes de substances albumineuses de transformation :

> *Substances albumineuses coagulées,*
> *Alcalialbuminoïdes et acidalbuminoïdes,*
> *Protéoses,*
> *Polypeptides.*

α. **Les substances albumineuses coagulées.** — Les substances albumineuses naturelles coagulées (albumines et globulines), sous l'influence de la chaleur, ou par l'action de l'alcool, sont des corps insolubles dans l'eau, insolubles dans les alcalis très étendus, insolubles dans les solutions des sels neutres. Ces produits sont encore de nature albumineuse, car ils présentent toutes les réactions colorées des substances albumineuses, notamment celles que nous avons décrites, la réaction xanthoprotéique, la réaction du biuret, la réaction de Millon, la réaction glyoxylique.

β. **Alcalialbuminoïdes et acidalbuminoïdes**. — Lorsqu'on fait agir sur les albumines et sur les globulines un acide ou un alcali caustique, on transforme tout d'abord la substance albumineuse naturelle en *acidalbuminoïde* ou *alcalialbuminoïde*.

Ces substances sont insolubles dans l'eau et dans les solutions salines neutres. Elles sont solubles dans les alcalis et dans les acides; elles sont précipitées de ces solutions alcalines ou acides par neutralisation de la solution. Leurs solutions ne sont pas précipitées par la chaleur, même à la température d'ébullition. Elles sont précipitées par le sulfate de magnésie dissous à saturation à froid.

γ. **Protéoses**. — Lorsqu'on fait agir sur les substances albumineuses naturelles ou coagulées, le suc gastrique ou le suc pancréatique à une température convenable, 40° par exemple, — ou la vapeur d'eau surchauffée, — ou les acides et les alcalis étendus à la température d'ébullition, on obtient une série de produits qu'on doit désigner sous le nom général de *protéoses*. Suivant que la substance albumineuse, qui a servi de matière première, est une albumine, une globuline (myosine, vitelline, par exemple), on donne à la protéose le nom d'*albumose*, de *globulose* (*myosinose, vitellose*, par exemple).

Les protéoses sont des substances non coagulables.

La plupart des protéoses sont solubles dans l'eau distillée (celles seulement que nous apprendrons à connaître sous le nom d'hétéroprotéoses ne sont pas solubles dans l'eau distillée); — toutes sont solubles dans les solutions salines neutres étendues (chlorure de sodium, sulfate de soude, sulfate de magnésie, etc., à 1 p. 100 par exemple). Leurs solutions peuvent être bouillies sans précipiter.

Toutes sont précipitées, mais non pas totalement précipitées de leurs solutions par les réactifs suivants :

Alcool.
Solution aqueuse de sublimé.
Solution de tannin acétique.
Solution sulfurique d'acide phosphomolybdique.
Solution sulfurique d'acide phosphotungstique.

Elles ne sont pas précipitées par les acides minéraux, tels que l'acide chlorhydrique, l'acide sulfurique, soit à froid, soit à la température d'ébullition.

On divisait autrefois les protéoses en deux groupes de substances :

> { Les *propeptones*,
> { Les *peptones*.

Les propeptones étaient caractérisées par trois réactions, dites *réactions propeptoniques* :

α. Les solutions de propeptones, additionnées d'*acide nitrique*, donnent à froid un précipité : ce précipité disparaît à chaud, pour se reformer par refroidissement.

β. Les solutions de propeptones donnent à froid un précipité par le *ferrocyanure de potassium* et l'*acide acétique*; ce précipité disparaît à chaud pour se reformer par refroidissement.

γ. En acidulant fortement à froid par l'*acide acétique* un mélange à volumes égaux d'une solution de propeptones et d'une solution saturée de *chlorure de sodium*, on détermine la production d'un précipité, soluble à chaud, réapparaissant par refroidissement.

Les peptones ne donnaient aucune de ces réactions.

On divise aujourd'hui les protéoses en deux groupes de substances :

> { Les *protéoses vraies*.
> { Les *peptones* (*peptones de Kühne*).

Les *protéoses* vraies sont précipitées, et totalement précipitées de leurs solutions par saturation de ces solutions, à la température d'ébullition, par le sulfate d'ammoniaque, d'abord en réaction neutre, puis en réaction alcaline et enfin en réaction acide : c'est là leur caractère spécifique.

Les *peptones* (*peptones de Kühne*) ne sont pas précipitées de leurs solutions par le sulfate d'ammoniaque dissous à saturation à la température d'ébullition, quelle que soit la réaction du milieu : c'est là leur caractère spécifique. Elles ne sont précipitées que par l'alcool, le tannin acétique, le sublimé, les acides phosphomolybdique et phosphotungstique.

Les protéoses vraies donnent un précipité par l'acide picrique, ou par la liqueur de Brücke chlorhydrique ou par l'acide trichloracétique. Les peptones vraies ne précipitent ni par l'acide picrique ni par la liqueur de Brücke chlorhydrique, ni par l'acide trichloracétique.

Les protéoses vraies comprennent elles-mêmes trois groupes de substances :

> Les *hétéroprotéoses,*
> Les *protoprotéoses,*
> Les *deutéroprotéoses.*

Les hétéroprotéoses et les protoprotéoses forment le groupe des *protéoses primaires*, groupe qui correspond à peu près à l'ancien groupe des propeptones ; — les deutéroprotéoses forment le groupe des *protéoses secondaires.*

Les *protéoses primaires* présentent très nettement les trois réactions propeptoniques. — Les *hétéroprotéoses* sont insolubles dans l'eau, solubles dans les solutions salines neutres étendues ; leurs solutions salines sont précipitées par le chlorure de sodium dissous à saturation à froid. — Les *protoprotéoses* sont solubles dans l'eau distillée, partiellement précipitées de leur solution par le chlorure de sodium dissous à saturation à froid, totalement précipitées par saturation par le chlorure de sodium et acidification à 30 p. 100 par l'acide acétique.

Les *protéoses secondaires* ou *deutéroprotéoses* ne présentent plus, ou, tout au moins, ne représentent plus nettement les réactions propeptoniques. Elles sont solubles dans l'eau. Elles ne sont pas précipitées de leurs solutions par le chlorure de sodium dissous à saturation ; elles sont partiellement précipitées par le chlorure de sodium dissous à saturation et l'acide acétique ajouté à raison de 30 p. 100.

Il ne faut pas considérer les divers groupes de protéoses comme des individus chimiques définis. Ce sont peut-être des mélanges complexes. Les caractères indiqués sont de simples points de repère, nous permettant de juger à quel stade de transformation en est arrivée la matière albumineuse dans son évolution de la forme albumineuse naturelle à la forme peptone.

Applications. — Une liqueur renferme-t-elle des protéoses ? Sont-ce des protéoses vraies ou des peptones ?

La solution albumineuse, que nous supposons neutre, est acidulée par l'acide acétique et portée à l'ébullition : les substances albumineuses naturelles (albumines et globulines) sont coagulées. La liqueur filtrée renferme les protéoses. Neutralisons la liqueur et saturons-la de sulfate d'ammoniaque à la température d'ébullition [1] ; s'il se produit un précipité, la liqueur contenait des protéoses. La liqueur saturée de sulfate d'ammoniaque, séparée du précipité de protéoses vraies, s'il y a lieu, renferme-t-elle des peptones, on peut s'en convaincre par deux réactions : la présence de peptone vraie est indiquée soit par la réaction du biuret, soit par la précipitation par le tannin acétique ; la réaction du biuret peut se faire directement sur la liqueur saturée de sulfate d'ammoniaque ; — le tannin ne doit être ajouté qu'après dilution de la solution saturée de sulfate d'ammoniaque par un égal volume d'eau.

δ. **Polypeptides.** — On désigne sous ce nom des produits de synthèse chimique obtenus en combinant, à l'aide de procédés qui appartiennent à la chimie pure, deux ou plusieurs molécules d'acides-aminés, identiques ou différents : tels par exemple la glycylglycine résultant de l'union de deux molécules de glycocolle, un groupement aminé s'unissant à un groupement acide, avec élimination d'une molécule d'eau :

$$CH^2(NH^2)\text{-}COOH + CH^2(NH^2)\text{-}COOH = CH^2(NH^2)\text{-}CO\text{-}NH\text{-}CH^2\text{-}COOH + H^2O,$$

la glycylalanine, la leucylglycylglycine, la dialanylcystine, la tétraglycine, etc. On obtient ainsi des *dipeptides* résultant de l'union de 2 molécules d'amino-acides, des *tripeptides* résultant de l'union de 3 molécules d'amino-acides, etc., des *polypeptides* résultant de l'union de n molécules d'amino-acides.

Ces corps sont intéressants parce qu'ils représentent des intermédiaires entre les peptones et les amino-acides. Comme les peptones, ils présentent en général (au moins les plus complexes à partir des tétrapeptides) la réaction du biuret ; comme les peptones, ils sont précipités par l'acide phosphomolybdique ; comme les peptones, ils sont (ou tout au moins certains d'entre eux) dédoublés par les liqueurs pancréatiques en amino-acides.

Les peptones ne seraient, somme toute, selon les idées généralement admises aujourd'hui, que des polypeptides à molécule com-

1. La saturation se fait d'abord en milieu neutre ; puis la liqueur refroidie, débarrassée du précipité de sulfate d'ammoniaque et de protéoses, est alcalinisée par l'ammoniaque et le carbonate d'ammoniaque, puis saturée de nouveau par le sulfate d'ammoniaque à la température d'ébullition, abandonnée une seconde fois au refroidissement, débarrassée par filtration des dépôts qui se sont formés, enfin acidulée par l'acide acétique, et saturée une dernière fois de sulfate d'ammoniaque à la température d'ébullition.

plexe, il serait impossible d'établir une frontière entre le groupe des peptones et le groupe des polypeptides.

Le tableau ci-dessous, qui n'a d'ailleurs qu'une valeur théorique, représente les stades successifs de la transformation protéique.

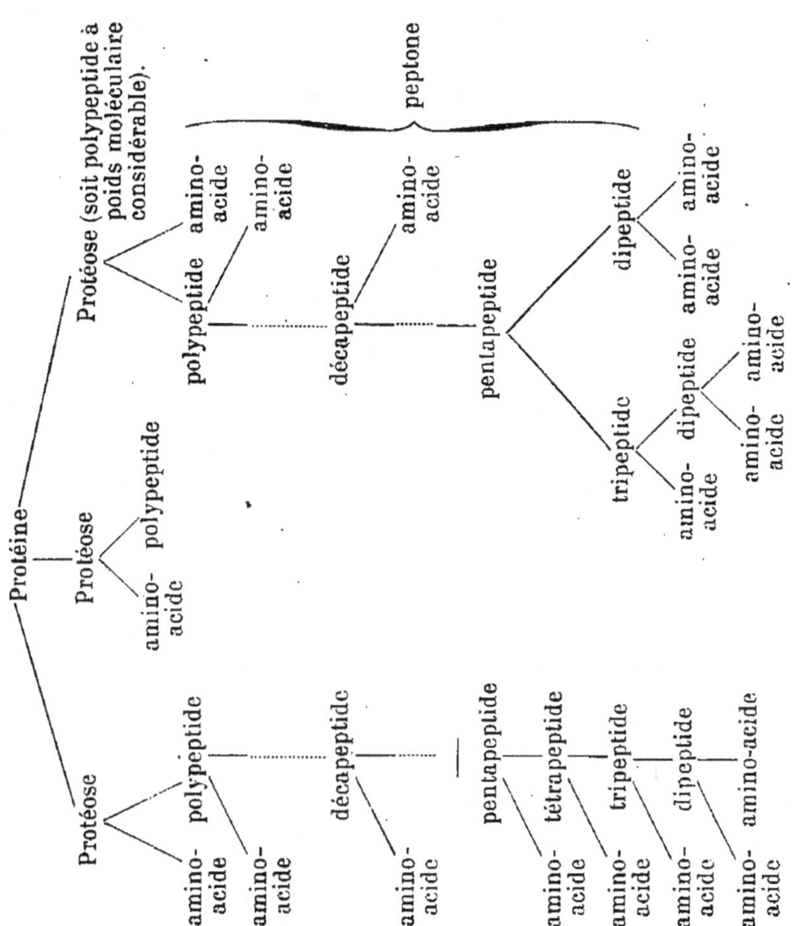

II. — PROTÉIDES OU PROTÉINES CONJUGUÉES

On désigne sous le nom de *protéides* ou *protéines conjuguées* des substances qui, sous de faibles influences, se décomposent en une substance albumineuse et une autre substance, de nature variable, mais non albumineuse, constituant le *groupe prosthétique* de la protéide. Les protéides peuvent donc être considérées

comme résultant de la combinaison d'une substance albumineuse
et d'un groupe prosthétique.

Tantôt cette dernière substance est une matière ferrugineuse,
l'hématine; tantôt c'est un hydrate de carbone typique ou
substitué; tantôt c'est une nucléine, ou une paranucléine, etc.

Nous considérons quatre groupes principaux de protéides, intéressant le physiologiste :

1. L'**hémoglobine**, résultant de la combinaison d'une substance
albumineuse et de l'hématine, substance métallo-organique ferrugineuse.

2. Les **glycoprotéides**, résultant de la combinaison de substances albumineuses et de substances de composition complexe,
dont on peut, par une ébullition prolongée avec l'acide chlorhydrique dilué, obtenir, entre autres produits de décomposition, une
substance réductrice, appartenant au groupe des hydrates de carbone, typiques ou substitués.

3. Les **nucléoprotéides**, résultant de la combinaison de substances albumineuses et de substances de composition complexe,
les nucléines, fournissant, entre autres produits de décomposition,
de l'acide phosphorique, et des bases nucléiniques et pyrimidiques.

4. Les **paranucléoprotéides**, présentant d'incontestables analogies avec les nucléoprotéides, et résultant de la combinaison de
substances albumineuses et de substances encore peu connues,
les paranucléines, phosphorées comme les nucléines, mais ne
possédant pas de noyaux de bases nucléiniques et pyrimidiques.

L'hémoglobine sera étudiée en même temps que le sang. Nous
nous bornerons ici à faire rapidement l'histoire des glycoprotéides
et des nucléoprotéides et paranucléoprotéides.

a. Glycoprotéides.

Les *glycoprotéides* sont des substances colloïdes, dont les solutions sont filantes et mousseuses. Soumises à l'action de la
vapeur d'eau surchauffée sous pression, les glycoprotéides sont
dédoublées en substances albumineuses transformées (protéoses)
et en produits divers, parmi lesquels se trouve toujours une
substance réductrice, appartenant au type hydrate de carbone. La
même transformation se produit par l'action des acides minéraux
dilués à la température d'ébullition.

Les réactions de Liebermann et de Molisch ci-devant indiquées (p. 74), appliquées aux glycoprotéides révèlent l'existence d'un groupement hydrocarboné dans leur molécule.

On distingue deux groupes principaux de glycoprotéides :

$\left\{ \begin{array}{l} \text{Les } \textit{mucines,} \\ \text{Les } \textit{mucoïdes.} \end{array} \right.$

1. — MUCINES.

Les *mucines* les mieux étudiées sont : la mucine de l'escargot, la mucine de la glande et de la salive sous-maxillaires, la mucine des tendons, la mucine des cartilages.

Leur composition centésimale [1] diffère notablement de celle des substances albumineuses, ainsi qu'on peut le prévoir d'après leur constitution. Des recherches récentes ont montré que l'une au moins des substances qu'on peut extraire des mucines, par action prolongée de la vapeur d'eau surchauffée ou des acides minéraux dilués à la température d'ébullition, est une glycosamine $C^6H^{11}O^5NH^2$; ou $CH^2OH\text{-}(CHOH)^3\text{-}CH(NH^2)\text{-}CHO$ — cette glycosamine ne constitue d'ailleurs pas le groupe prosthétique de la mucine, mais est seulement l'un des termes ultimes de la transformation de ce groupe prosthétique par les agents de dédoublement employés.

Ces mucines présentent les propriétés suivantes :

Elles donnent les réactions colorées des substances albumineuses : réaction xanthoprotéique, réaction du biuret, réaction de Millon, réaction glyoxylique, etc.

Elles sont insolubles dans l'eau; mais elles peuvent se dissoudre dans les solutions alcalines très étendues, par exemple dans des solutions de carbonate de soude à 1 p. 1 000, dans l'eau de chaux saturée, en donnant des liqueurs à réaction neutre. Ces solutions neutres de mucines ne sont pas coagulées à l'ébullition. Elles sont précipitées par l'alcool, si elles contiennent une petite quantité de sels minéraux (absolument débarrassées des matières salines, elles ne sont pas précipitées par l'alcool).

L'acide acétique précipite les mucines de leurs solutions neutres [2], et les en précipite complètement. Le précipité est insoluble

---

1. Voici une analyse de mucine : $C = 50,30$; — $H = 6,84$; — $N = 13,62$; — $S = 1,71$ et $O = 27,53$ p. 100.

2. Toutefois, en présence des sels neutres, l'acide acétique ne précipite pas

dans un excès d'acide acétique et même dans l'acide acétique glacial. L'acide chlorhydrique et l'acide nitrique, ajoutés en petites quantités, précipitent les mucines, mais le précipité est soluble dans un petit excès de l'acide précipitant.

Le chlorure de sodium, le sulfate de magnésie, le sulfate d'ammoniaque, dissous à saturation, précipitent les mucines de leurs solutions neutres. Il en est de même si l'on emploie les sels de métaux lourds et notamment le sulfate de cuivre, le sublimé, le tannin acétique, la liqueur de Brücke chlorhydrique, et, en général, les réactifs précipitants des substances albumineuses.

Ces notions permettent de caractériser une mucine contenue dans une liqueur.

1° La liqueur est *filante* et *visqueuse*.

2° La liqueur est *précipitée par l'alcool* : le précipité obtenu, lavé, est insoluble dans l'acide acétique, soluble dans l'acide chlorhydrique, soluble dans les solutions diluées (1 p. 1 000) d'alcalis et de carbonates d'alcalis, et dans les solutions des terres alcalines.

3° La liqueur est *précipitée par l'acide acétique* : le précipité est *insoluble dans l'acide acétique*, ajouté *en excès*, mais soluble dans l'acide chlorhydrique, soluble dans les alcalis dilués.

4° Le précipité obtenu par l'alcool ou par l'acide acétique, ou les solutions de mucines dans les alcalis ou les acides, donnent les *réactions colorées des substances albumineuses*.

5° Les solutions de ce précipité dans les acides minéraux sont décomposées par une ébullition prolongée ; elles renferment alors une substance du type hydrate de carbone, capable de réduire la liqueur de Fehling.

2.. — MUCOÏDES.

Les *mucoïdes* ou *mucinoïdes*, dont les mieux étudiées sont la mucoïde du contenu des kystes ovariens (métalbumine ou pseudomucine), l'ovomucoïde de l'œuf d'oiseau, la chondromucoïde du tissu cartilagineux, diffèrent des mucines par leur com-

les mucines : si, par exemple, on mélange une solution de mucine avec un quart de son volume d'une solution saturée de chlorure de sodium, on ne peut plus la précipiter par l'acide acétique. De même, le ferrocyanure de potassium acétique et le sublimé ne précipitent les solutions de mucines que si elles ne contiennent pas un excès de sel neutre.

position élémentaire, leurs solubilités et leurs précipitabilités. Ces substances sont en particulier solubles dans l'eau et non précipitables par l'acide acétique. Mais, comme les mucines, elles donnent des solutions visqueuses et filantes; — comme les mucines, elles sont dédoublées par la vapeur d'eau surchauffée, ou par les acides minéraux dilués, à la température d'ébullition, en substances albumineuses transformées et en substances du type hydrate de carbone, parmi lesquelles on a pu reconnaître des glycosamines; — comme les mucines enfin, elles ne contiennent pas cette glycosamine à l'état de groupe prosthétique; celui-ci est infiniment plus complexe, et la glycosamine ne représente que l'un des termes de transformation de ce groupe prosthétique par les agents employés.

b. Nucléoprotéides.

Ces substances peuvent être considérées comme résultant de la combinaison d'une *substance albumineuse* et d'une *nucléine*, corps phosphoré.

1. — Caractères des nucléoprotéides.

Les *nucléoprotéides* sont insolubles dans l'eau; elles sont solubles dans les solutions diluées d'alcalis (de 1 à 5 p. 1 000 par exemple), donnant des liqueurs à réaction neutre (pourvu qu'on n'ait pas employé un excès d'alcali); ces solutions neutres plus ou moins visqueuses de nucléoprotéides ne coagulent pas par la chaleur à la température d'ébullition. — Elles sont insolubles, ou très peu solubles, dans les solutions de chlorure de sodium diluées (à 1 p. 100); mais elles se dissolvent bien dans les solutions fortes de chlorure de sodium (à 10 p. 100), et ces solutions sont coagulables à la température d'ébullition.

Les nucléoprotéides présentent les réactions colorées des substances albumineuses; elles sont précipitées par l'acide acétique, le tannin acétique, l'acide phosphomolybdique, l'acide picrique, la liqueur de Brücke chlorhydrique, le réactif de Tanret, etc.

Les nucléoprotéides sont précipitées par de petites quantités d'acide chlorhydrique ou d'acide acétique; mais le précipité ainsi formé est soluble dans un très petit excès d'acide chlorhydrique ou dans un très grand excès d'acide acétique. Si, à une solution

chlorhydrique parfaitement limpide de nucléoprotéide, on ajoute
de la pepsine, on constate qu'il se produit un dédoublement de la
substance dissoute. Il se forme aux dépens de la substance albumineuse, qui entre dans la constitution de sa molécule, des protéoses solubles; et il se dépose un très léger précipité constitué
par une substance phosphorée insoluble dans le suc gastrique :
une *nucléine*.

Les *nucléines* sont insolubles dans l'eau, dans l'alcool, dans
l'éther, dans les acides dilués; elles ne sont transformées ni par
le suc gastrique, ni par le suc pancréatique. Elles se dissolvent
très facilement dans les solutions diluées d'alcalis caustiques,
dans la soude caustique à 1 p. 1 000 par exemple, et un peu dans
les solutions diluées de carbonates d'alcalis. Les acides acétique et
chlorhydrique, ajoutés en petite quantité, les précipitent de ces
solutions; un excès, mais seulement un très grand excès d'acide
chlorhydrique concentré, ou d'acide acétique concentré peut redissoudre ce précipité.

Les nucléines présentent les réactions de coloration des substances
albumineuses.

Les nucléines ne sont pas stables en présence des alcalis. Leurs
solutions dans les alcalis dilués sont dédoublées en substance albumineuse (alcalialbuminoïde), d'une part, et en *acides nucléiques*,
d'autre part. Donc les nucléines sont elles-mêmes des protéides,
puisqu'elles sont formées par l'union d'une molécule albumineuse
et d'un groupe prosthétique, le groupe nucléique. Les nucléoprotéides sont donc des *diprotéides*; c'est-à-dire résultent de l'union
de deux molécules albumineuses et d'un groupe prosthétique.
Ces deux molécules albumineuses ne sont pas également fixées
dans la molécule; l'une est plus faiblement fixée, c'est celle qu'on
enlève, dans le premier dédoublement, par le suc gastrique;
l'autre est plus fortement fixée, c'est celle qu'on enlève, dans le
second dédoublement, par les alcalis dilués.

2. — ACIDES NUCLÉIQUES.

Les *acides nucléiques* sont des composés phosphorés, mais non
sulfurés. Les nucléines, au contraire, sont à la fois phosphorées
et sulfurées. Ils contiennent de 9 à 10 p. 100 de phosphore; les
nucléines n'en contiennent que 3 à 4 p. 100. Ils sont facilement
solubles dans les alcalis étendus, mais ne sont pas précipités de ces

solutions par l'acide acétique, comme le sont les nucléines ; ils en sont seulement précipités par les acides minéraux étendus, par l'acide chlorhydrique à 5 p. 100 par exemple, un excès d'acide minéral redissolvant le précipité [1].

Les acides nucléiques en solution acide possèdent la remarquable propriété de précipiter les substances albumineuses de leurs solutions, sous forme de composés, que nous pouvons considérer comme des nucléines régénérées, car ils rappellent les nucléines par toutes leurs propriétés.

Les acides nucléiques sont des corps de structure extrêmement complexe qui doivent être franchement séparés du groupe des substances albumineuses, car ils ne donnent pas la réaction du biuret. On ne connaît encore de façon précise que quelques-uns des produits de leur décomposition. Soumis à l'action des acides minéraux dilués à la température d'ébullition, les acides nucléiques sont décomposés, et, parmi les produits de leur décomposition, on trouve de l'*acide phosphorique*, des *bases nucléiniques*, des *bases pyrimidiques*, des groupes hydrates de carbone divers (hexose ou pentose [2]), etc. Abandonnés à la putréfaction, les acides nucléiques sont décomposés, et, parmi les produits de leur décomposition, on retrouve l'acide phosphorique, des bases nucléiniques, etc.

— Les *bases pyrimidiques*, trouvées parmi les produits d'hydrolyse des acides nucléiques, sont l'*uracile*, la *thymine* et la *cytosine*.

La pyrimide étant

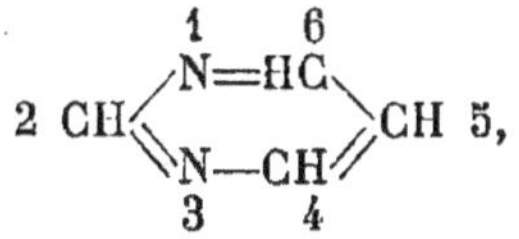

$$2\ CH \underset{\underset{3}{N}-\underset{4}{CH}}{\overset{\overset{1}{N}=\overset{6}{HC}}{\Big\langle}} \Big\rangle CH\ 5,$$

l'uracile est une 2.6.dioxypyrimidine

1. Ces propriétés permettent de préparer facilement les acides nucléiques. De la solution des nucléines dans les alcalis, on précipite l'alcalialbuminoïde formée par addition d'acide acétique ; on sépare par filtration le précipité, et, dans la liqueur filtrée, on précipite les acides nucléiques par addition de 3 p. 100 d'acide chlorhydrique et de 50 p. 100 d'alcool.

2. Les pentoses sont des sucres en C^5 ; ils répondent à la formule $C^5H^{10}O^5$ ou $C^5(H^2O)^5$. Ils n'existent pas à l'état de liberté chimique dans l'organisme animal ; ils s'y rencontrent toujours dans les molécules nucléiques. Toutefois on a trouvé des pentoses libres dans l'urine de quelques malades : il y a alors pentosurie ; le fait est très rare, mais il est certain. On trouve également des pentoses chez les végétaux : ils y sont d'ailleurs, comme chez les animaux, englobés dans des combinaisons complexes.

$$CO\diagup^{NH-CO}_{NH-CH}\diagdown CH,$$

la thymine est une 5.méthyl 2.6.dioxypyrimidine; c'est le
5.méthyl-uracile

$$CO\diagup^{NH-CO}_{NH-CH}\diagdown C-CH^3$$

et la cytosine est une 6.amino 2.oxypyrimidine

$$CO\diagup^{N=C(NH^2)}_{NH——CH}\diagdown CH.$$

Quand on hydrolyse les acides nucléiques par les acides minéraux,
on obtient les 3 bases pyrimidiques, uracile, thymine et cytosine. Quand
on hydrolyse les acides nucléiques par la nucléase des tissus, on obtient
seulement 2 bases pyrimidiques,
thymine et cytosine. Ces deux bases
ont pour cela été considérées comme
bases pyrimidiques primaires; l'uracile représentant une base pyrimidique
secondaire. On peut d'ailleurs facile-

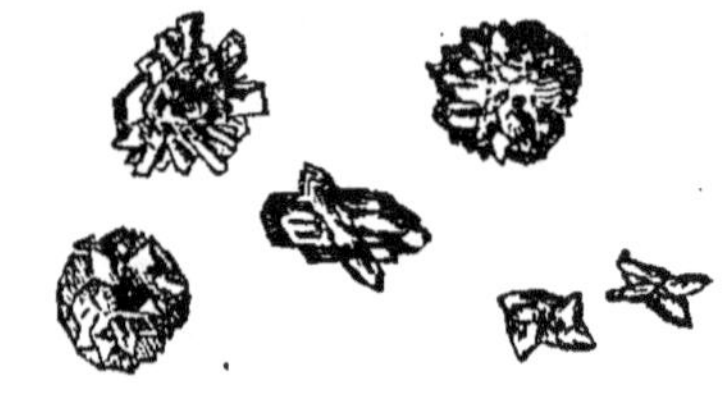

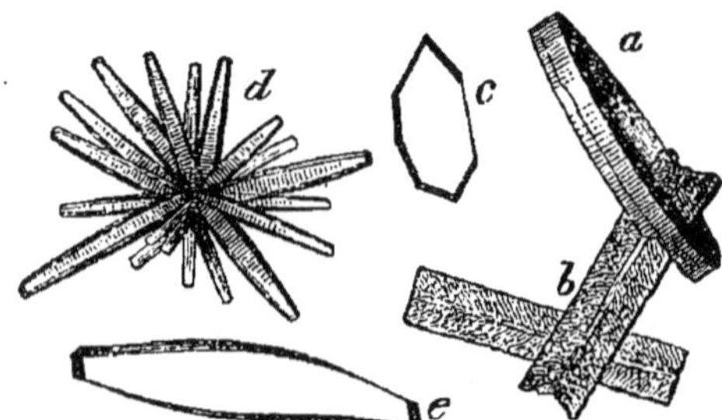

Fig. 40. — Chlorydrate de sarcine.

Fig. 41. — Cristaux d'azotate de
xanthine (moitié supérieure de la
figure). Cristaux de chlorhydrate
de xanthine (moitié inférieure).

ment passer de la cytosine à l'uracile par hydratation et désamination,
suivant la formule suivante :

$$CO\diagup^{N=C(NH^2)}_{NH——CH}\diagdown CH + H^2O = NH^3 + CO\diagup^{NH-CO}_{NH-CH}\diagdown CH.$$

cytosine   uracile

— Les *bases nucléiniques*, ou *bases xanthiques*, ou *bases puriques* sont la *xanthine* et la *guanine*, l'*hypoxanthine* (ou *sarcine*) et l'*adénine*.

Les bases nucléiniques présentent un grand intérêt pour le physiologiste, en raison de leur parenté chimique avec l'acide urique.

On admet aujourd'hui, pour des raisons d'ordre chimique, qu'il n'est pas possible d'exposer ici, que les bases nucléiniques et l'acide urique peuvent être considérés comme dérivés de la *purine*, substance répondant à la formule de constitution

$$2\ HC \left\langle \begin{array}{c} \overset{1}{N}=\overset{6}{CH}-\overset{5}{C}-\overset{7}{NH} \\ \| \\ \underset{3}{N}\underline{\hspace{1cm}}\overset{}{\underset{4}{C}}-\ \underset{9}{N} \end{array} \right\rangle CH\ 8.$$

La xanthine est une 2.6.dioxypurine, et la guanine une 2.amino-6.oxypurine

$$OC \left\langle \begin{array}{c} NH-CO-C-NH \\ \| \\ NH\underline{\hspace{1cm}}C-\ N \end{array} \right\rangle CH \qquad NH^2C \left\langle \begin{array}{c} NH-CO-C-NH \\ \| \\ N\underline{\hspace{1cm}}C-\ N \end{array} \right\rangle CH.$$
xanthine   guanine

L'hypoxanthine est une 6.oxypurine et l'adénine une 6.aminopurine

$$HC \left\langle \begin{array}{c} NH-CO-C-NH \\ \| \\ N\underline{\hspace{1cm}}C-\ N \end{array} \right\rangle CH \qquad HC \left\langle \begin{array}{c} N=C(NH^2)-C-NH \\ \| \\ N\underline{\hspace{1cm}}C-\ N \end{array} \right\rangle CH.$$
hypoxanthine   adénine

L'acide urique est une 2.6.8.trioxypurine

$$OC \left\langle \begin{array}{c} NH-CO-C-NH \\ \| \\ NH\underline{\hspace{1cm}}C-NH \end{array} \right\rangle CO.$$

Quand on hydrolyse les acides nucléiques par les acides minéraux, on obtient 4 bases puriques, xanthine, guanine, hypoxanthine et adénine. Quand on hydrolyse les acides nucléiques par les diastases dites nucléases, qu'on a décrites dans divers tissus, on obtient seulement 2 bases puriques, guanine et adénine : on a été ainsi amené à considérer des bases puriques primaires, guanine et adénine et des bases puriques secondaires, xanthine et hypoxanthine. Il existe d'ailleurs dans les tissus de l'organisme des diastases, guanase et adénase, capables de transformer les bases primaires en bases secondaires par hydrolyse, avec libération d'ammoniaque, la réaction correspondant aux formules suivantes :

$$NH^2C\underset{\underset{\text{guanine}}{}}{\begin{matrix}NH-CO-C-NH\\ \| \\ N————C—\end{matrix}}N\rangle CH + H^2O = NH^3 + CO\begin{matrix}NH-CO-C-NH\\ \| \\ NH————C—\end{matrix}N\rangle CH$$

xanthine

et

$$HC\underset{\underset{\text{adénine}}{}}{\begin{matrix}N=C(NH^2)-C-NH\\ \| \\ N————C—\end{matrix}}N\rangle CH + H^2O = NH^3 + HC\begin{matrix}NH-CO-C-NH\\ \| \\ N————C—\end{matrix}N\rangle CH.$$

hypoxanthine

On a enfin décrit dans les tissus de l'organisme des diastases capables l'une d'oxyder l'hypoxanthine et d'engendrer à ses dépens de la xanthine, l'autre d'oxyder la xanthine et d'engendrer à ses dépens de l'acide urique.

Ces deux groupes de réactions, réactions de désamination et réactions d'oxydation, sont importantes : les premières nous font comprendre comment une partie de l'ammoniaque urinaire et une partie de l'urée urinaire (résultant de la transformation intra-hépatique de l'ammoniaque) peut dériver des nucléines des tissus ; les secondes nous font comprendre comment la majeure partie des noyaux puriques sont éliminés sous forme d'acide urique, alors que cet acide ne se trouve pas parmi les produits de l'hydrolyse des nucléines.

— Si on compare les formules de constitution de la purine et de la pyrimidine, on constate sans peine que la purine contient le noyau pyrimidine, et on comprend que les purines peuvent être considérées comme constituées par un noyau pyrimidique compliqué par l'adjonction d'un groupement carbo-azoté, qui, dans le cas de l'acide urique est $CO-(NH)^2$, c'est-à-dire un reste d'urée $CO (NH^2)^2$.

Et de cela résulte nécessairement l'extrême importance physiologique du noyau pyrimidique.

D'autre part les purines peuvent être considérées, ainsi qu'on le peut voir d'après les formules, comme des dérivés de l'imidazol $CH\begin{matrix}NH—CH\\ \| \\ N——CH\end{matrix}$ auquel vient s'adjoindre un groupement carbo-azoté, qui, dans le cas de l'acide urique est $CO(NH)-NH-CO$, dans lequel on reconnaît la présence du noyau $CO(NH)^2$ générateur d'urée.

Rappelons que l'arginine, que nous avons précédemment notée, parmi les produits d'hydrolyse des albumines, est, elle aussi, un dérivé de l'imidazol.

Parmi les nucléoprotéides, il faut ranger un grand nombre de substances, dont la plupart sont encore mal connues, entrant dans la constitution du protoplasma.

Les cellules, ou tout au moins certaines d'entre elles, contiennent, outre des nucléoprotéides qui sont surtout dans le protoplasma, des nucléines qui se rencontrent plus particulièrement dans le noyau. — On a même admis qu'on pouvait trouver dans les cellules de l'acide nucléique libre [1]. C'est ainsi qu'on croyait que le sperme de certains poissons contient cet acide nucléique. On sait aujourd'hui qu'il n'en est rien : dans ce sperme, l'acide nucléique est combiné à des *protamines*. Nous avons vu qu'on tend à admettre aujourd'hui que ces protamines sont des substances albumineuses élémentaires, et que les substances albumineuses vraies sont constituées par des noyaux protaminiques autour desquels se grouperaient des noyaux d'acides aminés. Ces *nucléoprotamines* seraient donc les nucléoprotéides les plus simples.

On peut rattacher au groupe des nucléoprotéides la *nucléohistone*, qu'on extrait des glandes lymphatiques.

En broyant des glandes lymphatiques et en soumettant à la centrifugation le jus trouble qu'on obtient, on en sépare une masse de leucocytes. En traitant cette masse par l'eau, on la dissout, et on obtient une liqueur contenant plusieurs protéines. Par le sulfate de magnésie dissous à saturation, on en sépare des globulines; il reste en solution une protéide, la nucléohistone. Pour l'obtenir, dans la solution aqueuse non magnésiée des leucocytes, on ajoute de l'acide acétique étendu qui la précipite à peu près pure, laissant la majeure partie des globulines en solution.

La nucléohistone est soluble dans l'eau, soluble dans les alcalis dilués, mais insoluble dans les acides dilués.

Traitée par les agents hydrolysants (acides minéraux dilués bouillants, vapeur d'eau surchauffée, alcalis dilués bouillants), elle se dédouble en une substance présentant les propriétés générales des protéoses, *histone*, et en une substance présentant les propriétés générales des nucléines, la *leuconucléine*.

L'*histone* est une protéine, soluble dans l'acide chlorhydrique, mais (et c'est là une propriété qui la distingue des autres substances albumineuses) insoluble dans l'ammoniaque en excès [2].

---

1. On a malheureusement désigné sous le nom de *nucléines* bien des corps très différents. Ce mot a été appliqué aux nucléoprotéides, aux nucléines et même à l'acide nucléique. C'est ce dernier composé qui, le premier de cette série de corps, a été préparé et étudié par Miescher, qui l'avait appelé *nucléine*.

2. L'histone représente le type le mieux étudié d'une catégorie de substances, probablement dérivées des éléments protéiques des noyaux cellulaires, connues sous le nom générique d'*histones*, caractérisées : 1° par la précipitabilité de leurs solutions chlorurées sodiques par l'ammoniaque, le précipité étant insoluble dans un excès d'ammoniaque; 2° par la précipitabilité à froid de leur solution par l'acide nitrique fort, le précipité se dissolvant à chaud (réaction propeptonique); 3° par

La *leuconucléine*, qui contient environ 5 p. 100 de phosphore, est dédoublée par l'action d'une solution alcoolique d'alcali fixe en substance albumineuse et en acide nucléique, l'*acide thymonucléique*. Ce dernier, qui contient environ 10 p. 100 de phosphore, est décomposé par les acides minéraux bouillants en produits divers, parmi lesquels on trouve des bases xanthiques, de l'adénine surtout et de la guanine, des bases pyrimidiques, thymine, etc., des hydrates de carbone, de l'acide phosphorique, etc.

c. — *Les paranucléoprotéides.*

Les paranucléoprotéides présentent d'incontestables analogies avec les nucléoprotéides; mais leur constitution chimique différente nous contraint à en faire un groupe nettement distinct.

Comme les nucléoprotéides, elles sont phosphorées.

Comme les nucléoprotéides, elles sont insolubles dans l'eau pure, solubles dans les alcalis étendus, pour fournir des liqueurs dont la réaction peut être neutre. Leurs solutions dans les alcalis sont en général beaucoup moins visqueuses que les solutions correspondantes de nucléoprotéides; mais, comme ces dernières, elles sont incoagulables par la chaleur.

Les paranucléoprotéides, comme les nucléoprotéides présentent les réactions colorées des substances albumineuses et sont précipitées par l'acide acétique, le tannin acétique, l'acide phosphomolybdique, l'acide picrique, la liqueur de Brücke chlorhydrique, le réactif de Tanret, etc.

Les paranucléoprotéides, comme les nucléoprotéides, sont précipitées de leurs solutions dans les alcalis par de petites quantités d'acide chlorhydrique ou d'acide acétique; le précipité ainsi engendré étant soluble dans un petit excès d'acide chlorhydrique ou dans un très grand excès d'acide acétique.

Si, à une solution chlorhydrique de paranucléoprotéide, on ajoute de la pepsine, on constate qu'il se produit un dédoublement : il se forme aux dépens de l'albumine de la molécule paranucléoprotéique des protéoses solubles et il se dépose de fins flocons d'une substance phosphorée insoluble dans l'acide chlorhydrique, une *paranucléine*.

leur précipitation (ou coagulation) à l'ébullition, le précipité se distinguant des vrais coagulums albumineux par sa facile solubilité dans les acides. L'étude des histones a besoin d'être encore complétée et précisée.

Comme les nucléines, les paranucléines sont insolubles dans l'eau, dans l'alcool, dans l'éther, dans les acides dilués; elles ne sont transformées ni par le suc gastrique ni par le suc pancréatique. Elles se dissolvent très facilement dans les solutions diluées d'alcalis caustiques, dans la soude caustique à 1 p. 1 000 par exemple. Les acides acétique et chlorhydrique, ajoutés en petite quantité, les précipitent de ces solutions; un excès, mais seulement un très grand excès d'acide chlorhydrique concentré ou d'acide acétique glacial peut redissoudre ce précipité.

Les paranucléines, comme les nucléines, présentent les réactions colorées des substances albumineuses.

Comme les nucléines, les paranucléines ne sont pas stables en présence des alcalis. Leurs solutions dans les alcalis dilués sont dédoublées en substance albumineuse (alcalialbuminoïde), d'une part, et en *acide paranucléique* d'autre part. Donc, comme les nucléines, les paranucléines sont elles-mêmes des protéides, puisqu'elles sont formées par l'union d'une molécule albumineuse et d'un groupe prosthétique, le groupe paranucléique.

Les acides paranucléiques, comme les acides nucléiques, sont des composés riches en phosphore : ils en contiennent 8 p. 100 environ, alors que les paranucléines n'en contiennent que 2 à 3 p. 100.

Là se bornent les ressemblances entre les corps du groupe nucléique et ceux du groupe paranucléique. Elles sont assurément assez grandes pour qu'il soit légitime de conserver les deux expressions semblables, nucléines et paranucléines, afin de rappeler par là toutes les ressemblances que nous venons de noter.

En soumettant les acides nucléiques à l'hydrolyse acide, on obtient, comme il a été dit ci-dessus parmi les produits de décomposition de l'acide phosphorique, des bases nucléiniques et des bases pyrimidiques. — En soumettant à cette même hydrolyse les acides paranucléiques, on obtient entre autres produits de l'acide phosphorique et des amino-acides (dans le cas de la caséine du lait de vache, ces amino-acides sont la lysine, l'arginine, l'histidine, la leucine, l'isoleucine, la valine, l'acide glutamique, l'alanine, la phénylalanine, la tyrosine, c'est-à-dire les amino-acides qui entrent dans la constitution des substances albumineuses), mais on n'obtient pas trace de bases nucléiniques et de bases pyrimidiques. — On peut donc considérer, au moins provisoirement, les acides paranucléiques comme des polypeptides phosphoriques.

En résumé, par l'ensemble de leurs propriétés de précipitation et de dissolution les paranucléoprotéides se rapprochent des nucléoprotéides; elles s'en rapprochent encore par les premiers stades de leur hydrolyse. Mais, au point de vue de leur structure chimique intime, elles s'en séparent très nettement, pour se rapprocher des substances albumineuses proprement dites, dont elles ne diffèrent guère que par la présence du phosphore dans leurs molécules. Au point de vue propriétés, ce sont des *paranucléoprotéides*; au point de vue constitution, ce sont des *substances phospho-albumineuses*.

III. — SUBSTANCES ALBUMOÏDES OU SCLÉROPROTÉINES OU PROTÉOÏDES

On range dans ce groupe des albumoïdes, ou scléroprotéines, ou protéoïdes, toutes les substances protéiques qui n'appartiennent ni au groupe des substances albumineuses, ni au groupe des protéides.

Parmi les albumoïdes, les physiologistes ont à considérer trois groupes de substances :

1° les *gélatines*,

2° les *élastines*,

3° les *kératines*.

a. — *Gélatine*.

La *gélatine* (colle ou glutine) et la *substance collagène, sa génératrice*, sont composées de carbone, hydrogène, oxygène, azote et soufre. Comme les substances albumineuses, elles donnent, sous l'influence des acides ou des alcalis à l'ébullition, ou par la putréfaction, différents produits de décomposition, parmi lesquels il convient de signaler l'eau, l'ammoniaque, le gaz carbonique et des amino-acides, glycocolle, alanine, leucine, acides aspartique et glutamique, valine, sérine, phénylalanine, etc.; — mais on n'y trouve ni tyrosine ni tryptophane. La gélatine diffère ainsi des substances albumineuses par l'absence de ces deux amino-acides; elle en diffère aussi par sa richesse en glycocolle : la gélatine contient environ 16 p. 100 de glycocolle; les globulines en contiennent de 3 à 4 p. 100; les albumines n'en contiennent pas.

Les gélatines donnent la réaction du biuret; elles ne donnent que très faiblement la réaction xanthoprotéique; elles ne donnent ni la réaction de Millon (elles ne contiennent pas de tyrosine), ni la réaction glyoxylique (elles ne contiennent pas de tryptophane).

La gélatine est un produit artificiel, résultant d'une transformation de la substance collagène : c'est cette dernière qu'on trouve dans les tissus conjonctifs, cartilagineux, osseux, etc. La substance collagène est transformée en gélatine par l'action de l'eau surchauffée dans l'autoclave.

La gélatine est insoluble dans l'eau froide; elle s'y gonfle seulement et s'y ramollit. Elle se dissout fort bien dans l'eau chaude, donnant une solution visqueuse et filante, se prenant en gelée par refroidissement.

La gélatine perd facilement cette propriété de se gélifier par refroidissement : ses solutions, soumises à l'action d'acides très dilués ou d'alcalis très dilués à la température d'ébullition, et même ses solutions aqueuses neutres, maintenues pendant peu de temps à 110-120° restent parfaitement liquides après refroidissement.

Les solutions de gélatine ne sont pas dialysables. Elles ne sont pas coagulées à l'ébullition. Elles ne sont précipitées ni par l'acide acétique; ni par les acides minéraux, ni par le ferrocyanure de potassium en liqueur acétique : mais elles sont précipitées par l'alcool, par le tannin acétique, par le chlorure de sodium dissous à saturation, par le sulfate de magnésie dissous à saturation, par l'acide picrique, par la liqueur de Brücke et l'acide chlorhydrique, par l'acide phosphomolybdique, et par l'acide phosphotungstique.

b. — *Élastine*.

L'*élastine* constitue la substance la plus abondante des fibres élastiques. Elle est insoluble dans l'eau, insoluble dans les acides minéraux dilués. On ne peut la dissoudre qu'en faisant agir sur elle la vapeur d'eau surchauffée en vase clos, ou les acides minéraux concentrés. Sous l'influence des agents dédoublants et hydrolysants, elle fournit les mêmes produits de décomposition que les substances albumineuses, sauf l'acide aspartique et l'acide glutamique : on trouve de la leucine, de la tyrosine, de l'arginine, de la lysine et un peu de glycocolle. Elle donne les réactions colorées des substances albumineuses et notamment la réaction du biuret et la réaction de Millon.

La *kératine* (Voy. chap. xii, p. 227).

CHAPITRE V

LES DIASTASES OU ENZYMES

I. — FERMENTATIONS VITALES ET FERMENTATIONS CHIMIQUES OU DIASTASIQUES

Tous les êtres vivants empruntent au monde extérieur de la matière et de l'énergie. Les êtres pourvus de chlorophylle empruntent la plus grande partie de l'énergie qui leur est nécessaire aux radiations solaires; les êtres dépourvus de chlorophylle l'empruntent aux composés chimiques, dont ils provoquent la décomposition exothermique. Selon que cette décomposition est accompagnée d'une grande ou d'une faible libération d'énergie, la quantité de substance décomposée par l'être vivant est, toutes choses égales, petite ou grande. Lorsque la quantité de substance décomposée, pour satisfaire aux besoins énergétiques d'un être, est très grande; lorsque, en particulier, le rapport de la quantité de substance matériellement fixée par l'être vivant, à la quantité de substance par lui décomposée, est très petit, on dit qu'il se produit une *fermentation*, et que l'être vivant possède la *propriété-ferment*, exerce la *fonction-ferment*, ou plus simplement est un *ferment*.

On dit encore, en précisant, que le phénomène de décomposition est une *fermentation vitale*, et que l'être qui la provoque est un *ferment figuré*.

Supposons, pour fixer les idées, que, dans une solution convenable de glycose, on ensemence ces êtres unicellulaires, connus sous le nom de *levure de bière*, et que la liqueur soit soumise à une aération énergique : une partie du sucre en dissolution est utilisée par la levure, pour la fabrication des composants ternaires de son protoplasma et pour la production de réserves ; une autre partie est brûlée par l'oxygène atmosphérique et l'énergie libérée dans cette combustion est utilisée par l'être vivant. Dans ce cas, la quantité de substance brûlée est petite, la quantité de substance fixée est grande. Supposons maintenant que cette même levure soit ensemencée dans la même solution

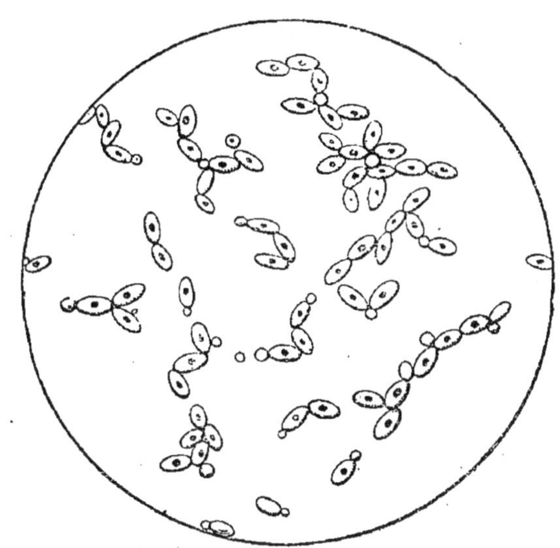

Fig. 12. — Levure de bière.

de glycose, mais que la liqueur ne soit pas convenablement aérée, que l'oxygène soit rare ; une partie du sucre sert encore à la constitution des tissus, mais cette partie est relativement petite ; l'accroissement de la levure est lent ; une autre partie du sucre est dédoublée en alcool et acide carbonique, car la rareté de l'oxygène ne permet plus à l'oxydation de la glycose de se faire complètement, et comme ce dédoublement ne libère qu'une quantité d'énergie infiniment moindre que celle qui provient de l'oxydation totale, la quantité du sucre dédoublé est nécessairement très grande. Dans ces conditions, on dit que la levure se comporte comme un ferment ; la décomposition alcoolique de la glycose est un phénomène de fermentation vitale.

Tout récemment encore, on admettait que ces phénomènes de fermentations vitales sont une manifestation directe, immédiate, de l'activité vitale d'êtres organisés : entre l'être vivant et la substance à décomposer, on ne plaçait aucune substance intermédiaire, sécrétée par l'être vivant, et capable, par sa composition et ses propriétés chimiques, de provoquer le dédoublement. La fermentation n'était pas un phénomène chimique, mais un phénomène vital. On en trouvait la preuve dans l'action des antiseptiques sur les ferments : tous les agents capables de tuer ou de désorganiser la levure, tels que le phénol, le thymol, le fluorure de sodium,

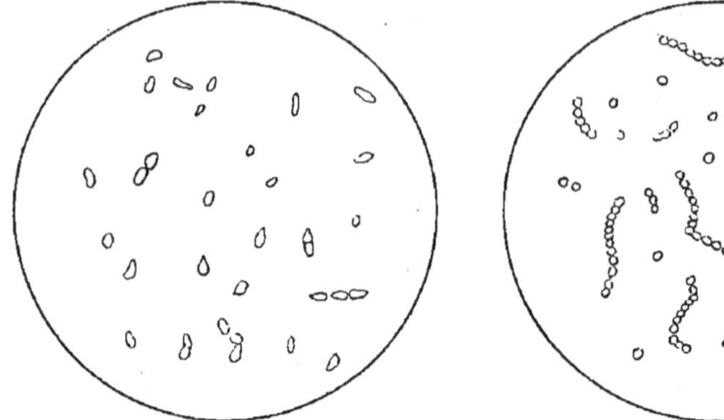

Fig. 43. — Ferment lactique.

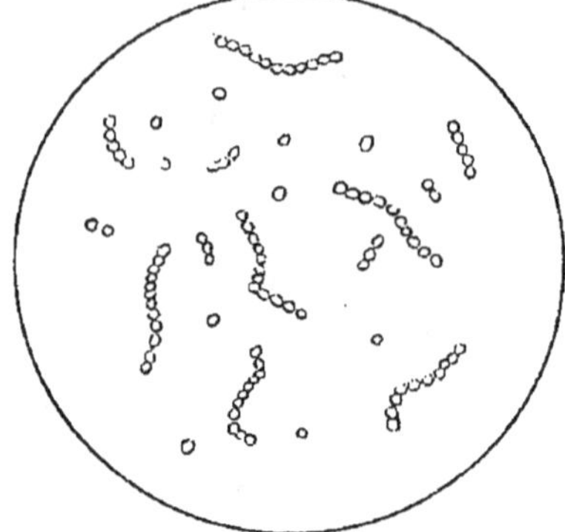

Fig. 44. — Ferment acétique.

l'acide prussique, arrêtent la transformation de la glycose. Nous indiquerons à la fin de ce chapitre les réserves qu'il convient de faire au sujet de cette proposition.

Cette transformation de la glycose par la levure de bière est le type de toute une série de transformations chimiques, produites par des êtres vivants, levures, bactéries, bacilles; c'est le type des fermentations par ferments figurés : c'est le type des fermentations vitales : citons comme autres exemples : la transformation du sucre de lait en acide lactique par le *ferment lactique*, la transformation de l'alcool en acide acétique par le *mycoderma aceti*, etc.

Lorsqu'on introduit dans une solution de saccharose insuffisamment aérée de la levure de bière, on constate, comme dans le cas de la glycose, une production d'alcool et un dégagement de gaz carbonique, aux dépens de la saccharose. Mais cette transformation se fait en deux temps : dans un premier temps, la saccharose est transformée en sucre interverti; dans un second temps, le sucre interverti est transformé en alcool et gaz carbonique. Si on ajoute à la solution de saccharose un agent antiseptique, phénol, thymol, fluorure de sodium, acide prussique, etc., la levure ajoutée est encore capable d'intervertir la saccharose; mais elle est incapable de produire une transformation du sucre interverti en alcool et gaz carbonique. Par conséquent, l'interversion de la saccharose par la levure de bière n'est pas une manifestation de l'activité vitale de la levure, puisqu'elle se produit encore après la mort de la levure; ce n'est pas un phénomène de fermentation vitale. Cette interversion est produite par quelque chose, engendré par la levure de bière, séparable de la levure de bière, agissant indépendamment de la levure de bière. *Ce quelque chose est un ferment soluble*, ou *diastase*, ou *enzyme*; l'interversion de la saccharose par ce ferment soluble est un phénomène de *fermentation par diastase ou enzyme*, un phénomène de *fermentation diastasique*.

Cette diastase est le type d'une série d'agents de même nature, capables de produire des actions chimiques dans les mêmes conditions que la diastase que nous venons de signaler. Parmi ces ferments solubles, ou enzymes, ou diastases, se rangent la ptyaline de la salive, la pepsine du suc gastrique, la trypsine du suc pancréatique, l'invertine du suc intestinal, etc.

Cette fermentation est le type d'une série de fermentations de même nature, de fermentations diastasiques, de fermentations par ferments solubles. Telles sont la saccharification de l'amidon par la salive, la peptonisation des substances albumineuses par la pepsine et par la trypsine, l'interversion de la saccharose par le suc intestinal.

Ces diastases, ces fermentations diastasiques, présentent pour le physiologiste un intérêt capital, parce qu'elles permettent de ramener à des phénomènes purement chimiques, quelques-uns tout au moins des phénomènes intimes de la vie.

Plusieurs méthodes ont été proposées par les physiologistes pour distinguer parmi les phénomènes qui se produisent dans les tissus ceux qui relèvent d'une activité diastasique et ceux qui relèvent d'une activité protoplasmique, ou, comme on dit souvent, vitale. Cette distinction, comme il résulte des faits que nous allons signaler ci-dessous, est artificielle au moins dans une certaine mesure; mais elle a rendu assez de services pratiques en physiologie pour ne pas être totalement passée sous silence.

Voici, sommairement exposées les trois méthodes principales dont on a fait usage pour distinguer les faits diastasiques ou chimiques et les faits protoplasmiques ou vitaux.

1. *Méthode de P. Bert.* — L'oxygène sous une pression minima de cinq atmosphères tue les êtres organisés et respecte les diastases. Dès lors, les transformations diastasiques continuent à se produire, tandis que les transformations protoplasmiques cessent de se produire dans les milieux soumis à l'action de l'oxygène sous tension minima de cinq atmosphères.

2. *Méthode de Salkowski.* — Les anesthésiques, et notamment le chloroforme, suppriment l'activité du protoplasma vivant, mais respectent l'activité des diastases. — Dès lors, les transformations diastasiques continuent à se produire, tandis que les transformations protoplasmiques cessent de se produire dans les milieux saturés de chloroforme.

3. *Méthode d'Arthus.* — Le fluorure de sodium à 1 p. 100 supprime l'activité du protoplasma vivant, mais respecte l'activité des diastases. Dès lors, les transformations diastasiques continuent à se produire, tandis que les transformations protoplasmiques cessent de se produire dans les milieux fluorés à 1 p. 100.

II. — PROPRIÉTÉS DES DIASTASES

Les *diastases, ferments solubles,* ou *enzymes,* sont fort mal connus quant à leur nature ; on admet le plus souvent que ce sont des substances chimiquement définissables par leur composition et leurs propriétés, mais qu'on n'a pas pu préparer à l'état de pureté suffisante, et en quantité assez grande, pour procéder à l'analyse.

Les fermentations diastasiques, nulles aux températures voisines de 0°, lentes à s'accomplir aux températures basses, 10 à 15° par exemple, deviennent de plus en plus actives à mesure que s'élève la *température,* jusqu'à une limite *optima,* variable avec la fermentation considérée, mais généralement voisine de 40° ; au delà de la température optima, la fermentation diastasique devient rapidement de moins en moins active, à mesure qu'augmente la température, jusqu'à une limite, toujours notablement inférieure à 100°, à partir de laquelle la fermentation est arrêtée et définitivement arrêtée, alors même qu'on viendrait à ramener la température à l'optimum. On traduit généralement ces faits par les formules suivantes : *les diastases n'agissent pas au voisinage de 0° ; leur activité* ne peut s'exercer qu'entre des limites de température peu étendues, et *présente un maximum pour une température voisine de 40° ; elles sont détruites* par la chaleur *à une température élevée, toujours inférieure à la température d'ébullition de l'eau.* Au contraire, le froid, qui les empêche d'agir, ne les détruit pas ; on a pu refroidir les liqueurs diastasiques ou les solutions de diastases dites pures à — 190°, au moyen de l'air liquide, sans observer d'altération sensible de leurs propriétés diastasiques.

En admettant que les diastases soient des substances pondérables [1], *la quantité de substance active pourrait être infiniment petite par rapport à la quantité de substance transformée* : on a pu préparer en effet des liqueurs diastasiques ne renfermant que de très petites quantités de substances dissoutes, et cependant capables de produire des transformations chimiques très grandes; le poids de la diastase est, dans certain cas, 1 000 fois, 10 000 fois, 100 000 fois, 1 million de fois et plus, plus petit que le poids de substance transformée dans un temps relativement court, disons, quelques heures, pour fixer les idées. On peut donc énoncer la proposition suivante : *une quantité infiniment petite de diastase peut déterminer des transformations chimiques infiniment grandes.*

Les diastases présentent encore un autre caractère fondamental : *elles ne se détruisent pas en agissant.* Cette proposition n'est pas évidente *a priori* : en effet, lorsqu'on étudie la vitesse des transformations diastasiques, on constate que cette vitesse diminue rapidement à mesure que progresse la transformation; lorsqu'on étudie la composition finale du liquide transformé, on constate que la transformation n'est jamais totale, et que la liqueur renferme toujours, à côté des produits de transformation, une portion de la substance primitive, plus ou moins considérable selon la quantité de diastase employée, selon la composition du milieu, selon la température, etc. Les choses se passent donc, en apparence, comme si la diastase se détruisait à mesure qu'elle agit. Mais ce n'est qu'une apparence : si, en effet, par un procédé convenable, on parvient à éliminer les produits de transformation diastasique, on constate que la liqueur possède ses propriétés diastasiques primitives inaltérées qualitativement et quantitativement. Ces faits nous conduisent par une autre voie à la conclusion déjà énoncée : *une quantité infiniment petite de diastase peut, dans des conditions expérimentales convenables, déterminer des transformations chimiques infiniment grandes.*

Mais il importe de ne pas oublier que les *produits de la transformation diastasique* exercent sur la fermentation diastasique une *action d'arrêt*, une *action inhibitrice*, croissant avec la quantité des produits de transformation, et conduisant à un *arrêt*

---

1. Cette réserve s'explique par l'impossibilité où l'on est d'isoler les enzymes des impuretés qui les accompagnent.

définitif des transformations, quand est réalisé un certain équilibre entre les produits de transformation et la substance transformable, équilibre dépendant de la quantité absolue de la substance transformable, de la quantité de diastase et des conditions physiques et chimiques de l'expérience.

L'inaltérabilité des diastases dans le cours des fermentations diastasiques, et leur propriété de produire des transformations chimiques infiniment grandes, conduit à les rapprocher des *agents catalytiques*, et à considérer les phénomènes de fermentations diastasiques comme des *phénomènes de catalyse*. — On sait que les chimistes appellent « agents catalytiques » des substances qui interviennent dans les réactions chimiques, pour les provoquer ou les accélérer, sans apparaître elles-mêmes dans les produits finaux de la réaction, et sans disparaître dans la réaction. La mousse de platine, qui provoque, à la température ordinaire, la combinaison de l'oxygène et de l'hydrogène, est un agent catalytique; l'acide chlorhydrique dilué, qui, à la température d'ébullition, provoque le dédoublement avec hydratation de la saccharose, et se retrouve en totalité à la fin de la réaction, est un agent catalytique; le chlorure d'aluminium, qui permet l'union de la benzine et du chlorure d'éthyle avec élimination d'une molécule d'acide chlorhydrique, et se retrouve à la fin de la réaction inaltéré qualitativement, est un agent catalytique. Nous sommes autorisés à considérer les *diastases* comme des *agents catalytiques*.

Les différents caractères des diastases que nous venons de signaler : leur *destruction par la chaleur* à une température élevée, mais inférieure à la température d'ébullition, lorsqu'on opère sur des solutions ou sur des produits humides [1]; leur *activité croissant avec la température jusqu'à une température optima*; leur *conservation indéfinie* dans les liqueurs diastasiques, quelque grande que soit la transformation chimique accomplie par elles; leur propriété de *déterminer sous un poids infiniment petit des transformations infiniment grandes*, ces propriétés des diastases sont *caractéristiques*.

A côté de ces propriétés caractéristiques, nous devons encore signaler les suivantes :

Lorsqu'on met à macérer dans l'*eau* ou dans la *glycérine* une

1. Les poudres diastasiques, parfaitement desséchées à température peu élevée, disons, pour fixer les idées, non supérieure à 40°, supportent, sans perdre leur propriété diastasique, des températures égales et même supérieures à 100°.

glande sous-maxillaire hachée, on obtient une liqueur possédant les propriétés diastasiques de la salive : on dit que la diastase de la glande sous-maxiliaire est soluble dans l'eau et dans la glycérine. D'une façon générale, *toutes les diastases sont solubles dans l'eau et dans la glycérine* : cela veut dire que si l'on met à macérer dans l'eau ou dans la glycérine un tissu ou une substance doués de propriétés diastasiques, ce tissu ou cette substance communiquent à la liqueur aqueuse ou glycérinée leur propriété diastasique.

Lorsqu'on traite par l'*alcool fort* un liquide doué de propriétés diastasiques, que ce liquide soit une liqueur naturelle, comme la salive, ou une liqueur artificielle, comme une macération de glandes salivaires, on détermine la formation d'un précipité. Si on sépare ce précipité par filtration, si on le lave à l'alcool fort et à l'éther, si on le dessèche dans le vide au-dessus de l'acide sulfurique, à une température peu élevée, 15 à 20° par exemple, et si on vient à broyer ce résidu sec dans l'eau, on communique à cette eau les propriétés diastasiques que possédaient la liqueur ou la macération d'origine. On dit que *les diastases sont précipitées par l'alcool fort, sont insolubles dans cet alcool fort et solubles dans l'eau après traitement par l'alcool*. Cela veut dire simplement que les précipités produits par l'alcool dans les liqueurs diastasiques possèdent la propriété, après avoir subi les traitements que nous avons indiqués, de communiquer à la solution avec laquelle ils sont mis en contact des propriétés diastasiques.

Si, dans une liqueur douée de propriétés diastasiques, on détermine la production de certains précipités, surtout la production des précipités gélatineux ou floconneux, tels que les précipités de savons de chaux, de phosphate de chaux, de substances protéiques, de cholestérine, etc., et si on redissout ces précipités dans une liqueur convenablement choisie, dans l'eau légèrement acidulée, par exemple, dans le cas du phosphate de chaux, on communique à cette liqueur la propriété diastasique. On dit que les diastases *sont mécaniquement entraînées et fixées par les précipités floconneux*. Cela veut dire que le précipité floconneux, produit dans une liqueur diastasique et débarrassé par lavages de la liqueur qui le souille, communique aux liqueurs dans lesquelles on le dissout la propriété diastasique.

Enfin les diastases *ne sont que peu dialysables*. Si, dans un dialyseur, on introduit une solution diastasique, et si on plonge ce dialyseur dans l'eau, on trouve dans celle-ci, au bout d'un certain temps, des traces de diastases ; mais cette dialyse, dont on ne saurait contester l'existence, ne s'accomplit ni rapidement, ni abondamment. Ce n'est souvent qu'après une dialyse de vingt-quatre heures qu'on peut manifester, par des procédés délicats, la présence de traces de diastase dans le liquide extérieur, même dans le cas où la liqueur diastasique soumise à la dialyse est riche en diastase. Et même après huit ou dix jours de dialyse ininterrompue, la quantité de diastase contenue dans le liquide extérieur est toujours infiniment plus petite que celle contenue dans le liquide intérieur. Cette propriété des diastases est intéressante à signaler, car elle permet d'affirmer que ces diastases, tout en étant douées de propriétés colloïdes, ne sont pas des colloïdes typiques, et particulièrement ne sont pas de même nature que les substances albumineuses naturelles.

III. — DIASTASES EXOCELLULAIRES ET DIASTASES ENDOCELLULAIRES

La distinction que nous avons admise entre les ferments figurés et les diastases n'est pas aussi nette qu'on l'avait supposé. On a démontré en effet que le dédoublement de la glycose en alcool et acide carbonique, que nous avons cité comme type des fermentations vitales, est en réalité lui-même une fermentation diastasique. On a pu, en triturant la levure de bière avec du sable d'infusoires, pour la désorganiser et la détruire, et en la soumettant à une pression de 500 atmosphères, dans un appareil spécialement construit à cet effet, pour en extraire le jus, obtenir une liqueur qui ne contient pas de cellules vivantes et qui, même après précipitation par l'alcool, peut provoquer le dédoublement alcoolo carbonique de la glycose. On peut précipiter le jus de levure ainsi préparé par l'alcool fort, séparer le précipité, le dessécher dans le vide, et le broyer avec de l'eau : on obtient une liqueur aqueuse capable de provoquer le dédoublement alcoolique de la glycose. On est ainsi conduit à rapporter la fermentation alcoolique à l'action d'une diastase sécrétée par la levure, mais ne diffusant pas dans le milieu ambiant.

Cette diastase nouvelle, cette *alcoolase*, ne diffère des diastases connues et décrites que par son union plus intime avec le protoplasma de la cellule : les diastases que nous connaissons diffusent plus ou moins facilement dans le milieu extérieur; l'alcoolase n'y diffuse pas; mais ce n'est pas là un caractère différentiel absolu, car, entre l'invertine, type des *diastases extracellulaires* ou *exocellulaires*, et l'alcoolase, type des *diastases intracellulaires* ou *endocellulaires*, nous avons toute une série de diastases intermédiaires plus ou moins fixées et retenues sur le protoplasma.

Les antiseptiques, avons-nous dit, suppriment les fermentations vitales, et permettent les fermentations diastasiques. Mais nous devons remarquer que si les fermentations diastasiques se produisent en présence des antiseptiques, elles sont plus ou moins retardées et diminuées par eux. Entre les diastases, dont l'action est peu modifiée par les antiseptiques, et l'alcoolase, dont l'action est suspendue par eux, au moins lorsqu'elle est fixée sur le protoplasma, nous trouvons tous les degrés intermédiaires, de sorte qu'ici encore nous ne saisissons pas de séparation nette entre les deux groupes de phénomènes.

Une dernière analogie doit être relevée entre les ferments figurés et les diastases. On sait que les conditions physiques et chimiques du milieu ambiant ont une importance capitale dans les fermentations vitales : les ferments figurés, ou tout au moins certains d'entre eux, ne se développent bien et ne produisent des fermentations franches et actives que dans conditions étroitement limitées de température, d'humidité, de composition chimique du milieu. De même, les diastases, ou tout au moins certaines d'entre elles, ne manifestent bien leur activité que dans des conditions étroitement limitées de température et de composition chimique, ou tout au moins de composition saline et de réaction du milieu. Cette nécessité de réaliser certaines conditions physiques ou chimiques, pour permettre aux diastases d'agir avec efficacité, est un fait de première importance, sur lequel on ne saurait trop insister.

Le jour approche peut-être où nombre de phénomènes chimiques de l'organisme, considérés comme essentiellement vitaux, seront ramenés à des phénomènes diastasiques.

Les travaux récents ont admirablement mis en évidence l'influence de la composition saline et de la réaction du milieu que nous venons d'indiquer sur les actions diastasiques.

Si on fait agir sur de l'amidon complètement débarrassé de matières minérales, comme on peut le préparer aujourd'hui, une diastase amylolytique également déminéralisée par dialyse en présence d'eau distillée (ou plus exactement redistillée dans un appareil en argent), on constate que l'amidon n'est pas transformé. La saccharification de l'amidon se produira au contraire si, à ce mélange inerte, on ajoute 2 cgr. de chlorure de sodium par 100 cc : le chlorure de sodium à la dose indiquée a donc activé la diastase : on serait presque tenté de dire, le chlorure de sodium a revivifié la diastase mise en état de mort apparente par la déminéralisation.

Tout autrement, se comportent les phosphates : ni le phosphate monosodique, ni le phosphate disodique n'activent le mélange d'amidon et de diastase déminéralisés; chacun de ces sels pris isolément rend même inactif le mélange activé par le chlorure de sodium : les phosphates pris isolément sont dits, en conséquence, empêchants. Toutefois ils deviennent indifférents vis-à-vis de la réaction de saccharification quand ils sont simultanément employés en proportions convenables pour donner au mélange une réaction amphotère (c'est-à-dire font rougir le papier bleu de tournesol, ou bleuir le papier rouge de tournesol; — ou encore manifestent une réaction acide à la phénolphtaléine et neutre au méthylorange).

Par ce seul exemple, on jugera de la délicatesse des réactions diastasiques et de la difficulté de leur étude.

On tend actuellement à grouper les diastases suivant la nature des modifications physiques ou chimiques qu'elles provoquent : c'est ainsi qu'on distingue des *diastases de coagulation*[1] : ce sont le fibrinferment qui détermine la coagulation de la fibrine, le labferment qui provoque la coagulation du caséum, la pectase qui fait coaguler la pectine; — des *diastases hydratantes* : telles sont l'érepsine, la trypsine, la papaïne, la pepsine qui peptonisent les substances albumineuses; l'invertine, la maltase, la lactase, la tréhalase qui hydratent, en les dédoublant, des sucres de la série de la saccharose; l'émulsine, la myrosine qui hydratent et dédoublent des glycosides; la stéapsine qui saponifie les graisses neutres; — des *diastases oxydantes* : la laccase qui agit sur le laccol, et la tyrosinase qui agit sur la tyrosine; — enfin des *diastases dédoublantes*, plus particulièrement appelées *zymases*, dont le type est l'alcoolase.

IV. — PROFERMENTS OU PRODIASTASES

Les diastases ou enzymes nous sont révélées par leur action chimique. Or, il existe des liquides ou des tissus organiques qui ne présentent aucune activité diastasique, mais peuvent en acquérir sous certaines actions chimiques déterminées. On dit

---

1. Les diastases de coagulation ne sont que des diastases hydratantes : comme ces dernières, elles produisent des dédoublements avec hydratation. Ce n'est qu'au point de vue pratique qu'on peut avoir quelque intérêt à en faire un groupe distinct.

que ces liquides ou ces tissus organiques contiennent des *pro-ferments* ou *prodiastases*, ou *proenzymes*, transformables en diastases par des agents chimiques déterminés. Si, par exemple, on fait une macération aqueuse de pancréas d'animal à jeun, et si, au bout de quelques heures, on sépare le liquide du tissu par filtration, ce liquide possède un pouvoir tryptique nul ou très faible. Mais si, avant de faire la macération du pancréas, on a traité son tissu par un acide très dilué, par l'acide salicylique à 1 p. 1000 par exemple, on obtient une liqueur de macération possédant un énergique pouvoir tryptique, même quand on l'a débarrassée de l'agent transformateur. L'acide salicylique a donc engendré de la trypsine aux dépens d'une substance contenue dans le tissu pancréatique, substance qui ne possédait aucune activité tryptique; cette substance est dite protrypsine ou trypsinogène : c'est un proferment.

Si on fait une macération aqueuse d'une muqueuse gastrique de mammifère adulte, la liqueur obtenue ne peut provoquer la caséification du lait; elle ne contient donc pas de labferment (diastase de la présure); mais si on acidule légèrement cette liqueur par l'acide chlorhydrique, on constate, après quelques minutes, que la liqueur neutralisée peut provoquer la coagulation du lait. La liqueur de macération, qui ne contenait pas de labferment, contenait donc une substance capable d'engendrer du labferment sous l'influence de l'acide chlorhydrique dilué; on dit qu'elle contenait une prodiastase, un prolabferment.

Mais, pourrait-on dire, il est inutile d'examiner l'existence de prodiastases à côté des diastases, et les phénomènes observés peuvent recevoir une interprétation beaucoup plus simple. La macération aqueuse de muqueuse gastrique de mammifère adulte ne coagule pas le lait, parce que les conditions chimiques de milieu, nécessaires à l'action du labferment, ne sont pas réalisées; en ajoutant de l'acide chlorhydrique et en le neutralisant ensuite par la soude, on a introduit dans la liqueur des éléments chimiques nouveaux, notamment du chlorure de sodium, et on a ainsi rendu le milieu convenable à l'action d'un labferment préexistant. — Cette conception ne saurait être soutenue. Supposons en effet qu'on ait préparé une macération aqueuse de muqueuse gastrique de mammifère adulte, absolument inactive sur le lait, et qu'on en fasse trois parts : la première est additionnée de 1 p. 1 000 d'acide chlorhydrique, abandonnée une heure au laboratoire, puis neutralisée par la soude ; la seconde est additionnée de 1 p. 1 000 d'acide chlorhydrique et immédiatement neutralisée par la soude ; la troisième enfin est additionnée du mélange neutre d'acide chlorhydrique et de soude ; ces trois liqueurs contiennent les mêmes éléments chimiques ; or la première seule, dans laquelle la liqueur a été soumise pendant une heure à l'action de l'acide chlorhydrique, possède le pouvoir caséifiant. Les différences observées ne tiennent donc pas à la modification de composition du milieu, mais bien, comme nous l'avons supposé, à une transformation de pro-ferment en ferment.

Supposons qu'on ait reçu, au sortir du vaisseau, du sang dans une solution d'oxalate de soude, de façon que le mélange contienne 1 p. 1 000 d'oxalate, et qu'on ait séparé le plasma oxalaté des globules. Ce plasma oxalaté ne coagule pas spontanément, et ne fait pas coaguler les solutions chlorurées sodiques de fibrinogène ; mais, si on ajoute à ce plasma 1 p. 1 000 de chlorure de calcium, le plasma coagule et le sérum qui s'en sépare est capable de provoquer la coagulation d'une solution chlorurée sodique de fibrinogène. On traduit ces faits en disant que le plasma oxalaté ne contient pas de fibrinferment, mais un profibrinferment transformable en fibrinferment par l'action des sels de chaux.

Faut-il supposer que l'introduction de sels de chaux dans la liqueur a simplement modifié la composition chimique du milieu, la rendant convenable pour permettre à un fibrinferment préexistant de manifester son action? Cette hypothèse ne peut être soutenue : supposons, en effet, qu'après avoir fait coaguler le plasma oxalaté par addition de chlorure de calcium, on en sépare le sérum, et qu'on débarrasse celui-ci de ses sels dissous par une dialyse prolongée en présence d'eau chlorurée sodique maintes fois renouvelée, on obtient une liqueur capable de faire coaguler les solutions chlorurées sodiques de fibrinogène. Par contre, le plasma oxalaté primitif débarrassé de sels dissous par une dialyse prolongée, en présence d'eau chlorurée sodique maintes fois renouvelée, est inapte à faire coaguler les solutions chlorurées sodiques de fibrinogène. Il y a donc eu réellement transformation de profibrinferment en fibrinferment par l'action des sels de chaux, et non pas seulement modification du milieu, rendant possible l'action d'un fibrinferment préexistant.

Ces faits sont intéressants en outre en ce qu'ils nous montrent que la transformation des prodiastases en diastases se fait sous des influences différentes pour les diverses diastases : le prolabferment est transformé en labferment par les acides dilués; il ne le serait pas par les sels de chaux; le profibrinferment est transformé en fibrinferment par les sels de chaux; il ne le serait pas par les acides dilués.

CHAPITRE VI

LES ENZYMOÏDES

En étudiant les diastases ou enzymes, nous avons vu que ces
substances sont détruites par la chaleur à une température inférieure à 100°; qu'elles provoquent des transformations chimiques
d'ordre catalytique, et, par conséquent, se retrouvent inaltérées
qualitativement et quantitativement à la fin de l'opération, et par
conséquent sont capables, en quantité infiniment petite, de provoquer des transformations infiniment grandes. Nous avons constaté
que ces diastases ou enzymes sont solubles dans l'eau et dans la
glycérine, insolubles dans l'alcool, précipités par l'alcool de leurs
solutions aqueuses ou glycérinées, et solubles dans l'eau après
traitement alcoolique et dessiccation à basse température; qu'elles
sont douées de propriétés colloïdes et qu'en particulier elles ne
dialysent que très lentement et très imparfaitement et se laissent
englober et entraîner par les précipités floconneux, qu'on détermine dans les liqueurs où elles existent.

On a rapproché des diastases, dans le cours des dernières

années, un certain nombre de substances, contenues soit dans les cultures microbiennes, soit dans les liquides de l'organisme, et notamment dans le sérum sanguin des animaux normaux et des animaux vaccinés contre certains microbes ou contre leurs cultures filtrées, substances qui présentent avec les diastases un certain nombre de propriétés communes. Telles sont certaines toxines microbiennes et les venins des serpents; telles sont les antitoxines; telles sont les agglutinines et les précipitines; telles sont enfin les bactériolysines, les hémolysines, etc.

Pour rappeler les analogies de ces substances avec les enzymes, sans les confondre avec elles, nous les réunirons sous la dénomination commune d'*enzymoïdes*. Il convient en effet de les séparer nettement des enzymes vraies, ces dernières produisant des transformations chimiques incontestables, tandis que l'essence du phénomène produit par les enzymoïdes nous est imparfaitement connu, ou totalement inconnu.

Une rapide revue de divers groupes d'enzymoïdes nous permettra de connaître leurs principales propriétés, et leurs analogies ou dissemblances avec les enzymes.

1. — TOXINES ET ANTITOXINES

On désigne, sous le nom générique de toxines, les poisons non alcaloïdiques[1], produits par les microbes, ou sécrétés par les cellules des animaux et des végétaux.

Nous n'entrerons pas dans l'étude détaillée de ces toxines, qui appartient à la microbiologie plus qu'à la physiologie; nous nous bornerons à rechercher leurs relations avec les diastases.

La toxine la mieux étudiée, est la *toxine diphtérique*. Les bouillons de culture du bacille de la diphtérie, séparés des bacilles par filtration sur porcelaine dégourdie, possèdent des propriétés toxiques remarquables, et provoquent, chez l'animal vivant, les mêmes accidents que les cultures totales (bouillon et microbes). On démontre que la substance active de ces bouillons est détruite par la chaleur à une température inférieure à 100°, qu'elle est pré-

---

1. Les chimistes réunissent parfois, dans le groupe des toxines, les toxines proprement dites, à affinités diastasiques, et les *alcaloïdes toxiques*, ces derniers comprenant les *leucomaïnes*, produites dans l'organisme animal, et les *ptomaïnes*, produites dans les milieux de cultures microbiennes. L'étude des leucomaïnes et des ptomaïnes n'a pas à être faite ici.

cipitée par l'alcool et peut être retirée par l'eau du précipité alcoolique desséché à basse température, qu'elle est entraînée par les précipités floconneux produits dans le bouillon, et notamment par le précipité de phosphate de chaux, qu'elle dialyse avec une très grande lenteur.

La *toxine tétanique* présente les propriétés générales de la toxine diphtérique : sa destruction par la chaleur, sa précipitation par l'alcool et les précipités floconneux, sa faible dialyse, etc.

A côté de ces *toxines microbiennes*, il faut placer certaines *toxines végétales*, telles que l'abrine qu'on extrait des graines du jéquirity, la ricine qu'on extrait des graines du ricin, la rubine qu'on extrait des écorces d'acacia, etc. ; elles possèdent les propriétés générales des toxines microbiennes : solubilité dans la glycérine, destruction par la chaleur humide déjà au-dessous de 100°, et en général à une température peu élevée, faible dialyse, précipitabilité par l'alcool, entraînement par les précipités floconneux, par exemple par ceux de phosphate de chaux ou de substances protéiques.

Ce sont là des propriétés d'enzymes sans doute ; mais il convient de noter les faits suivants. — Quelle que soit la dose de toxine injectée, les accidents pathologiques n'apparaissent jamais immédiatement : il y a toujours une période d'incubation, plus ou moins longue sans doute, selon la dose de toxine injectée, mais ayant toujours une assez longue durée, dépassant toujours vingt-quatre heures. — D'autre part, les phénomènes provoqués par les toxines sont des phénomènes physiologiques, et nous ignorons absolument si ces phénomènes physiologiques sont la conséquence de phénomènes chimiques, produits par la toxine. En supposant même que la toxine agisse bien chimiquement, nous ignorerions la nature et la quantité de la substance transformée par elle dans l'organisme, et nous ne pourrions en conséquence appliquer aux toxines la loi fondamentale de l'action des diastases, à savoir qu'elles agissent en quantité infiniment petites pour produire des transformations chimiques infiniment grandes. — Sans doute, mais c'est là tout autre chose, les toxines agissent en quantité infiniment petite, pour provoquer des phénomènes physiologiques infiniment grands [1] : ici nous sommes dans le domaine physiologique et non plus dans le domaine chimique.

---

1. Les toxines diphtérique et tétanique peuvent déterminer la mort de 20 millions à 100 millions de fois leur poids de matière vivante.

Nous séparons nettement des toxines proprement dites, ou toxines-enzymoïdes, divers produits microbiens, tels que la tuberculine, extraite des cultures du bacille tuberculeux, et la malléine, extraite des cultures du bacille morveux, qui résistent à l'action prolongée d'une température de 100° sans altérations.

A côté des toxines microbiennes, nous plaçons les *venins* en général et les *venins des serpents* en particulier.

La substance active des venins est, en général, détruite par la chaleur à une température inférieure à 100°; mais, en général aussi, cette destruction nécessite une action prolongée de la chaleur, et une température plus élevée que la température de destruction des toxines microbiennes. Comme les toxines microbiennes, d'ailleurs, les venins des serpents sont précipités par l'alcool, entraînés par les précipités floconneux, minéraux ou protéiques, très faiblement dialysables, et enfin capables de produire des accidents graves à dose extrêmement faible.

Les deux caractères qui les séparent des toxines sont d'abord leur résistance plus grande à la chaleur; ensuite, et c'est là la différence fondamentale, la suppression de la période d'incubation quand la dose injectée est suffisante.

Les toxines et les venins présentent d'autre part, des caractères biologiques communs fort importants. Il est possible, par des injections répétées, suffisamment espacées, de toxines ou de venins (en commençant avec des doses extrêmement faibles de toxines ou de venins modifiés par la chaleur ou par divers agents chimiques, et en continuant avec des doses progressivement croissantes de toxines ou de venins non modifiés), d'immuniser des animaux contre l'action toxique de quantités 10, 100 et 1 000 fois mortelles de la toxine et du venin; — les animaux immunisés fournissant un sérum sanguin antitoxique, c'est-à-dire tel que, mélangé à la toxine correspondante (en proportions convenables *in vitro*), il la rende inactive sur un animal sensible à son action; c'est-à-dire encore, tel que, injecté à dose convenable dans l'organisme d'un animal, il immunise temporairement ce dernier contre une dose de la toxine ou du venin correspondants, capable de produire des accidents, la toxine ou le venin correspondants ayant été injectés indépendamment du sérum, soit quelque temps avant, soit en même temps, soit après le sérum.

Les toxines et les venins présentent encore un caractère biologique commun, important à connaître. Injectés sous la peau ou dans les veines à dose convenable, ils provoquent les accidents caractéristiques; introduits dans le tube digestif à dose plusieurs fois mortelles, ils sont absolument inoffensifs.

Les animaux immunisés contre les toxines et contre les venins fournissent, nous venons de le dire, un sérum antitoxique ou antivenimeux [1]; — on rapporte cette propriété remarquable qu'ils pos-

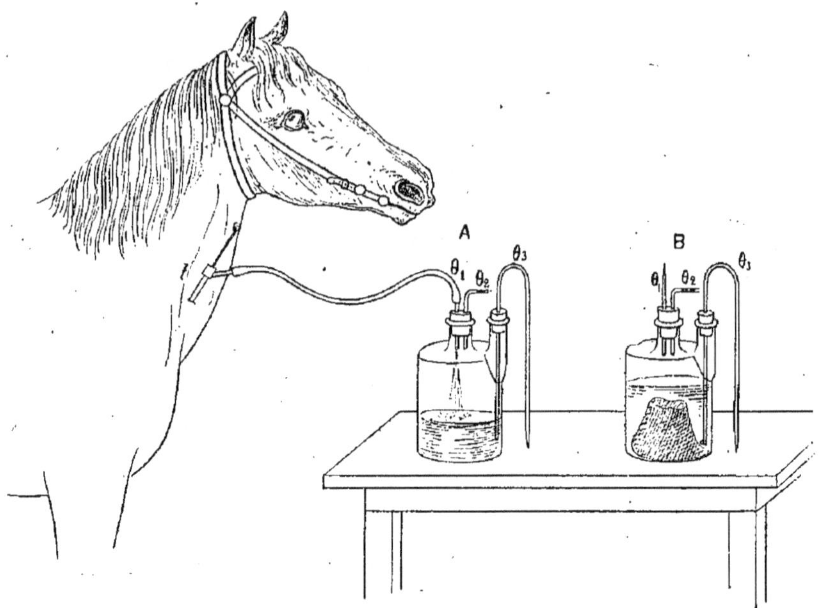

Fig. 45. — Préparation du sérum aseptique (sérum antidiphtérique, p. ex.). Le trocart *t* est enfoncé dans la jugulaire; le sang s'écoule dans le flacon A par le tube θ_1; le tube θ_2 contenant un bouchon d'ouate est ouvert; le tube θ_3 est fermé à la lampe. Dans le flacon B la coagulation et la rétraction du caillot sont faites; le tube θ_1 a été scellé : le tube θ_3 a été ouvert; il suffit de comprimer de l'air par θ_2 au moyen d'une poire de caoutchouc pour amorcer le siphon θ_3 et recueillir le sérum.

sèdent à la présence d'une substance dite *antitoxine* qu'on a rapprochée aussi des diastases. Comme les diastases et comme les toxines, en effet, elle est détruite par la chaleur à une température relativement basse comprise entre 60 et 70°; elle est pré-

1. Il convient de noter soigneusement que les sérums antivenimeux comme les sérums antitoxiques sont spécifiques, c'est-à-dire ne neutralisent que le venin qui a servi à la préparation du cheval producteur du sérum. Le sérum antivenimeux fourni par un cheval immunisé contre le venin de cobra neutralise le venin de cobra, mais ne neutralise pas le venin des autres serpents et en particulier ne neutralise pas le venin de la vipère. Pour obtenir un sérum antivenimeux antagoniste du venin de vipère, il faudrait immuniser le cheval producteur du sérum à l'aide de venin de vipère.

cipitée par l'alcool, entraînée par les précipités floconneux, minéraux ou protéiques (phosphate de chaux, globulines, etc.) — elle
dialyse difficilement.

Les antitoxines sont-elles des diastases? Non. Et voici pourquoi :

Dans toute action diastasique vraie, comme dans toute action
d'antitoxine sur la toxine correspondante *in vitro*, on peut considérer deux éléments fondamentaux : 1° la vitesse de la réaction ;
2° l'état d'équilibre final du mélange.

Dans le cas des actions diastasiques, la vitesse de la réaction
dépend essentiellement, toutes autres conditions égales, de la
quantité de diastase agissante : elle croît avec la quantité de diastase ; — l'état d'équilibre chimique terminal, c'est-à-dire le rapport des quantités de substance transformée et de substance non
transformée, est, toutes autres conditions égales, à peu près indépendant de la quantité de diastase employée.

Dans le cas des actions d'antitoxines sur les toxines correspondantes, ou d'antivenins sur les venins correspondants, l'état d'équilibre final, la toxicité finale, dépend essentiellement de la quantité
d'antitoxine employée : la quantité de toxine détruite est proportionnelle à la quantité d'antitoxine employée. Quant à la vitesse de
la réaction des antitoxines sur les toxines, il est difficile de la connaître, en raison de la période d'incubation, qui précède, chez
l'animal inoculé, l'apparition des accidents : de ce qu'un mélange
toxine-antitoxine est inoffensif, on peut conclure que la neutralisation de la toxine par l'antitoxine était réalisée au moment où
auraient dû se manifester les accidents ; mais à quel moment
exact et suivant quelle loi s'est faite la neutralisation durant cette
période toujours très longue, c'est ce qu'on ne saurait dire.

Dans le cas des venins et des antivenins au contraire, et en
raison de l'absence d'une période d'incubation (au moins pour
certains venins et pour certaines doses de ces venins) on peut
démontrer que l'état d'équilibre final, la toxicité finale est atteinte
instantanément [1].

---

1. L'instantanéité de la réaction des antitoxines sur les toxines se démontre
très nettement dans le cas des antivenins et des venins. Si on injecte dans les
veines d'un lapin 2 milligrammes de venin de cobra, de bothrops ou de crotale,
il se produit, moins de trente secondes après l'injection une chute considérable
de la pression artérielle. Or si on injecte dans les veines du lapin la même dose
de venin aussitôt après l'avoir additionnée d'une quantité convenable de sérum
antivenimeux correspondant, anticobraïque, antibothropique ou anticrotalique, il
ne se produit aucune modification de la pression. Donc la neutralisation du venin

En schématisant ces faits, nous dirons : 1° en ce qui concerne l'action des diastases : la vitesse de la réaction dépend essentiellement de la quantité de diastase; l'état final est à peu près indépendant de la quantité de diastase; 2° en ce qui concerne l'action des antitoxines et des antivenins, l'état d'équilibre final dépend essentiellement de la quantité d'antitoxine ou d'antivenin employée; la vitesse de la réaction étant, au moins dans le cas des antivenins, si considérable qu'on peut considérer la neutralisation comme instantanée.

Cette revue rapide des propriétés des antitoxines nous montre clairement qu'il ne faut pas les ranger dans le groupe des diastases vraies; les antitoxines sont des enzymoïdes sans doute, c'est-à-dire possèdent les solubilités, les précipitabilités, l'alibilité des enzymes; mais ce ne sont pas des enzymes [1].

II. — AGGLUTININES ET PRÉCIPITINES

Nous étudierons enfin rapidement, dans ce groupe essentiellement hétérogène des enzymoïdes, un certain nombre de substances, imaginées par les biologistes pour rendre compte de certaines propriétés remarquables des sérums sanguins, les agglutinines et les précipitines, les bactériolysines et les hémolysines, etc. Nous ne prétendons pas d'ailleurs que ces substances soient des enzymes, car rien ne prouve qu'elles ne soient pas purement et simplement les substances protéiques du sérum; — en les rangeant parmi les enzymoïdes, nous entendons dire seulement que ce sont des substances colloïdes, transformables par la chaleur à température inférieure à 100° et de nature essentiellement inconnue actuellement.

par l'antivenin a été réalisée en moins de trente secondes. — Si on ajoute une très petite quantité de venin de bothrops ou de crotale à du sang non spontanément coagulable (sangs oxalatés ou citratés, ou fluorés) ou à une solution chlorurée sodique de fibrinogène, on en provoque la coagulation fibrineuse, et, pour des proportions convenables, la coagulation est achevée en vingt à trente secondes. Or, avec les mêmes proportions de venin, la coagulation ne se produit plus, si on a ajouté à la liqueur fibrinogénée une quantité de sérum antibothropique ou de sérum anticrotalique suffisante pour neutraliser le venin employé. Donc la neutralisation du venin par l'antivenin a été réalisée en moins de vingt à trente secondes.

1. Nous ne connaissons pas l'antitoxine pure, isolée des impuretés qui l'accompagnent dans le sérum antitoxique; nous ne connaissons donc pas la quantité pondérable agissante; nous ne savons pas dès lors si une quantité infiniment petite d'antitoxine transforme une quantité de toxine infiniment grande.

Supposons qu'on ait cultivé sur gélose un vibrion cholérique
déterminé, et qu'après vingt-quatre heures on délaie la culture
dans de l'eau salée à 1 p. 100 : on obtient une émulsion homogène et stable, dans laquelle les vibrions conservent leur mobilité.
Si, à cette émulsion, on ajoute une petite quantité du sérum sanguin d'un animal (lapin ou cobaye par exemple) fortement immunisé contre l'injection intrapéritonéale du vibrion qui a servi à
faire l'émulsion, on constate au microscope que très rapidement
ces vibrions perdent leur mobilité, puis se réunissent en amas

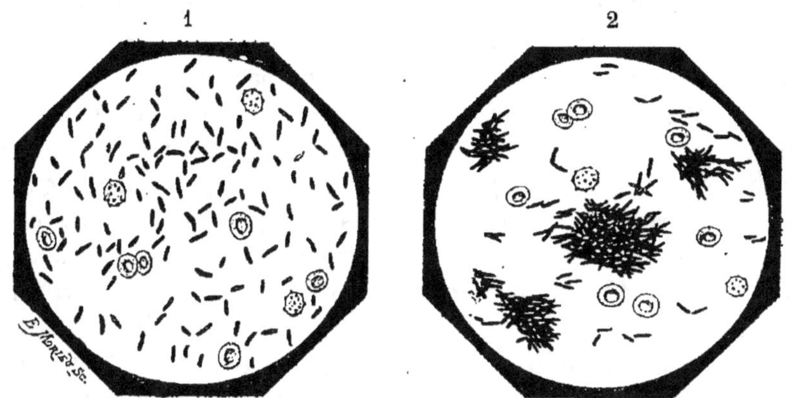

Fig. 46. — Réaction de Widal (d'apr. J. Courmont). — 1. Préparation d'une culture
de 24 heures de bacille d'Eberth additionnée de 1/10 de sang non typhique (séro-
réaction négative). — 2. Préparation d'une culture de 24 heures de bacille
d'Eberth agglutinée par 1/10 de sang typhique (séro-réaction positive).

plus ou moins considérables, s'agglutinent, comme on est con-
venu de dire. Cette *agglutination* augmente tellement, les amas
deviennent si volumineux que, très rapidement, on peut se passer
du microscope pour les déceler, et qu'à l'œil nu, on distingue
sans peine dans la liqueur de gros flocons, nageant dans un liquide
parfaitement clair et formés par les vibrions agglutinés.

Cette agglutination n'a pas comme condition nécessaire la vitalité des vibrions; elle se produit également bien avec des émulsions de ces mêmes vibrions tués par une douce chaleur ou par
un antiseptique convenable.

Le sérum agglutinant agit d'autant plus énergiquement et
d'autant plus vite, pour une même dose, que la température est
plus élevée jusqu'à 55 ou 60°; au delà de cette température, il ne
tarde pas à perdre sa propriété agglutinante. La substance active
de ce sérum est précipitée par l'alcool et entraînée par les préci-

pités de phosphate de chaux, de protéines, etc.; elle n'est pas détruite par la dessiccation à basse température et se dissout dans l'eau et dans la glycérine. Ce sont là des propriétés d'enzymes; mais faut-il faire des enzymes de substances quelconques possédant ces propriétés? A ce titre, les substances albumineuses elles-mêmes seraient des enzymes.

La substance active de ces sérums agglutinants est dite *agglutinine*. Le point le plus intéressant de l'histoire des agglutinines est leur spécificité à l'égard d'un microbe déterminé. C'est ainsi que le sérum d'un animal immunisé contre le vibrion cholérique ne possède généralement pas d'action agglutinante pour les autres bactéries, pour le bacille typhique par exemple, et inversement. On a même prétendu que la propriété agglutinante ne s'appliquait qu'à la variété microbienne contre laquelle l'animal était immunisé. Mais c'était aller trop loin. Si, d'une façon générale, les sérums agglutinants sont spécifiques pour une espèce microbienne déterminée, cette règle comporte des exceptions. Le sérum agglutinant une variété de vibrions cholériques en agglutine généralement les autres variétés, bien qu'à un moindre degré. Le sérum agglutinant le bacille typhique peut, quand il est employé à dose suffisamment grande, agglutiner le bacterium coli (toujours moins toutefois que le bacille typhique) et inversement.

Nous pouvons donc admettre d'une façon générale la spécificité des sérums agglutinants, sans oublier toutefois que cette spécificité n'est pas toujours absolue.

Cette propriété agglutinante, pratiquement spécifique, est utilisée par les bactériologistes dans deux circonstances principales : 1° quand il s'agit d'identifier avec une espèce microbienne déterminée un microbe donné (on s'assure que le microbe donné est bien agglutinable par un sérum agglutinant l'espèce dont il s'agit); — 2° quand il s'agit de déterminer l'agent microbien, cause de troubles pathologiques, chez l'homme ou les animaux (le pouvoir agglutinant du sérum, maximum chez l'animal fortement immunisé contre le microbe considéré, s'observe en effet également, quoique à un degré beaucoup moindre, pour l'animal infecté par le microbe); cette réaction constitue le séro-diagnostic typhique, par exemple : le malade atteint de fièvre typhoïde vraie donne un sérum agglutinant plus particulièrement (sinon toujours exclusivement) les cultures homogènes de bacilles typhiques.

La propriété agglutinante des sérums ne se manifeste pas pour

les microbes seulement; on peut l'observer à l'égard des hématies.
Si, par exemple, on injecte sous la peau ou dans le péritoine d'un
animal d'une espèce donnée A (lapin par exemple) du sang défibriné, ou des globules rouges séparés par centrifugation et lavages
à l'eau salée du sérum (5 à 10 centimètres cubes par exemple)
d'un animal d'une espèce B (chien par exemple), et si on renouvelle
cette injection trois ou quatre fois, à six ou huit jours d'intervalle
le sérum de l'animal A acquiert la propriété d'agglutiner *in vitro*
les hématies du sang d'un animal B. Comme dans le cas de
l'agglutination des microbes, on peut observer au microscope les
premiers stades de cette agglutination, qui ne tarde pas à être
telle qu'elle se manifeste avec la plus grande netteté à l'œil nu,
les globules étant condensés en gros flocons se réunissant au fond
du vase, recouverts par le sérum clair ne contenant plus d'hématies.
Comme dans le cas de l'agglutination des microbes, la propriété
agglutinante est spécifique pour les seules hématies provenant d'un
animal d'espèce B, dont l'animal A a reçu les hématies en injection.

Nous devons noter que la propriété agglutinante, qu'on peut
toujours faire apparaître dans le sérum d'un animal donné pour
une espèce microbienne donnée, ou pour une espèce d'hématies
donnée, existe parfois dans le sérum normal des sujets de certaines
espèces animales pour certains microbes et pour certaines hématies.

Les agglutinines sont-elles des enzymes? Agissent-elles chimiquement? Et, en supposant qu'elles agissent chimiquement,
provoquent-elles des actions d'ordre catalytique, provoquent-elles
des actions infiniment grandes, étant elles-mêmes en quantité
infiniment petite, et demeurant inaltérées du fait de leur action?
Nous n'en savons absolument rien.

Lorsqu'on injecte sous la peau ou dans le péritoine d'un animal
a d'espèce A, du sérum sanguin d'animaux d'espèce B (quelques
centimètres cubes par exemple) et qu'on répète cette injection
quatre à cinq fois, en les espaçant de cinq à six jours, on constate
que le sérum sanguin de l'animal *a* possède la propriété, étant
mélangé au sérum d'un animal d'espèce B, d'y faire apparaître
successivement un louche, un trouble, un fin précipité en suspension et enfin des flocons qui se condensent au fond du mélange.

Si, au lieu de faire des injections de sérum sanguin, on fait, dans les mêmes conditions, des injections des substances albumineuses du sérum séparées par des procédés convenables (précipitation par le sulfate d'ammoniaque, par exemple), et dissoutes dans un liquide convenable (eau salée à 1 p. 100, par exemple), on constate que le sérum de a acquiert la propriété de précipiter le sérum des animaux d'espèce B, comme précédemment.

Si on sépare par des procédés convenables les albumines et les globulines d'un sérum (précipitation des globulines par le sulfate de magnésie à saturation, — précipitation des albumines par saturation de sulfate d'ammoniaque du sérum magnésié débarrassé de ses globulines) et si on injecte les albumines dissoutes dans l'eau salée à 1 p. 100 à un animal a de l'espèce A, et les globulines dissoutes dans l'eau salée à 1 p. 100 à un animal a' de l'espèce A, les substances albumineuses ayant été préparées en partant du sérum d'un animal d'espèce B, on constate que le sérum de a n'acquiert aucune propriété précipitante, mais que le sérum de a' en acquiert. Par conséquent, l'apparition du pouvoir précipitant dans le sérum d'un animal a d'espèce A a comme condition nécessaire et suffisante la présence dans le liquide injecté de globulines provenant du sang d'un animal d'espèce B.

Si, au lieu de faire agir le sérum, dit sérum précipitant, sur le sérum total du sang d'un animal d'espèce B, on le fait agir soit sur les albumines, soit sur les globulines extraites de ce sérum par les procédés ci-dessus indiqués, on constate qu'il y a précipitation de la solution des globulines, mais qu'il n'y a pas précipitation de la solution des albumines. Donc, la précipitation produite dans le mélange du sérum, dit sérum précipitant, provenant de l'animal a d'espèce A et du sérum du sang d'un animal d'espèce B exige comme condition nécessaire et suffisante la présence des globulines dans ce dernier sérum.

On peut observer des faits tout à fait semblables, en injectant sous la peau ou dans le péritoine d'un animal a d'espèce A des liquides albumineux provenant d'un animal d'espèce B. Le sérum de l'animal a acquiert, après plusieurs injections répétées à quelques jours d'intervalle, la propriété de précipiter le liquide qui a servi aux injections. Des essais ont été faits avec succès avec le lait et avec le blanc d'œuf. On démontre, en ce qui concerne le lait, que deux des substances albumineuses de ce liquide possèdent la propriété de faire apparaître un pouvoir précipitant, à savoir la caséine et la lactoglobuline; — et que le sérum précipitant, obtenu au moyen des injections de lait, précipite et la caséine et la lacto-globuline du lait d'un animal d'espèce B. On démontre, en ce qui concerne le blanc d'œuf, que la propriété précipitante est engen-drée grâce aux injections des substances du blanc d'œuf précipi-tables par le chlorure de sodium ou par le sulfate de magnésie, en particulier des globulines ; et que le sérum précipitant, obtenu au moyen des injections du blanc d'œuf, précipite les globulines du blanc d'œuf d'animal d'espèce B.

Les sérums précipitants possèdent une double spécificité, qu'on peut considérer comme chimique et comme zoologique. Ils pos-sèdent une spécificité chimique, c'est-à-dire que le sérum préci-pitant obtenu à la suite d'injections répétées d'une substance protéique donnée, ne précipite que cette substance protéique et nullement les substances protéiques d'espèce chimique différente. Ainsi le sérum précipitant de lapin, préparé par injections répétées de sérum de bœuf, précipite les globulines du sérum de bœuf et les globulines du lait de vache, mais ne précipite pas la caséine du lait de vache ; le sérum précipitant de lapin, obtenu par injections répétées de caséine pure de vache, précipite le lait de vache et les solutions de caséine de vache, mais ne précipite pas le sérum san-guin ou les solutions de sérumglobuline de bœuf. — Ils possèdent une spécificité zoologique, c'est-à-dire qu'un sérum précipitant d'un animal a d'espèce A, préparé par injections répétées d'un liquide albumineux provenant d'animaux d'espèce B, précipite ce liquide albumineux provenant d'animaux d'espèce B et ne préci-pite pas les mêmes liquides albumineux, ou les solutions de sub-stances albumineuses pures, qu'on en peut extraire, quand ils pro-viennent d'animaux d'espèce autre que B. Notons en passant qu'on ne détermine jamais l'apparition du pouvoir précipitant dans le sérum d'un animal d'espèce A en lui injectant un liquide albumi-neux quelconque provenant d'animaux de même espèce A.

Toutefois, cette double spécificité n'est pas absolue ; on a signalé quelques exceptions. C'est ainsi, d'une part, que le sérum préci-pitant la caséine du lait précipite également les solutions de caséum (produit de transformation de la caséine par le labferment) et inversement, bien que la caséine et le caséum diffèrent par plu-sieurs propriétés et notamment par la grandeur de leur pouvoir rotatoire spécifique C'est ainsi, d'autre part, que le sérum préci-pitant la sérumglobuline du sang de cheval (sérum d'un animal préparé par injections répétées de sérum de cheval) précipite aussi, moins abondamment toutefois, le sérum d'âne, et inversement. — Mais hâtons-nous de le dire, ce ne sont là que des exceptions intéressantes, mais réellement peu importantes. Pratiquement, on peut admettre la double spécificité que nous venons de signaler.

La spécificité zoologique a reçu des applications importantes : en injectant des lapins ou des chiens avec du lait de vache, de chèvre, de jument, on a obtenu des sérums précipitants, permettant de reconnaître l'origine d'un lait donné, et de déceler des mélanges de laits étrangers dans un lait donné. — En injectant à des lapins ou à des chiens du sérum de sang humain, ou du liquide d'ascite humaine, on a obtenu des sérums précipitants pour le sérum humain seul (exception faite du sérum de certains singes, qui précipite aussi, bien que moins abondamment), et permettant de caractériser, au point de vue médico-légal, le sang humain, même dans les vieilles taches de sang desséchées à l'air (on en broie la poussière avec de l'eau et on filtre).

On rapporte la propriété précipitante à la présence dans le sérum précipitant d'une *précipitine,* dont la nature nous est absolument inconnue, qui se confond peut-être avec l'une des globulines du sérum précipitant.

Cette précipitine est détruite par la chaleur au-dessous de 100° ; elle n'est pas détruite par la dessiccation à basse température ; elle est soluble dans l'eau : elle est précipitée par l'alcool et par les sels précipitant les globulines. Ce sont là des propriétés d'enzyme ; mais elles ne suffisent pas pour nous permettre de considérer les précipitines comme de véritables enzymes.

Sans doute, la précipitation se produit, toutes autres conditions égales, d'autant mieux que la température est plus élevée, jusqu'à un optimum de température compris entre 40° et 50°. Mais nous ignorons si cette précipitation est la conséquence d'une transformation chimique préalable ; et, le fût-elle, nous ignorerions si le rapport des poids de la substance transformée et de la précipitine est infiniment grand. Nous ignorons enfin la nature exacte de la substance précipitée ; elle est formée, pour une part au moins, de la substance protéique de l'espèce B, mais nous ignorons si les globulines de l'animal *a* ne prennent pas part à sa constitution.

Rangeons donc les précipitines dans notre groupe de rebut des enzymoïdes, sans entendre par là les assimiler le moins du monde à des enzymes.

III. — BACTÉRIOLYSINES ET HÉMOLYSINES

Si on introduit dans la cavité péritonéale d'un cobaye fortement immunisé contre un vibrion cholérique, une émulsion de ce vibrion, obtenue en mettant en suspension dans l'eau salée à 1 p. 100 une culture de vibrion cholérique sur gélose, vieille de vingt-quatre heures, on constate, en retirant après une demi-heure un peu du liquide péritonéal, que les vibrions injectés ont été immobilisés, transformés en boules et dissociés en granules. C'est ce qu'on appelle le *phénomène de Pfeiffer*. L'expérience peut se répéter *in vitro* : si l'on mélange l'émulsion du vibrion cholérique avec du sérum de cobaye fortement immunisé contre ce vibrion, la *bactério-lyse* se produit. Ce phénomène est spécifique, c'est-à-dire ne se produit que pour l'espèce microbienne contre laquelle l'animal a été vacciné (vibrion cholérique, bacille typhique), et, au moins dans le cas de vibrion cholérique, se produit avec une intensité maxima pour la variété de vibrion contre laquelle l'animal a été vacciné. — On rapporte cette propriété du sérum de l'animal vacciné à la présence de substances dites *bactériolysines*, ou simplement *lysines*.

En cherchant à analyser le phénomène, on a constaté que la bactériolyse comprend deux temps distincts et que les bactério-lysines représentent deux substances distinctes. Supposons en effet qu'on chauffe pendant un quart d'heure à 60° du sérum d'un animal immunisé contre le vibrion cholérique, — nous dirons pour simplifier du choléra-sérum, — et qu'on le fasse agir sur une émulsion de vibrions cholériques, la bactériolyse ne se produit pas. Mais supposons qu'on ajoute à ce choléra-sérum, rendu inactif par chauffage à 60°, du sérum d'un animal neuf non vacciné, sérum par lui-même absolument inactif sur le vibrion cholérique, nous constatons que ce mélange possède un énergique pouvoir bactériolytique. Ces faits démontrent que le choléra-sérum bactériolytique contient deux substances distinctes, intervenant l'une et l'autre dans la bactériolyse : une substance détruite au-dessous de 60° et existant dans le sérum normal comme dans le choléra-sérum ; et une substance résistant à l'action d'une tempé-rature de 60° et n'existant que dans le choléra-sérum.

La bactériolyse ne résulte pas de l'action simultanée de ces deux substances, mais de leur action successive. Supposons en

effet que des vibrions cholériques aient été immergés dans un
choléra-sérum préalablement chauffé à 60°, puis séparés de ce
choléra-sérum par centrifugation; ces vibrions, inaltérés après ce
traitement, subissent la bactériolyse quand on les immerge dans
un sérum normal non chauffé.

Le choléra-sérum non chauffé ne produit la bactériolyse que
chez les vibrions cholériques; le typhus-sérum non chauffé ne la
produit que chez le bacille typhique, etc.; — le sérum normal
non chauffé produit par contre la bactériolyse soit du vibrion cholérique, soit du bacille typhique, etc., indistinctement, si ces différents microbes ont été au préalable immergés respectivement
dans le sérum chauffé à 60° d'animaux immunisés contre eux.
Par conséquent, la spécificité bactériolytique des sérums d'animaux immunisés réside dans la substance qui résiste à 60° et non
dans la substance contenue dans le sérum normal.

La substance spécifique a été appelée substance thermostabile,
parce qu'elle résiste au chauffage à 60°, substance sensibilisatrice, parce qu'elle rend le microbe sensible à l'action du sérum
normal, substance immunisante ou *immunisine*, parce qu'elle
existe dans le sérum des animaux immunisés contre le
microbe.

La substance banale, contenue dans le sérum normal, a été
appelée substance thermolabile, parce qu'elle est détruite à 60°,
substance complémentaire, complément, addiment, parce qu'elle
vient compléter l'action de l'immunisine, ou enfin *alexine*.

Que sont ces substances? Nous l'ignorons. Comme tous les
agents que nous avons étudiés dans ce chapitre, elles sont solubles
dans l'eau, au moins dans l'eau salée à 1 p. 100, précipitées par
l'alcool, entraînées par les précipités floconneux, peu dialysables,
détruites par la chaleur au-dessous de 100°. Ce sont des enzymoïdes. Mais ce ne sont pas des enzymes. Nous ignorons s'il s'agit
ici d'une action d'ordre chimique; et, cette action fût-elle chimique, nous ignorerions s'il y a, comme dans toute action diastasique vraie, disproportion entre la quantité de substance tansformée
et la quantité de l'agent de transformation. Ce ne sont pas des
enzymes, parce que ces substances disparaissent en agissant. Supposons en effet que, dans un choléra-sérum chauffé à 60°, nous
immergions des vibrions cholériques et que nous les séparions par
centrifugation, le liquide qui reste est, ou tout au moins peut être,
dans certaines circonstances, inefficace pour sensibiliser de nou-

veaux vibrions cholériques : l'immunisine se fixe sur le microbe qu'elle sensibilise; elle disparaît en agissant.

Un phénomène analogue à la bactériolyse peut s'observer sur les hématies, l'*hémolyse* ou mieux l'*hématolyse*. Nous avons vu précédemment qu'en injectant à un animal *a* d'espèce A des hématies provenant d'un animal d'une autre espèce B, on fait apparaître dans le sérum de l'animal injecté *a*, une agglutinine spécifique. On y fait apparaître en même temps une *hémolysine*. En effet, après avoir aggluliné les hématies d'un animal d'espèce B, le sérum de l'animal *a* les dissout, ou, pour parler plus exactement, rompt l'union de leur stroma avec leur hémoglobine et fait passer celle-ci en solution dans le liquide ambiant.

On établit que l'hémolysine est spécifique et n'agit que sur les hématies de l'espèce B, dont le sang a servi aux injections préparatoires. On établit que l'hémolyse, comme la bactériolyse, s'accomplit en deux temps, et que les hémolysines, comme les bactériolysines, sont formées de deux substances, une sensibilisatrice ou immunisine, et un complément ou alexine. On établit que la spécificité de l'hémolyse est due à la spécificité de l'hémo-immunisine, et que l'alexine est la même alexine banale, qui agit déjà sur les diverses bactéries sensibilisées. On établit enfin que l'hémo-immunisine est fixée par les hématies dans le phénomène de la sensibilisation préparatoire à l'hémolyse proprement dite et par conséquent disparaît en agissant. — L'histoire de l'hémolyse est calquée sur l'histoire de la bactériolyse.

Notons ce fait intéressant que certains sérums d'espèces animales déterminées possèdent un pouvoir bactériolytique naturel à l'égard de certaines espèces microbiennes, ou un pouvoir hémolytique naturel à l'égard des hématies de certaines espèces animales. Ces pouvoirs bactériolytiques et hémolytiques naturels peuvent être rapportés à l'action d'immunisines naturelles, complétée par l'action de l'alexine contenue dans tout sérum sanguin.

CHAPITRE VII

LE SANG

Le sang circulant dans les vaisseaux est constitué par un liquide, le plasma sanguin, tenant en suspension des éléments figurés qui sont de trois sortes : les *globules rouges*, les *globules blancs* et les *globulins*.

Retiré des vaisseaux et abandonné au repos, le sang reste liquide pendant un temps variable suivant l'espèce animale, suivant les conditions physiologiques, etc., de cinq à dix minutes en général chez les mammifères ; il *coagule* alors assez brusquement, c'est-à-dire se transforme en une gelée cohérente, se rompant assez facilement en fragments irréguliers sous la pression du doigt. Au moment de la coagulation, toute la masse est gélifiée, mais bientôt et spontanément, cette masse se rétracte et expulse un liquide clair, de telle sorte qu'au bout de quelques heures la gelée sanguine est remplacée par un bloc rouge assez ferme,

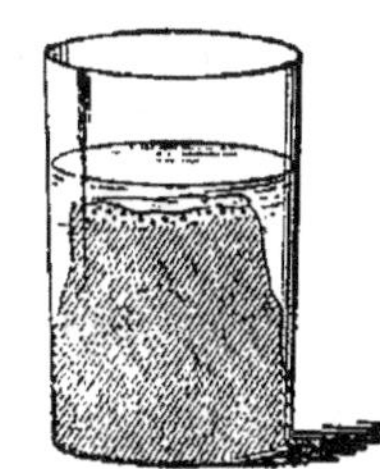
Fig. 47. — Sérum et caillot.

rétracté [1], le *caillot*, entouré d'un liquide transparent, très légèrement jaunâtre, le *sérum*. Dans certains sangs, dont la coagulation se fait lentement, et dont les globules ont une densité notablement plus grande que le plasma (par exemple le sang de cheval), le dépôt des globules est déjà partiel au moment où la coagulation se produit : les couches supérieures du caillot,

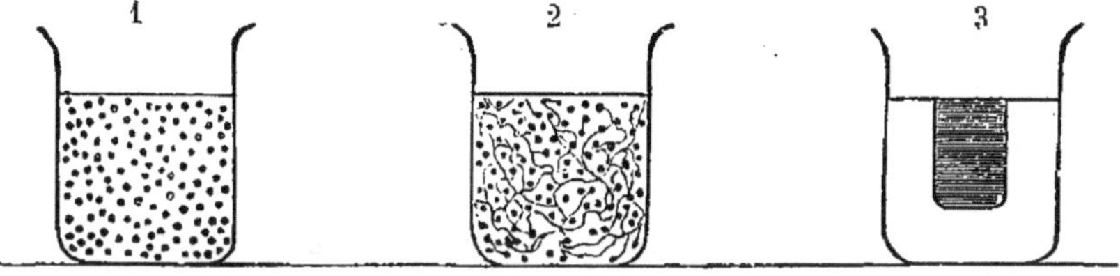
Fig. 48. — Schéma de la coagulation (d'après Waller). — 1. Sang frais (corpuscules et plasma) ; — 2, en train de se coaguler (apparition de la fibrine) ; — 3, à coagulation achevée (coagulum et sérum).

ne contenant que fort peu de globules rouges, sont blanches ou jaunâtres, et constituent ce qu'on appelle la *couenne* du caillot.

Le *caillot* est formé par les globules sanguins, englobés dans

1. La rétraction du caillot sanguin est intimement liée à la présence de globulins ou plaquettes sanguines dans le milieu coagulable. Le caillot du sang qui contient des globulins se rétracte ; le caillot du plasma sanguin débarrassé par une vigoureuse centrifugation des éléments en suspension ne se rétracte pas ; le caillot d'une solution de fibrinogène pur ne se rétracte pas ; mais ces deux derniers caillots se rétractent et se rétractent très énergiquement, quand on ajoute aux liqueurs génératrices un peu de cette masse blanchâtre qui s'étale entre les globules et le plasma du sang centrifugé, masse qui est composée des globules blancs et des globulins plus ou moins altérés. Nous ignorons d'ailleurs absolument comment les globulins provoquent la rétraction du caillot.

les mailles d'un réticulum, dont les filaments sont constitués par une substance que nous apprendrons à connaître sous le nom de *fibrine*, substance qui n'existait pas en suspension dans le sang circulant.

Le *sérum* diffère donc du plasma par de la fibrine en moins. Nous verrons ultérieurement comment il faut modifier cet énoncé pour rester dans la vérité.

SANG DANS LES VAISSEAUX	SANG COAGULÉ	
Plasma...................................	Sérum. Fibrine. Globules.	Sérum. Caillot.
Globules..................................		

N'oublions pas que *sérum* et *plasma* ne sont pas des expressions synonymes : dans les vaisseaux, il y a du plasma et non pas du sérum.

I. — PLASMA SANGUIN

A. — *Préparation du plasma*.

Pour *obtenir du plasma sanguin*, deux conditions doivent être réalisées : il faut empêcher le sang de coaguler ; il faut opérer la séparation des éléments figurés et du plasma dans lequel ils sont en suspension.

Différents procédés permettent d'avoir du sang non spontanément coagulable :

1° Procédé de la *jugulaire*.
2° — des *vases paraffinés*.
3° — du *refroidissement*.
4° — du *sang des ovipares*.
5° — des *sels neutres*.
6° — des *décalcifiants*.
7° — du *fluorure de sodium*.
8° — des *extraits de sangsues*.
9° — des *protéoses* et des *protéines toxiques*.

1° Le sang est fluide et reste fluide dans les vaisseaux. Si donc on isole entre deux ligatures, sur l'animal vivant, un fragment de vaisseau rempli de sang, on pourra conserver ce sang liquide. Si on suspend verticalement ce fragment de vaisseau, les globules

plus lourds se déposent au fond. L'expérience ne peut, pratiquement, être réalisée que sur la *jugulaire* du cheval, parce que le
sang du cheval est le seul dans lequel les globules soient notablement plus lourds que le plasma, et par conséquent le seul dans lequel
les globules se déposent réellement bien. Le cheval d'ailleurs ne
possède de chaque côté du cou qu'une veine jugulaire très longue,
très grosse, dans laquelle viennent s'ouvrir seulement deux ou trois
petites veinules, disposition anatomique qui rend facile la préparation.

Par une incision cutanée, on met à nu la jugulaire, on pose
des ligatures sur les quelques petites veines qui
s'y ouvrent, on isole la jugulaire des tissus voisins
en la disséquant, et on pose sur cette veine deux
ligatures : une à la base du cou, puis, après que la
veine s'est gonflée de sang, une autre au voisinage
de la tête. On sectionne au delà des ligatures, et on
suspend la veine verticalement par l'une de ses
extrémités. Les globules se déposent rapidement,
et, après quelques minutes, on voit, par transparence
à travers les parois vasculaires, les deux cinquièmes
inférieurs ou la moitié inférieure du vaisseau occupés par les globules rouges, surmontés d'une petite
zone de globules blancs, — les trois cinquièmes
supérieurs ou la moitié supérieure du vaisseau
occupés par un liquide translucide, fortement coloré
en jaune, le plasma. En posant sur le vaisseau une
ligature au niveau des couches profondes du plasma,

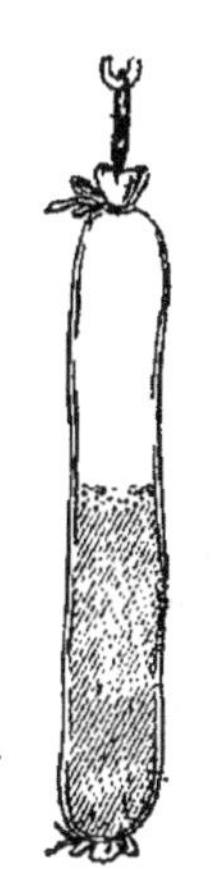

Fig. 49. — Con-
servation du
sang liquide
dans une veine
excisée.

on peut isoler un segment de jugulaire rempli de plasma. Ainsi
obtenu, le plasma est pur, mais il est instable : si on le retire du
vaisseau, il ne tarde pas à coaguler.

2° Si, au moyen d'une canule paraffinée ou vaselinée intérieurement, introduite dans une artère, et d'un tube de caoutchouc
paraffiné ou vaseliné intérieurement, on fait arriver le sang dans
un vase dont les parois sont recouvertes d'une couche de paraffine ou de vaseline, on constate que le sang s'y conserve non
coagulé pendant très longtemps ; — si on centrifuge ce sang,
dit, pour abréger, *sang paraffiné*, on sépare les globules et le
plasma, dit *plasma paraffiné*. Ce plasma, transvasé au moyen
d'une pipette intérieurement paraffinée ou vaselinée dans un tube
paraffiné, s'y conserve non coagulé. Ce procédé fournit donc un

plasma normal et non spontanément coagulable à la température
ordinaire, au moins tant qu'il reste en vase paraffiné. Si on y
introduit un corps non paraffiné, ou si on le transporte dans un
vase non paraffiné, il coagule d'ailleurs très rapidement. Ce procédé ne fournit pas toujours de bons résultats, il est fort délicat
à manier.

3° Si l'on *refroidit* le sang rapidement, au moment où il est
extrait du vaisseau, jusqu'à une température voisine de 0°, on
peut le maintenir liquide. Si le sang
refroidi est du sang de cheval, les globules se déposent rapidement, le plasma
refroidi surnage. On obtient de bons
résultats en employant trois vases métalliques cylindriques, à parois minces, de
diamètre croissant, introduits les uns
dans les autres. Le vase intérieur est
rempli de glace ; l'espace annulaire qui
existe entre le vase intérieur et le vase
moyen, espace qui doit être très réduit,
est laissé vide ; l'espace annulaire qui
existe entre le vase moyen et le vase
extérieur est rempli de glace. On fait

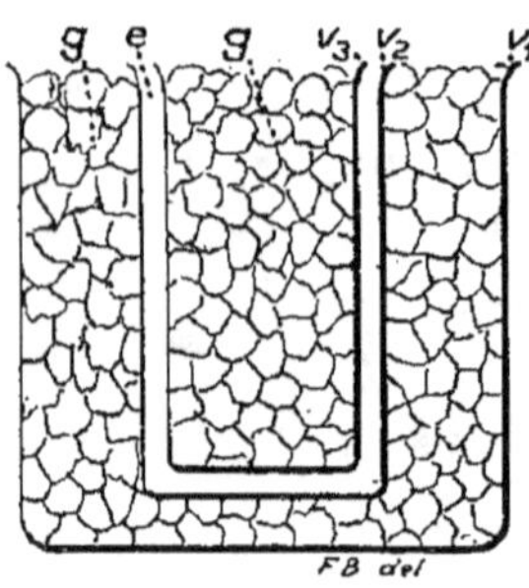

Fig. 50. — Appareil pour
recevoir le sang à 0°; v_1,
v_2, v_3 les 3 vases métalliques; *g*, glace; *e*, espace
compris en v_2 et v_1, pour
recevoir le sang.

arriver le sang dans l'espace annulaire compris entre les deux
enceintes de glace. Si cet espace est suffisamment mince, le sang
peut être rapidement refroidi et la coagulation empêchée. Avec
le sang de cheval, les globules se déposent : le plasma occupe
les parties supérieures. Ainsi préparé, ce plasma, comme le précédent, est pur, mais il est instable : dès qu'il est réchauffé, vers
10 à 12°, il coagule. — On peut toutefois, en modifiant légèrement ce procédé, obtenir un plasma pur et stable. Le sang de
cheval, très rapidement refroidi, est abandonné quelques instants
au repos, pour permettre le dépôt de la majeure partie des globules, et le plasma surnageant est prélevé et jeté sur un triple
filtre de bon papier, reposant sur un entonnoir à double paroi,
contenant de la glace, de façon que la température du liquide
reste toujours entre 0° et 0°,5. Le filtre retient les cellules en
suspension, et le plasma qui passe est en général non coagulable,
même à la température ordinaire. Cette manipulation est, on le
comprend, fort délicate.

4° Si on pratique une saignée, chez un oiseau, un reptile ou un batracien, en tranchant les tissus, le sang qui s'échappe en bavant sur la plaie coagule comme le sang des mammifères, complètement et très rapidement. Mais si on recueille leur sang au moyen d'une canule introduite dans l'artère, si on prend soin que le sang ne vienne pas en contact avec la surface de la plaie, et si on perd les premières portions qui s'écoulent, le sang obtenu reste non coagulé pendant très longtemps (huit jours et plus) à la

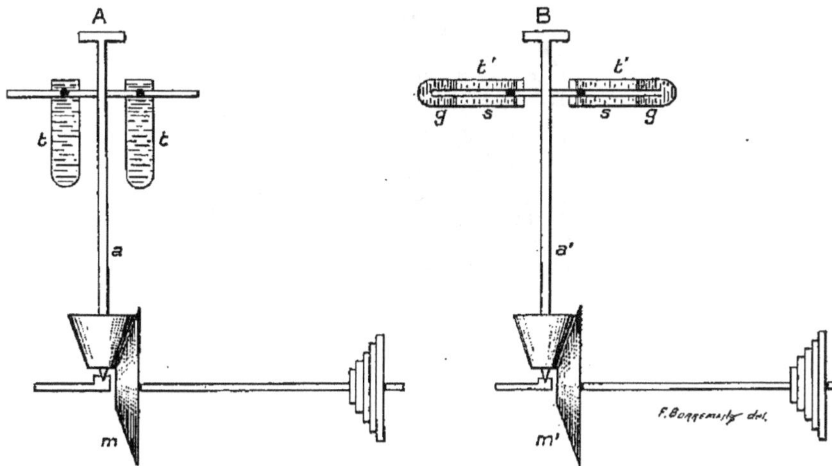

Fig. 51. — Schéma d'une centrifuge. — A, l'appareil étant en repos ; — B, l'appareil étant en mouvement; a, a', axes de rotation ; m, m', transmissions du mouvement; t, t, les tubes en position verticale pendant le repos ; t', t', les tubes en position horizontale pendant le mouvement; les globules g, se sont accumulés vers le fond des tubes ; le sérum s s'est réuni dans la portion voisine de l'axe de rotation.

température ordinaire. — Si on dispose d'un procédé permettant de séparer les globules du plasma (repos ou centrifugation), on obtient un *plasma pur et stable* à la température ordinaire.

Les procédés qui nous restent à décrire fournissent des plasmas impurs, mais stables.

5° Lorsqu'on reçoit le sang, au sortir du vaisseau, dans une solution de *sel neutre* (*chlorure de sodium, sulfate de soude, sulfate de magnésie*, etc.), suffisamment abondante et suffisamment concentrée, on obtient des mélanges salés, des sangs salés, non spontanément coagulables.

On recevra, par exemple, le sang dans un égal volume d'une solution saturée de sulfate de soude, dans un égal volume d'une solution à 10 p. 100 de chlorure de sodium, dans le tiers ou la moitié de son volume d'une solution à 30 p. 100 de sulfate de magnésie. Dans le sang de cheval ainsi salé, les globules se

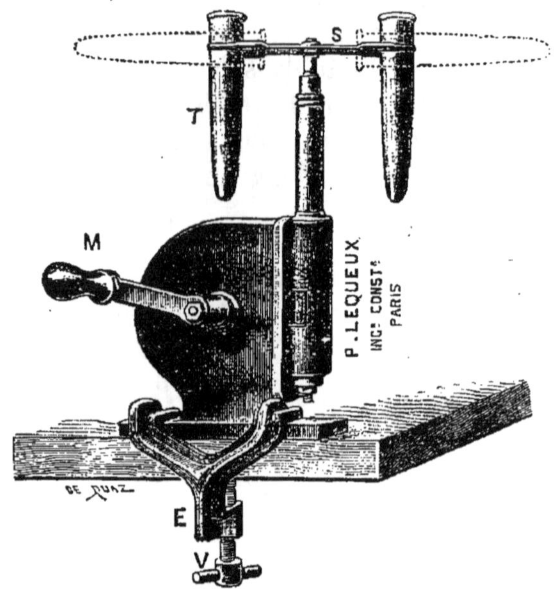

Fig. 52. — Centrifuge à main (catal. Lequeux, construc. à Paris).

déposent assez rapidement, mais bien plus lentement que dans le

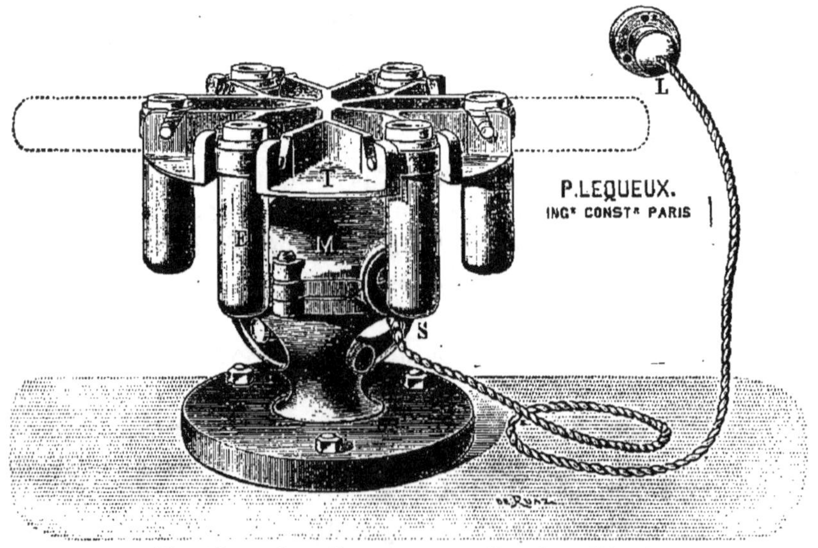

Fig. 53. — Centrifuge à moteur électrique (idem).

sang refroidi; on le comprend d'ailleurs sans peine, l'addition

d'une forte proportion de sel au sang ayant notablement augmenté
la densité du plasma.

Dans le sang salé de chien abandonné au repos, les globules ne
se déposent plus d'une façon sensible : au bout d'un temps très
long, il n'y a qu'une couche très petite de plasma. On doit alors
soumettre ce sang salé à l'action de la *force centrifuge*. Lorsqu'on
soumet à une rotation rapide autour d'un axe un liquide tenant
en suspension des éléments figurés un peu plus denses que ce
liquide, ces éléments sont chassés vers la partie du vase la plus
éloignée de l'axe de rotation. Si donc on imagine que du sang soit
placé dans un tube disposé dans le plan de rotation, suivant un
rayon du cercle de rotation, par la rotation, les globules se ren-
dront au fond du tube, se séparant du plasma. Il existe des
machines, dites *centrifuges*, qui permettent d'opérer facilement
et assez rapidement cette séparation [1].

En abandonnant au repos du sang salé de cheval, ou en centri-
fugeant un autre sang salé, on obtient des *plasmas salés stables,
mais impurs*, et très impurs, car la proportion des sels ajoutés est
très grande.

Les plasmas salés peuvent être rangés en deux groupes : les
plasmas faiblement salés, ayant pour type le plasma de sang
additionné d'un égal volume de chlorure de sodium à 10 p. 100
(sang salé à 5 p. 100); et les *plasmas fortement salés*, ayant
pour type le plasma de sang additionné d'un demi-volume d'une
solution de sulfate de magnésie à 30 p. 100 (sang magnésié à
10 p. 100). Les premiers coagulent lorsqu'on leur ajoute une
quantité d'eau distillée suffisante pour ramener leur salure à 1 ou
2 p. 100 ; les seconds ne coagulent pas alors même que, par dilution aqueuse, on a ramené leur salure à 1 ou 2 p. 100 ; mais
ils coagulent quand, après dilution, on leur ajoute du sérum
sanguin.

6° Lorsqu'on ajoute au sang sortant des vaisseaux une proportion d'*oxalate neutre d'alcali* capable d'en précipiter les sels de
chaux, on rend ce sang non spontanément coagulable : le *sang*
est alors dit *décalcifié* ou *oxalaté*.

Faisons arriver dans un vase, contenant 1 volume d'une solution
d'un oxalate neutre d'alcali à 1 p. 100, 10 volumes de sang ; ou
faisons arriver dans un vase contenant 1 partie en poids d'oxalate

---

1. La centrifuge doit pouvoir faire environ 2 000 tours à la minute.

neutre d'alcali pulvérisé, 1 000 parties de sang sortant du vaisseau, et agitons vigoureusement, pour dissoudre rapidement le sel; nous obtenons des sangs non coagulés; les sangs oxalatés à 1 p. 1 000 ne coagulent pas spontanément. Les savons d'alcalis, qui, comme les oxalates, précipitent les sels de chaux, permettraient également d'obtenir des sangs non spontanément coagulables, mais la quantité de savon, qu'il faut ajouter est grande, en tout cas assez grande pour rendre le sang visqueux. On ne les emploie jamais pour obtenir du plasma.

Dans la catégorie des sels décalcifiants, empêchant la coagulation du sang, on peut ranger les *citrates neutres d'alcalis*. Sans doute, l'addition d'un citrate neutre d'alcali au sang ou au sérum n'y détermine aucune précipitation calcique, et le sang citraté n'est pas décalcifié au même titre que le sang oxalaté; mais on a le droit de considérer les citrates comme des décalcifiants, parce qu'on peut, au moyen de ces sels, obtenir des plasmas possédant toutes les propriétés des plasmas oxalatés, et en particulier pouvant, comme ceux-ci, coaguler par addition d'un sel de chaux dissous. Pour empêcher le sang de coaguler par les citrates, il convient d'employer 2 à 3 p. 1 000 de ces sels.

Les sangs décalcifiés (oxalatés ou citratés) coagulent soit par addition d'une quantité convenable de sels de chaux, soit par addition de sérum sanguin normal, oxalaté ou citraté.

Les sangs décalcifiés, abandonnés au repos, laissent déposer leurs globules. Avec le sang de cheval, la séparation est terminée en un quart d'heure ou une demi-heure; — avec le sang de chien, la séparation se fait aussi quelquefois rapidement; cependant, le plus souvent il est nécessaire de favoriser la séparation par la centrifuge; avec le sang de bœuf, il est nécessaire d'avoir toujours recours à la centrifuge. On obtient ainsi un *plasma décalcifié* (oxalaté ou citraté) impur, mais stable. Ce plasma présente sur le plasma salé le double avantage d'être peu chargé d'impuretés, puisqu'il suffit de 1 p. 1 000 d'oxalate ou de 3 p. 1 000 de citrate, — et d'avoir une densité sensiblement égale à la densité normale, ce qui facilite le dépôt rapide des globules.

7° Lorsqu'on ajoute au sang sortant des vaisseaux 2 à 3 p. 1 000 de fluorure de sodium (1 vol. d'une solution de fluorure de sodium à 3 p. 100 et 9 vol. de sang par exemple), on rend le sang non spontanément coagulable. De ce sang fluoré, on sépare le *plasma fluoré* par repos ou par centrifugation. Il convient de séparer le plasma fluoré des plasmas décalcifiés (oxalaté ou citraté), parce qu'il ne coagule pas par addition de sels de chaux. Le plasma de sang fluoré coagule par addition de sérum naturel (ou de sérum fluoré à 2 ou 3 p. 1 000).

8° On peut obtenir, au moyen des *têtes de sangsues*, des extraits aqueux capables d'empêcher le sang de coaguler. Des têtes de sangsues médicinales sont immergées pendant quelque temps dans l'alcool fort, desséchées et pulvérisées; cette poudre est broyée avec de l'eau salée à 1 p. 100 et bouillie; la liqueur filtrée, ajoutée au sang au moment de la prise, en empêche la coagulation. Il convient d'employer pour 100 centimètres cubes de sang, une quantité de l'extrait correspondant à deux têtes de sangsues [1].

9° Lorsqu'on injecte dans le système veineux du chien une solution de protéoses [2] (par exemple le produit obtenu par digestion peptique de la fibrine, notamment le produit commercial connu sous le nom de peptone de Witte), on rend le sang non spontanément coagulable.

On injecte, en général, 3 décigrammes [3] de protéoses pesées sèches par kilogramme de chien, ces protéoses étant dissoutes dans une solution de chlorure de sodium à 7 p. 1 000, à raison de 1 partie de protéoses pour 10 parties de solution; l'injection se fait par la veine jugulaire ou par la veine pédieuse vers le cœur, en une seule fois, et en deux à trois minutes. Déjà une minute après la fin de l'injection, et pendant une à deux heures, pour les doses indiquées, on recueille un sang qui n'est plus spontanément coagulable. En soumettant ce sang à la centrifuge, on en sépare les globules et le *plasma peptoné*.

On obtient des résultats rigoureusement équivalents quand on injecte dans les veines d'un chien une protéine toxique ou un venin. Si dans

1. On trouve aujourd'hui dans le commerce un extrait de têtes de sangsues connu sous le nom d'*Hirudine* (hirudine de Sachsee par exemple) qui, dissous dans l'eau salée et mélangé au sang au moment de la prise, en empêche la coagulation.

Les extraits de têtes de sangsues ou l'hirudine injectés dans les vaisseaux d'un animal rendent aussi son sang incoagulable pour quelques heures au maximum.

2. L'injection doit être faite chez le chien, et non chez le lapin : en injectant, chez le lapin, des doses de protéoses non immédiatement mortelles, on n'obtient pas de sang non spontanément coagulable. Parmi les protéoses, les hétéroprotéoses et les protoprotéoses seules sont actives; les deutéroprotéoses et les peptones n'ont pas d'action sur la coagulation du sang. Les protéoses dérivées de la fibrine peuvent être remplacées par les caséoses ou par les gélatoses; toutefois, ces dernières doivent être employées, surtout les gélatoses, à une dose notablement supérieure.

3. Ce nombre convient lorsqu'on emploie la peptone de Witte.

les veines d'un chien, on injecte de 0,02 à 0,03 centimètres cubes de sérum de sang d'anguille par kilogramme, on rend le sang non coagulable pour quelques heures. Si, dans les veines d'un chien, on injecte 0,5 à 0,8 milligrammes de venin de serpents (venin de vipère d'Europe, venin de crotale adamantin de Californie, etc.), on rend le sang non coagulable pour quelques heures.

Ces trois agents, peptone, sérum d'anguille et venins, doivent d'ailleurs être injectés dans les veines du chien : si on reçoit du sang de chien venant directement de l'artère, dans un verre contenant l'un ou l'autre des trois agents indiqués, le sang coagule normalement. On a pu démontrer que ces substances ne sont pas par elles-mêmes anticoagulantes, mais qu'elles agissent sur la coagulation du sang *in vivo* par l'intermédiaire d'une substance dont elles provoquent la production par l'organisme.

B. — *Substances protéiques du plasma*.

Le plasma tient en solution une très forte proportion de substances protéiques : 70 à 80 p. 1 000 chez l'homme, le cheval, le bœuf, etc.

Le plasma renferme trois substances albumineuses et une protéide (cette dernière en quantité minime).

1 Albumine...............	La *sérumalbumine*.
2 Globulines.............	{ La *sérumglobuline*. { La *substance fibrinogène*
1 Protéide...............	La *nucléoprotéide du plasma*.

Dans le plasma humain, la proportion des substances albumineuses oscille autour des nombres suivants :

45 parties sérumalbumine)
30   —   sérumglobuline } pour 1 000 de plasma.
4   —   fibrinogène)

et comme on peut admettre, au moins d'une façon sensiblement exacte, que le sang humain normal contient, pour un volume de plasma, un volume de globules, on peut admettre qu'il y a

22 parties sérumalbumine)
15   —   sérumglobuline } dans 1 000 de sang.
2   —   fibrinogène)

La *sérumalbumine* [1] présente les propriétés générales des albu-

---

1. Rien ne prouve que la sérumalbumine soit un individu chimique. Il est fort possible et même fort probable que c'est un mélange d'albumines. Certains auteurs en distinguent 3, caractérisées par leur température de coagulation ; sérumalbumines α, β et γ.

mines (voy. chap. iv, p. 96). Il suffira d'ajouter que la sérumalbumine coagule à une température voisine de 75° et présente un pouvoir rotatoire gauche :

$$[\alpha]_{\mathrm{D}} = -63°.$$

Les globulines du plasma qu'on peut séparer des albumines, soit en saturant le plasma de sulfate de magnésie, soit en le demi-saturant de sulfate d'ammoniaque (addition. d'un égal volume d'une solution aqueuse saturée de sulfate d'ammoniaque), sont la sérumglobuline et le fibrinogène. Elles présentent les propriétés générales des globulines (voy. chap. iv, p. 96). Elles se distinguent l'une de l'autre par les caractères suivants :

La *sérumglobuline* [1] (appelée aussi quelquefois *paraglobuline*, *substance fibrinoplastique*) coagule à une température comprise entre 68° et 75° : lorsqu'on élève progressivement la température d'une solution de sérumglobuline, on constate que cette solution reste transparente jusqu'à 68° ; à cette température, apparaît un louche qui augmente avec la température jusqu'à 75°, en se transformant en flocons ; la liqueur, débarrassée des flocons produits à 75°, peut alors être bouillie sans précipiter ni louchir. On résume ces faits en disant que la sérumglobuline coagule à 68-75°.

Les solutions de sérumglobuline peuvent être additionnées de sel marin, à la température ordinaire, jusqu'à en contenir 15 p. 100, sans précipiter. Lorsqu'elles sont saturées de sel marin à la température ordinaire, elles précipitent une partie, mais seulement une partie de leur sérumglobuline.

Le *fibrinogène* coagule à 56°. Lorsqu'on élève progressivement la température d'une solution de fibrinogène jusqu'à 55°, la liqueur reste claire ; — on voit un louche apparaître vers 55° et augmenter rapidement pour une élévation de température de quelques dixièmes de degré. A 56°, il se forme de volumineux flocons : si on sépare par filtration ces flocons du liquide dans lequel ils ont pris naissance et si on continue à élever la tempéra-

---

1. La sérumglobuline n'est peut-être qu'un mélange de globulines. Certains auteurs distinguent notamment une *euglobuline* et une *pseudoglobuline*. L'euglobuline est une globuline typique insoluble dans l'eau distillée se précipitant par conséquent totalement par dialyse en présence d'eau distillée renouvelée ; la pseudoglobuline est un produit intermédiaire aux albumines et aux globulines typiques : soluble dans l'eau distillée, et par conséquent ne se précipitant pas par dialyse comme les albumines, insoluble dans les liqueurs saturées de sulfate de magnésie ou demi-saturées de sulfate d'ammoniaque comme les globulines.

ture de la liqueur au-dessus de 56°; la liqueur reste claire jusqu'à 64°; — à 64°, apparaît un nouveau trouble, qui augmente jusqu'à 72° environ. On résume ces faits en disant que le fibrinogène est dédoublé à 56° en deux substances : une coagulée à cette température, l'autre coagulable à 64-72°[1].

Les solutions de fibrinogène sont précipitées, mais seulement en partie précipitées, lorsque, à la température ordinaire, elles sont additionnées de 15 p. 100 de chlorure de sodium. Elles sont au contraire totalement précipitées par le chlorure de sodium dissous à saturation à froid.

Si une liqueur contient à la fois du fibrinogène et de la sérumglobuline, on peut en retirer facilement du fibrinogène pur et de la sérumglobuline pure. Ajoutons 15 p. 100 de chlorure de sodium à la liqueur : il se produit un précipité, uniquement composé de fibrinogène. — Saturons de chlorure de sodium, il se produit un précipité comprenant la totalité du reste du fibrinogène et une partie de la sérumglobuline ; — la liqueur débarrassée de ce précipité ne contient plus que de la sérumglobuline, qu'on précipitera par exemple par le sulfate de magnésie dissous à saturation à froid.

On peut avoir intérêt à savoir si une liqueur renferme du fibrinogène, ou si ce fibrinogène est pur ou mélangé de sérumglobuline.

Une liqueur contenant du fibrinogène coagule en général[2] à 56°. Supposons une telle liqueur ; saturons-la de chlorure de sodium ; séparons par filtration le précipité : si la liqueur filtrée précipite par saturation de sulfate de magnésie, elle renferme de la sérumglobuline (non totalement précipitée, nous l'avons dit, par le chlorure de sodium à saturation) ; — si elle ne précipite pas par saturation de sulfate de magnésie, elle ne renfermait que du fibrinogène (totalement précipité, nous l'avons dit, par le chlorure de sodium à saturation).

On peut démontrer la présence de fibrinogène dans le plasma sanguin contenu dans les vaisseaux. Si une jugulaire de cheval, isolée, pleine de sang, est suspendue verticalement, et si, après dépôt des globules,

---

1. Ici deux explications sont possibles : ou bien les solutions de fibrinogène contiennent une seule substance dédoublée à 56° ; ou bien elles contiennent deux substances, que mettent en évidence leurs températures de coagulation. Il faut se rattacher à la première explication, parce que jamais la quantité du coagulum à 64-72° n'est égale ou supérieure à celle du coagulum à 56° et que le rapport de ces deux quantités ne varie pas considérablement. En serait-il ainsi s'il s'agissait d'un mélange ? Sans doute, ce rapport varie suivant la nature et la composition du liquide dissolvant ; mais ces variations sont des faits constants, quand il s'agit de coagulation de substances albumineuses.

2. Il faut dire : en général, et non pas toujours, parce que certains liquides qui contiennent du fibrinogène, ne coagulent pas à une température inférieure à 60-61°. Tels sont la plupart des liquides de transsudats. On a démontré que cela tient à la présence dans ces liquides de certaines substances mal définies, qui ont la propriété d'élever la température de coagulation de fibrinogène. Le fibrinogène qu'on peut extraire et préparer pur, en partant de ces liquides, coagule, en effet, comme le fibrinogène normal, à 56°.

elle est chauffée, on voit se produire à 56° un précipité floconneux dans le plasma, précipité qui témoigne de l'existence de fibrinogène dans ce plasma.

Le plasma sanguin, ou tout au moins le plasma sanguin hors des vaisseaux, contient une *nucléoprotéide* en petite quantité. Supposons qu'à un plasma oxalaté, débarrassé par centrifugation des éléments figurés qu'il tenait en suspension, on ajoute deux volumes d'eau et une quantité d'acide acétique suffisante pour lui donner une réaction très légèrement acide ; supposons qu'on abandonne ensuite cette liqueur, pendant quelques heures, à une température voisine de 0°; on voit se déposer un précipité peu abondant. Ce précipité peut être redissous soit par une solution alcaline diluée, soit par une solution chlorhydrique très étendue. La solution chlorhydrique parfaitement claire et transparente, additionnée de pepsine, se trouble légèrement au bout d'un certain temps ; et le précipité ainsi engendré est un précipité phosphoré, présentant les propriétés des nucléines : il provient d'une nucléo-protéide contenue dans la liqueur soumise à l'action de la pepsine.

Le caractère le plus intéressant de cette nucléoprotéide, et en même temps le plus important, c'est de se précipiter à froid dans les liqueurs très légèrement acétiques, beaucoup mieux qu'à la température du laboratoire, et de se redissoudre, au moins partiellement, quand on ramène la température à 15°.

II. — COAGULATION DU SANG

L'étude de la coagulation du sang est une des plus complexes et des plus délicates qui se rencontrent en chimie physiologique. — Le résumé qui en est donné ci-dessous s'efforce d'être très simple et clair : quelques-uns lui reprocheront sans doute cette simplicité et cette clarté, car quelques-uns prétendent que simplicité et clarté ne sont pas à leur place dans ce cas. Nous ne saurions nous ranger à cette opinion ; il nous suffira d'avoir prévenu le lecteur qu'il y a encore dans la question de la coagulation du sang bien des difficultés à surmonter, bien des obscurités à éclairer, bien des objections à écarter; nous n'avons pas ici, afin de ne pas décourager le débutant, parlé de toutes ces difficultés, obscurités et objections.

1. Le sang extrait des vaisseaux coagule. Pourquoi coagule-t-il?

On a cherché autrefois la *cause de la coagulation du sang*

dans l'une des conditions nouvelles dans lesquelles se trouve le sang :

> *Refroidissement,*
> *Repos,*
> *Contact de l'air,*
> *Suppression du contact vasculaire.*

a. Le *refroidissement* ne peut expliquer la coagulation du sang. En effet, si l'on maintient le sang à la température du corps, la coagulation se produit, et se produit plus rapidement que dans le sang abandonné au refroidissement naturel. — Si, au contraire, on refroidit rapidement le sang à une température voisine de 0°, il ne coagule pas, tant qu'il reste à cette température.

b. Le *repos* ne peut expliquer la coagulation du sang. Sans doute, lorsqu'on bat le sang vigoureusement pendant quelques minutes après son extraction, il peut être conservé liquide ; toutefois la fibrine qui constitue les mailles du caillot, la fibrine dont la production est le phénomène caractéristique de la coagulation, la fibrine s'est produite. Mais, sous l'influence du battage, au lieu de se précipiter en filaments fins, courts, tendus dans toutes les directions, elle s'est agglomérée en filaments gros et longs, formant de grandes masses fibreuses.

c. Le *contact de l'air* ne peut expliquer la coagulation du sang ; — car, si l'on fait arriver du sang directement dans le vide barométrique, sans qu'il soit en contact avec l'air, il coagule.

d. Le sang coagule hors des vaisseaux, parce qu'*il n'est plus en contact avec la paroi vasculaire normale saine.* Toutes les fois que le sang est en contact avec cette paroi saine, il reste liquide [1] ; dès qu'il n'est plus en contact avec elle, il coagule. Pourquoi? On a constaté que si l'on fait écouler dans un vase bien paraffiné, au moyen d'un tube de caoutchouc bien paraffiné inté-

---

1. Cette proposition souffre pourtant des exceptions : on peut provoquer, en effet, chez le chien et chez le lapin, la coagulation intravasculaire du sang, les parois vasculaires étant normales, en injectant dans la circulation une petite quantité d'un liquide de macération d'un tissu quelconque (muscle, foie, rein, etc.), haché, mis à macérer à la température ordinaire, avec deux fois son poids d'eau salée à 1 p. 100, pendant vingt-quatre heures. L'animal meurt en quelques secondes, et l'autopsie, faite immédiatement, révèle la présence de volumineux caillots tout particulièrement dans la veine porte et dans ses branches, dans les veines caves et le cœur droit. — On détermine de même des coagulations intravasculaires massives et presque instantanément mortelles en injectant dans les veines du chien ou du lapin certains venins de serpents (venins de Bothrops, de Daboïa, de Pseudechis, etc.).

rieurement, le sang pris directement dans une artère par une canule paraffinée intérieurement, ce sang ne coagule pas : on peut l'agiter avec des baguettes paraffinées, ou le transvaser avec des pipettes paraffinées, sans déterminer la formation de la fibrine. Mais si l'on fait écouler ce sang dans un vase non paraffiné, ou si on plonge dans ce sang des baguettes de verre non paraffinées, la coagulation se produit [1]. Quelques auteurs ont alors supposé que la paroi des vaisseaux ne se laisse peut-être pas mouiller par le sang, comme les parois paraffinées, cirées, vaselinées; cette hypothèse est insoutenable, car on ne comprendrait pas comment des échanges matériels pourraient se faire (et ils se font, c'est de toute évidence) entre le sang et les liquides tissulaires, si le sang ne mouillait pas la paroi vasculaire.

Nous constatons purement et simplement que le sang dans les vaisseaux normaux ne coagule pas; nous n'en connaissons pas actuellement la raison.

Ne nous arrêtons pas à chercher la cause de la coagulation du sang : disons que le sang a la propriété de coaguler lorsqu'il est hors des vaisseaux. *Ne cherchons pas pourquoi il coagule, cherchons comment il coagule.*

2. Nous avons dit précédemment que le sang abandonné dans un vase coagule en une masse gélatineuse, qui, en se rétractant, ne tarde pas à exsuder un liquide clair, le sérum. La masse rétractée est constituée par un réseau fibrillaire fin, englobant dans ses mailles les éléments figurés du sang. La substance qui constitue ce réseau est appelée *fibrine*.

Nous avons dit également que, par le battage du sang extrait des vaisseaux au moyen de baguettes ou de brindilles, on obtient une masse filamenteuse blanchâtre, adhérente aux brindilles, opaque et élastique. Cette masse est la même substance que celle dont les filaments fins constituent la trame du caillot : par le battage, ces filaments se sont soudés et agglomérés. L'identité de la fibrine du caillot et de la fibrine de battage n'est pas facile à saisir de prime abord. Elle devient manifeste, si on considère la fibrine du caillot du plasma débarrassé des globules rouges : bien que se formant sans battage, elle a tous les caractères de la fibrine de battage. Si on laisse coaguler un plasma additionné

---

1. On peut remplacer, dans ces expériences, la paraffine par la cire d'abeilles, par la vaseline, toutes substances qui ne se laissent pas mouiller par le sang ou par le plasma.

de quantités croissantes de globules rouges, jusqu'à reproduire un mélange identique au sang, on trouve toutes les formes de caillot intermédiaires au caillot du plasma et au caillot du sang total.

La quantité de fibrine du sang est très variable, mais, d'une façon générale, on peut dire qu'on recueille de 1 à 2 grammes de fibrine, pesée sèche, par litre de sang.

Pour doser la fibrine que contient un sang déterminé, on peut recueillir le sang dans un flacon de verre, renfermant quelques fragments métalliques, tarés avant l'expérience. On ferme le flacon aussitôt après y avoir fait arriver le sang, on agite vigoureusement pour que la fibrine se dépose en flocons compacts. On pèse le flacon et son contenu ; on en déduit le poids du sang qu'on a défibriné. On décante le sang défibriné ; on lave à l'eau légèrement salée (1

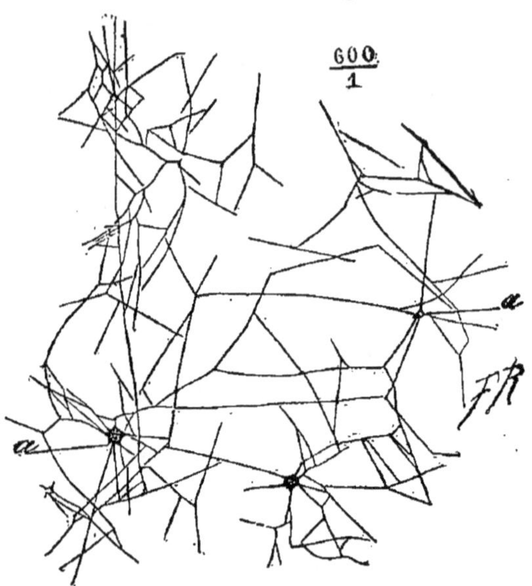

Fig. 54. — Réticulum fibrineux du sang de l'homme, après coloration avec le sulfate de rosaniline ; *a*, granulation libre formant le centre d'un système du réticulum (d'après Ranvier).

p. 100), pour enlever le sang défibriné qui imbibe la fibrine, jusqu'à décoloration complète ; on jette sur un filtre taré ; on lave à l'eau, à l'alcool, à l'éther ; on dessèche à 105-110° jusqu'à poids constant ; on pèse.

3. *Quelles sont les propriétés de cette fibrine?*

La fibrine (nous prenons comme type la fibrine du sang de cheval), telle qu'on l'obtient par battage, est une substance blanchâtre, opaque, dure, élastique, filamenteuse. Elle est insoluble dans l'eau pure ; elle est très peu soluble dans les solutions salines neutres étendues de chlorure de sodium, de sulfate de soude, de sulfate de magnésie, etc., à 1 p. 100, par exemple. Mais elle se dissout bien et abondamment dans le fluorure de sodium à 1 p. 100, dans le chlorure de sodium à 5 et 10 p. 100, etc. Les fibrines qu'on peut extraire du sang des diverses espèces animales ne sont vraisemblablement pas identiques : elles diffèrent notamment par leurs solubilités dans leurs dissolvants salins ; la fibrine du cheval est assez facilement soluble ; celle du bœuf l'est beaucoup moins ; celle du chien l'est moins encore. Considérons une solution fluorée à 1 p. 100 de fibrine. Cette solution est coagulable par la chaleur ; elle est précipitée par la dialyse, par la dilution, par le chlorure de sodium à saturation et par le sulfate de magnésie à saturation. Le sulfate de magnésie à saturation la précipite totalement de sa solution. Ces propriétés appartiennent également aux autres solutions salines de fibrine, notamment aux solutions dans le chlorure de sodium. La *fibrine* doit donc être considérée comme une *globuline*.

Élevons progressivement la température d'une solution chlorurée ou fluorée de fibrine : elle reste claire jusqu'au voisinage de 56°. Vers cette température, et dans un intervalle de 1° environ, elle louchit et coagule. La liqueur, débarrassée de ce coagulum floconneux, peut être chauffée au delà de 56°, jusqu'à 64°, sans se troubler. A 64°, nouveau trouble qui augmente avec la température jusqu'à 72°. La fibrine, comme le fibrinogène, est donc dédoublée à 56°, en deux substances albumineuses, l'une coagulée à 56°, l'autre coagulable à 64-72°.

La fibrine, par ses propriétés, se rapproche donc du fibrinogène. Elle s'en distingue en ce que ses solutions ne sont que partiellement précipitées par le chlorure de sodium dissous à saturation à froid.

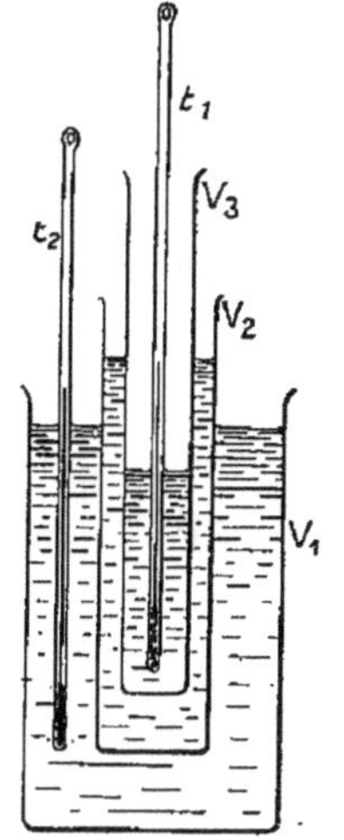

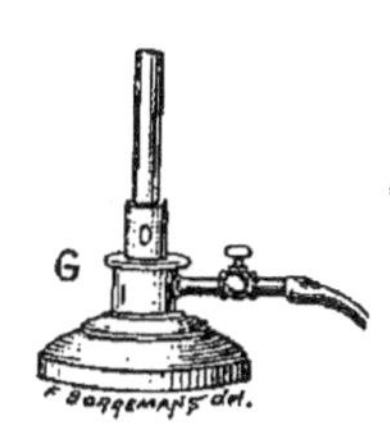

Fig. 55. — Schéma de l'appareil destiné à déterminer les températures de coagulation d'un liquide albumineux. G, brûleur Bunsen ; V_1, vase bain-marie à eau ; V_2, vase contenant de l'eau, destiné à modérer les variations de température dans le vase V_3 contenant le liquide albumineux ; t_1, t_2, thermomètres.

Le *sérum sanguin*, c'est-à-dire le liquide exsudé par le caillot, ou le liquide qui, après défibrination du sang par battage, tient les globules en suspension et peut en être séparé par le repos ou par centrifugation, le sérum est un liquide clair, qu'on peut chauffer jusqu'à 65° environ sans le faire louchir. Il ne renferme donc plus de fibrinogène. Il renferme trois substances albumineuses et une protéide.

1 Albumine	La *sérumalbumine.*
2 Globulines.............	{ La *serumglobuline.* { La *fibringlobuline.*
1 Protéide...............	La *nucléoprotéide du sérum.*

La sérumalbumine et la sérumglobuline existent dans le plasma ; la fibringlobuline, coagulable à 65°, n'existe pas dans le plasma ; elle apparaît pendant la coagulation dans le sang ; elle est difficile à isoler et à caractériser ; qu'il nous suffise d'avoir signalé son existence.

Ce qui coagule dans le sang, c'est le plasma ; ce ne sont pas les globules, car si l'on sépare le plasma des globules (sang de cheval), soit par le procédé du refroidissement, soit par le procédé de la jugulaire, soit par le procédé des tubes paraffinés, le plasma réchauffé, ou extrait de la veine, ou transvasé dans un tube non paraffiné, se prend en caillot ; les globules forment une masse visqueuse, ne contenant pas de fibrine.

4. *La fibrine préexiste-t-elle dans le plasma ?*

Non, car le plasma ne possède pas la propriété de maintenir en dissolution la fibrine, et il ne contient pas en suspension des particules solides capables par une simple agglomération de donner de la fibrine. Non, car toutes les substances qu'on peut extraire du plasma diffèrent de la fibrine ; en particulier, les différentes globulines qu'on en peut retirer diffèrent de la fibrine, soit par leur précipitabilité totale par le chlorure de sodium à saturation (substance fibrinogène), soit par leur point de coagulation (sérumglobuline) plus élevé.

5. *Quelle est dans le plasma la substance albumineuse aux dépens de laquelle se produit la fibrine ?*

C'est le fibrinogène. Le plasma renferme du fibrinogène. Le sérum n'en renferme plus, car il peut être porté à 56° sans coaguler ; ce n'est qu'à partir de 64° que commence à se manifester un trouble ; le sérum n'en renferme plus, car il peut être additionné de 15 p. 100 de chlorure de sodium sans précipiter ; le fibrinogène a donc disparu pendant la coagulation du sang et totalement disparu. D'autre part, si l'on prépare une jugulaire de cheval, et si l'on porte cette jugulaire et son contenu à 56°, le plasma extrait du vaisseau, débarrassé du coagulum floconneux produit à 56°, ne donne plus de fibrine. Enfin, les solutions de fibrinogène, ne contenant pas d'autres substances protéiques, peuvent fournir, dans des conditions données, de la fibrine.

Rappelons encore à ce propos que la fibrine et le fibrinogène présentent des propriétés assez voisines : ces deux substances, qu'on peut obtenir facilement sous forme filamenteuse, appartiennent au groupe des globulines, et sont dédoublées à 56° en une substance albumineuse coagulée et une autre substance albumineuse, qui est encore une globuline, coagulable à 64-72°.

6. *Quelles sont les relations du fibrinogène et de la fibrine?*
Trois hypothèses sont possibles : — 1° ou bien le fibrinogène subit une simple transformation isomérique, changeant de propriétés sans changer de constitution centésimale ; — 2° ou bien le fibrinogène se combine avec quelque élément du plasma sanguin ; — 3° ou bien le fibrinogène est dédoublé en deux ou plusieurs substances.

On doit immédiatement écarter les deux premières hypothèses. En effet, si le fibrinogène et la fibrine étaient des substances isomériques, les poids de la fibrine engendrée et du fibrinogène générateur devraient être égaux ; — si la fibrine résultait de la combinaison du fibrinogène avec quelque autre chose, le poids de la fibrine formée devrait être supérieur au poids du fibrinogène générateur. Il n'en est rien : le poids de la fibrine produite par un plasma coagulant est plus petit que le poids du fibrinogène contenu dans ce plasma, car il est plus petit que le poids du coagulum obtenu en portant à 56° le plasma, coagulum qui, lui-même, ne représente qu'une partie du fibrinogène[1].

Cette infériorité du poids de la fibrine ne saurait d'ailleurs être attribuée à une transformation incomplète du fibrinogène en fibrine, car, après coagulation, le sérum ne coagule plus à 56° ; il ne commence à louchir qu'à partir de 64° ; par conséquent il ne contient plus trace de fibrinogène.

Nous pouvons donc dire que, dans la coagulation, *le fibrinogène subit un dédoublement.*

Nous pouvons encore trouver une nouvelle preuve de ce dédoublement dans la présence dans le sérum d'une globuline coagulable à 64°, la fibringlobuline, qui ne préexistait pas dans le plasma[2]. Dans la coagulation, le fibrinogène est dédoublé.

1. La fibrine ne représente que 60 à 70 p. 100 du fibrinogène générateur, ainsi qu'on l'a constaté en faisant coaguler des solutions de fibrinogène pur.
2. On a prétendu récemment que la fibringlobuline préexiste dans le plasma san-

Est-ce à dire que la fibrine se produit par un simple dédoublement du fibrinogène ? En aucune façon. Il est possible qu'avant, ou pendant, ou après ce dédoublement, il se produise quelque combinaison avec quelque élément du plasma, soit du fibrinogène, soit d'un des termes de dédoublement. Nous pouvons dire qu'il y a eu dédoublement, nous ne pouvons pas dire qu'il n'y a eu que dédoublement.

Nous avons constamment parlé de dédoublement et non de décomposition. En effet, les caractères qui nous permettent actuellement de définir le fibrinogène, la fibrine et la fibringlobuline sont des caractères physiques; ils ne sauraient donc suffire pour établir qu'il existe une différence chimique entre ces substances. L'expression *dédoublement*, applicable aussi bien dans le cas de différences physiques que dans le cas de décompositions chimiques, doit seule être employée, si l'on ne veut pas aller au delà des faits observés. Il est possible que, dans la formation de la fibrine, il se soit produit un dédoublement purement physique, une partie du fibrinogène prenant les propriétés physiques de la fibrine, l'autre, les propriétés physiques de la fibringlobuline, sans qu'il y ait eu changement de composition chimique; et cette dernière hypothèse mérite considération, car la proportion de fibrine produite par une quantité donnée de fibrinogène · n'est pas constante; elle varie de 60 à 70 p. 100 de la quantité du fibrinogène.

7. *Sous quelle influence se produit cette transformation du fibrinogène? Est-elle spontanée? Est-elle provoquée? Et si elle est provoquée, par quoi est-elle provoquée?*

Le dédoublement du fibrinogène n'est pas spontané, car il existe des liquides organiques — tels que les liquides des transsudats péritonéaux et péricardiques, les liquides d'hydrocèle, etc., — qui présentent sensiblement la même constitution que le plasma sanguin, qui, notamment, contiennent du fibrinogène, sans jouir de la propriété de coaguler spontanément. On peut également obtenir, au moyen du sang de cheval refroidi et filtré à froid, au

guin et ne saurait par conséquent résulter du dédoublement du fibrinogène. On aurait même pu, au moyen de sels précipitants convenablement choisis, séparer du plasma un fibrinogène qui se transformerait en fibrine sans laisser apparaître la fibringlobuline dans le sérum. S'il en est réellement ainsi, la fibringlobuline n'est pas le second terme du dédoublement du fibrinogène; mais on ne saurait mettre en doute ce dédoublement puisque le poids de la fibrine est inférieur au poids du fibrinogène générateur. Le second terme du dédoublement serait à déterminer.

moyen du sang de chien on de lapin reçu en vases paraffinés, au moyen du sang d'oiseau, des plasmas non spontanément coagulables, nous l'avons dit précédemment. Enfin les solutions de fibrinogène pur sont remarquablement stables et ne se transforment pas spontanément. Ces liquides (transsudats, solutions de fibrinogène ou plasmas de sang) non spontanément coagulables, quoique renfermant du fibrinogène, coagulent lorsqu'on les additionne de sang défibriné ou de sérum sanguin. Le sang défibriné et le sérum sanguin renferment donc *un agent capable de provoquer la coagulation* des liquides contenant du fibrinogène. Quel est cet agent? C'est une *diastase*. Car si on précipite par l'alcool fort le sang défibriné ou le sérum sanguin, si on maintient en contact avec l'alcool, pendant plusieurs semaines, le précipité produit, et si, après avoir desséché dans le vide le résidu, on le broie dans une petite quantité d'eau, cette eau acquiert la propriété de faire coaguler les liquides contenant du fibrinogène et non spontanément coagulables. L'agent, contenu dans le sang défibriné et dans le sérum, capable de provoquer la coagulation des transsudats non spontanément coagulables, est donc précipité par l'alcool et soluble dans l'eau ; il est en outre détruit par la chaleur, entraîné par les précipités floconneux, fixé par la fibrine, etc. ; en un mot il se comporte comme une diastase.

La transformation du fibrinogène en fibrine est provoquée par une diastase, qu'on appelle *fibrinferment*[1]. La coagulation du sang est un phénomène diastasique.

8. *Le fibrinferment existe-il dans le sang circulant? S'il n'y existe pas, d'où provient-il? Aux dépens de quels éléments du sang se produit-il? Pourquoi se produit-il?*

Le fibrinferment n'existe pas dans le sang circulant. On en peut fournir de nombreuses preuves.

Si on recueille du sang d'oiseau au moyen d'une canule introduite dans le vaisseau, on peut le conserver pendant plusieurs jours non coagulé. Si, à ce sang, on ajoute soit du sérum sanguin, soit une solution de fibrinferment, on le fait rapidement coaguler. C'est dire que le sang d'oiseau ne contient pas de fibrinferment.

Si on recueille du sang de chien ou de lapin en vases paraffinés, au moyen d'une canule et d'un tube paraffinés, on peut le con-

---

1. On lui donne encore les noms de *thrombine*, ou *thrombase*, ou *plasmase*.

server non coagulé. Si, à ce sang, on ajoute une petite quantité de sérum sanguin ou une solution de fibrinferment, on en détermine la coagulation rapide. C'est dire que le sang ainsi obtenu ne contenait pas de fibrinferment, puisque, capable de coaguler sous l'influence de cet agent, il restait liquide.

Supposons qu'on fasse arriver le sang, au moment de la prise, directement dans un grand excès d'alcool (10 volumes d'alcool à 95 p. 100 et un volume de sang par exemple), et qu'après avoir maintenu le précipité formé en contact avec l'alcool pendant plusieurs semaines, on cherche à en extraire du fibrinferment (par dessiccation dans le vide et épuisement par l'eau), on n'en trouve pas trace. Si, au contraire, on reçoit le sang dans un vase entouré de glace pour empêcher la coagulation de se produire, et si, après quelques minutes, ou mieux encore après quelques heures, on le mélange à l'alcool, on peut obtenir du fibrinferment. C'est donc que le fibrinferment n'existe pas dans les vaisseaux, mais se produit hors de l'organisme.

Si on reçoit du sang au sortir du vaisseau dans une solution de fluorure de sodium, de façon que le mélange contienne 3 p. 1 000 de ce sel, ce sang est non spontanément coagulable. Or, il coagule par addition de quantités très petites de sérum sanguin ou de fibrinferment. On ne saurait d'ailleurs supposer que le fluorure de sodium détruit le fibrinferment, car si on fluorure à 3 p. 1 000 du sérum, ce sérum fluoré a conservé toute son activité, comme agent coagulant des liqueurs fibrinogénées.

Le sang circulant ne contient donc pas de fibrinferment.

On arrive à la même conclusion par les considérations suivantes.

Si le fibrinferment existait dans le sang circulant, il passerait vraisemblablement dans les transsudats : le ferment amylolytique, dont la présence a été démontrée dans le sang, se retrouve dans tous les transsudats, dans les transsudats péricardiques et péritonéaux, dans le liquide d'hydrocèle. Pourquoi le fibrinferment, s'il existait dans le sang, ne passerait-il pas dans les transsudats? Or il ne s'y trouve pas, puisque ces transsudats ne coagulent pas spontanément, mais coagulent seulement lorsqu'ils ont été additionnés de sérum ou de fibrinferment. Donc le sang circulant ne contient pas de fibrinferment.

Le *fibrinferment* n'est produit ni par le plasma, ni par les globules rouges; il *est produit par les globules blancs, ou plus exactement par les éléments qui constituent dans le sang sédimenté, la couche dite couche des globules blancs* [1].

Suspendons verticalement une jugulaire de cheval ; lorsque le dépôt des globules s'est produit, séparons par des ligatures une zone supérieure ne contenant que du plasma, une zone inférieure contenant des globules rouges, une zone moyenne contenant la couche des globules blancs, la partie inférieure du plasma et la partie supérieure des globules rouges. Ajoutons un peu du liquide contenu dans chacune de ces trois zones séparément à un liquide de transsudat non spontanément coagulable : les globules rouges se montrent absolument inactifs, le plasma se montre extrêmement peu actif, le liquide de la couche des globules blancs se montre extrêmement actif. C'est donc aux dépens des éléments de la couche des globules blancs du sang que se produit le fibrinferment.

Nous trouvons une vérification de cette conclusion en observant la marche de la coagulation du sang de cheval qu'on laisse se réchauffer après l'avoir laissé se déposer à la température de 0°. C'est au voisinage de la couche des globules blancs, dans les couches profondes du plasma, qu'apparaissent les premiers filaments de fibrine.

9. *Le fibrinogène du plasma sanguin et les globules blancs sont-ils les seuls éléments du sang appelés à jouer un rôle dans la coagulation du sang?*

Non, *la présence des sels de chaux*, dissous dans le plasma, est une *condition nécessaire* de la coagulation du sang.

Lorsqu'on précipite, à l'état de composés insolubles, les sels de chaux du sang, avant la coagulation, le sang ne coagule pas spontanément ; le sang additionné de 1 p. 1 000 d'oxalates d'alcalis (l'oxalate de calcium est insoluble) ne coagule pas. Si on rend au sang décalcifié, non spontanément coagulable, des sels de chaux solubles, ce sang coagule, comme le sang normal retiré directement des vaisseaux. Donc la présence de sels de chaux dissous dans le plasma est une condition nécessaire de la coagulation. On peut faire coaguler le sang oxalaté en lui ajoutant du chlorure de strontium au lieu de sel de chaux. Mais on ne peut le faire coaguler par addition de chlorure de baryum ou de magnésium.

Toutefois, une objection se présente. Pour précipiter les sels de

---

1. La lymphe ne contient comme éléments figurés que des globules blancs ; elle est spontanément coagulable. Donc, les globules blancs peuvent produire du fibrinferment. Cela ne prouve pas, d'ailleurs, que les globules rouges n'en sauraient produire.

chaux d'une liqueur, il faut ajouter un excès d'oxalate, c'est-à-dire une quantité plus grande que celle qui est nécessaire pour former l'oxalate de calcium précipité. Le sang décalcifié n'est donc pas seulement décalcifié, il est en même temps oxalaté. Ce sang ne coagule pas, pourquoi? Est-ce parce qu'il est décalcifié? Est-ce parce qu'il est oxalaté? Sans doute, on lui rend sa coagulabilité en lui rendant ses sels de chaux solubles : mais l'addition de ces sels de chaux a comme premier résultat de précipiter l'excès d'oxalate, de sorte que le sang recalcifié est en même temps désoxalaté. L'objection subsiste.

Supposons qu'on ait préparé un sang oxalaté à 1 p. 1 000. A ce sang non spontanément coagulable, on ajoute 2 p. 1 000 de chlorure de magnésium : il n'y a pas précipitation de l'excès d'oxalate, et le sang reste non spontanément coagulable. Supposons maintenant qu'à ce sang oxalaté et magnésié, on ajoute des traces de sels de chaux dissous, insuffisantes pour précipiter l'excès d'oxalate de la liqueur (en présence de chlorure de magnésium, des traces de sels de chaux ne précipitent pas l'oxalate), on constate la coagulation du sang. Ainsi, voici un cas dans lequel le sang a pu coaguler malgré l'excès d'oxalate qu'il contient; on ne saurait donc dire que c'est cet excès d'oxalate qui l'empêche de coaguler.

Supposons maintenant qu'on soumette à la dialyse, en présence d'eau chlorurée sodique à 6 p. 1 000, du sang oxalaté à 1 p. 1 000, et qu'on renouvelle l'eau salée de dialyse fréquemment, jusqu'à enlèvement de la totalité de l'oxalate du sang soumis à la dialyse; on constate que ce sang ne coagule pas, bien qu'il ait été ainsi désoxalaté. Mais il coagule très bien, si on l'additionne de très petites quantités de sels de chaux dissous.

Donc, *le sang oxalaté est non spontanément coagulable parce qu'il est décalcifié.*

10. Le phénomène de la coagulation du sang est un phénomène complexe : *il y a production de fibrinferment, il y a transformation du fibrinogène par le fibrinferment; il y a précipitation de la fibrine engendrée.*

Dans quelle phase, ou dans quelles phases interviennent les sels solubles de chaux?

Ce n'est ni dans la transformation du fibrinogène en fibrine, ni dans la précipitation de la fibrine engendrée. Car, si, à une solution de fibrinogène ne contenant pas de sels de chaux, on ajoute une solution de fibrinferment ne contenant pas de sels de chaux (et même oxalatée), on produit de la fibrine typique; — car, si, à du sang oxalaté, on ajoute du sérum (le sérum contient du fibrinferment) oxalaté, on détermine une coagulation typique.

Les sels de chaux interviennent donc dans la production du fibrinferment.

Supposons qu'on ait préparé un sang oxalaté, et que, par centrifugation, on ait séparé les globules du plasma oxalaté. Ce plasma n'est pas spontanément coagulable; *donc il ne contient pas de fibrinferment.* Mais il coagule par addition d'un excès de sels de chaux solubles; donc il contient une substance capable de se transformer en fibrinferment par l'action des sels de chaux : *il contient un profibrinferment ou prothrombine.*

Par conséquent, les sels de chaux du sang n'interviennent pas dans la production du profibrinferment excrété par les globules blancs hors des vaisseaux, mais seulement dans la transformation du profibrinferment.

En résumé, *les globules blancs, hors des vaisseaux sanguins possèdent la propriété d'abandonner au plasma une substance, le profibrinferment*[1], *qui est transformé en fibrinferment par les sels de chaux dissous dans le plasma. Ce fibrinferment dédouble le fibrinogène dissous dans le plasma sanguin en deux substances : l'une qui se précipite, la fibrine, l'autre qui reste en solution dans le sérum, la fibringlobuline.*

11. *Il existe des substances capables d'empêcher l'action du fibrinferment sur le fibrinogène.*

Lorsqu'on injecte dans les vaisseaux veineux du chien certaines substances, dont les principales sont les protéoses, le sérum d'anguille, certains venins, en général des protéines toxiques, on rend le sang non spontanément coagulable. Des études d'ordre physiologique permettent d'établir que, sous l'influence des substances injectées, l'organisme a sécrété une substance douée de propriétés anticoagulantes, capable de s'opposer à l'action du fibrinferment,

---

1. On tend à admettre aujourd'hui que cette conclusion devrait être légèrement modifiée, comme suit. Les globules blancs ne sécréteraient pas un profibrinferment transformable en fibrinferment par les sels de chaux solubles du plasma sanguin; les globules blancs déverseraient dans le plasma sanguin une kinase (les kinases sont des substances capables de transformer, dans des milieux de composition convenable, les proferments en diastases), la thrombokinase, qui engendrerait du fibrinferment aux dépens du thrombogène contenu dans le plasma sanguin; la transformation du thrombogène en fibrinferment ne se produisant qu'en présence des sels solubles de calcium.

possédant des propriétés qui la rattachent au groupe des enzymoïdes, un *antifibrinferment, ou antithrombine* [1].

On peut avoir à rechercher la présence du fibrinferment dans une liqueur, et à l'y doser. — Pour reconnaître le fibrinferment, on se fonde sur la propriété qu'il possède de faire coaguler soit les solutions de fibrinogène pur, soit les liquides de transsudats séreux, soit les plasmas du sang fortement magnésié après dilution, soit les plasmas du sang fluoré à 3 p. 1 000, toutes liqueurs non spontanément coagulables et coagulables seulement par addition de fibrinferment. — Pour doser le fibrinferment d'une liqueur organique, ou, plus exactement, pour comparer les teneurs en fibrinferment de deux liqueurs organiques, on se fonde sur les faits suivants. Si, à des volumes égaux de plasma de sang de chien, fluoré à 3 p. 1 000, on ajoute des quantités croissantes d'une même liqueur contenant du fibrinferment, pourvu que ces quantités soient petites, la quantité de fibrine produite après un temps donné croît avec la quantité de fibrinferment ajoutée. Il suffira, dès lors, dans une série de tubes contenant un même volume de plasma de sang de chien fluoré à 3 p. 1 000, d'ajouter des quantités croissantes de chacune des deux liqueurs, et de déterminer, après vingt-quatre heures par exemple, les quantités équivalentes, soit par pesée de la fibrine produite, soit plus simplement par simple examen *visuel*.

III. — SUCRE DU SANG

Le sang renferme un sucre en solution dans le plasma.

Pour mettre en évidence le sucre du sang, on débarrasse ce liquide des substances albumineuses et des matières colorantes qu'il contient.

Supposons que nous portions à l'ébullition du sang additionné de 1 p. 1 000 d'acide acétique : les substances albumineuses sont coagulées, les matières colorantes sont décomposées et précipitées. La liqueur, débarrassée du coagulum qui s'est produit, est incolore et transparente : elle renferme toutes les substances non coagulables du sang.

Cette liqueur, ramenée à un petit volume par évaporation,

---

1. Les extraits de têtes de sangsues et l'hirudine sont équivalents fonctionnellement à cet antifibrinferment.

possède un *pouvoir rotatoire droit*, elle *réduit la liqueur de Fehling*; elle *fermente par la levure de bière* en donnant de l'alcool et du gaz carbonique. Elle contient *un sucre*; ce sucre peut être de la glycose ou de la maltose, car ces deux sucres possèdent la triple propriété physique, chimique et biologique, que nous venons de trouver à l'extrait de sang. Nous avons indiqué, dans l'étude des sucres, le moyen de distinguer la maltose de la glycose : une solution de maltose bouillie avec un acide dilué, 1 à 2 p. 100 d'acide sulfurique, par exemple, a son pouvoir réducteur augmenté, sensiblement dans le rapport de 1 à 2, et son pouvoir rotatoire réduit dans le rapport de 3 à 1 : — une solution de glycose, bouillie avec un acide dilué, conserve ses pouvoirs réducteur et rotatoire. L'extrait de sang se comporte comme la solution de glycose. *Le sucre du sang est donc de la glycose.* — On a pu d'ailleurs isoler, en partant du sang, la glycose qu'il contient, sous forme de phénylglycosazone, avec sa couleur, sa forme cristalline, son point de fusion et ses solubilités caractéristiques.

On *dose*, en général, le *sucre du sang* par réduction de la liqueur de Fehling. Cette réduction doit se faire dans des liqueurs transparentes et non albumineuses : transparentes, parce qu'il n'est pas possible d'observer exactement la décoloration de la liqueur de Fehling dans une liqueur opaque en général, et surtout dans une liqueur rougeâtre ; — non albumineuses, parce qu'en présence de l'alcali caustique contenu dans la liqueur de Fehling, les substances albumineuses pourraient donner de l'ammoniaque qui troublerait les résultats de l'analyse. Il faut donc préparer un extrait du sang : *deux procédés principaux* ont été proposés : 1° le procédé par *ébullition avec du sulfate de soude*; — 2° le procédé par *ébullition avec de l'eau acidulée*.

Dans le *premier procédé*, le sang est reçu sur des cristaux de sulfate de

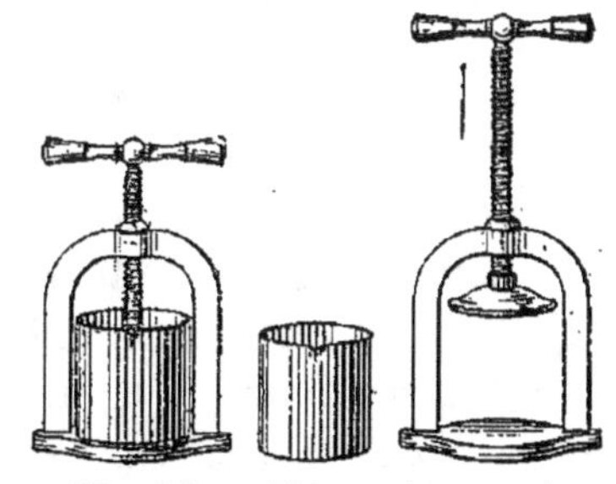

Fig. 56. — Presse à sang de Cl. Bernard.

soude : poids égaux de sulfate de soude et de sang; le mélange est porté à l'ébullition, jusqu'à ce que la masse ne présente plus de coloration ou de reflet rouge; par addition d'une quantité convenable d'eau, destinée à remplacer l'eau volatilisée, on ramène au poids primitif. On obtient ainsi une liqueur sulfatée, qu'on retire du coagulum albumineux par pression au moyen de la presse à main de Cl. Bernard (fig. 56). Des expériences directes ont appris que 25 centimètres cubes de sang donnent en moyenne 40 centimètres cubes de cette liqueur sulfatée. Connaissant la quantité de sucre contenue dans la liqueur sulfatée, on peut, par une proportion arithmétique facile à établir, déterminer la quantité de sucre du sang.

Dans le *second procédé*, le sang est versé dans 6 à 8 volumes d'eau acidulée à 1 p. 1000 par l'acide acétique, et le mélange est porté à l'ébullition ; — le coagulum produit à l'ébullition est bouilli à deux reprises avec le même volume d'eau acidulée à 1 p. 1000 et les trois liquides sont réunis : ces liqueurs contiennent la totalité du sucre qu'on peut retirer du sang. On concentre par l'ébullition ; on achève la coagulation des substances albumineuses qu'elles peuvent encore renfermer, en les faisant bouillir avec une petite quantité d'acétate de fer (lequel à l'ébullition détermine la coagulation totale des substances albumineuses naturelles coagulables, et se décompose lui-même en acide acétique volatil et sous-acétate de fer insoluble). Enfin, après avoir neutralisé, s'il y a lieu, on ramène la liqueur à un petit volume : par exemple quatre fois le volume du sang employé.

Quel que soit le procédé adopté, on a une liqueur contenant le sucre, et pouvant être soumise à l'analyse par réduction. Pour faire cette détermination, on se sert soit de liqueur de Fehling additionnée d'une forte proportion de potasse, soit plutôt de liqueur de Fehling ferrocyanurée à 2 p. 100 ; dans l'un et dans l'autre cas, l'oxyde cuivreux produit ne se précipite pas : la liqueur se décolore, passant du bleu au jaune pâle. On détermine la quantité de liqueur sucrée qu'il faut employer pour réduire exactement un volume donné de liqueur de Fehling ; on en conclut la quantité de sucre du sang[1].

Dans ces méthodes de dosage, on suppose que le sang ne contient, comme substance réductrice, que de la glycose. Sans doute, la majeure partie des substances réductrices du sang est représentée par de la glycose, ainsi qu'il résulte des rapports de poids de la substance réductrice totale et du précipité de phénylglycosazone : — mais il est probable, ou tout au moins possible, que le sang renferme, à côté de la glycose, de petites quantités de substances réductrices autres, qu'on néglige d'ailleurs dans les analyses physiologiques.

La quantité du sucre, contenue normalement dans le sang des mammifères et notamment de l'homme, est comprise entre 1 gramme et 1 gr. 50 par litre de sang. Quand la quantité de sucre atteint 2 grammes, 3 grammes et plus par litre de sang, on dit qu'il y a *hyperglycémie* ; quand la quantité de sucre du sang est moindre que 1 gramme par litre, on dit qu'il y a *hypoglycémie*.

Lorsqu'on veut connaître la quantité du sucre contenu dans le sang d'un animal, il faut pratiquer le dosage du sucre aussitôt après la prise du sang. Si, en effet, on conserve le sang pendant quelque temps hors des vaisseaux, le sucre disparaît peu à peu :

1. Ces procédés ne sont pas, il est vrai, d'une rigueur absolue ; mais ils suffisent, semble-t-il, pour résoudre le plus grand nombre des problèmes qui se posent au physiologiste, et ils ont sur les procédés plus parfaits proposés par les chimistes le double avantage de la simplicité et de la rapidité d'exécution.

il y a *glycolyse*. Cette glycolyse se produit dans le sang, hors de l'organisme, par l'action d'un agent que ses propriétés rapprochent des diastases, le *ferment glycolytique*, dérivé des éléments de la couche des globules blancs du sang. On peut empêcher cette glycose de se produire par différents procédés :

a. Par refroidissement du sang;

b. Par addition d'une forte proportion de sels neutres au sang (8 à 10 p. 100 de sulfate de soude, sulfate de magnésie, chlorure de sodium, etc.);

c. Par addition au sang de 2 p. 1 000 de fluorure de sodium, au moment de la sortie du sang des vaisseaux;

d. Par ébullition du sang.

Si donc on veut conserver du sang, sans que son sucre diminue, si, par exemple, on veut doser le sucre du sang longtemps après la prise, il faut avoir recours à l'un de ces procédés.

Le sucre du sang extrait par les méthodes ci-dessus indiquées, provient-il de la décomposition de combinaisons complexes, produite par les réactifs employés pour extraire le sucre du sang? C'est peu vraisemblable, car si l'on soumet à la dialyse du sang défibriné, en présence d'eau salée à 1 p. 100, le sucre passe dans le liquide extérieur avec la même vitesse et dans les mêmes proportions que s'il était libre. Nous admettrons donc que le sucre existe dans le sang à l'état de liberté chimique.

Quelques auteurs ont prétendu qu'à côté du sucre libre, il existe dans le sang du sucre faiblement combiné, dissimulé dans des molécules complexes d'où il pourrait être libéré par des actions chimiques délicates comme on en rencontre en physiologie; et ils ont proposé de tenir compte dans les analyses de ce *sucre virtuel*. Il est bien démontré aujourd'hui que ce sucre virtuel n'existe pas, et que les auteurs qui en ont admis l'existence se sont appuyés sur de mauvaises analyses. Sans doute, on pourrait libérer des hydrates de carbone en hydrolysant vigoureusement les protéines du sang et en les ramenant à leurs constituants les plus simples; mais il s'agirait là d'interventions chimiques qui n'ont rien de commun avec les phénomènes qui se passent dans l'organisme.

On a recherché dans le sang normal la présence du *glycogène*. L'emploi des méthodes ordinaires de recherche de ce corps a donné des résultats négatifs. Ce n'est qu'en employant des procédés particulièrement longs et délicats qu'on a pu mettre en évidence, dans le sang, la présence de très petites quantités de glycogène, 0 gr. 010 par litre de sang environ.

Ce glycogène, d'ailleurs, ne serait pas dissous dans le plasma sanguin, mais fixé sur les globules blancs, où l'on peut le manifester par la réaction iodo-iodurée (p. 66).

IV. — DIASTASES DU SANG

On a trouvé dans le sang normal, ou dans le sérum normal, deux diastases principales : — 1° une *diastase amylolytique* ou amylase, capable de saccharifier l'amidon et le glycogène, et de les transformer en dextrines, maltose et glycose : la possibilité d'obtenir de la glycose avec cette amylase, alors que les amylases du malt, de la salive, du suc pancréatique ne donnent que de la maltose, a conduit à admettre dans le sang l'existence d'une *maltase* capable de transformer la maltose en glycose, et d'une *amylase* proprement dite donnant des dextrines et de la maltose; — 2° une diastase dédoublant la monobutyrine de la glycérine en glycérine et acide butyrique, une *monobutyrinase*, mais n'exerçant, contrairement à ce qu'on avait primitivement annoncé, aucune action sur les graisses neutres naturelles, formées des triglycérides des acides oléique, palmitique, et stéarique.

V. — GLOBULES ROUGES

Les *globules rouges* du sang sont essentiellement formés par une trame incolore, le stroma globulaire, imprégnée de pigment rouge.

Le stroma est constitué par une ou plusieurs subtances de nature protéique, appartenant au groupe des nucléoprotéides. Chez les mammifères, dont les globules ne sont pas nucléés, on ne trouve, dans ces stromas, que des nucléoprotéides; — chez les oiseaux, dont les globules sont nucléés, on y trouve à la fois des nucléoprotéides et des nucléines.

Le volume des globules sanguins est variable; il dépend de la nature et de la composition du liquide dans lequel ils sont plongés : les solutions aqueuses de sels neutres très diluées gonflent les globules; les solutions aqueuses de sels neutres concentrées les ratatinent.

Si donc on mélange du sang défibriné total avec des solutions aqueuses de sels neutres, on pourra, suivant la composition de ces solutions, augmenter, diminuer ou ne pas modifier le volume des globules sanguins. Les solutions qui ne modifient pas le volume des globules (il existe une concentration, répondant à ce desideratum, variable pour chaque sel neutre) sont *isotoniques* au sérum sanguin, les solutions qui diminuent le volume des globules sont *hyperisotoniques* au sérum ; les solutions qui augmentent le volume des globules sont *hypoïsotoniques* au sérum.

VI. — PIGMENTS DU SANG

Le sang est coloré en rouge par deux substances colorantes très voisines l'une de l'autre, l'*oxyhémoglobine*, de couleur rouge vif, et l'*hémoglobine*, de couleur rouge sombre ; la première pouvant être obtenue par oxydation de la seconde, la seconde par réduction de la première. (Pl. col. IV, fig. J_1, J_2.)

Ces matières colorantes, bien que solubles dans le plasma sanguin, n'y sont cependant pas normalement dissoutes : elles sont fixées sur les globules rouges, comme une teinture, et elles y sont assez solidement fixées, pour que le plasma n'en contienne pas trace en solution.

On peut, par différents procédés, rompre cette union des globules et des matières colorantes, faire passer les matières colorantes en solution dans le plasma : c'est ce qu'on appelle *laquer le sang* ou *hémolyser le sang*. Les procédés les plus généralement employés consistent :

1° A additionner le sang ou les globules séparés du sérum, de quelques volumes d'eau distillée (2 à 5 volumes par exemple).

2° A ajouter de l'éther (1/20 à 1/10 du volume du sang) par petites portions et à agiter le mélange de sang et d'éther, après chaque addition d'éther.

3° A refroidir le sang ou les globules rouges séparés du sérum jusqu'à congélation et à les réchauffer assez brusquement.

4° A traiter le sang, ou les globules rouges séparés du sérum par un sérum hémolytique correspondant (Voy. chap. VI, p. 147), ou par un venin ajouté en quantité convenable (venins de cobra, de bothrops, de crotale, etc.).

L'hémoglobine n'est stable qu'à l'abri de l'oxygène ; dès qu'elle

est mise en contact avec une atmosphère contenant de l'oxygène,
elle se transforme en oxyhémoglobine par fixation d'oxygène. Le
sang retiré des vaisseaux, défibriné et agité à l'air, absorbe de
l'oxygène; son hémoglobine est oxydée, transformée en oxyhémoglobine. Cette dernière substance est stable en présence de l'air,
à la pression ordinaire de l'atmosphère : aussi est-ce sur l'oxyhémoglobine qu'ont porté les premières et surtout les plus nombreuses recherches.

A. — *Oxyhémoglobine et hémoglobine*.

1. — Oxyhémoglobine.

L'*oxyhémoglobine*-a pu être préparée pure et *cristallisée*.

Pour obtenir cette substance, il convient de séparer les globules
du plasma ou du sérum par le repos, ou par la centrifugation, de
les laver avec une solution de chlorure de sodium ou de sulfate
de soude à 1 p. 100, tant que cette solution entraîne des substances albumineuses, et de les hémolyser par l'addition d'un peu
d'eau et d'un peu d'éther[1]. A la solution d'oxyhémoglobine ainsi
obtenue, refroidie à 0°, on ajoute un quart de son volume d'alcool
également refroidi à 0° et on abaisse la température du mélange à
— 2° et même à — 10°. Après quelques heures ou quelques jours,
on voit se déposer des cristaux d'oxyhémoglobine.

On obtient de meilleurs résultats en opérant de la façon suivante :
Les globules ayant été lavés à l'eau salée comme ci-dessus, on les agite
vigoureusement pendant 2 heures avec des flocons d'asbeste. Par ce
traitement, l'oxyhémoglobine quitte les globules et se dissout dans l'eau
salée dans laquelle ils étaient en suspension après lavage; les stromas
globulaires s'accolent à l'asbeste : en filtrant sur papier, on obtient une
solution d'oxyhémoglobine. Cette solution est introduite dans un boyau
dialyseur, et celui-ci est plongé dans de l'alcool à 45 p. 100. Le tout est
porté à la glacière et y reste jusqu'à ce que commencent à se déposer
des cristaux d'oxyhémoglobine (24 heures environ). On introduit alors
le contenu du dialyseur dans un vase qu'on porte dans une enceinte
refroidie au-dessous de 0' : la cristallisation s'y achève. Pour purifier les
cristaux, on les rédissout dans une très petite quantité d'eau à 37°, on
dialyse à 0° en présence d'alcool à 45 p. 100, et on continue comme
ci-dessus. Les cristaux, séparés du liquide par filtration, sont desséchés
sur une assiette poreuse, puis dans le vide en présence de chlorure de
calcium.

Les cristaux d'oxyhémoglobine ne sont jamais très volumineux,

____

1. On ajoute l'eau et l'éther par très petites portions, en agitant chaque fois,
et on s'arrête dès que l'hémolyse est faite.

quelquefois, ils sont visibles à l'œil nu, ou mieux à la loupe, mais c'est généralement au microscope qu'on examine leurs formes géométriques.

Lorsqu'on ne veut pas obtenir l'oxyhémoglobine pure, mais observer seulement les cristaux de cette substance, il suffit de mélanger volumes égaux de sang défibriné et d'une solution de fluorure de sodium à 2 p. 100, et d'abandonner le mélange à la température ordinaire pendant huit ou dix jours. Lorsqu'on opère avec les sangs de cobaye, de rat, de chien, de cheval, ces mélanges, qui sont imputrescibles grâce au fluorure de sodium (le fluorure de sodium à 1 p. 100 empêche tout développement microbien), se remplissent de très beaux cristaux d'oxyhémoglobine parfaitement réguliers.

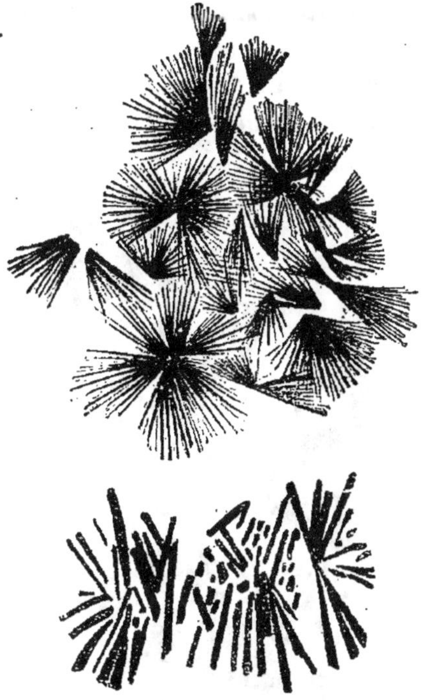

Fig. 57. — Cristaux d'hémoglobine et d'oxyhémoglobine du chien (d'après Hénocque).

Un autre procédé très recommandable consiste à introduire dans un tube dialyseur du sang hémolysé et à le plonger dans un vase contenant de l'alcool dilué (de 25 à 40 p. 100). L'alcool se mélange à la solution d'oxyhémoglobine en dialysant, et le précipité se forme cristallin.

L'oxyhémoglobine préparée pure est une substance d'un rouge brun, soluble dans l'eau et les solutions salines diluées (en donnant des solutions colorées en rouge foncé), insoluble dans l'alcool.

L'oxyhémoglobine est une *substance ferrugineuse*; elle est

Fig. 58. — Cristaux d'oxyhémoglobine de lapin (d'après Hénocque).

formée de carbone, hydrogène, oxygène, azote, soufre et fer.

Les différentes oxyhémoglobines retirées des sangs des différents animaux sont-elles identiques?

Non, pour cinq raisons principales.

1. Les oxyhémoglobines des différents sangs *ne cristallisent pas avec la même facilité :* les oxyhémoglobines des sangs de cobaye, d'écureuil, de chien, de chèval, cristallisent facilement; les oxyhémoglobines des sangs d'homme, de bœuf, de porc, cristallisent difficilement.

2. Les oxyhémoglobines des différents sangs *ne cristallisent pas sous la même forme :* les cristaux du sang de cobaye sont des tétraèdres, les cristaux du sang de rat sont des octaèdres, ceux des sangs de chien et de chat sont généralement de longs prismes à quatre faces latérales, ceux du sang de cheval sont parfois de courts prismes orthorhombiques, ceux du sang d'homme sont des ai-

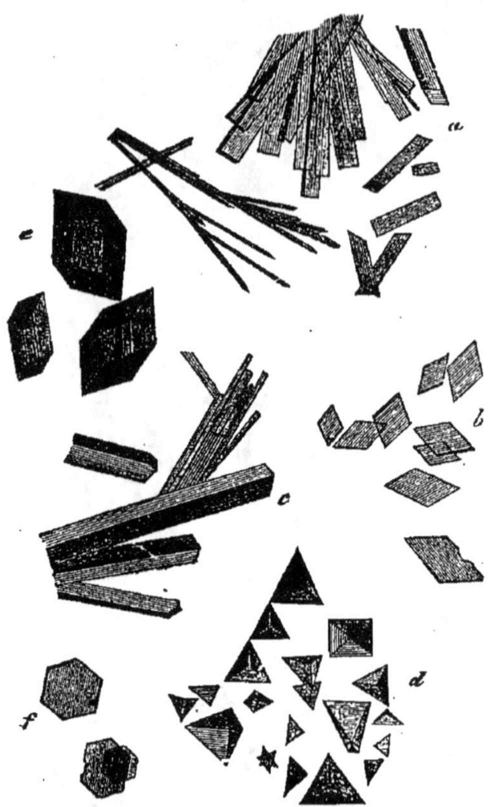

Fig. 59. — Cristaux d'oxyhémoglobine; *a* et *b*, de l'homme; *c*, du chat; *d*, du cochon d'Inde; *e*, du cheval; *f*, de l'écureuil.

guilles rhombiques microscopiques. Les cristaux de tous ces sangs sont du système du prisme orthorhombique; mais le sang d'écureuil donne des tablettes à six faces appartenant au système rhomboédrique. Donc, non seulement les différentes oxyhémoglobines ne cristallisent pas sous la même forme, mais l'une d'entre elles appartiendrait à un système cristallin différent de celui qui comprend toutes les autres [1].

1. Après plusieurs recristallisations, l'oxyhémoglobine d'écureuil cesse de donner des tablettes hexagonales : elle se présente alors sous forme de prismes ou de

3. Les différentes oxyhémoglobines *ne contiennent pas la même proportion d'eau de cristallisation* : c'est ainsi que les cristaux du sang du chien contiennent de 3 à 4 p. 100, ceux du cobaye 7 p. 100, ceux de l'écureuil 9,4 p. 100 d'eau de cristallisation.

4. La *solubilité* des différentes oxyhémoglobines *n'est pas la même*. Si les cristaux de l'oie sont très solubles dans l'eau, ceux du cheval sont moins solubles, ceux du chien et de l'écureuil sont encore moins solubles, et ceux du rat et du cobaye sont difficilement et relativement peu solubles.

5. Enfin *la proportion du fer* contenu dans les différentes oxyhémoglobines, sans présenter des différences très grandes, *n'est pas rigoureusement la même* : elle varie de 0,34 à 0,47 p. 100. Ces variations ne sauraient d'ailleurs être rapportées à une quantité plus ou moins grande de l'eau de cristallisation, car le rapport du fer au soufre varie de 0,38 à 0,88 et celui du fer à l'azote de 0,020 à 0,027 selon l'origine du produit. Exemples :

POUR 100 D'OXYHÉMOGLOBINE	N	S	Fe	$\dfrac{Fe}{S}$	$\dfrac{Fe}{N}$
Chien	16,38	0,57	0,34	0,60	0,024
Chat	16,52	0,62	0,35	0,56	0,021
Cheval	17,31	0,65	0,47	0,72	0,027
Bœuf	17,70	0,45	0.40	0,88	0,022
Porc	17,43	0,48	0,40	0,83	0,023
Cobaye	16,78	0,58	0,48	0,83	0,028
Écureuil	16,09	0,59	0,40	0,67	0,024
Poule	16,45	0,86	0,34	0,38	0,020
Oie	16,21	0,54	0,43	0,79	0,026

Pour toutes ces raisons [1], nous conclurons que *les différentes oxyhémoglobines*, retirées du sang des différents animaux *ne sont pas identiques*.

Cependant *les différentes oxyhémoglobines ne diffèrent pas profondément* les unes des autres, quant à leur constitution chimique. Nous en avons une double preuve :

1. Nous dirons ultérieurement que, sous l'influence de certains agents, l'oxyhémoglobine est *décomposée* en une substance albu-

tétraèdres rhombiques. Cette oxyhémoglobine serait donc dimorphe, et l'une de ses formes appartiendrait au système orthorhombique, comme toutes les autres oxyhémoglobines connues.

1. Les oxyhémoglobines des mammifères ne sont pas phosphorées; celle des oiseaux sont phosphorées : ce sont probablement des composés contenant un acide nucléique, des nucléo-oxyhémoglobines.

mineuse et en une substance ferrugineuse, l'*hématine*. Quelle que soit l'oxyhémoglobine considérée, l'hématine produite se présente toujours avec les mêmes propriétés (composition, solubilités, spectre d'absorption), et, par conséquent, peut être considérée comme étant toujours la même substance. *Il y a plusieurs oxyhémoglobines, il n'y a qu'une seule hématine.*

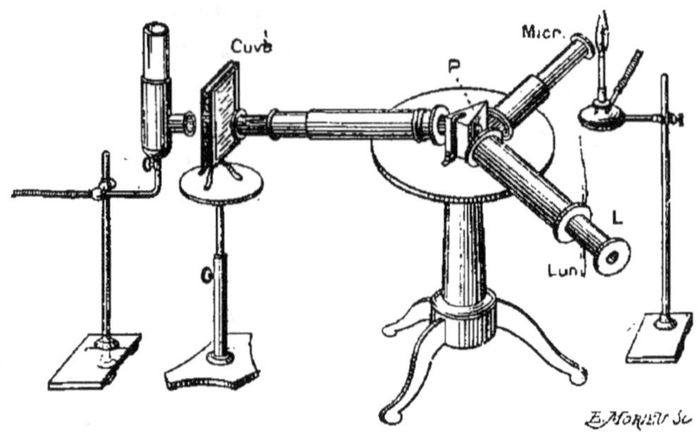

Fig. 60. — Examen du sang au spectroscope.

2. L'oxyhémoglobine présente un *spectre d'absorption caractéristique, le même* pour toutes les oxyhémoglobines.

Lorsqu'on observe au spectroscope, sous une épaisseur de 1 centimètre, une solution d'oxyhémoglobine contenant 1 p. 1 000 d'oxyhémoglobine, on constate que toute la portion violette du spectre

Fig. 61. — Spectre d'absorption de l'oxyhémoglobine. — B, C, D, etc., représentent la position des raies du spectre solaire.

est absorbée; en outre, on constate l'existence de deux bandes d'absorption très nettes, très sombres, comprises dans la région jaune vert du spectre, entre les raies D et E du spectre solaire : l'une un peu plus sombre et un peu moins large au voisinage de la raie D, l'autre un peu plus claire et un peu plus large au voisinage de la raie E [1].

1. Le milieu de ces bandes d'absorption correspond à des longueurs d'onde de 578 pour la première et de 542 pour la seconde.

Ces deux bandes d'absorption sont encore visibles, quoique fort atténuées, quand on examine sous une épaisseur de 1 centimètre une solution aqueuse con-

En supposant la solution examinée sous une épaisseur de 1 centimètre, lorsque la teneur de la solution en oxyhémoglobine augmente progressivement, on voit l'absorption porter peu à peu sur
la région indigo, puis sur la région bleue du spectre ; en même
temps, les deux bandes d'absorption deviennent de plus en plus
larges, s'étalent l'une vers l'autre, d'une part, et vers les raies D
et E, d'autre part (Pl. col. I, fig. I.)

Lorsque la solution con-
tient 3,7 p. 1 000 d'oxyhémoglobine, les régions violette et indigo et la moitié
au moins de la région bleue
(jusqu'au milieu de l'espace
séparant les raies F et G du
spectre) sont absorbées ; —
les deux bandes d'absorption
viennent exactement au contact, la première de la raie
D, la seconde de la raie E.

Lorsque la quantité d'oxyhémoglobine dissoute, augmentant encore, atteint 6,5
p. 1 000, toute la région
bleue, indigo et violette, à
partir de la raie F, est absorbée ; les deux bandes d'absorption se sont confondues

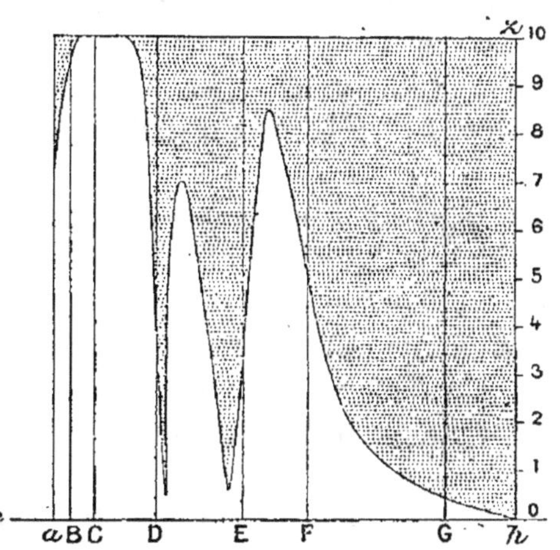

Fig. 62. — Tableau représentant les spectres
d'absorption d'une solution d'oxyhémoglobine examinée sous une épaisseur de 1 centimètre. — B, C, D..., sont les raies du
spectre solaire. Sur l'ordonnée hx, on a
indiqué les teneurs en oxyhémoglobine de
la solution examinée. Pour avoir le spectre
d'absorption d'une solution d'oxyhémoglobine contenant n pour 1 000 de pigment
dissous, il suffit, par la division n, de l'ordonnée hx, de mener la parallèle à xy.

en une bande unique, dont les bords s'étendent au delà de la
raie D vers le rouge, au delà de la raie E vers l'extrême vert ; en
même temps, l'extrême rouge est absorbé.

Enfin, si la solution renferme 8,5 p. 1 000 d'oxyhémoglobine,
on constate une absorption totale de toute la région du spectre,
depuis l'orangé jusqu'au violet, et de toute la région de l'extrême
rouge : seuls le rouge et le rouge orangé ne sont pas absorbés.

Si nous avons décrit avec détails les spectres d'absorption des
solutions d'oxyhémoglobine examinées sous une épaisseur tou-

tenant 1 p. 10 000 d'oxyhémoglobine. C'est donc que la méthode spectroscopique
fournit un moyen extrêmement sensible de reconnaitre la présence de l'oxyhémoglobine.

jours la même, 1 centimètre, c'est qu'on a coutume de dire que l'oxyhémoglobine est caractérisée par un spectre à deux bandes comprises entre les raies D et E du spectre solaire. Cela est vrai, mais seulement pour des solutions convenablement diluées, pour des solutions contenant de 5 à 6 p. 1 000 d'oxyhémoglobine.

Comme toutes les oxyhémoglobines donnent sous l'influence de certains agents destructeurs, la même hématine, et comme elles présentent toutes le même spectre d'absorption, on ne saurait admettre une grande dissemblance dans leur constitution chimique. Ce dernier caractère, la similitude absolue des spectres d'absorption, a une grande valeur démonstrative, car on sait que des substances peuvent présenter des spectres d'absorption nettement dissemblables (telles l'oxyhémoglobine et l'hémoglobine p. ex.), tout en ne différant que fort peu, quant à leur constitution chimique [1].

On en peut conclure avec certitude que les différentes oxyhémoglobines possèdent toutes en commun au moins le groupement atomique auquel elles doivent leurs propriétés d'absorption de la lumière.

La connaissance de ce spectre d'absorption de l'oxyhémoglobine présente un autre intérêt : elle permet de démontrer que *l'oxyhémoglobine préparée pure*, l'oxyhémoglobine dont nous venons d'indiquer quelques propriétés, *est réellement la matière colorante*, ou tout au moins une matière colorante extrêmement voisine de celle *qui teint les globules rouges du sang circulant*. Si, en effet, on examine au microspectroscope (microscope muni, comme oculaire, d'un petit spectroscope à vision directe), sur un animal vivant, un vaisseau sanguin d'une membrane mince, un vaisseau de la langue, de la patte, du poumon de la grenouille, ou un vaisseau du mésentère du lapin, ou un vaisseau de l'aile ou de l'oreille de la chauve-souris, etc., on aperçoit, si le vaisseau a des dimensions convenables, les deux bandes d'absorption de l'oxyhémoglobine. Donc la matière colorante du sang circulant est la même que celle que nous avons étudiée, après l'avoir préparée pure, ou, tout au moins, elle en diffère assez peu pour que le spectre d'absorption ne soit pas modifié.

L'oxyhémoglobine est remarquable en ce qu'elle possède à la

---

1. Il ne faudrait pourtant pas exagérer la valeur de ce fait, car il existe aussi des substances manifestement très dissemblables qui présentent des spectres d'absorption très analogues sinon identiques. On sait par exemple que l'oxyhémoglobine et le picrocarminate d'ammoniaque ont le même spectre d'absorption.

fois des propriétés cristalloïdes et des propriétés colloïdes. Comme les cristalloïdes, elle peut être obtenue sous forme cristalline; — comme les colloïdes, elle est indialysable; comme les colloïdes encore, elle est partiellement retenue sur la bougie filtrante de porcelaine dégourdie.

2. — HÉMOGLOBINE.

Le sang, avons-nous dit, renferme deux matières colorantes, l'oxyhémoglobine et l'hémoglobine. On peut passer de l'oxyhémoglobine à l'hémoglobine par réduction, et de l'hémoglobine à l'oxyhémoglobine par oxydation. En soumettant à l'action du vide une

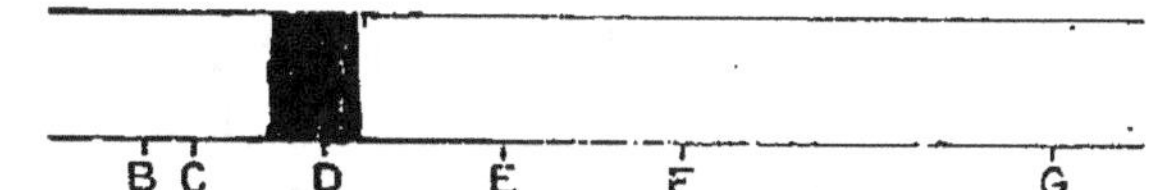

Fig. 63. — Spectre d'absorption de l'hémoglobine. — B, C, D, etc., représentent les raies du spectre solaire.

solution d'oxyhémoglobine, on obtient une solution d'hémoglobine; en réduisant par l'hydrosulfite de soude ou par le sulfhydrate d'ammoniaque une solution d'oxyhémoglobine, on obtient une solution d'hémoglobine.

L'*hémoglobine* est une substance soluble dans l'eau et dans les solutions salines neutres diluées, insoluble dans l'alcool, ne différant chimiquement de l'oxyhémoglobine que par de l'oxygène en moins.

On peut l'obtenir facilement sous forme cristalline; en partant des globules du sang de cheval. On hémolyse ce sang par addition de deux volumes d'eau, et on abandonne ce mélange à la putréfaction. On ajoute alors un quart de son volume d'alcool fort et on abandonne dans un lieu frais. Il se dépose des cristaux brillants, noirâtres, ayant la forme de tablettes hexagonales régulières, visibles à l'œil nu, se détruisant rapidement au contact de l'air, dont ils absorbent l'oxygène, pour donner de l'oxyhémoglobine.

L'hémoglobine est caractérisée par son *spectre d'absorption*. Une solution d'hémoglobine, contenant 1 p. 1 000 d'hémoglobine, examinée sous une épaisseur de 1 centimètre, absorbe l'extrême rouge, d'une part, la moitié du bleu, l'indigo et le violet, d'autre part; enfin son spectre présente une bande d'absorption unique, large, comprise entre les raies D et E du spectre solaire, un peu plus voisine de D que de E.

En supposant les solutions examinées sous une épaisseur de
1 centimètre :

Pour une solution contenant 3 p. 1 000 d'hémoglobine, la
bande d'absorption occupe tout l'espace compris entre les raies
D et E. (Pl. col. I, fig. III.)

Pour une solution contenant 10 p. 1 000 d'hémoglobine, le rouge
est absorbé jusqu'à la raie
B du spectre solaire ; le violet, l'indigo et la plus grande partie du bleu sont également absorbés ; enfin, la
bande d'absorption s'étend
de la raie D à la raie F du
spectre solaire : il ne passe
plus que deux faisceaux
lumineux, compris : le premier, rouge orangé, entre
les raies B et D ; le second
bleu, au voisinage et peu
au delà de la raie F.

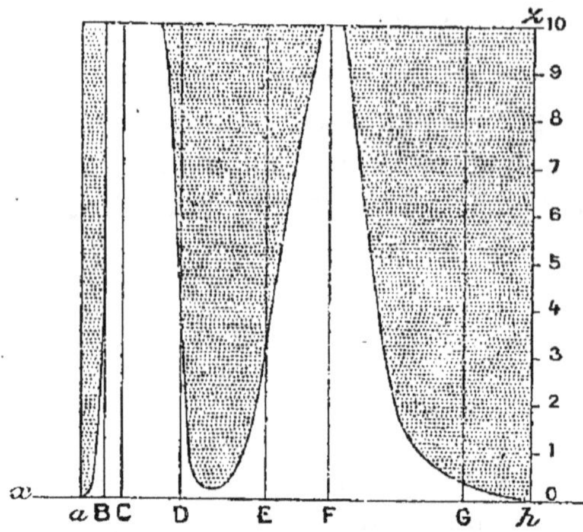

Fig. 64. — Tableau représentant les spectres
d'absorption d'une solution d'hémoglobine
examinée sous une épaisseur de 1 centimètre.
— B, C, D..., sont les raies du spectre solaire. — Sur l'ordonnée *hz*, on a indiqué les
teneurs en hémoglobine de la solution examinée. — Pour avoir le spectre d'absorption
d'une solution d'hémoglobine, contenant *n*
pour 1 000 de pigment dissous, il suffit, par
la division *n* de l'ordonnée *hz*, de mener la
parallèle à *xy*.

Le spectre de l'hémoglo-
bine est donc caractérisé
par l'existence d'une bande
d'absorption, située dans
la région D-E du spectre,
pour une concentration
convenable de la solution,
indépendamment des absorptions portant sur les deux extrémités
du spectre.

3. — Dosage des matières colorantes du sang.

On *dose*, en général, la matière colorante du sang *à l'état
d'oxyhémoglobine*. Plusieurs procédés permettent de faire ce
dosage. Ils sont fondés sur les propriétés suivantes de l'oxyhémoglobine. L'oxyhémoglobine est :

1° une matière *colorante* (Pl. col. IV, fig. J₁, J₂);

2° une substance *absorbant* certaines radiations lumineuses ;

3° une substance oxygénée *dissociable* ;

4° une substance *ferrugineuse*.

1. Pour doser la quantité d'une matière *colorante* contenue dans une liqueur, on peut employer les *procédés* dits *colorimétriques*. — On prépare tout d'abord une série de solutions titrées de la substance colorante qu'on se propose de doser, solutions de plus en plus riches en substance dissoute, et on compare la solution analysée aux différents termes de cette série, quant à l'intensité de sa coloration.

Des appareils, dits *colorimètres*, permettent de faire cette com-

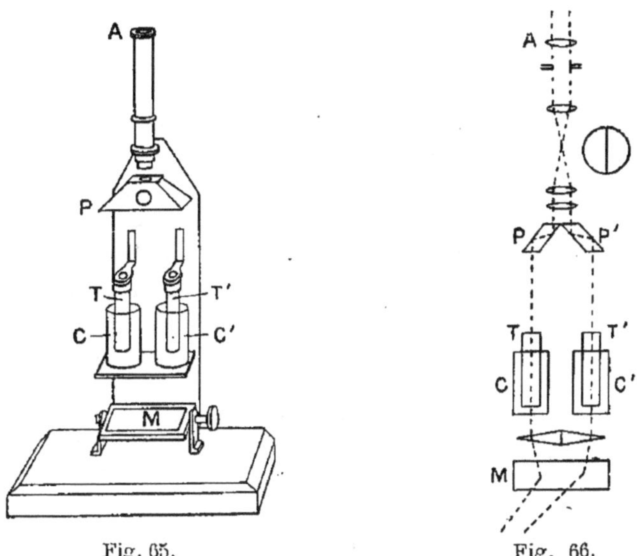

Fig. 65.   Fig. 66.

Fig. 65. — Colorimètre. CC', cuves destinées à recevoir les liqueurs colorées à comparer ; TT', cylindres de verre terminés par des faces planes qu'on peut élever ou abaisser de façon à modifier l'épaisseur de la couche liquide située entre leur face plane inférieure et le fond de la cuvette : une graduation portée sur le bâti de l'appareil donne cette épaisseur ; P, système de prismes à réflexion totale destinés à rapprocher et à juxtaposer dans le champ de la lunette A les rayons lumineux ayant traversé les deux liqueurs ; M, miroir plan d'éclairement. — Fig. 66. Marche des rayons lumineux dans le colorimètre.

paraison avec la plus grande facilité et avec une grande exactitude.

Supposons, par exemple, qu'on ait préparé une série de solutions d'oxyhémoglobine, contenant 1, 2, 3,... p. 1 000 d'oxyhémoglobine, et que la liqueur sanguine analysée (il convient de l'hémolyser préalablement pour que la teinte soit la même) ait une coloration de même intensité que la solution contenant 7 p. 1 000 d'oxyhémoglobine, on conclura que cette liqueur contient 7 p. 1 000 d'oxyhémoglobine. — Au lieu de préparer chaque fois une solution titrée d'oxyhémoglobine, on possède une série de verres rouges d'oxyhémoglobine, plus ou moins colorés, chacun des termes de cette série correspondant, **comme** teinte, à des solutions d'oxyhémoglobine contenant une proportion donnée de cette matière colorante et examinées sous une épaisseur déterminée.

2. L'oxyhémoglobine, substance *absorbant* certaines radiations lumineuses, peut être dosée *spectrophotométriquement*. **Les** déterminations spectrophotométriques consistent essentiellement à déterminer la quantité d'une certaine lumière absorbée par la solution, examinée sous une épaisseur donnée. Il existe des appareils de différent modèles, reposant sur différents principes, qui permettent de connaître la quantité de lumière absorbée : ce sont des *spectrophotomètres*. Étant connue la quantité de lumière absorbée par une solution donnée, on

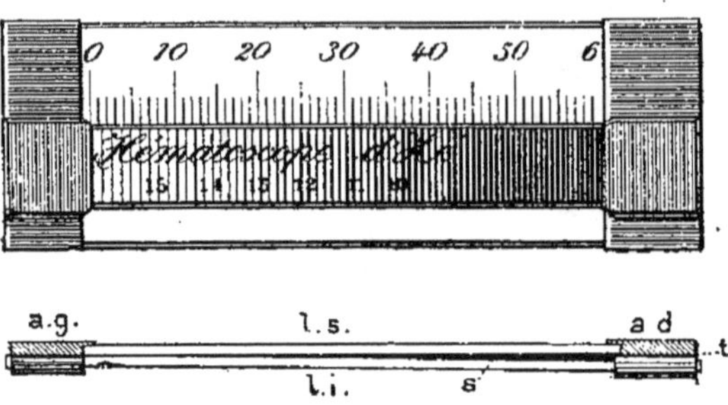

Fig. 67. — Hématoscope d'Hénocque. La lame inférieure *li* est séparée de la lame supérieure *ls* par un espace prismatique représenté en noir. La lame inférieure porte à ses deux extrémités des agrafes de laiton. Celle de gauche *ag* maintient les lames en contact ; celle de droite *ad* présente un talon *t* qui détermine l'écartement des lames.

peut, par des formules simples, calculer la quantité de matière colorante contenue dans la solution, si l'on a, une fois pour toutes, déterminé le coefficient d'absorption de cette substance.

Les procédés spectrophotométriques permettent même, dans un mélange d'hémoglobine et d'oxyhémoglobine, de calculer les quantités respectives d'hémoglobine et d'oxyhémoglobine. Ce sont les seuls procédés qui permettent actuellement de faire cette détermination. Il suffit de déterminer la quantité de lumière absorbée par la solution mixte pour deux radiations lumineuses différentes ; cela permet d'écrire deux équations à deux inconnues, suffisantes pour calculer les quantités d'hémoglobine et d'oxyhémoglobine.

2 *bis*. A la méthode spectrophotométrique se rattache la *méthode hématoscopique*. Elle consiste à déterminer l'épaisseur minima sous laquelle on doit examiner une solution d'oxyhémoglobine ou de sang dilué et hémolysé, pour observer les deux bandes caractéristiques de l'oxyhémoglobine. Les épaisseurs de

deux solutions, pour lesquelles se manifeste le phénomène, sont inversement proportionnelles aux quantités d'oxyhémoglobine dissoutes dans un même volume des deux solutions. Pratiquement, on se sert de l'appareil appelé *hématoscope*, formé par deux lames de verre de 60 millimètres de longueur, en contact à une extrémité, distantes de 300 μ à l'autre extrémité, comprenant ainsi entre elles un espace angulaire dans lequel on fait pénétrer le sang dilué et hémolysé. On déplace l'appareil devant un spectroscope, ou mieux devant un microspectroscope, et on détermine l'épaisseur minima pour laquelle le spectre présente nettement les deux bandes séparées par un intervalle franchement éclairé. On procède de même avec la solution type titrée, et on a tous les éléments pour calculer la teneur en oxyhémoglobine du sang dilué et hémolysé. Cette méthode est peu précise, car la détermination du point où commence à se manifester le *phénomène des bandes* est chose très délicate. Elle est insuffisante pour les recherches précises, mais convient en clinique, car elle ne demande que de très petites quantités de sang.

3. Supposons que le sang soit vigoureusement agité au contact de l'air : toute la matière colorante passe à l'état d'oxyhémoglobine, à une fraction négligeable près. Supposons qu'on provoque par un procédé quelconque la *dissociation* de cette oxyhémoglobine et qu'on recueille l'oxygène mis en liberté; on en conclura la quantité d'oxyhémoglobine, puisque 1 gramme d'oxyhémoglobine abandonne $1^{cc},58$ d'oxygène, mesuré à la température de $0°$ et à la pression de 760 millimètres.

Pour faire cette mesure, on soumet le sang battu à l'air à *l'action du vide à la température de* 100°, l'oxygène provenant de la dissociation de l'oxyhémoglobine est mis en liberté, ainsi que l'oxygène dissous dans le sang. Si on connaît la quantité normalement dissoute dans le sang (et le calcul a pu en être fait, d'une façon sensiblement exacte, une fois pour toutes), par différence, on connaîtra la quantité d'oxygène provenant de la dissociation de l'oxyhémoglobine; on pourra, par conséquent, calculer la quantité de cette dernière substance.

4. La matière colorante du sang est la seule substance *ferrugineuse* qui soit contenue dans ce liquide; si donc on détermine la *quantité de fer* contenue dans un volume déterminé de sang, on pourra calculer la quantité d'oxyhémoglobine contenue dans ce volume de sang, si on a, une fois pour toute, déterminé la

proportion de fer contenu dans un poids donné d'oxyhémoglobine de l'animal considéré (voir p. 183).

Pratiquement, il faudra dessécher le sang, incinérer le résidu, reprendre les cendres par l'eau acidulée par l'acide chlorhydrique, et doser le fer dans la solution obtenue.

En opérant par l'un ou l'autre de ces procédés, mais surtout par la *méthode spectrophotométrique*, ou par la *méthode de dosage du fer*, on trouve que 100 grammes de sang humain contiennent de 12 à 15 grammes d'hémoglobine, en moyenne 13,5 grammes.

Cette matière colorante constitue la plus grande partie des globules rouges, puisque 100 parties en poids de globules rouges

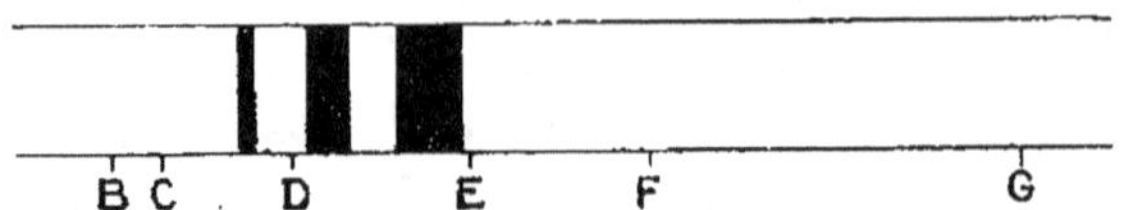

Fig. 68. — Spectre d'absorption des solutions alcalines de méthémoglobine.

desséchés contiennent, chez l'homme, environ 90 parties d'hémoglobine ; la matière colorante constitue ainsi les 9 dixièmes du globule rouge, abstraction faite, bien entendu, de l'eau qui entre dans la constitution du globule.

4. — MÉTHÉMOGLOBINE.

L'oxyhémoglobine n'est pas le seul composé oxygéné de l'hémoglobine : il en existe un autre, la *méthémoglobine*.

La méthémoglobine se produit aux dépens de l'hémoglobine sous l'influence de certains agents oxydants, ferricyanure de potassium, permanganate de potasse, nitrite de potasse, nitrite d'amyle, chlorate de soude, aniline, antifébrine, etc. ; inversement, sous l'influence de certains agents réducteurs, la méthémoglobine fournit de l'hémoglobine. Mais, d'une part, la méthémoglobine ne se produit pas par action directe de l'oxygène atmosphérique, et, d'autre part, elle n'est pas dissociable.

On a pu établir, d'ailleurs, que lorsqu'on fait agir les agents oxydants méthémoglobinisants sur l'oxyhémoglobine, il se produit tout d'abord une réduction de l'oxyhémoglobine à l'état d'hémoglobine, avec libération de l'oxygène dissociable, et que l'oxydation méthémoglobinisante ne constitue que le second stade de la réaction. De même, si on fait agir les mêmes agents sur la carboxyhémoglobine (résultant de la substitution d'une molécule d'oxyde de carbone à la molécule dissociable d'oxygène de l'oxyhémoglobine), dans un premier stade, il y a dégagement d'oxyde de carbone, dans un second, oxydation et transformation en méthémoglobine. Tous ces faits établissent nettement que la méthémoglobine est un oxyde d'hémoglobine, stable, différant profondément de l'oxyhémoglobine et nullement une oxyhémoglobine oxydée.

La méthémoglobine se produit quand on ajoute à une solution d'oxyhémoglobine, ou à du sang hémolysé, quelques gouttes d'une solution concentrée de ferricyanure (cyanure rouge) de potassium. Lorsqu'on opère avec une solution pure d'oxyhémoglobine, si, après addition de ferricyanure de potassium, on refroidit à 0°, et si on ajoute un quart de volume d'alcool refroidi à 0°, la méthémoglobine se dépose sous forme cristalline. La méthémoglobine de cobaye se présente sous formes de tétraèdres; celles de rat et d'écureuil, sous forme de plaques hexagonales.

Les *solutions aqueuses de méthémoglobine* présentent un *spectre d'absorption* à trois bandes : l'une dans le rouge entre C et D, les deux autres entre les raies D et E du spectre solaire. (Pl. col. I, fig. IV.)

Les solutions de méthémoglobine, additionnées d'ammoniaque, présentent également trois bandes situées sensiblement dans les mêmes régions du spectre : les deux premières étant toutefois un peu déplacées vers le violet.

5. — HÉMOGLOBINES OXYCARBONÉE ET OXYAZOTÉE.

L'*hémoglobine* forme avec l'*oxyde de carbone* une combinaison résultant de l'union directe d'une molécule d'hémoglobine et d'une molécule d'oxyde de carbone, ou de la substitution d'une molécule d'oxyde de carbone à la molécule d'oxygène dissociable dans l'oxyhémoglobine, par conséquent de la substitution d'un volume d'oxyde de carbone à un égal volume d'oxygène. C'est l'*hémoglobine oxycarbonée ou carboxyhémoglobine*.

Cette combinaison n'est pas dissociable [1] soit à 15°, soit à 40°;

1. Il n'est pas rigoureusement exact de dire que la carboxyhémoglobine n'est pas dissociable. En fait, elle est très faiblement dissociable à la température du corps, mais sa tension de dissociation est si faible qu'on peut admettre prati-

par conséquent, le *sang oxycarboné* ou une solution d'*hémoglobine oxycarbonée* ne se décomposent pas au contact de l'air à ces
températures. Cette combinaison, d'autre part, est plus stable que
l'oxyhémoglobine, de telle sorte que du sang ou une solution
d'oxyhémoglobine, abandonnés au contact d'une atmosphère
contenant la proportion normale d'oxygène (par conséquent une
atmosphère en présence de laquelle l'oxyhémoglobine ne se dissocie pas) et de très petites quantités d'oxyde de carbone, absorbe
ce gaz : l'oxyhémoglobine est transformée en hémoglobine oxycarbonée.

La connaissance de ces faits permet de comprendre comment un
animal meurt dans une atmosphère contenant des quantités relativement faibles d'oxyde de carbone : l'oxyde de carbone est absorbé
lentement par l'hémoglobine, mais comme l'hémoglobine donne
avec lui une combinaison non dissociable, toute l'hémoglobine ainsi
saturée d'oxyde de carbone est de l'hémoglobine perdue pour la
fixation et le transport de l'oxygène.

La fixation d'oxyde de carbone sur la matière colorante du sang
est physiologiquement équivalente à une saignée.

L'*hémoglobine oxycarbonée* s'obtient *cristallisée* par les procédés employés pour préparer l'oxyhémoglobine cristallisée, mais
en partant du sang oxycarboné ; les formes cristallines sont les
mêmes que celles de l'oxyhémoglobine correspondante ; les cristaux d'oxyhémoglobine et ceux de carboxyhémoglobine sont
isomorphes.

L'*hémoglobine oxycarbonée* présente un *spectre d'absorption*
très semblable au spectre d'absorption de l'oxyhémoglobine ; ce
spectre présente deux bandes d'absorption situées entre les raies
D et E du spectre solaire, sensiblement dans les mêmes zones
que les raies de l'oxyhémoglobine, mais cependant légèrement
déplacées vers l'extrémité violette du spectre[1]. (Pl. col. I, fig. II.)

Traitée par les agents réducteurs, et en particulier par le sulfhydrate d'ammoniaque, l'hémoglobine oxycarbonée n'est pas
ramenée à l'état d'hémoglobine : elle conserve son spectre d'ab-

quement, dans les observations de courte durée (une ou quelques heures), qu'elle
est nulle. Toutefois l'existence de cette très faible tension de dissociation permet
de comprendre comment l'organisme vivant finit, au bout de plusieurs jours, par
se débarrasser de l'oxyde de carbone qui se serait fixé sur une partie de son pigment sanguin.

1. Le milieu des bandes d'absorption de la carboxyhémoglobine correspond aux
longueurs d'onde 572 et 536.

sorption. Dans les mêmes conditions, l'oxyhémoglobine est réduite, et son spectre à deux bandes est remplacé par un spectre à bande unique.

L'*hémoglobine* donne avec le *bioxyde d'azote* une combinaison, l'*hémoglobine oxyazotée*, ou *azotoxyhémoglobine*. Cette combinaison est plus stable que l'hémoglobine oxycarbonée : elle se produit lorsqu'on fait passer un courant de bioxyde d'azote dans une solution d'hémoglobine oxycarbonée. On ne peut pas produire l'hémoglobine oxyazotée par action directe du bioxyde d'azote sur le sang oxygéné, car, en présence de l'oxygène, le bioxyde d'azote fournit, on le sait, des vapeurs nitreuses, qui altéreraient profondément la matière colorante du sang.

Cette hémoglobine oxyazotée s'obtient *cristallisée* : ses cristaux présentent les mêmes formes que ceux de l'hémoglobine oxycarbonée et de l'oxyhémoglobine correspondantes : son *spectre d'absorption* est, comme les spectres de ces deux dernières substances, un spectre à deux bandes comprises entre D et E.

On connaît enfin une *cyanhémoglobine*, résultant de la fixation du cyanogène sur l'hémoglobine. Elle se produit quand on fait passer un courant de cyanogène gazeux dans une solution d'hémoglobine, ou quand on chauffe à 40° une solution d'hémoglobine avec une solution étendue d'acide cyanhydrique.

Le cyanogène ne se substitue directement ni à l'oxyde de carbone dans la carboxyhémoglobine, ni au bioxyde d'azote dans l'azotoxyhémoglobine.

B. — *Produits de décomposition des pigments sanguins.*

Parmi les substances qu'on peut obtenir en partant de la matière colorante du sang, deux présentent une importance considérable, au point de vue de la connaissance de la constitution de l'hémoglobine et de ses rapports avec d'autres matières colorantes de l'organisme : l'*hématine* et l'*hématoporphyrine*; — d'autres, telles que l'*hémine* et l'*hématoïdine*, présentent également quelque intérêt, au point de vue physiologique et médical. Nous étudierons sommairement ces différentes substances.

1. — Hématine et hémine.

Lorsqu'on porte, pendant quelque temps, à *80°* une solution d'oxyhémoglobine ou du sang, l'oxyhémoglobine est transformée en méthémoglobine, et celle-ci est décomposée en une substance albumineuse coagulée et une matière colorante brune, l'*hématine*.

Lorsqu'on traite par l'*alcool* une solution d'oxyhémoglobine, cette matière colorante est précipitée sans décomposition; mais si on maintient pendant quelque temps l'oxyhémoglobine précipitée en contact avec l'alcool, le précipité brunit; il se produit un dédoublement en substance albumineuse coagulée et *hématine*.

Lorsqu'on fait agir sur l'oxyhémoglobine le *suc gastrique* ou le *suc pancréatique*, cette matière colorante est décomposée en une substance albumineuse qui subit les transformations digestives gastriques ou pancréatiques, et *hématine*. — Aussi, trouve-t-on l'hématine dans les excréments, soit à la suite d'une alimentation contenant du sang, soit à la suite d'hémorragies gastriques ou intestinales.

Ces différentes réactions nous montrent que l'*oxyhémoglobine* doit être considérée comme une *protéine conjuguée*, résultant de la combinaison d'une substance albumineuse, appelée *globine*, et de l'*hématine*. L'oxyhémoglobine de cheval fournit 94 p. 100 de son poids de globine, 4,5 p. 100 d'hématine, 1,5 p. 100 de substances diverses.

La *globine* peut être obtenue de la façon suivante : à une solution aqueuse (pauvre en sels) d'oxyhémoglobine, on ajoute une solution très diluée d'acide chlorhydrique, jusqu'à ce que se soit redissous le précipité formé par l'addition des premières gouttes; puis on ajoute à la liqueur 1/5 de son volume d'alcool à 80 p. 100 et 1/2 volume d'éther et on agite : l'hématine passe en solution dans l'éther; la globine reste dans le liquide aqueux. On en précipite la globine par neutralisation au moyen d'ammoniaque.

La *globine* est une substance protéique, insoluble dans l'eau, soluble dans les acides très dilués (ac. chlorhydrique, ac. acétique), ou dans les alcalis fixes très dilués (soude, potasse), insoluble dans l'ammoniaque, etc. En un mot, elle présente les propriétés des histones.

L'*hématine*, préparée pure, donne par la calcination un résidu d'oxyde de fer : c'est donc une substance *ferrugineuse*; sa formule est $C^{32}H^{32}N^4FeO^4$. C'est une substance insoluble dans l'eau, dans l'alcool, dans l'éther, soluble dans l'eau alcalinisée, mais insoluble dans l'eau acidulée, soluble dans l'alcool ou l'éther acidifiés.

Les *solutions alcalines d'hématine* sont *caractérisées spectroscopiquement* par un spectre d'absorption à une bande mal limitée, située à cheval sur la raie D du spectre solaire ; — ses *solutions acides* (dans l'alcool contenant de l'acide sulfurique par exemple) sont caractérisées par quatre bandes situées dans l'orangé, le jaune, le vert et le vert bleu : la première très nette, les trois autres souvent peu distinctes. (Pl. col. I, fig. V et Pl. col. IV, fig. J_3.)

Pour préparer cette hématine pure, on se sert des cristaux d'hémine ou chlorhydrate d'hématine (dont nous indiquons ci-des-

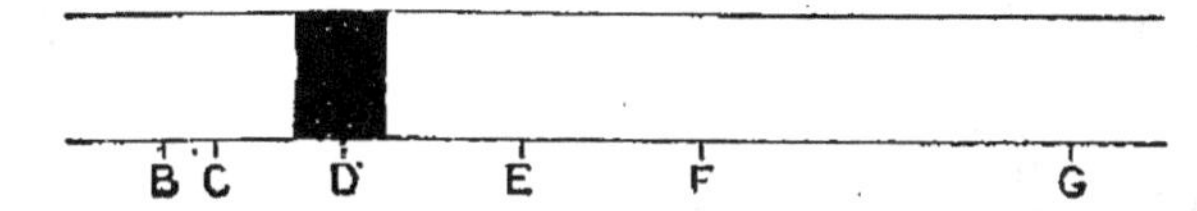

Fig. 69. — Spectre d'absorption des solutions alcalines d'hématine.

sous le mode d'obtention). On dissout ces cristaux dans une solution étendue de potasse, et on traite cette dernière par l'acide

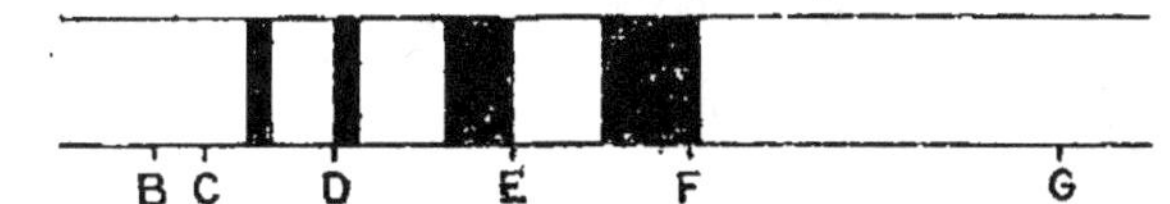

Fig. 70. — Spectre d'absorption des solutions acides d'hématine.

chlorhydrique dilué : l'hématine, insoluble dans l'eau acidulée, se précipite en flocons bruns, qu'on lave à l'eau bouillante.

Supposons qu'on ait débarrassé les globules rouges du plasma ou du sérum dans lequel ils flottent, par décantation et lavages répétés à l'eau salée, qu'on dissolve ces globules par l'eau ou par l'éther, qu'on ajoute à cette solution globulaire 20 volumes d'acide acétique glacial et qu'on maintienne deux heures au bain-marie bouillant. Il se produit un dépôt bleu noir, formé de cristaux microscopiques, insolubles dans l'eau, insolubles dans les acides étendus, insolubles dans l'alcool, l'éther, le chloroforme. Ce sont des cristaux d'hémine, appelés encore *cristaux de Teichmann*. On peut, par lavages à l'eau, à l'alcool, à l'éther, les débarrasser des restes de la liqueur dans laquelle ils se sont formés.

Ainsi préparés, ces cristaux, qui affectent généralement la forme de tablettes rhomboédriques allongées, souvent groupées, sont solubles dans les alcalis caustiques étendus. Ce sont ces solutions qui, neutralisées par un acide étendu, précipitent l'hématine.

L'*hémine* a pour formule $C^{32}H^{32}N^4FeO^4HCl$: c'est du *chlorhydrate d'hématine*.

L'hémine présente un certain intérêt pratique : elle permet de déterminer la véritable nature des vieilles *taches de sang*. Supposons qu'on ait du sang desséché : on le broie avec une très petite quantité de chlorure de sodium, et on humecte la poudre ainsi obtenue avec de l'acide acétique glacial ; on chauffe légèrement, en évitant d'atteindre la température d'ébullition de l'acide acétique,

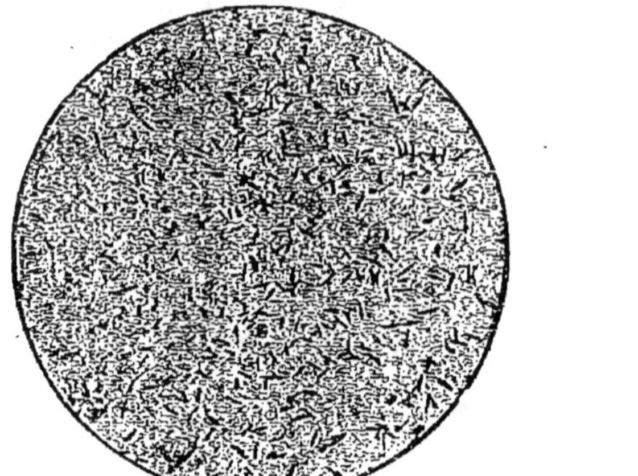

Fig. 71. — Cristaux d'hémine
(photographie d'une préparation).

Fig. 72. — Cristaux de Teichmann
(hémine ou chlorhydrate d'hématine).

et on laisse refroidir. En examinant au microscope, on reconnaît la présence de cristaux d'hémine, qui se sont produits aux dépens de la matière colorante du sang desséché.

2. — HÉMATOPORPHYRINE.

— Lorsqu'on traite l'hématine ou l'hémine par l'acide chlorhydrique fumant, ou par l'acide sulfurique concentré, ou par l'acide acétique glacial saturé d'acide bromhydrique, elles sont décomposées : le fer est enlevé, fixé par l'acide minéral, et l'hématine est transformée en une autre *matière colorante, non ferrugineuse,* l'*hématoporphyrine.*

L'hématoporphyrine, dans ces méthodes de préparation, s'obtient dissoute dans les acides : pour l'obtenir précipitée, il suffit de diluer par l'eau distillée ces solutions acides. On peut également l'obtenir en solutions alcalines. Les solutions acides sont de couleur pourpre ; les solutions alcalines sont d'un beau rouge ; — les solutions acides présentent un spectre d'absorption à deux bandes, les solutions alcalines un spectre à quatre bandes. (Pl. col. I, fig. VII.)

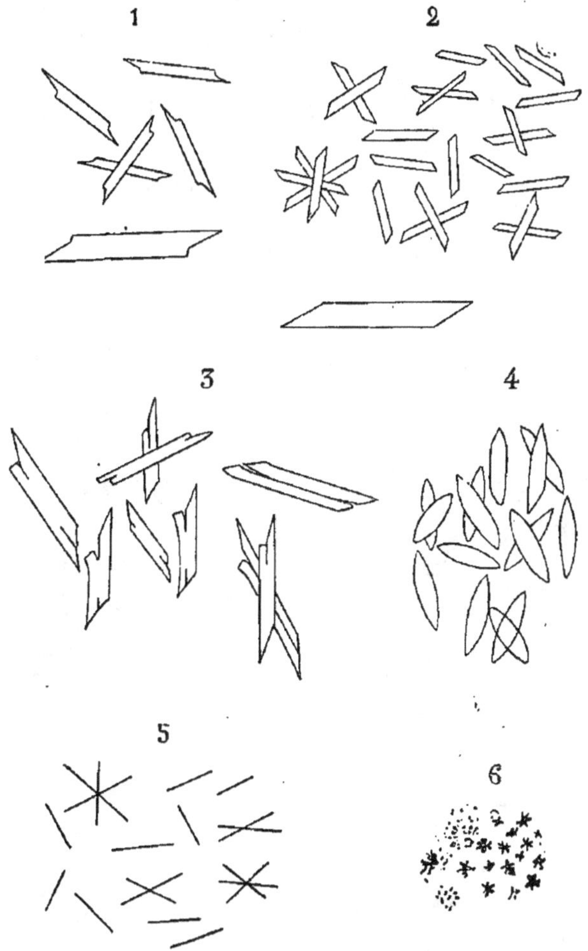

Fig. 73. — Variétés de forme de cristaux d'hémine (d'apr. Florence).

L'hématoporphyrine a pour formule $C^{32}H^{36}N^4O^6$ ou $C^{16}H^{18}N^2O^3$. Cette formule est la formule de la bilirubine, l'une des matières colorantes de la bile. L'*hématoporphyrine* n'est pas identique à la bilirubine, mais elle *est isomère de la bilirubine.*

Dans l'organisme, on peut observer, dans quelques cas, une transformation de la matière colorante du sang en bilirubine : dans de vieux extravasats sanguins, on a observé souvent la présence de

Fig. 74. — Cristaux d'hématoïdine.

tablettes cristallines rhombiques orangées. On avait appelé la substance ainsi cristallisée *hématoïdine*; mais on a reconnu que cette hématoïdine est identique à la bilirubine.

Ces faits sont intéressants à connaître : on est ainsi parvenu artificiellement à obtenir aux dépens de l'oxyhémoglobine une matière colorante isomérique de la bilirubine, — la bilirubine étant elle-même une matière colorante produite par l'organisme aux dépens de l'oxyhémoglobine.

— Nous avons étudié les produits principaux de la décomposition

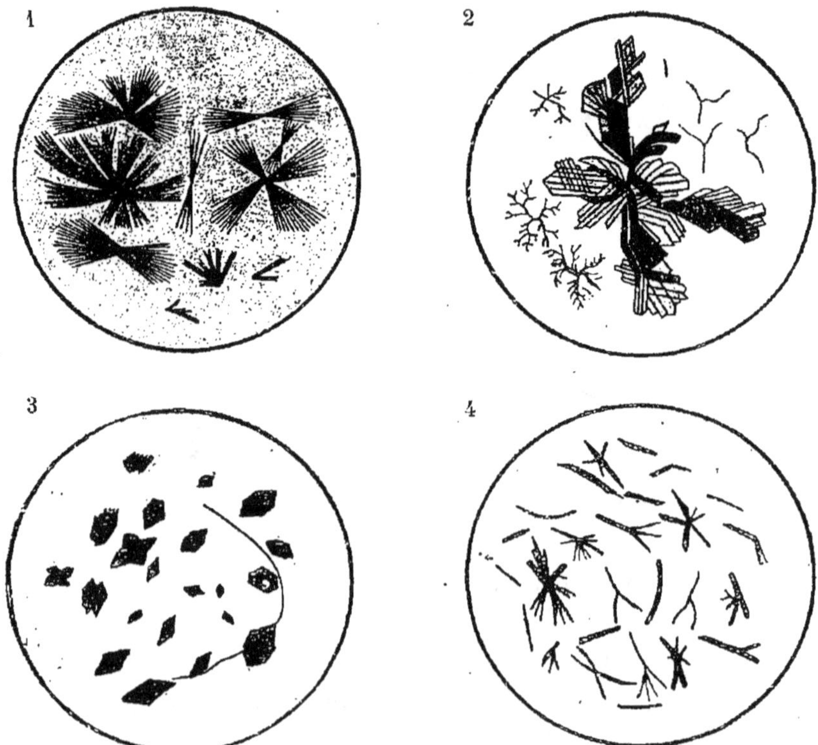

Fig. 75. — Cristaux d'hémochromogène, 1, 2, 4, cristaux provenant du chien; 3, de la chèvre.

de l'oxyhémoglobine. A l'abri de l'oxygène, l'hémoglobine donne une série de produits de décomposition analogues : en particulier, au lieu d'obtenir de l'hématine, on obtient de l'*hémochromogène* (sous l'influence des agents oxydants, cet hémochromogène se

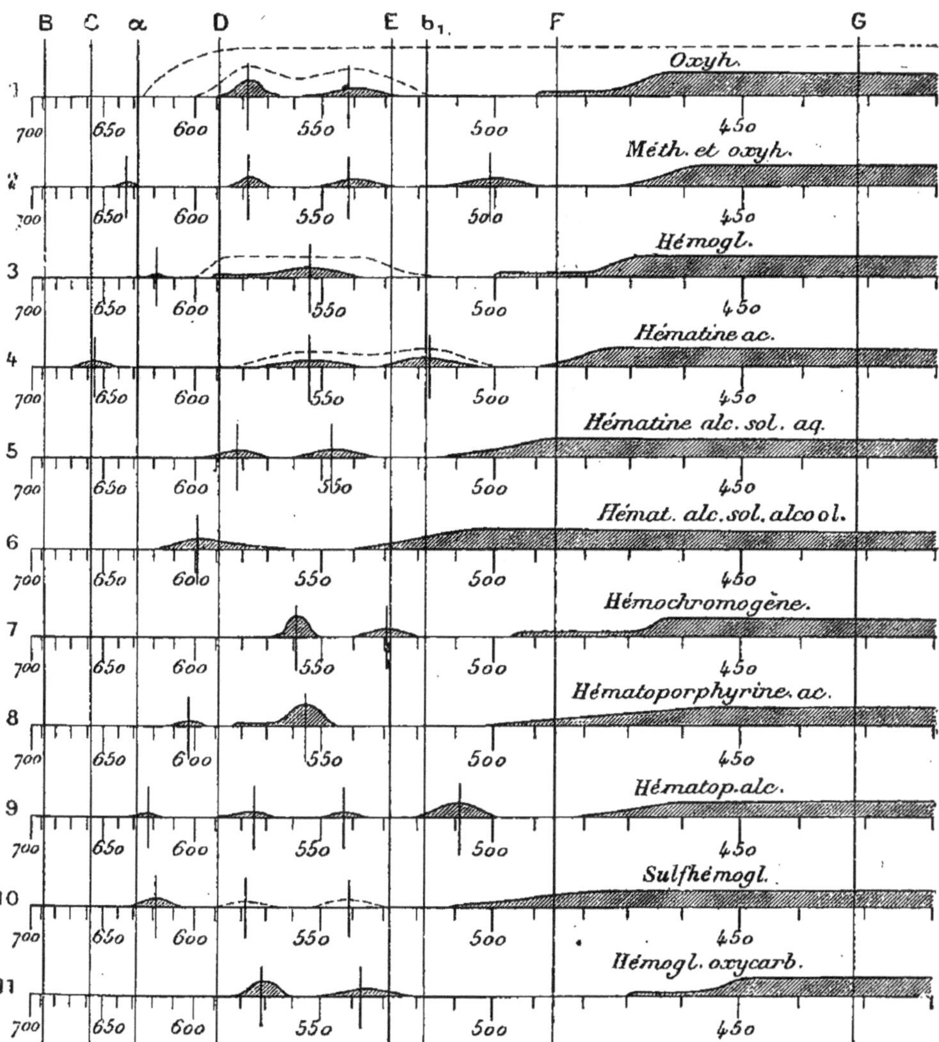

Fig. 76. — Spectres d'absorption des pigments sanguins et de leurs dérivés.

transforme en hématine, et inversement sous l'influence des agents réducteurs, l'hématine se transforme en hémochromogène). (Pl. col. I, fig. VI.)

On a pu établir récemment de très intéressantes relations chimiques entre l'hémoglobine des vertébrés et la chlorophylle des plantes.

De l'hémoglobine, on peut, comme nous l'avons indiqué, obtenir de l'hématine, puis de l'hématoporphyrine $C^{16}H^{18}N^2O^3$; de l'hématoporphyrine, on peut passer à un corps, la mésoporphyrine, $C^{16}H^{18}N^2O^2$ qui est transformable en hémopyrrol $C^8H^{13}N$ ou méthyl-propyl-pyrrol

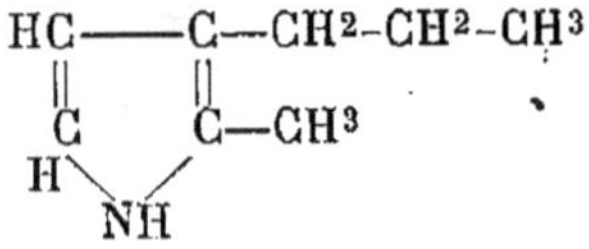

$$
\begin{array}{c}
HC\!-\!\!-\!\!-\!C\!-\!CH^2\text{-}CH^2\text{-}CH^3 \\
\| \qquad \| \\
C \qquad C\!-\!CH^3 \\
H \diagdown \quad \diagup \\
NH
\end{array}
$$

l'hémopyrrol absorbant directement l'oxygène atmosphérique, pour se transformer en urobiline.

De la chlorophylle, on peut obtenir une substance, dite phylloporphyrine $C^{16}H^{18}N^2O$ transformable elle-même en hémopyrrol, puis en urobiline.

Les deux importants pigments, animal et végétal, hémoglobine et chlorophylle, se rattachent ainsi à l'hémopyrrol, dérivé du pyrrol :

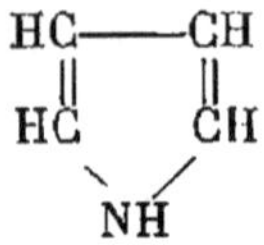

$$
\begin{array}{c}
HC\!-\!\!-\!\!-\!CH \\
\| \qquad \| \\
HC \qquad CH \\
\diagdown \quad \diagup \\
NH
\end{array}
$$

CHAPITRE VIII

LES GAZ DU SANG
ET LES ÉCHANGES GAZEUX
RESPIRATOIRES

I. — DISSOCIATION DE L'OXYHÉMOGLOBINE

L'oxyhémoglobine est une *combinaison oxygénée dissociable*, pouvant se dédoubler, dans des conditions que nous allons préciser, en oxygène et hémoglobine.

Pour comprendre les faits que nous avons à exposer, il faut savoir ce qu'est une *substance dissociable*. — Empruntons un exemple simple de dissociation à la chimie minérale.

Si l'on soumet à l'action d'une température de 860°, en vase clos, du carbonate de chaux, ce corps est décomposé, mais il n'est que *partiellement décomposé*, en gaz carbonique et chaux : il est décomposé jusqu'à ce que le gaz carbonique résultant de la décomposition exerce dans le vase clos une pression de 85 millimètres de mercure. Cette décomposition partielle du carbonate de chaux est un *phénomène de dissociation*. — Le carbonate de chaux est un composé dissociable à la température de 860°.

Inversement, supposons que, dans un vase clos chauffé à 860°, aient été introduits un excès de chaux et du gaz carbonique, ce dernier exerçant une pression supérieure à 85 millimètres; — une partie de ce gaz carbonique se combinera avec la chaux, pour former du carbonate de chaux, jusqu'à ce que la pression du gaz carbonique soit tombée à 85 millimètres.

Si l'on opère à une autre température, à 1 040°, par exemple, les choses se passeront de la même façon, avec cette différence toutefois que la décomposition du carbonate de chaux se poursuivra jusqu'à ce que le gaz carbonique dégagé exerce une pression de 520 millimètres de mercure, — ou que la combinaison du gaz carbonique et de la chaux se poursuivra jusqu'à ce que le gaz carbonique exerce une pression de 520 millimètres de mercure.

Bref, dans les *phénomènes de dissociation*, il s'établit un *équilibre chimique* entre un composé et ses produits de décomposition, cet équilibre dépendant de plusieurs circonstances, dont la plus importante, au moins dans le cas du carbonate de chaux, est la température.

Avant d'aborder l'histoire de la dissociation de l'oxyhémoglobine, il nous faut encore définir la *tension d'un gaz dissous*.

Lorsqu'un liquide est mis en contact avec une atmosphère gazeuse, il dissout une certaine quantité des gaz de cette atmosphère. Par définition, la tension du gaz dissous est égale à la tension du même gaz dans l'atmosphère gazeuse, lorsque l'équilibre est établi. — Si, par exemple, de l'eau est mise en contact avec l'air atmosphérique, elle dissout de l'oxygène et de l'azote; la tension de l'oxygène dissous est égale à 1/5 d'atmosphère, et la tension de l'azote dissous est égale à 4/5 d'atmosphère, parce que l'oxygène et l'azote atmosphériques ont, dans l'atmosphère, des tensions égales respectivement à 1/5 et à 4/5 d'atmosphère.

Ces notions étant admises, supposons qu'on ait préparé une solution d'oxyhémoglobine, et imaginons, pour la clarté de notre exposé, que cette solution ne contienne ni hémoglobine, ni oxygène dissous, mais seulement de l'oxyhémoglobine. Supposons que cette solution ait été introduite dans une enceinte fermée de toutes parts et remplisse complètement cette enceinte. Si l'expérience est faite à une température à laquelle l'oxyhémoglobine est dissociable, par exemple à 15°, voici ce qui va se passer : l'oxyhémoglobine se décompose en hémoglobine et oxygène, qui restent dissous, et cette décomposition se poursuit jusqu'à ce que l'oxygène dissous ait atteint une certaine tension. Lorsque l'équilibre est réalisé, il existe une certaine relation, variable, bien entendu, suivant les conditions de l'expérience, entre l'oxyhémoglobine et ses produits de décomposition.

Inversement, supposons qu'on ait préparé une solution d'hémoglobine, et imaginons, pour la clarté de notre exposé, que cette solution contienne en outre de l'oxygène dissous ayant une certaine tension, et ne contienne pas d'oxyhémoglobine. Supposons que cette solution ait été introduite dans une enceinte fermée de toutes parts et remplisse complètement cette enceinte. Voici ce qui va se passer : une partie de l'oxygène dissous va se combiner à l'hémoglobine dissoute ; et cette combinaison va se poursuivre jusqu'à ce qu'il existe une certaine relation entre l'oxyhémoglobine, l'hémoglobine et l'oxygène dissous, relation qui dépend des conditions de l'expérience.

Au lieu d'opérer en vase clos et complètement rempli par la solution expérimentée, supposons qu'on opère en vase clos, mais contenant de l'air à une certaine tension. Introduisons dans une telle enceinte la solution d'oxyhémoglobine pure, dont nous nous sommes précédemment servis : cette oxyhémoglobine se dissocie jusqu'à ce que soit établi un équilibre chimique, dépendant des conditions de l'expérience, entre l'oxyhémoglobine et ses produits de décomposition : en particulier, la tension de l'oxygène dissous atteint une certaine valeur. Mais cette solution est en contact avec une atmosphère gazeuse : que va-t-il se passer ? Trois cas peuvent se présenter : 1° la tension de l'oxygène dissous est égale à la tension de l'oxygène dans l'atmosphère, aucune modification nouvelle ne va se produire ; — 2° la tension de l'oxygène dissous est supérieure à la tension de ce gaz dans l'atmosphère ; — alors une partie de l'oxygène de dissociation se dégage, de telle sorte que la tension de l'oxygène dissous et celle de l'oxygène gazeux soient les mêmes ; mais l'équilibre chimique des substances en solution est rompu ; une nouvelle quantité d'oxyhémoglobine se décompose, jusqu'à ce qu'un nouvel équilibre chimique soit atteint, et ainsi de suite. On conçoit donc que, dans ces conditions expérimentales, deux équilibres doivent être établis : un équilibre physique entre l'oxygène de l'atmosphère gazeuse et l'oxygène dissous, et un équilibre chimique entre l'oxyhémoglobine, l'hémoglobine et l'oxygène dissous ; — 3° la tension de l'oxygène dissous est inférieure à la tension de ce gaz dans l'atmosphère : — alors une partie de l'oxygène de cette atmosphère se dissout dans la liqueur augmentant la tension de l'oxygène dissous, jusqu'à ce que les tensions de l'oxygène de l'atmosphère et de l'oxygène dissous soient égales : — mais l'équibre chimique des substances dissoutes est rompu : une partie de l'oxygène dissous se recombine à l'hémoglobine jusqu'à ce qu'un nouvel équilibre chimique soit atteint et ainsi de suite. Dans ce cas encore, l'équilibre final est la résultante de deux équilibres : un équilibre physique et un équilibre chimique.

Inversement, dans un vase clos, contenant une certaine quantité d'air, introduisons une solution d'hémoglobine pure, ne contenant ni oxygène dissous, ni oxyhémoglobine dissoute. Une partie de l'oxygène de l'atmosphère se dissout dans la solution jusqu'à ce que la tension de l'oxygène dissous et la tension de l'oxygène de l'atmosphère soient égales. Or l'hémoglobine n'est pas stable en présence de l'oxygène : une partie de l'oxygène dissous se combine donc avec elle jusqu'à ce que soit atteint un certain équilibre chimique. Par suite de cette combinaison, l'équilibre physique précédemment réalisé est rompu : de l'oxygène se dissout de nouveau, etc. Finalement l'équilibre résulte de deux équilibres partiels, l'un physique, l'autre chimique.

Supposons enfin que l'expérience soit faite en présence d'une atmosphère indéfinie de gaz, en présence de l'air libre par exemple. Tout se passe comme dans le cas d'une atmosphère limitée d'air, avec cette différence que l'un des termes de l'équilibre physique ne varie pas, la tension de l'oxygène atmosphérique.

Telles sont les notions les plus générales qu'on puisse énoncer relativement à la dissociation de l'oxyhémoglobine.

L'oxyhémoglobine ne se dissocie pas à la température de 0°; mais aux températures supérieures, notamment à la température ordinaire, 15-20°, et à la température du corps 37°, elle se dissocie.

La relation qui existe entre l'oxyhémoglobine, l'hémoglobine et l'oxygène dissous, lorsque l'équilibre chimique est atteint, varie avec la température. Si l'on suppose établi l'équilibre chimique d'une telle solution à 15° et si l'on élève la température à 40°, une nouvelle portion d'oxyhémoglobine se décompose. En d'autres termes, la tension de l'oxygène résultant de la dissociation de l'oxyhémoglobine, ce qu'on appelle la *tension de dissociation de l'oxyhémoglobine*, varie avec la température : elle *augmente avec la température*.

Le rapport qui existe entre les quantités d'hémoglobine et d'oxyhémoglobine, à une même température, varie avec la quantité de ces substances en solution. Le rapport de la quantité d'oxyhémoglobine à la quantité d'hémoglobine augmente lorsque la quantité des pigments dissous augmente.

— La question qui nous occupe peut être envisagée à un autre point de vue :

Les solutions d'hémoglobine, exposées à l'air et agitées au contact de l'air, absorbent des quantités variables d'oxygène, ces quantités dépendant de l'équilibre chimique qui s'établit entre l'oxyhémoglobine, l'hémoglobine et l'oxygène dissous dans les conditions de l'expérience. — Cet oxygène absorbé se compose de deux parts : l'oxygène combiné et l'oxygène dissous. Pour la clarté de notre exposé, négligeons cette dernière part, et ne nous occupons que de l'oxygène combiné.

La tension de dissociation de l'oxyhémoglobine, avons-nous dit, augmente avec la température. Par conséquent, toutes choses égales d'ailleurs, une même solution d'hémoglobine absorbe plus d'oxygène à 15° qu'à 40°.

Le rapport de l'oxyhémoglobine à l'hémoglobine augmente avec la quantité de pigment dissous ; — par conséquent, toutes choses égales d'ailleurs, une solution d'hémoglobine absorbe, pour une même quantité d'hémoglobine, d'autant plus d'oxygène qu'elle est plus concentrée.

Si l'on fait varier la tension de l'oxygène dissous, la quantité d'oxyhémoglobine varie d'une façon remarquable.

Lorsqu'on opère par exemple à 40°, voici ce qu'on observe : dans une atmosphère ne contenant pas d'oxygène, une solution d'hémoglobine n'est pas modifiée. — Supposons que l'atmosphère en contact avec la solution d'hémoglobine contienne une faible proportion d'oxygène ; supposons, pour fixer les idées, que cet oxygène ait une tension de 10 millimètres de mercure, par exemple : la solution des pigments sanguins contiendra beaucoup d'hémoglobine et peu d'oxyhémoglobine ; en d'autres termes, elle absorbera peu d'oxygène. — Supposons que la pression de l'oxygène augmente dans l'atmosphère, atteigne 20, 30, etc. millimètres de mercure, la solution des pigments sanguins contiendra de moins en moins d'hémoglobine et de plus en plus d'oxyhémoglobine ; en d'autres termes, elle absorbera de plus en plus d'oxygène. — Il en sera ainsi jusqu'à ce que la pression de

l'oxygène atteigne 60 millimètres de mercure environ; à ce
moment, la solution renferme très peu d'hémoglobine et beaucoup
d'oxyhémoglobine : en d'autres termes, elle a absorbé beaucoup
d'oxygène. — Lorsque la pression de l'oxygène augmente encore
au delà de 60 millimètres, le rapport de l'oxyhémoglobine à
l'hémoglobine augmente encore un peu, mais fort peu : en
d'autres termes, la quantité d'oxygène absorbé augmente un peu, .
mais très peu (fig. 77).

En résumé, on peut dire que la quantité d'oxygène absorbé par

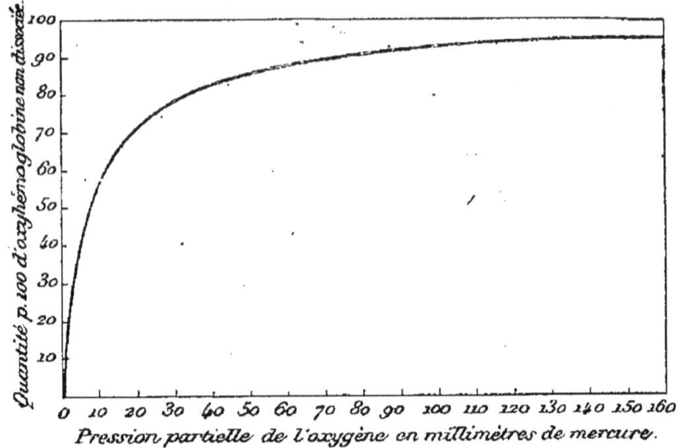

Fig. 77. — Courbe de la dissociation de l'oxyhémoglobine (d'apr. Hüfner).

une solution d'hémoglobine augmente avec la pression de l'oxygène dans l'atmosphère : la quantité d'oxygène absorbé augmente
rapidement lorsque croît la pression de l'oxygène de 0 jusqu'à
60 millimètres environ; — elle augmente, mais augmente à
peine, lorsque la pression de l'oxygène croît à partir de 60 millimètres.

Telles sont les principales notions qu'il importe de connaître
pour comprendre quel est l'état de l'oxygène dans le sang, pour
comprendre quel est le mécanisme des échanges gazeux respiratoires.

La quantité d'oxygène faiblement combiné, c'est-à-dire qui
peut être mis en liberté dans la dissociation de l'oxyhémoglobine
est de 1 cc. 58 (mesuré à la température de 0° et à la pression
760 millimètres de mercure) pour 1 gramme d'oxyhémoglobine [1].

1. Il n'existe qu'une seule oxyhémoglobine; c'est-à-dire qu'une hémoglobine
donnée ne contracte qu'une seule combinaison dissociable avec l'oxygène.

II. — GAZ DU SANG

Lorsqu'on porte du sang à l'ébullition, ou lorsqu'on soumet du sang à l'action du vide barométrique, il se dégage des gaz, qui sont de l'*oxygène*, de l'*azote* et du *gaz carbonique*.

Quel est l'état de ces gaz dans le sang? Sont-ils dissous? Sont-ils combinés?

Lorsqu'un liquide est mis en contact avec une atmosphère gazeuse, une certaine quantité de gaz, variable suivant la nature et la température du liquide, la nature et la tension du gaz, est absorbée par le liquide. Si le gaz n'exerce aucune action chimique sur le liquide, s'il ne se combine à aucun des éléments du liquide, s'il se dégage dans le vide, laissant le liquide inaltéré, on dit que ce gaz est dissous.

Lorsqu'un liquide est en contact avec une atmosphère indéfinie d'un gaz, la quantité de gaz dissous, à une température donnée, dans l'unité de volume du liquide est proportionnelle à la pression exercée par le gaz. — On appelle *coefficient de solubilité d'un gaz* dans un liquide, à une température donnée, le nombre qui exprime le volume de gaz, mesuré à 0° et à la pression 760 millimètres, que peut dissoudre, à la température considérée, l'unité de volume du liquide, le gaz exerçant sur ce liquide la pression 760 millimètres.

Pour fixer les idées, considérons comme liquide dissolvant l'eau, et comme gaz dissous l'oxygène; 1 litre d'eau à 0°, étant mis en contact avec une atmosphère indéfinie d'oxygène pur, exerçant une pression de 1 mètre de mercure à la surface du liquide, dissout 0 gr. 0750 d'oxygène, — 1 litre d'eau à 0°, étant mis en contact avec une atmosphère indéfinie d'oxygène pur, exerçant une pression de 0 m. 50 de mercure, en dissout 0 gr. 0375; — 1 litre d'eau à 0°, étant mis en contact avec une atmosphère indéfinie d'oxygène pur, exerçant une pression de 2 mètres de mercure, dissout 0 gr. 1500 d'oxygène, etc.

Le coefficient de solubilité de l'oxygène dans l'eau à 0° est 0,041 : cela veut dire que si l'on met en contact avec une atmosphère d'oxygène pur, exerçant une pression de 760 millimètres de mercure, 1 litre d'eau à 0°, il s'y dissout une quantité d'oxygène, qui, si elle était mesurée à 0° et à la pression 760 millimètres, occuperait 0,041 du volume de l'eau dissolvante, c'est-à-dire, dans l'exemple considéré, 41 centimètres cubes.

Le coefficient de solubilité des gaz varie avec la *température* : il diminue lorsque la température s'élève. Par exemple, les coefficients de solubilité de l'oxygène sont : 0,041 à 0°; —

0,032 à 10° ; — 0,028 à 20°, etc. Les coefficients de solubilité de l'azote sont : 0,020 à 0° ; — 0,016 à 10° ; — 0,014 à 20°, etc.

D'une façon générale, soit V le volume du liquide dissolvant ; soit A le coefficient de solubilité d'un gaz dans ce liquide à une température donnée ; soit H la pression exercée par le gaz à la surface du liquide ; le volume v de gaz dissous, mesuré à 0° et à la pression 760 millimètres, sera :

$$v = V \times A \times \frac{H}{760}.$$

Lorsqu'une atmosphère, composée d'un mélange de plusieurs gaz, est en contact avec un liquide, chacun de ces gaz se dissout avec son coefficient de solubilité propre, et proportionnellement à la pression qu'il exerce dans le mélange gazeux ; ou, comme on dit quelquefois, chaque gaz se dissout comme s'il était seul.

Ainsi, supposons que de l'eau soit en contact avec l'atmosphère (on sait que l'atmosphère renferme environ 1/5 d'oxygène et 4/5 d'azote) ; l'eau dissoudra l'oxygène de l'atmosphère, comme si elle était en contact avec une atmosphère d'oxygène pur exerçant une pression égale à 1/5 × 760 millimètres. Le coefficient de solubilité de l'oxygène à 0° est 0,041 ; la quantité d'oxygène, mesurée à 0° et à 760 millimètres, dissoute dans 1 litre d'eau, est donc, dans ces conditions,

$$1 \text{ litre} \times 0,041 \times \frac{\frac{1}{5} \times 760}{760} \text{ ou } 0 \text{ lit. } 00822.$$

De même, l'eau dissoudra l'azote atmosphérique comme si elle était en contact avec une atmosphère d'azote pur, exerçant une pression de 4/5 × 760 millimètres. Le coefficient de solubilité de l'azote à 0° est 0,020. La quantité d'azote, mesurée à 0° et 760 millimètres, dissoute dans 1 litre d'eau, est donc, dans ces conditions,

$$1 \text{ litre} \times 0,020 \times \frac{\frac{4}{5} \times 760}{760} \text{ ou } 0 \text{ lit. } 016.$$

Lorsqu'un gaz est dissous dans un liquide, il existe deux procédés permettant d'extraire la totalité du gaz : le premier consiste à faire bouillir le liquide, le second consiste à faire le vide à la surface du liquide. L'expérience montre qu'à la température d'ébullition des liquides les gaz simplement dissous se dégagent en totalité : le coefficient de solubilité des différents gaz à la température d'ébullition du liquide dissolvant est égal à 0. —

D'autre part, lorsqu'on fait le vide à la surface d'un liquide, la pression exercée sur le liquide par l'atmosphère gazeuse tend vers 0 et la quantité de gaz dissous dans un volume V tend vers la valeur

$$V \times A \times \frac{0}{760}, \text{ c'est-à-dire 0.}$$

Ces notions étant rappelées, nous pouvons aborder l'étude des gaz du sang. Ces gaz sont-ils dissous? Sont-ils combinés?

L'*azote est dissous* dans le sang. Son coefficient de solubilité dans le sang à la température de 40° est 0,013. L'azote est simplement dissous dans le sang. Si on place du sang en contact avec une atmosphère d'air comprimé ou d'air raréfié, la quantité de l'azote dissous est proportionnelle à la pression de l'azote dans cette atmosphère. Il en est de même si le sang est pris sur des animaux maintenus dans des atmosphères comprimées ou raréfiées : la quantité d'azote contenue dans leur sang varie proportionnellement à la tension de ce gaz dans l'air qu'ils respirent.

L'*oxygène* existe dans le sang sous deux états : *une partie est dissoute, l'autre est combinée* à l'hémoglobine. Nous avons indiqué les conditions d'équilibre physique et d'équilibre chimique dans une solution d'hémoglobine exposée à l'air, dans l'étude que nous avons faite de la dissociation de l'oxyhémoglobine.

Le *gaz carbonique* du sang existe sous *trois états* : état de *simple dissolution*, état de *combinaisons dissociables*, état de *combinaisons stables*.

Le gaz carbonique *dissous* se trouve dans le plasma sanguin.

Le gaz carbonique à l'état de *combinaisons stables* se trouve à l'état de carbonates alcalins.

Le gaz carbonique à l'état de *combinaisons dissociables* se trouve à l'état de bicarbonates alcalins et alcalino-terreux, et de combinaisons avec les globulines du plasma et la matière colorante des globules; les globulines et l'hémoglobine possèdent en effet la propriété de fixer une certaine quantité de gaz carbonique.

Les gaz du sang se trouvent, par conséquent, dans ce liquide (à l'exception du gaz carbonique des carbonates alcalins), soit à l'état de simple dissolution, soit à l'état de composés dissociables. Par le vide, on peut extraire les gaz dissous et déterminer, à une température convenable, la décomposition totale des composés dissociables du sang. Par l'ébullition, on peut de même chasser les gaz dissous, et déterminer la décomposition totale des composés dissociables du sang. Par l'action simultanée du vide et de l'ébullition, on pourra mettre en liberté la totalité des gaz du sang dissous ou faiblement combinés.

Quant au gaz carbonique des carbonates alcalins, d'une façon générale, il ne peut être mis en liberté que par l'action d'un acide : ces carbonates sont en effet stables dans le vide à 100°. Lorsqu'on soumet au vide à 100° du sérum sanguin, on peut, après avoir recueilli les gaz mis en liberté, obtenir un nouveau dégagement de gaz carbonique en traitant par un acide. — Lorsque au contraire on soumet au vide à 100° le sang total, sérum et globules, ou bien plasma et globules, on ne peut plus, après avoir recueilli les gaz mis en liberté, obtenir un nouveau dégagement gazeux en traitant par un acide; c'est donc que le sang total contient une substance, que ne contiennent ni le plasma ni le sérum, substance capable de décomposer les carbonates

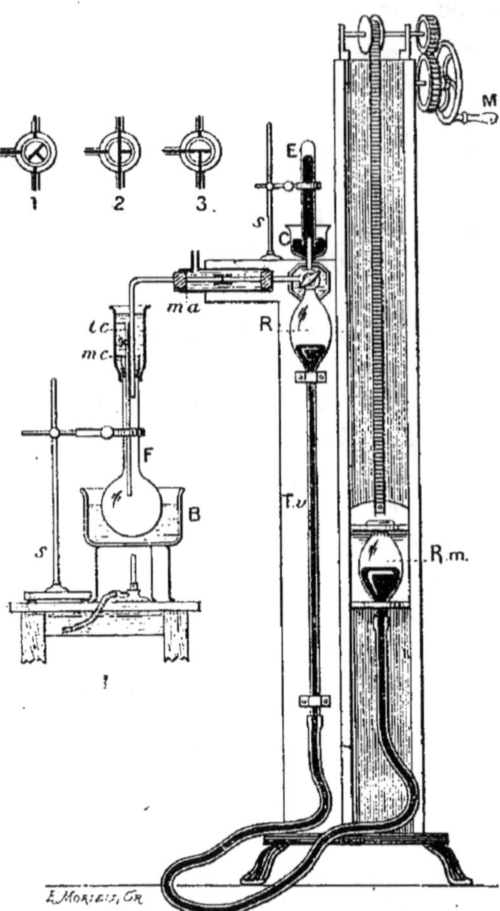

Fig. 78. — Pompe à mercure. Dispositif de Gréhant. — R*m*, réservoir mobile; M, manivelle actionnant ce réservoir; T*v*, tube barométrique; R, réservoir; T*c*, tube de caoutchouc; C, cuve; E, éprouvette pour recueillir les gaz; F, réservoir destiné à recueillir le sang; B, bain-marie; *s*, support; *mc*, *ma*, manchons en caoutchouc pleins d'eau; *tc*, tube de caoutchouc; 1, 2, 3, positions du robinet surmontant le réservoir R : 1, pendant qu'on établit le vide dans le réservoir R ; 2, pendant qu'on relie le réservoir R au réservoir F contenant le sang; 3, pour chasser les gaz dans l'éprouvette E.

alcalins dans le vide à 100°. Cette substance est nécessairement une substance contenue dans les globules sanguins; ce n'est pas

l'hémoglobine, puisqu'elle est détruite à une température inférieure à 100°; c'est la substance ou l'une des substances de la
trame globulaire.

Nous n'entreprendrons pas la description détaillée des appareils
qui servent à extraire et à recueillir les gaz du sang; nous n'indiquerons que le principe de la méthode. On introduit le sang dans
une enceinte où le vide a été fait, enceinte maintenue à 100° : les
gaz sont immédiate-ment et totalement mis en liberté. L'enceinte dans laquelle s'est fait le dégagement gazeux étant mise en
rapport avec une pompe à mercure, on peut aspirer ces gaz et les
faire passer dans un tube renversé sur le mercure; il suffit ensuite de faire l'analyse du mélange gazeux extrait.

Lorsqu'on veut connaître la quantité des gaz du sang circulant,
il convient d'éviter de la façon la plus absolue

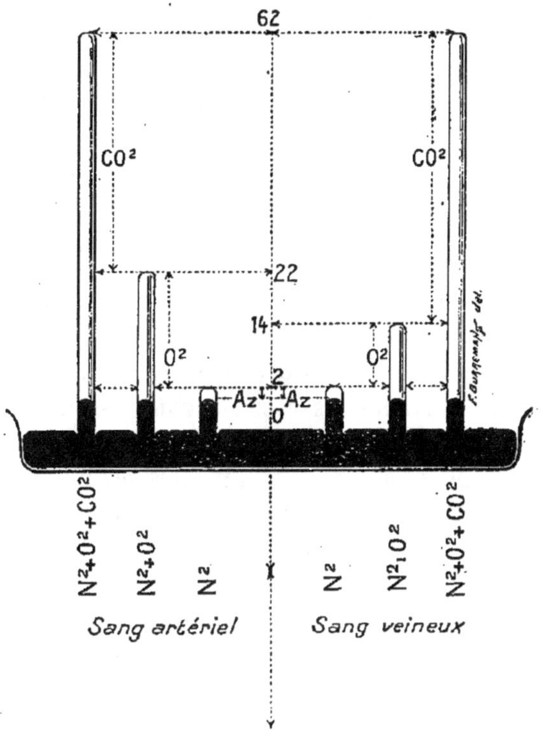

Fig. 79. — Gaz du sang (schéma).

le contact entre le sang et l'air : il convient en outre que le sang
soit rapidement porté à 100°, car le sang conservé quelque temps
à une température de 20 à 40°, à l'abri de l'air, hors des vaisseaux, consomme assez rapidement une partie de son oxygène
et produit du gaz carbonique [1].

On a trouvé les résultats suivants : 100 centimètres cubes de
sang artériel de chien contiennent, en moyenne, les volumes suivants de gaz, mesurés à 0° et 760 millimètres :

1. Cette modification des gaz du sang est empêchée par l'addition de quelques
millièmes de fluorure de sodium au sang.

Azote..	2 centimètres cubes.	
Oxygène......................	20	—
Gaz carbonique...............	40	—
Total	62	—

100 centimètres cubes de sang veineux de chien contiennent en moyenne les volumes suivants de gaz, mesurés à 0° et à 760 millimètres :

Azote. ......,...	2 centimètres cubes.	
Oxygène.................:....	12	—
Gaz carbonique........	48	—
Total	62	—

III. — ÉCHANGES GAZEUX PULMONAIRES

Au niveau des alvéoles pulmonaires s'accomplissent des échanges gazeux : de l'oxygène passe de l'air alvéolaire dans le sang; du gaz carbonique quitte le sang pour passer dans l'air alvéolaire. Ces échanges gazeux s'accomplissent d'après les lois physiques de l'osmose des gaz. L'oxygène passe dans le sang, parce que sa tension dans l'air des alvéoles est supérieure à sa tension dans le sang veineux [1] arrivant au poumon; et il y passe, ou tout au moins y peut passer, jusqu'à ce que sa tension soit la même dans l'air alvéolaire et dans le sang. Le gaz carbonique passe dans l'air alvéolaire, parce que sa tension dans le sang est supérieure à celle qu'il a dans l'air alvéolaire, et il passe, ou tout au moins il peut passer, dans l'air des alvéoles, jusqu'à ce que l'équilibre des tensions carboniques soit établi.

L'air inspiré a la composition de l'air atmosphérique :

Oxygène..........	20,8 volumes.
Azote................................	79,2 —
Gaz carbonique......................	traces.

L'air expiré a une composition moyenne, chez l'homme adulte, respirant tranquillement, donnée par le tableau suivant :

Oxygène............................	16,0 volumes.
Azote..............................	79,6 —
Gaz carbonique......................	4,4 —

1. La question de la détermination de la *tension des gaz du sang* est une question purement physiologique. On la trouvera résumée dans *Précis de physiologie*, par Maurice Arthus, 4° édition, p. 282.

On appelle *coefficient de ventilation* le rapport du volume de l'air inspiré ou expiré à chaque inspiration ou expiration, au volume de l'air contenu dans le poumon. Ce coefficient est égal à un dixième en moyenne.

On peut connaître la composition de l'air alvéolaire au moment de l'expiration, l'air alvéolaire étant à ce moment composé par un mélange de 9 volumes d'air d'expiration et de 1 volume d'air d'inspiration. Cette composition est dès lors la suivante :

$$O^2 = \frac{1}{10} \times (16,0 \times 9 + 20,8) = 16,48 \text{ vol.}$$

$$N^2 = \frac{1}{10} \times (79,6 \times 9 + 79,2) = 79,56 \text{ vol.}$$

$$CO^2 = \frac{1}{10} \times (4,4 \times 9 + 0) = 3,96 \text{ vol.}$$

De là on peut conclure, en faisant abstraction de la vapeur d'eau, pour simplifier, que la tension de l'oxygène dans l'air alvéolaire varie de 16,5 à 16,0 p. 100 d'atmosphère, et que la tension du gaz carbonique dans l'air alvéolaire varie de 4,0 à 4,4 p. 100 d'atmosphère.

Ceci montre : 1° que la tension des divers gaz alvéolaires varie peu suivant le stade respiratoire considéré ; 2° que les échanges gazeux pulmonaires s'accomplissent entre le sang et un air riche en gaz carbonique, puisqu'il en renferme au moins 4 p. 100.

La tension de l'oxygène dans le sang veineux arrivant au poumon est nécessairement inférieure à 16 p. 100 d'atmosphère ; la tension de l'oxygène dans le sang artériel qui quitte le poumon ne peut être supérieure à 16,5 p. 100 d'atmosphère.

La tension du gaz carbonique dans le sang veineux qui arrive au poumon est supérieure à 4 p. 100 d'atmosphère ; et la tension de ce gaz dans le sang artériel qui quitte le poumon est au moins égale à 4 p. 100 d'atmosphère.

CHAPITRE IX

LA LYMPHE. — LES TRANSSUDATS
LES EXSUDATS

I. — LYMPHE

D'une façon générale, la *lymphe* peut être considérée, quant
à sa constitution qualitative, comme un sang dépourvu de globules rouges. Elle est constituée par un *plasma* transparent,
incolore ou très légèrement citrin, tenant en suspension des *cellules lymphatiques*, identiques aux globules blancs du sang.

Le *plasma lymphatique* tient en solution des substances albumineuses, qui sont une sérumalbumine, une sérumglobuline et
une substance fibrinogène; — des sels minéraux (chlorures et
phosphates de soude, de potasse, de chaux, etc.), des gaz (gaz
carbonique et azote, avec traces d'oxygène).

La lymphe extraite de vaisseaux lymphatiques *coagule*, comme
le sang, spontanément; elle donne un *caillot* incolore, peu ferme,
non rétractile[1], constitué par une trame fibrineuse à laquelle
adhèrent les cellules lymphatiques. La quantité de fibrine produite
est plus petite que celle qui est fournie par le même volume de
sang : elle oscille de 4 à 8 décigrammes par litre de lymphe.

---

1. Le caillot de la lymphe ne se rétracte pas, comme fait le caillot sanguin, pour
expulser son sérum; on connaît la raison de cette différence : la rétraction du
caillot sanguin est provoquée par les globulins du sang; la lymphe ne contient
pas de globulins, son caillot ne se rétracte pas.

La coagulation de la lymphe et la coagulation du sang constituent un seul et même phénomène. — Tous les procédés employés pour empêcher ou retarder la coagulation spontanée du sang empêchent ou retardent la coagulation spontanée de la lymphe. La lymphe contient en solution une substance fibrinogène, qui constitue la matière première aux dépens de laquelle se forme la fibrine. Cette substance fibrinogène est dédoublée sous l'influence d'une diastase dérivée des cellules lymphatiques, etc. Tout ce qui a été dit au sujet de la coagulation du sang peut être rigoureusement répété au sujet de la coagulation de la lymphe. Après coagulation, il reste un liquide qualitativement identique au sérum sanguin, le sérum lymphatique.

— Le *chyle* est la *lymphe intestinale* chargée d'innombrables globules gras, absorbés pendant la digestion. La présence, dans le chyle, des globules gras qu'il tient en suspension lui donne une apparence laiteuse. Abstraction faite de ces globules gras, la constitution qualitative du chyle est sensiblement la même que celle de la lymphe.

II. — TRANSSUDATS ET EXSUDATS

— Les grandes cavités séreuses, péritonéale, péricardique, pleurale, contiennent normalement quelques gouttelettes de liquide. Parfois même, surtout chez certaines espèces animales, il existe dans ces cavités une assez forte proportion de liquide : il n'est pas rare de trouver dans la cavité péritonéale du cheval, 500 centimètres cubes et plus de liquide, dans la cavité péricardique du cheval, 50 centimètres cubes et plus de liquide. Ces liquides sont des *transsudats séreux normaux*.

Ces mêmes cavités peuvent contenir aussi du liquide, et en bien plus grande abondance, sous l'influence de causes pathologiques. Ces transsudats pathologiques peuvent être de *nature non inflammatoire* ou de *nature inflammatoire*. Appartenant au groupe des transsudats non inflammatoires, citons le liquide de l'ascite, le liquide de l'hydrocèle, le liquide de l'hydrothorax et le liquide de l'hydropéricarde, auxquels il faut joindre le liquide de l'œdème. Ce sont les *transsudats séreux pathologiques*.

Appartenant au groupe des transsudats de nature inflammatoire, citons les liquides de la péritonite, de la péricardite et de la pleurésie ; ce sont les *exsudats inflammatoires*.

Les exsudats inflammatoires diffèrent des transsudats séreux par les deux caractères suivants, connexes, l'un histologique, l'autre chimique : — les transudats séreux ne contiennent pas d'éléments figurés en suspension ; les exsudats inflammatoires renferment d'abondants globules blancs ; — les transsudats séreux ne sont pas spontanément coagulables ; les exsudats inflammatoires coagulent spontanément, donnant un caillot semblable au caillot de la lymphe. Si les transsudats séreux ne coagulent pas spontanément, cela ne tient pas à l'absence de fibrinogène, mais à l'absence d'éléments générateurs du fibrinferment, à l'absence de globules blancs : additionnés de fibrinferment, de sérum sanguin, de sang défibriné, les transsudats séreux coagulent, nous l'avons dit en étudiant la coagulation du sang.

La composition chimique des transsudats et des exsudats est qualitativement la même que celle de la lymphe, et, par suite, du plasma sanguin. Ils contiennent une sérumalbumine, une sérumglobuline, une substance fibrinogène, etc. On a prétendu que la substance fibrinogène des transsudats et exsudats diffère de la substance fibrinogène du plasma sanguin. Nous avons vu, en étudiant le plasma sanguin, que le fibrinogène coagule à une température de 56°, soit quand il est dans sa solution naturelle, le plasma, soit quand il est en solution dans les solutions salines diluées. La plupart des liquides de transsudats séreux, le liquide de l'hydrocèle notamment, ne coagulent généralement pas à 56° : ce n'est souvent que vers 60° que commence à se former un louche. Cela ne prouve pas que le fibrinogène du plasma sanguin et le fibrinogène du liquide de l'hydrocèle soient différents : si en effet, on prépare des solutions salines de fibrinogène pur, en se servant comme matière première soit du plasma, soit du liquide de l'hydrocèle, on constate que toutes ces solutions coagulent toujours à 56°. Si on dissout dans le liquide de l'hydrocèle du fibrinogène préparé en partant du plasma sanguin, on n'observe pas de coagulation avant 60°. Donc si le fibrinogène du liquide de l'hydrocèle ne coagule pas toujours à 56°, mais quelquefois à 60°, cela tient non pas une différence chimique des deux substances coagulables, mais à la nature des liquides dans lesquels elles sont en solution.

— A côté des transsudats normaux, il faut placer l'*humeur aqueuse de l'œil*, qui, par sa constitution chimique et par ses propriétés, est un véritable transsudat. Elle ne coagule pas spontanément, mais additionnée de sérum sanguin, elle fournit un très minime coagulum fibrineux.

— Le *liquide céphalo-rachidien*, au contraire, ne doit pas être rangé parmi les transsudats, ainsi que l'avaient proposé différents auteurs. Ce n'est pas un transsudat, parce qu'il ne contient ni fibrinogène, ni sérumalbumine : il ne contient pas de fibrinogène, car il ne coagule pas à 56° et ne donne de fibrine, ni spontanément, ni après addition de sérum sanguin ; il ne contient pas de sérumalbumine, car toutes les substances albumineuses dissoutes sont précipitées par le sulfate de magnésie dissous à saturation.

— Le *pus* est-il assimilable aux transsudats? — Le pus est essentiellement constitué par un liquide, généralement peu abondant, dans lequel sont tenus en suspension de très nombreux éléments solides : globules blancs ayant subi la dégénérescence graisseuse et appelés globules du pus, et globules de graisse issus des globules blancs dégénérés et détruits.

Le liquide dans lequel sont suspendus ces globules solides doit être appelé *sérum du pus* et non pas plasma du pus : il contient en effet de la sérumalbumine, de la sérumglobuline comme le sérum sanguin ; mais il ne contient pas de fibrinogène : il n'est coagulable ni spontanément, ni après addition de sérum sanguin. Le sérum du pus renferme, en outre, une ou plusieurs substances du groupe des nucléoprotéides, dérivées vraisemblablement des éléments figurés désagrégés.

CHAPITRE X

LE TISSU CONJONCTIF

Sommaire. — Constitution générale du tissu conjonctif. — I. Tissu conjonctif proprement dit. Collagène et gélatine. — II. Tissu cartilagineux. Chondrine. — III. Tissu osseux. Matières minérales.

Les tissus qu'on réunit sous le nom général de tissus conjonctifs se présentent sous des aspects parfois bien différents : le tissu cellulaire sous-cutané semble différer profondément du tissu cartilagineux ; le tissu adipeux semble différer profondément du tissu de la dent ; le tissu des tendons et des ligaments semble différer profondément du tissu des os. Cependant ces différents tissus ont une même constitution histologique, une même composition chimique.

Tous les tissus conjonctifs, sont essentiellement constitués par les éléments suivants :

1. Des *cellules* — cellules du tissu conjonctif, cellule de cartilage, etc.

2. Des *fibres conjonctives* blanches, onduleuses, extrêmement fines, non ramifiées et non anastomosées.

3. Des *fibres élastiques* jaunâtres, ramifiées et anastomosées, moins fines que les fibres conjonctives.

4. Une *substance fondamentale* dans laquelle sont plongées les cellules et les fibres.

Nous diviserons, pour la clarté de la description, les tissus conjonctifs en trois groupes : — I. Tissu conjonctif proprement dit ; — II. Tissu cartilagineux ; — III. Tissu osseux.

I. — TISSU CONJONCTIF PROPREMENT DIT

L'étude des cellules du tissu conjonctif est une étude presque exclusivement histologique : englobées dans la substance fondamentale du tissu conjonctif, elles n'ont pu être suffisamment isolées pour que leur composition chimique ait été étudiée avec quelque précision.

Dans le tissu graisseux, qui n'est qu'une variété de tissu conjonctif, les cellules se sont gorgées de matières grasses qui sont des mélanges de tristéarine, de tripalmitine et de trioléine.

Les fibres conjonctives sont essentiellement constituées par une substance appelée *collagène*. Le collagène est insoluble dans l'eau, il est gonflé par les alcalis dilués, ou par l'acide acétique dilué ; les sels neutres contractent le collagène gonflé. Le collagène, soumis à l'action des acides dilués à la température d'ébullition ou à l'action de l'eau surchauffée (dans la marmite de Papin), est transformé en *gélatine* (Voy. chap. IV, p. 116).

Les fibres élastiques sont essentiellement constituées par une substance appelée *élastine* (Voy. chap. IV, p. 117), appartenant au groupe albumoïde.

La substance fondamentale du tissu conjonctif est une *mucine*. On l'en peut extraire et la mettre en évidence en traitant le tissu conjonctif, pendant quarante-huit heures, à la température ordinaire, par l'eau de chaux. La mucine est dissoute par cette liqueur : on peut ensuite l'en précipiter en neutralisant par un acide.

II. — TISSU CARTILAGINEUX

Nous prendrons comme type le *cartilage hyalin*, constitué par des cellules encapsulées, plongées dans une masse fondamentale homogène.

Lorsqu'on traite le cartilage hyalin par la vapeur d'eau surchauffée, on engendre, aux dépens de sa substance fondamentale, une substance soluble dans l'eau chaude, et se gélifiant par refroidissement ; cette substance ainsi formée a été appelée *chondrine*, et considérée comme dérivant d'une *substance chondrogène* existant dans le cartilage.

La chondrine toutefois n'est pas une substance simple, mais un mélange complexe, formé en majeure partie de gélatine et de mucine (ou d'une substance voisine des mucines). Comme la gélatine, la chondrine est insoluble dans l'eau froide, dans l'alcool, dans l'éther ; comme la gélatine, elle donne des solutions dans l'eau chaude et se gélifie par refroidissement ; comme les mucines, elle est précipitée par les acides étendus et le précipité est insoluble dans un excès d'acide acétique, mais soluble dans un excès d'acide chlorhydrique; comme les mucines, elle fournit, par l'action prolongée de l'acide chlorhydrique dilué bouillant, une substance réductrice de composition voisine de celle des hydrates de carbone.

On admet généralement aujourd'hui que la substance fondamentale du cartilage hyalin est formée d'un mélange de collagène et de combinaisons d'un acide azoté et sulfuré, l'*acide sulfochondroïtique*, avec des alcalis ou terres alcalines, avec du collagène et avec des substances albumineuses. — L'acide sulfochondroïtique, dont la constitution complexe a été élucidée[1], fournit, parmi les produits de sa décomposition par les acides minéraux dilués à l'ébullition, une substance réductrice, proche dérivée des hydrates de carbone, la glycosamine $CH^2OH\text{-}(CHOH)^3\text{-}CH(NH^2)\text{-}CHO$; sa combinaison avec les substances albumineuses, que nous signalons dans le cartilage, représente la mucine contenue dans la chondrine.

Sous l'influence de la vapeur d'eau surchauffée, la substance collagène du cartilage donne la gélatine; les sels minéraux de l'acide sulfochondroïtique ne sont pas altérés; les combinaisons de cet acide avec le collagène et avec les substances albumineuses sont partiellement décomposées; il se forme de la gélatine, des substances albumineuses coagulées, et de l'acide sulfochondroïtique libre, qui s'unit, au moins partiellement, aux alcalis du tissu. — Dans l'eau surchauffée, se dissolvent dès lors la gélatine formée, les sulfochondroïtates d'alcalis formés ou préformés, le sulfochondroïtate de collagène et la mucine non transformés, le tout constituant ce qu'on avait considéré comme une substance unique, la chondrine.

En traitant par un acide dilué la chondrine dissoute à chaud, on détermine la formation d'un précipité formé d'acide sulfochondroïtique libre, de sulfochondroïtate de collagène et de mucine,

---

1. L'acide sulfochondroïtique maintenu en contact avec l'acide chlorhydrique dilué pendant plusieurs jours à 40° se décompose en acide sulfurique et en chondroïtine. La chondroïtine est elle-même décomposée par les acides minéraux bouillants en acide acétique et en chondrosine, qui est un amino-acide.

La chondrosine résulte probablement de l'union de la glycosamine et de l'acide glycuronique, deux corps qui présentent un grand intérêt physiologique et que nous avons précédemment notés (p. 67). Mais il convient d'ajouter que cette conception n'est pas universellement admise, parce que la chondrosine ne donne pas certaines réactions caractéristiques de la glycosamine ou de l'acide glycuronique et de leurs composés.

mélange qu'on a autrefois considéré comme un corps défini, qu'on avait appelé *chondromucoïde*.

III. — TISSU OSSEUX

L'os semble différer profondément des autres formes du tissu conjonctif. Il n'en diffère cependant que par un abondant dépôt de matières minérales (50 à 80 p. 100).

Les matières organiques qui entrent dans sa constitution sont l'*élastine* et l'*osséine*; l'élastine, que nous avons déjà trouvée dans les fibres élastiques du tissu conjonctif; l'osséine, qui est identique à la substance collagène des fibres conjonctives.

Les substances minérales des os sont : le *phosphate tricalcique*. le *carbonate de chaux* et, en petites quantités, le chlorure de calcium et le phosphate de magnésie.

Voici une analyse des cendres d'os humain (fémur) :

Phosphate de chaux	87,45	p. 100
— de magnésie	1,57	—
Fluorure de calcium	0,35	—
Chlorure de —	0,23	—
Carbonate de —	10,18	—
Oxyde de fer	0,10	—

Les *dents* sont chimiquement constituées comme le sont les os. Voici une analyse de dents humaines :

	Dentine.	Émail.
Substances organiques	29,15	6,82
Chaux	38,18	50,22
Magnésie	1,51	0,73
Ac. phosphorique	30,24	40,69
Ac. sulfurique	0,38	0,30
Fluor	0,48	1,09

CHAPITRE XI

LE TISSU NERVEUX

Sommaire. — Constitution générale du tissu nerveux. Neurokératine. Protagon. — Rhodopsine ou pourpre rétinien.

Nous ne voulons qu'indiquer très sommairement les principales substances qu'on trouve dans le tissu nerveux.

Ce sont des *substances protéiques* : substances albumineuses, protéides et albumoïdes. Parmi les premières, signalons des substances appartenant au groupe des albumines, d'autres au groupe des globulines ; — parmi les protéides, des nucléoprotéides ; — enfin, parmi les albumoïdes, de la neurokératine.

Ce sont des *matières grasses* : graisses neutres (trioléine, tripalmitine, tristéarine) et graisses phosphorées (lécithine et protagon)

Ce sont des *substances extractives*, dont la plus importante est la cholestérine.

Ce sont des matières salines.

Ces différentes substances ont été étudiées pour la plupart dans d'autres chapitres ; bornons-nous à parler de la *neurokératine* et du *protagon*.

La *neurokératine* se rattache intimement à la kératine des productions cutanées par son insolubilité dans l'eau, l'alcool, l'éther, les acides minéraux étendus ; — par sa résistance aux sucs gastrique et pancréatique ; — par sa composition centésimale et par sa richesse en soufre ; par ses produits de décomposition et par sa richesse en tyrosine.

La *kératine* se rencontre dans les productions cutanées épithéliales, par conséquent dans les produits qui tirent leur origine des éléments de l'épiblaste. On sait que le système nerveux

central dérive d'une invagination de cellules épiblastiques dans les
profondeurs du mésoblaste. La présence de neurokératine dans le
tissu nerveux vient établir, par surcroît, un rapprochement chimique entre deux tissus dérivés d'un même feuillet du blasto-
derme : c'est à ce point de vue que la neurokératine est importante à signaler dans le tissu nerveux (Voy. chap. XII, p. 227).

Le *protagon* est considéré par quelques auteurs comme de la
lécithine. Il semble cependant qu'on doive distinguer dans le tissu
nerveux à la fois de la lécithine, et une autre substance voisine, le
protagon. Cette substance, d'après les auteurs qui admettent son
individualité, pourrait être considérée comme une combinaison de
lécithine et d'une autre substance à laquelle on a donné le nom
de *cérébrine*. — Ce protagon, soumis à l'action de la baryte caustique à l'ébullition, fournit les produits de décomposition de la
lécithine : acides gras, acide phosphoglycérique et choline; il
fournit en outre une substance azotée, mais non phosphorée, que
nous nous bornons à signaler, la *cérébrine*.

A l'étude du système nerveux doit se rattacher celle de l'*œil*.
Nous nous bornerons d'ailleurs ici à quelques sommaires indications sur une substance remarquable, contenue dans la portion
externe des bâtonnets de la rétine, chez un certain nombre d'animaux, un pigment auquel les divers auteurs qui s'en sont occupés
ont donné les noms de *pourpre rétinien*, *pourpre visuel*, *rhodopsine*, *érythropsine* ou *rouge visuel*.

La *rhodopsine* a la propriété d'être altérée par la lumière,
qu'elle soit contenue dans les bâtonnets rétiniens, ou qu'elle en
ait été extraite : sa teinte passe du rouge carmin, au rouge, à
l'orangé et au jaune. — La lumière rouge ne produit cette transformation que très lentement.

Pour extraire cette substance, on sacrifie des animaux (gre-
nouilles, par exemple, ou animaux domestiques) maintenus auparavant à l'obscurité; l'œil est enlevé, la rétine est isolée, toujours à
l'obscurité au moins partielle. Puis la rétine est traitée par une
solution de 2 à 5 p. 100 de sels biliaires dans l'eau : c'est là
le meilleur dissolvant connu de la rhodopsine. On obtient ainsi
une solution claire, de couleur rouge pourpre. Desséchée dans le
vide, elle laisse déposer un résidu ressemblant à du carminate

d'ammoniaque. Dialysée en présence de l'eau, elle perd ses sels biliaires et laisse déposer une poudre violacée.

La rhodopsine présente un spectre d'absorption sans bandes; elle absorbe la lumière depuis le jaune jusqu'au violet.

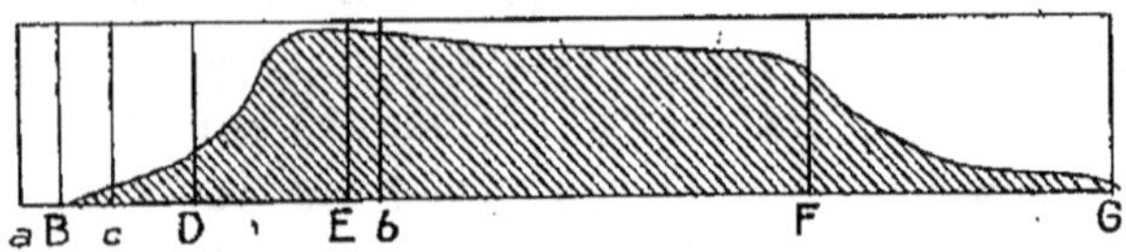

Fig. 80. — Spectre d'absorption de la rhodopsine (d'après Kühne).

La rhodopsine est détruite par la chaleur (instantanément à 76°, en quelques heures à 52°); elle est détruite par les alcalis, par les acides, par l'alcool, par l'éther, par le chloroforme.

CHAPITRE XII

LES PRODUCTIONS CUTANÉES

Sommaire. — Kératine. — Sueur.

La peau dans ses parties profondes, est essentiellement constituée par du tissu conjonctif normal, dont nous avons étudié la composition (Voy. chap. x, p. 220).

Les parties superficielles de la peau peuvent subir, dans certaines régions, des modifications dans leur structure histologique, et se transformer en *productions cornées* : tels sont les *cheveux*, les *poils*, la *laine*, les *ongles*, les *sabots*, les *cornes*, les *plumes*, le *bec*, etc.

La substance fondamentale de ces productions est la *kératine*.

La kératine est une protéine : en effet, comme les protéines, elle est essentiellement composée de carbone, hydrogène, oxygène, azote et soufre; — comme les protéines, elle donne les réactions colorées, xanthoprotéique, du biuret, de Millon et glyoxylique; — comme les protéines, elle donne, sous l'influence des acides minéraux, à haute température, et en général sous l'influence des agents hydrolysants, des produits de décomposition, parmi lesquels il faut citer le gaz carbonique, l'ammoniaque, des amino-acides : leucine, tyrosine, acide aspartique, glycocolle, alanine et phénylalanine, valine, sérine, lysine, arginine, cystine, etc., toutes substances dont nous avons indiqué la constitution et les relations chimiques, en étudiant (Chap. iv, p. 75) les produits d'hydrolyse des protéines.

Cette substance est remarquable par sa résistance aux agents chimiques; elle n'est ni dissoute ni modifiée par l'eau, par l'alcool, par l'éther, par les acides étendus, par le suc gastrique, ou par le suc pancréatique, mais elle ne résiste pas indéfiniment aux agents de putréfaction.

Pour agir sur la kératine, il faut la traiter soit par les alcalis caustiques, soit par les acides forts à température d'ébullition, et mieux encore à température plus élevée en vase clos.

La *sueur*, produite par des glandes sudoripares, contenues dans l'épaisseur de la peau, a souvent été comparée à l'urine. On admet que la sécrétion sudorale est normalement acide, au moins chez l'homme. Elle contient des matières minérales qui sont surtout des chlorures avec de petites quantités de phosphates et de sulfates; — et des matières organiques, qui sont surtout des graisses neutres et des acides gras volatils, de la cholestérine, de l'urée, de la créatinine.

La *matière sébacée*, sécrétée par des glandes annexées aux poils, est une substance semi-liquide, contenant, avec des débris épithéliaux, d'abondants globules gras composés de graisses neutres, d'acides gras libres et de savons.

CHAPITRE XIII

LE MUSCLE

On distingue trois sortes de muscles : les *muscles striés*, les
muscles lisses, le *muscle cardiaque*. On sait que les *muscles
striés* sont constitués par des fibres musculaires allongées, présentant des striations transversales et pourvues d'une enveloppe
nommée le sarcolemme ; — que les *muscles lisses* sont constitués
par des cellules fusiformes, allongées, sans sarcolemme ; — que
le muscle cardiaque est constitué par des fibres striées courtes,
divisées et anastomosées entre elles, sans sarcolemme. Les fibres
ou les cellules musculaires sont réunies en masses musculaires
plus ou moins considérables par du tissu conjonctif.

Les masses musculaires comprennent ainsi une masse musculaire proprement dite, englobée dans du tissu conjonctif. Le *sarcolemme* des muscles striés peut être considéré, au point de vue
chimique, comme du tissu conjonctif : on admet en général qu'il
est constitué par une substance voisine de l'élastine, laquelle est
la substance fondamentale des fibres élastiques.

Laissant de côté le tissu conjonctif du muscle, nous étudierons
la composition de la substance musculaire proprement dite.

Le muscle contient des protéines, des sels, des matières extractives, les unes azotées, les autres ternaires ; 100 parties de muscle
humain contiennent environ 25 p. 100 de résidu solide et 75 p. 100

d'eau. Ces matières solides comprennent : protéines, 15 à 20 p. 100 du muscle ; sels minéraux, 3 p. 100 du muscle, etc.

1. — MYOPLASMA

Il est difficile d'étudier la *substance musculaire non transformée*, telle qu'elle existe dans le muscle vivant : cette substance musculaire subit en effet, à la température ordinaire, une transformation importante, aussitôt que le muscle est séparé de l'animal.

Pour obtenir cette substance musculaire non transformée, il faut opérer de la façon suivante : par l'aorte d'une grenouille, on fait passer un courant d'eau salée à 6 p. 1 000, afin de bien débarrasser tout l'appareil circulatoire, et notamment les vaisseaux des muscles, du sang qu'ils peuvent contenir. On refroidit les masses musculaires à — 10° ; on hache avec des ciseaux fortement refroidis, les muscles refroidis ; on broie ce hachis de muscles dans un mortier refroidi à — 10°, au moyen d'un pilon refroidi à — 10°. On obtient ainsi une neige musculaire, qu'on soumet à l'énergique pression d'une presse, elle-même fortement refroidie. La neige musculaire ainsi pressée laisse sourdre un liquide un peu jaunâtre de consistance sirupeuse, appelé *plasma musculaire* ou *myoplasma*, dont la réaction est alcaline.

On admet que ce myoplasma existe dans le muscle vivant parce que l'expérience a démontré les deux faits suivants : le muscle refroidi à — 10° est inexcitable à cette température ; le muscle refroidi à — 10° recouvre toutes ses propriétés lorsqu'il est ramené à la température ordinaire. Donc, dans la préparation du myoplasma, on n'a pu déterminer de modification, ni par le refroidissement, ni par la division et la pression du tissu musculaire.

Laissons le myoplasma, préparé comme nous venons de le dire, se réchauffer. Il se forme, lentement à 0°, instantanément à la température du corps, un *caillot* floconneux et très faiblement rétractile, qui devient peu à peu acide et laisse alors exsuder une petite quantité d'un liquide clair, le *sérum musculaire* ou *myosérum.*

Le caillot est essentiellement constitué par une substance albumineuse, la *myosine.* Ce phénomène de coagulation présente quelque analogie avec le phénomène de coagulation spontanée du sang ;

c'est pour rappeler cette analogie que les auteurs ont employé les termes plasma et sérum. En poursuivant cette analogie, nous pouvons admettre l'existence dans le myoplasma d'une substance génératrice de la myosine, la *substance myosinogène*, équivalente à la substance fibrinogène du sang. De même que, dans la coagulation spontanée du sang, la substance fibrinogène est transformée et donne de la fibrine insoluble dans le plasma sanguin ; de même dans la coagulation spontanée du muscle, la substance myosinogène se transformerait en fournissant de la myosine. — Mais, hâtons-nous de le dire, ce ne sont là que des hypothèses.

Le *myosérum* contient deux substances albumineuses en solution : une globuline et une albumine, une *myoglobuline* et une *myoalbumine*. Traité en effet par du sulfate de magnésie dissous à saturation, le myosérum précipite une substance albumineuse présentant toutes les propriétés des globulines : soluble dans les solutions salines neutres diluées, précipitée partiellement de ses solutions par dilution, par dialyse, par le chlorure de sodium dissous à saturation à froid ; précipitée totalement par le sulfate de magnésie dissous à saturation à froid. Cette myoglobuline en solution saline diluée est coagulable à 63°. — Débarrassé de cette myoglobuline, le myosérum, saturé de sulfate de magnésie, précipite, par addition d'acide, une nouvelle substance albumineuse, soluble dans l'eau et dans les solutions salines diluées, non précipitée de ses solutions par dialyse, ou par dilution, ou par le chlorure de sodium, ou le sulfate de magnésie dissous à saturation à froid, la myoalbuline. Cette myoalbumine coagule à 73°.

Le caillot est essentiellement constitué par la myosine. La *myosine* est une substance insoluble dans l'eau, soluble dans les solutions salines neutres, notamment dans les solutions de chlorure de sodium et de chlorure d'ammonium contenant de 5 à 10 p. 100 de sel, précipitée de ses solutions par dialyse, par dilution, totalement précipitée par le sulfate de magnésie dissous à saturation : *c'est donc une globuline*. Comme le fibrinogène et la fibrine, elle est coagulée à 56° ; comme le fibrinogène, elle est totalement précipitée par le chlorure de sodium dissous à saturation à froid dans ses solutions.

La myosine se distingue du fibrinogène par sa non-transformation par le fibrinferment. La myosine se distingue de la fibrine par sa précipitabilité totale par le chlorure de sodium dissous à saturation à froid.

Le caillot musculaire, le *myocaillot*, n'est pas uniquement formé par la myosine : il renferme une autre substance albumineuse, à laquelle on a donné le nom de *paramyosinogène* (ou *musculine*). Cette substance, qui est une globuline comme la myosine, se distingue de cette dernière par sa coagulabilité à 47°.

Le myoplasma contiendrait donc quatre substances albumineuses : le *myosinogène*, le *paramyosinogène*, la *myoglobuline* et la *myoalbumine*. Abandonné à lui-même à la température ordinaire, ce myoplasma coagule spontanément : cette coagulation résulterait de la transformation du myosinogène de la myosine. En se précipitant, cette myosine entraînerait le paramyosinogène non transformé pour constituer le myocaillot : le *myosérum* ne contenant plus que deux substances albumineuses, la *myoglobuline* et la *myoalbumine*.

On a même supposé que cette transformation du myosinogène en myosine serait un phénomène de fermentation diastasique, comme la transformation du fibrinogène en fibrine : elle se produirait sous l'influence d'une diastase, le *myosinferment*, préparable comme le fibrinferment.

Nous· avons présenté ces notions sous forme dubitative parce qu'elles ne nous semblent pas du tout démontrées. Le parallèle qu'on a tenté de faire entre la coagulation spontanée du sang et la coagulation spontanée du myoplasma repose sur des hypothèses et nullement sur des faits précis : c'est donc, au moins actuellement, une simple vue de l'esprit, rien de plus.

Cette coagulation du plasma musculaire, qui s'accomplit *in vitro, s'accomplit-elle dans le muscle laissé en place?* Oui, répondent les auteurs : c'est grâce à cette transformation que se produit la *rigidité musculaire.* On sait que, plus ou moins vite après la mort, les masses musculaires deviennent rigides. Si l'on soumet à la pression le muscle rigide, on obtient un liquide qui ne coagule pas spontanément, comme le myoplasma que nous avons étudié : le liquide obtenu contient une myoglobuline et une myoalbumine, mais ne contient ni myosine, ni paramyosinogène en quantité appréciable. Si l'on fait macérer un muscle rigide, haché, dans une solution de chlorure de sodium ou de chlorhydrate d'ammoniaque à 10 p. 100, on obtient une liqueur contenant en solution de la myosine et du paramyosinogène. Nous retrouvons ainsi, dans le muscle rigide, des substances du plasma coagulé.

Non seulement *le muscle rigide est un muscle coagulé*, mais encore *tout muscle coagulé est ou a été rigide* : l'expérience démontre de la façon la plus nette que la rigidité apparaît au moment où il n'est plus possible de retirer du muscle convenablement refroidi un plasma spontanément coagulable.

La *rigidité* et la *coagulation du muscle* sont donc *un seul et même phénomène*. Or, si l'on soumet à la presse, à la température ordinaire, un muscle, au moment où il est pris sur l'animal vivant, le liquide qui s'écoule est du myosérum. On peut donc affirmer que l'action mécanique exercée par la presse, à la température ordinaire, sur le tissu musculaire, a suffi pour en provoquer la rigidité.

Le muscle vivant, au repos et reposé, a une réaction neutre; le muscle vivant et fatigué jusqu'à l'épuisement a une réaction acide. Le muscle rigide a une réaction acide. La réaction acide du muscle rigide apparaît-elle en même temps que la rigidité? est-elle en rapport avec la coagulation du muscle? Probablement non, ainsi qu'il résulte des faits suivants.

1. Le plasma musculaire préparé à froid, comme nous avons dit, coagule sans devenir acide : il ne prend une réaction acide que quelque temps après la formation du myocaillot.

2. Un muscle vivant, fatigué jusqu'à l'épuisement (par exemple un muscle d'animal strychniné), a une réaction acide, sans être pour cela rigide.

II. — PIGMENTS DU MUSCLE

Les muscles sont colorés en rouge; ils doivent cette coloration partie à l'*hémoglobine du sang* qui remplit les nombreux vaisseaux compris entre leurs fibres, partie à l'*hémoglobine de leur propre tissu*. La fibre musculaire est en effet colorée en rouge, comme le globule rouge du sang, par l'hémoglobine et par l'oxyhémoglobine : en faisant macérer dans l'eau un muscle débarrassé de sang par lavages intravasculaires, on obtient une liqueur présentant à l'examen spectroscopique les raies de l'oxyhémoglobine.

On a décrit dans le muscle une autre substance colorante, la *myohématine*, caractérisée par son spectre d'absorption : il y aurait même une *myohématine* et une *oxymyohématine*, dérivant l'une de l'autre par oxydation ou par réduction, comme l'hémoglobine et l'oxyhémoglobine. On a contesté l'existence de ces substances, qui n'ont jamais été préparées, et qui ne sont connues que grâce à leurs spectres d'absorption : on a dit que ces substances sont des produits de transformation de l'hémoglobine du muscle par les réactifs employés. La question n'est pas encore définitivement résolue : cependant nous admettrons l'existence de cette substance, parce que sa présence a été constatée dans les muscles des insectes, lesquels, on le sait, ne possèdent pas d'hémoglobine : donc, au moins chez ces êtres, la myohématine ne provient pas d'une transformation de l'hémoglobine par les réactifs.

III. — MATIÈRES EXTRACTIVES DU MUSCLE

Les *matières extractives du muscle* sont les unes ternaires, les autres azotées, les autres minérales.

— Les **substances minérales du muscle** sont les substances minérales de tous les tissus, chlorures et phosphates, sels de potassium, de sodium, de calcium et de magnésium. Mais il convient de signaler la richesse du muscle en phosphore et en sels de potasse, sa pauvreté relative en sels de soude et en chlorures. En voici un exemple.

1 000 parties de muscle contiennent :

Potasse....................................	4,05
Soude......................................	0,77
Chaux et magnésie.........................	0,50
Acide phosphorique........................	4,64
Chlore.....................................	0,67

— Parmi les **substances ternaires du muscle**, signalons le glycogène, l'inosite, la glycose, l'acide lactique.

1. Le muscle contient du *glycogène* en quantité variable, pouvant atteindre 1 et même 1,5 p. 1 000[1]. En étudiant le foie, nous décrirons les procédés de préparation et de dosage du glycogène du foie ; ces procédés sont applicables au muscle ; nous ne les développerons pas ici. Disons seulement que le procédé le plus généralement employé pour démontrer la présence de glycogène dans le muscle, et y doser cet hydrate de carbone, consiste essen-

---

1. La quantité de glycogène du muscle diminue par la contraction et disparaît dans les convulsions strychniques ; — elle diminue aussi, mais moins rapidement, sous l'influence du refroidissement ou du jeûne et finit, mais très tardivement, par disparaître.

tiellement à dissoudre totalement, à l'ébullition, le muscle dans une solution de soude caustique, à raison de 3 à 4 parties de soude pour 180 parties de muscle [1], et, dans cette liqueur, qui contient des alcalialbuminoïdes, des protéoses, du glycogène non altéré (car le glycogène, nous l'avons dit précédemment, n'est pas altéré par la soude caustique, même à l'ébullition), etc., à précipiter les alcalialbuminoïdes par neutralisation, les protéoses par la liqueur de Brücke et l'acide chlorhydrique, puis le glycogène par l'alcool.

2. L'*inosite* a la composition centésimale des glycoses, $C^6H^{12}O^6$. C'est une substance soluble dans l'eau, insoluble dans l'alcool fort, insoluble dans l'éther. Cette substance cristallisable ne possède pas de pouvoir rotatoire, elle n'est pas réductrice, elle ne fermente pas par la levure de bière, caractères qui la séparent profondément des glycoses que nous avons étudiées : glycose, lévulose et galactose. — L'inosite peut subir la fermentation lactique, après addition de craie et de fromage.

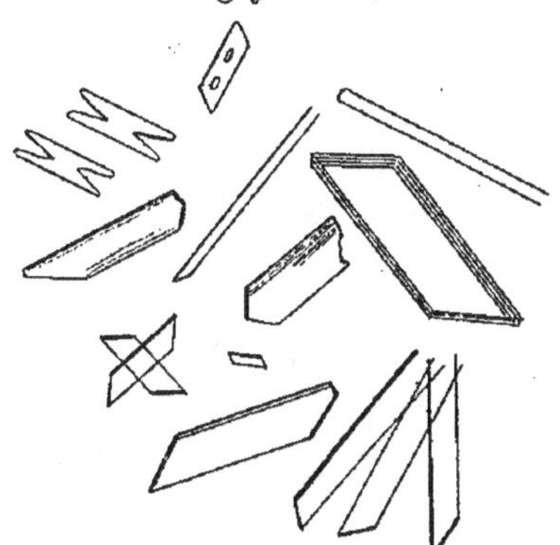

Fig. 81. — Cristaux d'inosite
(Halliburton).

La préparation et le dosage de l'inosite sont des opérations délicates, que nous négligeons de décrire. Le muscle contient de 0,1 à 0,3 p. 1 000 d'inosite.

3. Le muscle vivant et reposé ne contient que fort peu de *sucre* ; le muscle séparé du corps contient un peu de sucre. On sait que ce sucre est un sucre réducteur, fermentescible, dextrogyre, qui est très vraisemblablement de la glycose.

4. Le muscle vivant reposé et bien vascularisé a une *réaction neutre* ; le muscle vivant et épuisé et le muscle mort et rigide ont une *réaction acide*. Cette réaction acide est due à la présence d'un *acide lactique* [2]. L'acide lactique, qu'on trouve dans le muscle, porte le nom d'acide *sarcolactique* ou *acide paralactique* : il diffère de l'acide lactique qui se forme dans le lait abandonné à l'air, aux dépens de la lactose, ce dernier portant le nom

---

1. On ajoute, par exemple, à 20 grammes de muscle, 90 centimètres cubes d'eau et 10 centimètres cubes d'une lessive de soude caustique à 15 p. 100.
2. La quantité d'acide lactique du muscle peut atteindre 1 p. 1 000.

d'acide lactique de fermentation. L'acide sarcolactique est dextrogyre, l'acide de fermentation est inactif sur la lumière polarisée; leurs sels de chaux et de zinc diffèrent par leurs solubilités et par leurs teneurs en eau de cristallisation. Ces deux acides répondent d'ailleurs à la même constitution, CH^3-$CHOH$-CO^2H.

L'acide sarcolactique du muscle ne dérive pas des hydrates de carbone et notamment du glycogène qu'il contient, car il se produit dans les muscles d'animaux qui ont été privés de glycogène par un jeûne préalable suffisamment prolongé.

Ces acides lactiques préparés purs sont des liquides sirupeux, fortement acides au goût et aux papiers réactifs, solubles dans l'eau, dans l'alcool, dans l'éther.

— Parmi les **substances extractives azotées du muscle**, citons la *créatine* et des substances de la *série purique* ou *xanthique*.

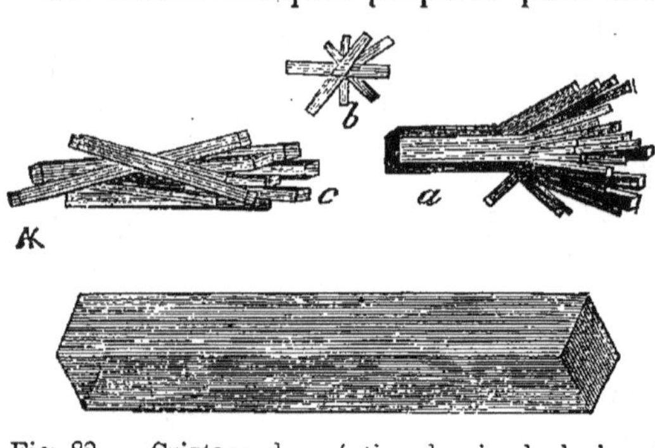

Fig. 82. — Cristaux de créatine de viande de bœuf (d'après Robin et Verdeil).

La *créatine* est une substance quaternaire, composée de carbone, hydrogène, oxygène et azote. C'est une substance cristallisable, soluble dans l'éther. La créatine, que nous n'avons pas à étudier d'une façon détaillée, présente deux réactions importantes à connaître pour le physiologiste. — Bouillie avec de l'eau de baryte caustique, elle se décompose en méthylglycocolle et en urée. — Bouillie avec les acides dilués, elle perd de l'eau et se transforme en créatinine, substance qu'on trouve en très petite quantité dans le muscle, et en quantité assez grande dans l'urine.

$$C^4H^9N^3O^2 = H^2O + C^4H^7N^3O$$
Créatine.   Créatinine.

Le muscle contient une assez grande quantité de créatine, 2 à 4 p. 1000 : la créatine peut être considérée comme un produit de désassimilation des substances albumineuses du muscle. On ne retrouve la créatine dans les tissus autres que le muscle et dans les liquides de l'organisme qu'en très petite quantité : elle est donc éliminée sous une autre forme. Nous venons d'indiquer les relations de la créatine avec l'urée et la créatinine : nous pouvons donc admettre que la créatine est transformée dans l'organisme soit en urée, soit en créatinine, et éliminée sous l'une ou l'autre de ces formes par les urines. Nous pouvons même admettre, étant donné les relations intimes de la créatine et de la créatinine, qui ne diffèrent que par H_2O, que la créatine s'élimine surtout, sinon exclusivement, sous forme de créatinine.

La créatine a été obtenue synthétiquement par l'union de la cyanamine $CN\text{-}NH_2$ et du méthylglycocolle[1] $NH(CH_3)\text{-}CH_2\text{-}CO_2H$. Elle doit dès lors être considérée comme une méthyglycocyanamine.

$$NH = C\!\!\begin{array}{l}\diagup NH_2 \\ \diagdown N(CH_3)\text{-}CH_2\text{-}CO_2H.\end{array}$$

Or, nous avons vu précédemment que l'arginine, qui participe à la constitution du noyau fondamental de la molécule albumineuse, répond à la constitution :

$$NH = C\!\!\begin{array}{l}\diagup NH_2 \\ \diagdown NH\text{-}(CH_2)_3\text{-}CH(NH_2)\text{-}CO_2H.\end{array}$$

L'analogie des deux substances est manifeste. On peut les considérer l'une et l'autre comme des produits de la substitution de la guanidine

$$NH = C\!\!\begin{array}{l}\diagup NH_2 \\ \diagdown NH_2\end{array}$$

la créatine étant l'acide méthylguanidinacétique, l'arginine étant un acide guanidinaminovalérianique. Ces notions chimiques devaient être relevées, car elles permettent d'entrevoir les relations qui existent vraisemblablement entre la créatine et le noyau fondamental des substances albumineuses.

Le muscle contient encore d'autres substances extractives azotées. Ce sont : l'acide urique et des corps appartenant à la *série xanthique*. On réunit sous cette dernière dénomination une série de corps composés de carbone, hydrogène, azote et généralement oxygène, que nous avons précédemment obtenus comme produits de décomposition des acides nucléiques, et appelés pour cette raison les bases nucléiniques. Bornons-nous à signaler dans le muscle la présence, à côté de l'acide urique, de quelques-uns de ces corps : la xanthine, l'hypoxanthine et la guanine.

---

1. Ce corps porte encore le nom de sarcosine.

CHAPITRE XIV

LE FOIE ET LA BILE

I. — TISSU HÉPATIQUE

Le tissu hépatique, — débarrassé par lavage intravasculaire à l'eau salée à 1 p. 100 du sang dont il est normalement gorgé, — a une réaction très légèrement alcaline, s'il vient d'être enlevé à un animal vivant, une réaction très nettement acide, s'il n'est examiné que tardivement après la mort.

Le tissu hépatique contient environ 75 p. 100 d'eau et 25 p. 100 de substances fixes, substances protéiques, substances hydrocarbonées, matières grasses, substances extractives et matières minérales.

Les protéines du foie sont des albumines, des globulines, des nucléoprotéides, qu'on peut séparer et caractériser par les méthodes générales fondées sur leurs solubilités, leurs précipitabilités, leurs températures de coagulation, etc.

Les substances hydrocarbonées du foie sont le glycogène et la glycose.

Les matières grasses sont des graisses neutres, trioléine, tripalmitine, et tristéarine et de la lécithine. Le foie normal contient environ 2 à 3 p. 100 de graisses; mais, dans le cas d'infiltration graisseuse et de dégénérescence graisseuse, leur proportion augmente et peut atteindre 10, 15 et même 20 p. 100.

Les principales substances extractives sont l'urée, les bases xanthiques, l'acide sarcolactique (ce dernier dans le foie devenu acide après la mort), etc.

Parmi les substances minérales du tissu hépatique, il faut signaler le fer, dont la quantité peut atteindre 1 p. 1000 du poids du tissu frais. Ce fer est à l'état de combinaison avec des substances protéiques vraisemblablement nucléiques, qui masquent ses réactions : il ne peut êtrè caractérisé nettement que dans les cendres hépatiques.

Le foie est un organe à fonctions multiples : nous devons considérer particulièrement sa *fonction glycogénique* et sa *fonction biliaire*.

II. — GLYCOGÈNE DU FOIE

Le foie est le grand régulateur du sucre du sang et des tissus. Que l'organisme reçoive, par les branches de la veine porte, qui l'ont puisé dans l'intestin, un excès de sucre, le foie arrête ce sucre au passage et le fixe dans ses cellules, sous forme de glycogène. Que le sucre des tissus et du sang, constamment consommé par le jeu régulier des organes, diminue, le foie forme du sucre, aux dépens du glycogène mis en réserve dans son tissu, et ramène à un taux constant la proportion du sucre répandu dans tout l'organisme.

Ce qu'il importe de connaître, par conséquent, ce sont les hydrocarbones du foie.

Le foie contient du *glycogène* : on peut le démontrer, soit par une réaction histochimique, soit par une préparation chimique,

Le glycogène se colore en brun acajou par la liqueur iodoiodurée (Voy. chap. III, p. 66) : traitons par ce réactif un fragment de tissu hépatique, ou des cellules hépatiques dissociées, nous verrons, en examinant au microscope ces éléments, autour du noyau de la cellule, des globules très nettement brun acajou. Cette réaction montre que le glycogène se trouve dans l'intérieur de la cellule hépatique, constituant de petits granules, disposés

autour du noyau, et répandus par zones irrégulières dans le pro
toplasma cellulaire [1].

Le glycogène, nous l'avons dit précédemment, est soluble dans
l'eau, donnant des solutions opalescentes, et insoluble dans l'alcool ;
il est transformé, à l'ébullition en présence d'acides minéraux
dilués, en sucre réducteur et fermentescible.

Faisons bouillir le foie haché et broyé avec de l'eau, nous obtenons une liqueur très fortement opalescente. Cette liqueur, traitée
par l'alcool, donne un précipité blanc floconneux abondant. Ce
précipité, lavé à l'alcool et desséché, se colore en brun acajou
par la solution iodo-iodurée ; épuisé par l'eau, ce précipité, lavé et
desséché, donne des solutions qui, après ébullition avec l'acide
chlorhydrique dilué et neutralisation, réduisent la liqueur de
Fehling et fermentent par la levure de bière : le précipité contient
donc du glycogène.

Mais, ainsi obtenu, le glycogène est fort impur ; l'alcool précipite non seulement le glycogène, mais encore les substances
protéiques non coagulées contenues dans l'extrait de foie. Pour
obtenir un glycogène pur, en se servant du foie comme matière première, il faut séparer, dans l'extrait aqueux du foie, le glycogène
des protéines. On y parvient en traitant cet extrait aqueux par la
liqueur de Brücke et l'acide chlorhydrique (Voy. chap. IV, p. 92) :
les protéines sont précipitées : le glycogène reste en solution.
Dans la liqueur ainsi débarrassée des protéines, il suffit d'ajouter
2 volumes d'alcool à 95 p. 100 pour précipiter le glycogène. —
Ainsi obtenu, le glycogène ne contient pas de protéines, mais il
contient en général des sels. Pour le purifier, on peut le dissoudre dans l'eau et soumettre la solution à la dialyse, en présence d'eau distillée : les sels dialysent ; le glycogène, substance
colloïde, ne dialyse pas. La solution débarrassée de la plus grande
partie des sels [2], est précipitée par l'alcool. On obtient ainsi le glycogène, dont nous avons étudié les propriétés au chapitre III, p. 65.

Le physiologiste doit pouvoir non seulement reconnaître le glycogène
dans le foie, et l'en retirer, mais encore l'y doser.

Le dosage se fait comme la préparation ; il convient toutefois de faire

1. Cette opinion n'est pas universellement admise : certains auteurs pensent
que le glycogène est régulièrement réparti dans toute la cellule, et ne se condense en granules que sous l'influence des réactifs histochimiques.

2. La dialyse doit être ménagée, car, pour être précipité par l'alcool, le glycogène ne doit pas être débarrassé de la totalité de ses sels.

bouillir le tissu hépatique haché un grand nombre de fois avec une nouvelle quantité d'eau pour dissoudre la totalité du glycogène. Les extraits aqueux, réunis et concentrés à l'ébullition, sont débarrassés des substances protéiques qu'ils contiennent par la liqueur de Brücke et l'acide chlorhydrique ajoutés après refroidissement du liquide (car, à chaud, l'acide chlorhydrique pourrait transformer une partie du glycogène en sucre), et précipités par 2 volumes d'alcool à 95 p. 100. Le précipité est lavé à l'alcool à 60 p. 100, puis à l'alcool à 95 p. 100, puis à l'éther, desséché dans le vide jusqu'à poids constant, et pesé.

L'épuisement complet du foie par l'eau bouillante est une opération très longue; il est même difficile de savoir si l'épuisement est complet. Aussi procède-t-on avec avantage de la façon suivante : on fait bouillir le foie avec environ 4 p. 100 de son poids de soude caustique dissoute dans une quantité convenable d'eau [1]; le tissu hépatique est ainsi complètement dissous; les protéines sont transformées en alcalialbuminoïdes ou protéoses; le glycogène n'est pas altéré. On précipite les alcalialbuminoïdes par neutralisation, et, dans la liqueur obtenue par filtration, on détermine le glycogène, comme dans la méthode précédente, en achevant la précipitation des protéines par la liqueur de Brücke chlorhydrique, puis précipitant le glycogène par l'alcool.

La quantité de glycogène contenue dans le foie des mammifères est très variable. Elle est ordinairement de 30 à 40 p. 1000, mais, dans certains cas, notamment après un repas riche en hydrocarbones, elle est beaucoup plus considérable et peut atteindre 100 à 120 p. 1000.

Lorsque le foie est en place sur l'animal vivant, il contient du glycogène; il contient aussi du sucre de glycose, mais il n'en contient que de faibles proportions.

Lorsque le foie est séparé du reste de l'organisme et abandonné pendant quelque temps à la température ordinaire, ou mieux encore à 40°, une partie du glycogène contenu dans les cellules hépatiques se transforme : *un sucre réducteur et fermentescible* se forme à ses dépens. Au bout d'un temps variable suivant la quantité de glycogène du foie et suivant la température, la totalité du glycogène a disparu et s'est transformée en sucre.

Lorsque le foie est bouilli, le glycogène ne se transforme plus en sucre : l'agent de la transformation est donc détruit par l'ébullition. Lorsque le foie est haché en présence d'une solution de fluorure de sodium à 1 p. 100 (qui tue les éléments vivants ou

1. On ajoutera, par exemple, à 20 grammes de tissu hépatique, 50 centimètres cubes d'eau et 10 centimètres cubes d'une lessive de soude caustique à 15 p. 100.

supprime les manifestations de leur vitalité), il conserve la propriété de transformer son glycogène en sucre : l'agent de la transformation n'est donc pas la cellule vivante.

Cette transformation se fait dans le foie extrait du corps par l'action d'une *diastase amylolytique*, analogue, mais très vraisemblablement non identique, à la diastase que nous rencontrerons dans la salive, dans le suc pancréatique, et en général dans la plupart des liquides et des tissus organiques, car elle transforme le glycogène en glycose et non pas seulement en dextrines et maltose, comme le font ces diastases.

Cette transformation, qui s'accomplit dans le foie extrait du corps, se produisait-elle pendant la vie? Oui, répondent la plupart des physiologistes : le foie contient du glycogène, il contient une diastase capable de le transformer en sucre : le sucre produit par le foie pendant la vie est produit aux dépens du glycogène et par fermentation diastasique. Pourquoi vouloir rejeter cette hypothèse expliquant simplement les choses et imaginer des théories compliquées? — Une partie, et probablement la plus importante du sucre qui circule dans l'organisme et y est constamment consommé dérive du glycogène du foie; mais, ne l'oublions pas, à défaut de glycogène hépatique, l'organisme peut faire du sucre aux dépens de ses protéines.

III. — BILE

La bile sécrétée ou excrétée par le foie est un liquide rouge, brun, jaune ou vert, suivant l'espèce animale, dans les canaux biliaires et dans la vésicule biliaire; elle devient vert sombre, lorsqu'elle a été maintenue quelque temps au contact de l'air; elle est amère au goût, grasse au toucher, filante et visqueuse.

Elle contient deux groupes de substances caractéristiques :

> Les *sels biliaires*,
> Les *pigments biliaires*.

Elle contient en outre un *nucléoprotéide*, de la *cholestérine*, des sels, chlorures et phosphates, sels de potasse, de soude, de chaux et de fer.

La quantité de bile produite en vingt-quatre heures, chez
l'homme, est de 500 à 800 centimètres cubes. La quantité de bile
produite, chez des chiens de
15 à 20 kilogrammes, est de
150 à 200 centimètres cubes
en vingt-quatre heures.

Fig. 83. — Disposition des voies biliaires chez
un chien auquel on avait pratiqué, un an
auparavant, une fistule biliaire (d'après
Doyon et Dufour) : F, foie ; D, duodénum ;
Ve, vésicule ; chol., cholédoque muni de la
ligature. Le pointillé indique le trajet normal de l'extrémité inférieure du canal.

Fig. 84. — Chien porteur d'une
fistule biliaire, dispositif de
Dastre.

Voici, comme exemples, quelques analyses de bile humaine :

Eau..........................	974,80	964,74	974,60
Résidu sec.................	25,20	35,26	25,40
Mucine....................	5,29	4,29	5,15
Sels biliaires..............	9,31	18,24	9,04
Extr. éthéré (graisses léci- thine, cholestérine, etc.).. }	2,28	5,48	3,75
Sels.......................	8,32	7,25	7,46

a. — **Sels biliaires.**

A côté des sels à acides minéraux, chlorures et phosphates, la
bile renferme toujours des sels à acides organiques, dits *sels
biliaires.* Ce sont les sels sodiques de deux acides organiques
azotés : l'un est l'acide *glycocholique*, l'autre est l'acide *taurocholique.* Ces acides sont dits *acides biliaires* : ils sont caractéristiques de la bile, car ils ne se trouvent que dans la bile, et se
trouvent toujours dans la bile. La bile de tous les animaux ne contient pas toujours les deux sortes de sels biliaires : ainsi, dans
la bile de chien, on ne trouve que du taurocholate de soude ;
— dans la bile de bœuf, au contraire, et aussi dans la bile

humaine, on trouve à la fois le glycocholate et le taurocholate de soude.

Les *sels biliaires* sont solubles dans l'eau, solubles dans l'alcool, insolubles dans l'éther : l'éther les précipite de leur solution alcoolique. C'est à la présence de ces sels biliaires que la bile doit son amertume bien connue. Voici comment on peut préparer ces sels biliaires :

La bile est évaporée et le résidu est traité par l'alcool absolu qui dissout les sels biliaires, la cholestérine, la lécithine, les matières grasses, etc., de la bile. Cette solution alcoolique étant très fortement colorée, on la maintient en général en contact prolongé avec du noir animal, qui fixe la matière colorante. — Parmi les substances dissoutes dans l'alcool, les sels biliaires seuls sont insolubles dans l'éther et dans l'alcool éthéré ; toutes les autres substances sont solubles dans l'éther. Par conséquent, en ajoutant de l'éther à la solution alcoolique décolorée, on détermine la formation d'un précipité uniquement constitué de sels biliaires.

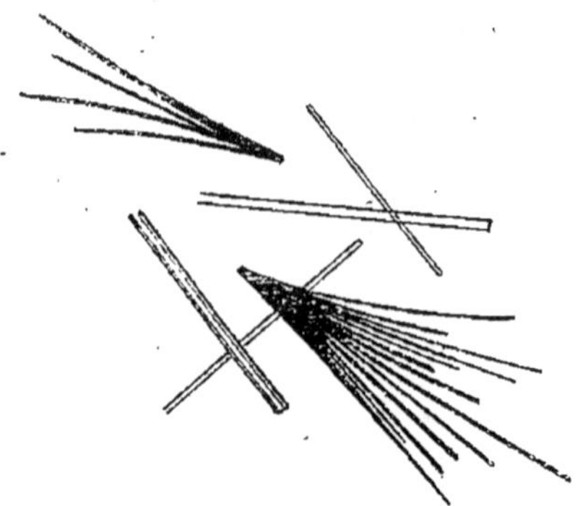

Fig. 85. — Bile cristallisée de Plattner. Cristaux microscopiques.

Le précipité de sels biliaires se produit sous forme d'une fine poussière blanche, qui tombe au fond de la liqueur alcoolo-éthérée et s'y agglomère en une masse d'aspect pâteux ou résineux. Si on laisse cette masse amorphe en contact, pendant quelques jours, avec l'alcool fortement éthéré, dans lequel elle s'est précipitée, elle se transforme généralement en une masse cristalline formée de longues aiguilles soyeuses, groupées en faisceaux. C'est ce qu'on appelle la *bile cristallisée de Plattner*.

Les sels biliaires présentent une réaction remarquable, appelée *réaction des sels ou des acides biliaires*, ou *réaction de Pettenkofer*.

Si, à une solution d'acide biliaire ou de sel biliaire, on ajoute par petites portions, en évitant que la température ne s'élève au-dessus de 70°, les deux tiers de son volume d'acide sulfurique concentré, puis quelques gouttes d'une solution de sucre de canne à 10 p. 100, on voit le liquide prendre une superbe coloration rouge pourpre foncé. Cette réaction se produit très nettement avec des solutions ne contenant pas plus de 4 p. 100 de sels biliaires, (Pl. col. IV, fig. L.)

Cette réaction est due à l'action sur les sels biliaires d'un corps qui prend naissance dans l'action de l'acide sulfurique sur le sucre, le furfurol. — Aussi peut-on faire la réaction de la façon suivante : à 1 centimètre cube de la liqueur à analyser, on ajoute 1 centimètre cube d'une solution aqueuse de furfurol à 1 p. 1 000 et 1 centimètre cube d'acide sulfurique concentré, en évitant que la température ne dépasse 70°. On obtient la coloration rouge pourpre. Sous cette forme, la réaction est dite *réaction d'U-dranszky*[1].

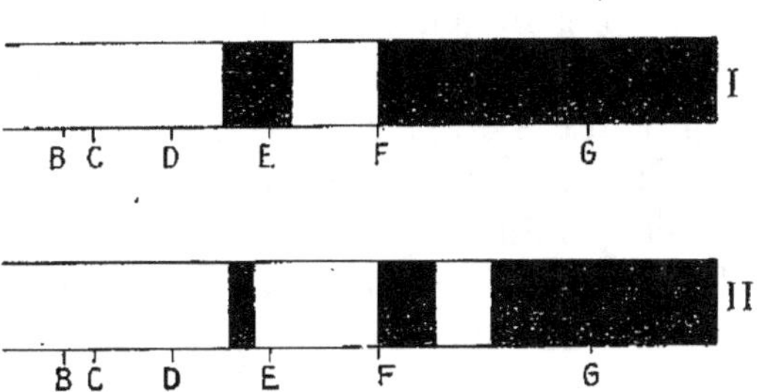

Fig. 86. — Réaction de Pettenkofer. Spectres d'absorption. — I, liqueur concentrée; II, liqueur diluée.

Cette coloration rouge pourpre foncé, qui se produit par l'action de l'acide sulfurique et du sucre, ou de l'acide sulfurique et du furfurol sur les sels biliaires, est-elle caractéristique de ces sels? Non, d'autres substances, et notamment toutes les protéines sauf la gélatine, donnent la même réaction. Pour être caractéristique des sels ou acides biliaires, la réaction de Pettenkofer doit être contrôlée et complétée par l'examen spectroscopique de la liqueur rouge pourpre foncé obtenue.

Lorsque la liqueur rouge pourpre, obtenue dans l'essai de Pettenkofer, est très diluée, elle absorbe les parties les plus réfrangibles du violet, l'extrême violet ; — moins diluée, elle absorbe une plus grande partie du violet ; — moins diluée encore, elle absorbe la totalité du violet. Lorsque la liqueur a été diluée de façon qu'elle absorbe la totalité du violet, son spectre d'absorption présente deux bandes d'absorption : l'une située au niveau de la raie F du spectre solaire, l'autre située entre les raies D et E du spectre, au voisi-

---

1. Si, au lieu d'opérer sur la bile elle-même, on fait la réaction d'Udranszky sur la solution alcoolique de bile décolorée par le noir animal, on peut manifester très nettement dans 1 centimètre cube de cet extrait alcoolique 0 gr. 0001 d'acide cholalique.

nage de la raie E. Lorsque, enfin, la liqueur est très concentrée, le spectre d'absorption se compose de la bande située au voisinage de la raie E du spectre solaire et d'une vaste zone d'absorption s'étendant sur les parties indigo et violette du spectre.

Les sels biliaires sont des glycocholates et taurocholates d'alcalis (sels de soude chez les mammifères et la plupart des vertèbres, sels de potasse chez certains poissons marins).

On peut obtenir, séparés et purs, le glycocholate de soude ou l'acide glycocholique, et le taurocholate de soude ou l'acide taurocholique.

La préparation du *taurocholate de soude* est facile : la bile de chien contient, nous l'avons dit, du taurocholate de soude, mais ne contient pas de glycocholate. Si donc on prépare la bile cristallisée de Plattner, en se servant, comme matière première, de la bile de chien, on aura du taurocholate de soude. Ayant le sel de soude, on obtiendra facilement l'acide libre : il suffit de dissoudre le taurocholate de soude dans l'alcool, d'ajouter un peu d'acide chlorhydrique, pour mettre en liberté l'acide taurocholique, de séparer par filtration le chlorure de sodium formé insoluble dans l'alcool, et de précipiter la liqueur alcoolique par l'éther. Pour achever la purification, en éliminant les restes de chlorure de sodium, on redissout l'acide biliaire dans l'alcool absolu et on le précipite par l'éther. Quand cette précipitation se fait en liqueurs absolument anhydres, l'acide se précipite en masse résineuse se transformant peu à peu en masse cristalline. Quand les liqueurs sont additionnées d'un peu d'eau, la précipitation peut se faire cristalline d'emblée.

Mais on ne connaît pas de bile ne contenant que du *glycocholate*; — pour préparer ce sel, on doit se servir de bile de bœuf, laquelle contient à la fois du glycocholate et du taurocholate de soude : il faut séparer les deux sels, ou leurs deux acides : la séparation est facile à réaliser, parce que l'acide glycocholique est peu soluble dans l'eau (1 partie dans 300 parties d'eau à la température ordinaire), tandis que l'acide taurocholique est très soluble dans l'eau. Supposons qu'on ait préparé, avec de la bile de bœuf, la bile cristallisée de Plattner ; les sels biliaires ainsi obtenus sont dissous dans l'eau, et leur solution est traitée par l'acide sulfurique étendu, jusqu'à ce qu'il se produise un trouble persistant. Le fin précipité ainsi produit, uniquement constitué d'acide glycocholique, se transforme en quelques heures en masses d'aiguilles cristallines. — On peut d'ailleurs purifier ce précipité en le séparant par filtration, desséchant à la température de 100°, dissolvant dans l'alcool absolu et précipitant par l'éther. Le précipité amorphe se transforme peu à peu en une masse cristalline.

Il existe de nombreuses autres méthodes de préparation et de purification des acides biliaires : il n'est pas utile de les décrire.

Ainsi préparés purs, les *acides biliaires* sont, ou peuvent être, cristallisés en longues et fines aiguilles ; les acides biliaires, comme leurs sels sodiques, sont solubles dans l'alcool fort, insolubles dans l'éther, précipités de leurs solutions alcooliques par l'éther : le précipité ainsi produit, d'abord amorphe, ne tarde pas

Fig. 87. — Acide glycocholique cristallisé.

à cristalliser, lorsqu'il est maintenu en contact avec la liqueur alcoolo-éthérée, dans laquelle il a pris naissance. — L'acide glycocholique est très peu soluble dans l'eau ; l'acide taurocholique est au contraire très soluble dans l'eau.

Quelle est la constitution chimique de ces acides?

L'analyse élémentaire nous apprend que l'*acide glycocholique* est une substance *quaternaire*, composée de carbone, hydrogène, oxygène et azote, répondant à la formule $C^{26}H^{43}NO^6$; — que l'*acide taurocholique* est composé de

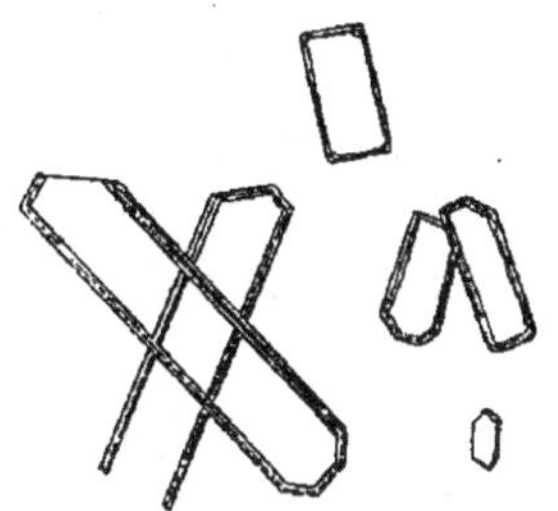

Fig. 88. — Cristaux microscopiques de taurine (Halliburton).

cinq éléments : carbone, hydrogène, oxygène, azote et *soufre*, répondant à la formule $C^{26}H^{43}NSO^7$.

Faisons bouillir l'*acide glycocholique* avec une lessive alcaline, solution saturée à chaud d'eau de baryte par exemple, ou avec un acide minéral dilué, acide chlorhydrique par exemple ; l'acide biliaire est dédoublé, avec fixation d'une molécule d'eau, en un amino-acide, le *glycocolle* (acide amino-acétique) $NH^2CH^2CO^2H$ et un acide organique non azoté, l'acide *cholalique*.

$$C^{26}H^{43}NO^6 + H^2O = C^2H^5NO^2 + C^{24}H^{40}O^5,$$

Ac. glycocholique.　　　Glycocolle.　　Ac. cholalique.

Faisons bouillir l'*acide taurocholique* avec une solution saturée à chaud d'eau de baryte, ou avec de l'acide chlorhydrique dilué, l'acide biliaire est décomposé, avec fixation d'une molécule d'eau, en un amino-acide, la *taurine* (qui est *sulfurée*) ou acide amino-éthylsulfonique $SO^2\!\!<^{CH^2-CH^2NH^2}_{OH}$ et un acide organique non azoté, l'acide *cholalique*.

$$C^{26}H^{45}NSO^7 + H^2O = C^2H^7NSO^3 + C^{24}H^{40}O^5.$$
$$\text{Ac. taurocholique.} \qquad\qquad \text{Taurine.} \quad \text{Ac. cholalique.}$$

Ces faits établissent avec une grande netteté la parenté chimique et la parenté d'origine des deux groupes de sels biliaires, puisque *les acides biliaires résultent de la combinaison d'un même acide, l'acide cholalique, avec des acides-aminés, le glycocolle dans un cas, la taurine dans l'autre.*

Nous savons que le *glycocolle* se trouve parmi les produits d'hydrolyse des protéines. La *taurine* ne se trouve pas parmi ces produits; on y trouve, comme substance sulfurée la cystine. La cystine peut être dédoublée par l'étain et l'acide chlorhydrique en deux molécules de cystéine $CH^2(SH)\text{-}CH(NH^2)\text{-}COOH$. Celle-ci est transformée par des agents oxydants en acide cystéique $CH^2(SO^2OH)\text{-}CH(NH^2)\text{-}COOH$, et ce dernier par perte d'acide carbonique donne de la taurine. Ainsi se trouvent établies les relations chimiques entre la taurine et la cystine dérivée des protéines.

L'*acide cholalique*, qu'on peut ainsi préparer, soit avec l'acide glycocholique, soit avec l'acide taurocholique, donne la *réaction de Pettenkofer* (et la modification d'Udranszky); c'est au noyau cholalique que les acides biliaires et leurs sels doivent leur propriété de donner cette réaction colorée.

Nous avons constamment dit l'acide glycocholique et l'acide taurocholique; nous aurions dû dire les acides glycocholiques et les acides taurocholiques : il semble, en effet, que *les sels biliaires des différents animaux et les acides correspondants ne sont pas identiques* : il y aurait des acides biliaires très voisins les uns des autres, ayant les mêmes propriétés chimiques, la même constitution générale, mais *différant par l'acide cholalique* qui entre dans la constitution de leurs molécules, et présentant quelques propriétés différentes; — de même qu'il y a différentes oxyhémoglobines et hémoglobines, chez les différents animaux. On a notamment décrit des acides *hyoglycocholique, hyotaurocholique* et *hyocholalique* chez le *porc*; — des acides *anthropoglycocholique*, etc., chez l'*homme*; — un acide *chénotaurocholique*, chez l'*oie*.

Nous ne décrirons pas les méthodes longues et délicates qui permettent de doser les acides biliaires de la bile; nous donnerons seulement quelques résultats.

La bile de l'homme a été trouvée renfermer de 8 à 20 p. 1 000 de sels biliaires, ces sels étant pour les trois quarts du glycocholate de soude, pour un quart du taurocholate de soude.

Voici quelques analyses :

	POUR 1 LITRE DE BILE		
Sels biliaires.	9,30	18,24	9,04
Taurocholate	3,03	2,08	2,18
Glycocholate	6,27	16,16	6,86

La bile du chien contient de 3,5 à 12 p. 1 000 de taurocholate de soude.

b. — *Pigments biliaires*.

On dit généralement qu'il existe deux pigments biliaires fondamentaux : la *bilicubine* et la *biliverdine*, la bilirubine étant transformable en biliverdine par l'oxygène atmosphérique. Cette proposition n'est pas exacte : la bile ne contient ni bilirubine ni biliverdine, mais les combinaisons salines de ces deux substances, des bilirubinates et des biliverdinates d'alcalis; les bilirubinates étant transformables en biliverdinates par l'oxygène de l'air. On peut d'ailleurs préparer facilement, au moyen de ces sels, les composés qui y jouent le rôle d'acides, la bilirubine et la biliverdine.

— La *bilirubine* $(C^{32}H^{36}N^4O^6)^1$ a pu être isolée et préparée pure, amorphe ou cristallisée. Amorphe, c'est une poudre jaune rougeâtre, rappelant le sulfure d'antimoine amorphe; — cristallisée, elle se présente sous forme de tablettes rhombiques dont les angles obtus sont souvent arrondis.

La bilirubine est absolument insoluble dans l'eau, très peu soluble dans l'éther, très peu soluble dans l'alcool; elle est

---

1. Cette substance a été également appelée : cholépyrrhine, biliphéine, bilifulvine, hématoïdine, etc.

soluble dans l'alcool amylique (surtout à chaud); elle est très soluble dans le chloroforme. Les solutions chloroformiques de bilirubine ne présentent pas de spectre d'absorption; elles absorbent toutes les radiations, du rouge au violet, l'absorption allant en augmentant régulièrement du rouge vers le violet. (Pl. col. V, fig. M$_1$.)

La bilirubine ne fixe pas facilement l'oxygène de l'air pour se transformer en biliverdine. Cette oxydation ne s'accomplit bien que par l'emploi d'agents d'oxydation modérée, tels que l'eau oxygénée, etc.

Fig. 89. — Bilirubine.

La bilirubine se comporte comme un acide : elle se combine avec les alcalis, donnant des *bilirubinates d'alcalis* un peu solubles dans l'eau, solubles dans les alcalis et les carbonates d'alcalis et insolubles dans le chloroforme; — elle se combine avec les terres alcalines, donnant des bilirubinates alcalino-terreux, insolubles dans l'eau et dans le chloroforme. Par conséquent, la bilirubine se dissout, à l'état de bilirubinate alcalin, dans une solution aqueuse d'alcalis ou de carbonates alcalins; inversement, la bilirubine est précipitée de sa solution chloroformique, à l'état de bilirubinate alcalin, par agitation de celle-ci avec une petite quantité d'une solution alcaline.

Les solutions aqueuses de bilirubinates alcalins sont précipitées par les acides minéraux, l'acide décomposant le bilirubinate et mettant en liberté la bilirubine, insoluble dans l'eau. — Ces mêmes solutions aqueuses de bilirubinates alcalins sont précipitées par les solutions de sels alcalino-terreux, à l'état de bilirubinates alcalino-terreux insolubles dans l'eau.

Ces différentes propositions sont résumées dans le tableau suivant :

	Eau.	Chloroforme.
Bilirubine......................	Insoluble.	Soluble.
Bilirubinates alcalins...........	Solubles.	Insolubles.
Bilirubinates alcalino-terreux	Insolubles.	Insolubles.

Les bilirubinates d'alcalis, au contact de l'air, se transforment en biliverdinates (second groupe de pigments biliaires).

Si on traite par un agent hydrogénant, par l'amalgame de
sodium, par exemple, une solution aqueuse de bilirubinates alcalins, on transforme la bilirubine en *hydrobilirubine*,

$$C^{32}H^{36}N^4O^6 \;+\; H^2O \;+\; H^2 \;=\; C^{32}H^{40}N^4O^7$$
$$\text{Bilirubine.} \qquad\qquad\qquad\qquad \text{Hydrobilirubine.}$$

substance qu'on considère comme identique à l'urobiline, pigment
urinaire.

Sous l'influence de certains agents réducteurs, notamment de
l'acide iodhydrique, la bilirubine fournit de l'hémopyrrol $C^8H^{13}N$,
dérivé du pyrrol. Nous avons indiqué ci-devant que cet hémopyrrol, qu'on peut dériver de l'hématine et de l'hématoporphyrine
(Voy. chap. VII, p. 202), absorbe l'oxygène atmosphérique et se
transforme en urobiline.

On peut retirer la bilirubine de la bile, en agitant la bile fraîche acidulée, aussitôt après sa sortie de la vésicule biliaire (aussitôt, afin que ses bilirubinates n'aient pas été transformés en biliverdinates au contact de l'air), avec du chloroforme; on obtient
une solution chloroformique de bilirubine. Mais, en opérant ainsi,
on n'obtient que de très petites quantités de bilirubine, de trop
petites quantités pour pouvoir faire une étude de cette matière
colorante.

Pour obtenir en grande quantité la bilirubine, il faut la retirer
de certains calculs biliaires. On trouve assez fréquemment, chez
le bœuf, des calculs de bilirubinate de chaux, dans la vésicule
biliaire. Ces calculs contiennent, outre le bilirubinate de chaux,
d'autres substances, et en particulier de la cholestérine : le bilirubinate de chaux est insoluble dans l'éther; la cholestérine est
soluble dans ce dissolvant; les calculs, réduits en poudre, sont
donc débarrassés par l'éther de la cholestérine. La poudre de bilirubinate de chaux est décomposée par l'acide chlorhydrique en
bilirubine insoluble dans l'eau et chlorure de calcium soluble
dans l'eau : par lavages à l'eau, on débarrasse, la bilirubine de
ses impuretés salines. Ainsi obtenue, la bilirubine est amorphe;
pour l'obtenir cristallisée, on la dissout dans le chloroforme bouillant : elle cristallise par refroidissement.

— La *biliverdine*, $C^{32}H^{36}N^4O^8$, peut être considérée comme un
produit d'oxydation de la bilirubine, dont elle diffère par O^2 en
plus.

Elle est connue à l'état amorphe; — on a également obtenu des cristaux peu nets, plaquettes rhombiques à angles émoussés, en faisant évaporer une solution de biliverdine dans l'acide acétique glacial.

Elle est insoluble dans l'eau, dans l'éther, et dans le chloroforme. Elle se dissout dans l'alcool, dans l'alcool amylique, dans l'acide acétique glacial, dans le chloroforme additionné d'acide acétique glacial (Pl. col. V, fig. M_2.)

Remarquons que la bilirubine et la biliverdine peuvent être facilement séparées l'une de l'autre, grâce à leurs différences de solubilités : la bilirubine étant très soluble dans le chloroforme et très peu soluble dans l'alcool, la biliverdine étant insoluble dans le chloroforme et très soluble dans l'alcool.

Les solutions alcooliques de biliverdine ne donnent pas de spectre d'absorption à bandes : elles absorbent toutes les radiations lumineuses, l'absorption étant d'autant plus énergique que la radiation est plus voisine de l'extrême violet.

La biliverdine, comme la bilirubine, donne avec les alcalis et les terres alcalines des composés appelés *biliverdinates*. Les biliverdinates sont décomposés par les acides minéraux en biliverdine et sels minéraux. Les biliverdinates d'alcalis sont solubles dans l'eau, les biliverdinates alcalino-terreux sont insolubles dans l'eau. Par conséquent, la biliverdine se dissout dans les solutions d'alcalis ou de carbonates alcalins; ces solutions sont précipitées soit par les acides minéraux à l'état de biliverdine, insoluble dans l'eau, soit par les sels alcalino-terreux à l'état de biliverdinates alcalino-terreux insolubles dans l'eau.

Les agents hydrogénants transforment la biliverdine en *hydrobilirubine*, comme ils transforment la bilirubine :

$$C^{32}H^{36}N^4O^8 \;+\; H^6 \;=\; C^{32}H^{40}N^4O^7 \;+\; H^2O.$$

Biliverdine.   Hydrobilirubine.

Il suffit, par exemple, de traiter une solution de biliverdine dans l'esprit-de-vin par l'amalgame de sodium pour obtenir de l'hydrobilirubine.

Pour préparer la biliverdine, on agite au contact de l'air une solution de bilirubinate d'alcali : le bilirubinate d'alcali absorbe de l'oxygène et se transforme en biliverdinate : la solution verdit. Cette solution aqueuse de biliverdinate alcalin est traitée par l'acide chlorhydrique dilué, qui décompose cette substance en biliverdine insoluble dans l'eau et chlorure alcalin soluble. La biliverdine précipitée est purifiée par dissolution dans l'alcool et précipitation de sa solution alcoolique par un grand excès d'eau.

— Les matières colorantes de la bile présentent une réaction remarquable, appelée *réaction des pigments biliaires* ou *réaction de Gmelin*.

Cette réaction repose sur la propriété que possèdent les matières colorantes biliaires de donner, sous l'influence des oxydants, tels que l'acide nitrique, une série de produits d'oxydation, présentant des colorations vives et variées.

Supposons que, dans un verre à réaction, on verse quelques centimètres cubes d'acide nitrique fort (contenant en petite quantité des vapeurs nitreuses dissoutes), et qu'au-dessus de cette couche dense d'acide, on verse, en évitant autant que possible le mélange des deux liquides, la solution moins dense de bilirubinate alcalin ou la bile diluée. Au bout de quelques instants, on observe, dans les couches inférieures de la solution biliaire, une série de zones superposées, présentant les colorations suivantes : en bas, au contact de l'acide, il y a une zone jaune rouge, puis, au-dessus, et dans l'ordre suivant, des zones rouge, violette, bleue et verte [1]. L'existence de cette succession de zones colorées, disposées dans l'ordre précédent, est caractéristique des pigments biliaires. (Pl. col. IV, fig. N_1, N_2, N_3, N_4, N_5.)

Quand la bile à examiner est riche en mucine et en pseudomucine, ou quand le liquide à examiner au point de vue des pigments biliaires contient des substances précipitables par l'acide nitrique, la réaction de Gmelin perd toute sa netteté, parce que les colorations sont masquées par le précipité produit. Dans ces cas, il importe, avant de faire l'essai de Gmelin, de séparer les pigments biliaires des substances précipitables. On y parvient facilement au moyen de l'alcool amylique, qui dissout la bilirubine et la biliverdine : il suffit d'agiter vigoureusement le liquide aqueux avec l'alcool amylique, non miscible à l'eau, qui dissout les pigments biliaires. La solution amylique sert directement à pratiquer la réaction de Gmelin, car l'acide nitrique ne se mélange

---

1. La coloration verte est due à la biliverdine; la coloration bleue à un pigment appelé bilicyanine ou cholécyanine, qu'on a pu isoler et qui présente des spectres d'absorption à bandes caractéristiques; la coloration violette résulte du mélange du pigment bleu et d'un pigment rouge, ce dernier mal connu d'ailleurs; la coloration jaune est due à un pigment appelé cholétéline.

pas à l'alcool amylique et ne réagit pas sur lui : les colorations se produisent, comme il a été dit ci-dessus, avec une grande netteté.

On peut donner à la réaction de Gmelin la forme dite *réaction d'Hammarsten*, qui présente parfois des avantages incontestables. On prépare un mélange de 1 volume d'acide nitrique à 25 p. 100 et de 19 volumes d'acide chlorhydrique à 25 p. 100 (ce mélange ne doit être utilisé que quelques jours après sa préparation); et on ajoute à 1 volume de ce mélange 4 volumes d'alcool fort (ce dernier mélange ne doit être fait que peu de temps avant d'être utilisé). On obtient ainsi le réactif d'Hammarsten. — Si, à 2 centimètres cubes de ce réactif, on ajoute quelques gouttes de la solution des pigments biliaires, on obtient immédiatement une coloration verte persistant indéfiniment. Si, à cette liqueur verte, on ajoute, goutte par goutte, le réactif, on obtient successivement toute la série des colorations de Gmelin; chacune de ces colorations se produisant pour une quantité déterminée du réactif, et se conservant indéfiniment si l'on cesse d'en ajouter.

— *D'où proviennent les pigments biliaires?* Des *matières colorantes du sang*, de l'hémoglobine et de l'oxyhémoglobine, ainsi que le démontrent les faits suivants :

1. *Les pigments biliaires existent chez tous les vertébrés, excepté chez l'amphioxus* : or, tous les vertébrés, excepté l'amphioxus, ont des globules rouges, par conséquent des globules à *hémoglobine*. Les invertébrés, qui n'ont généralement pas d'hémoglobine, n'ont pas de pigments biliaires.

2. Dans les *extravasats sanguins*, la matière colorante du sang disparaît peu à peu; après un certain temps, on ne trouve plus d'hémoglobine et d'oxyhémoglobine; mais on trouve des cristaux d'une substance, qu'on avait appelée *hématoïdine*; cette hématoïdine présente toutes les propriétés de la bilirubine et doit être considérée comme de la bilirubine.

De ces faits, nous pouvons conclure que les pigments biliaires dérivent des matières colorantes du sang.

On peut même établir que les pigments biliaires dérivent du groupe prosthétique hématine des pigments sanguins. Nous avons indiqué en effet qu'on peut, en partant de l'hématine, ou en partant de la bilirubine, obtenir de l'hémopyrrol, dérivé du pyrrol, directement oxydable par l'oxygène atmosphérique, qui le transforme en urobiline.

c. — *Nucléoprotéide biliaire.*

La bile est filante et visqueuse. Elle doit cette propriété à la présence d'une substance qu'on a longtemps considérée comme une *mucine*. On peut la séparer de la bile par les procédés généraux d'obtention des mucines, à savoir soit par précipitation par quelques gouttes d'acide acétique, soit par précipitation par l'alcool fort ajouté jusqu'à ce que la liqueur en contienne de 60 à 80 pour 100.

Rappelons les propriétés des mucines :
Les mucines communiquent à leurs solutions une remarquable viscosité : elles sont précipitées de leurs solutions par l'acide acétique, et le précipité formé est insoluble dans un excès d'acide acétique ; elles sont précipitées de leurs solutions par l'alcool ; elles se dissolvent dans les alcalis caustiques. Ce sont des substances formées de carbone, hydrogène, oxygène, azote et soufre ; mais elles ne sont pas phosphorées et la proportion d'azote est moindre que celle des substances albumineuses. Par ébullition prolongée avec un acide minéral étendu, elles sont dédoublées en une substance albumineuse et diverses substances, parmi lesquelles on trouve toujours un hydrocarbone, typique ou substitué, réducteur.

La substance appelée d'ordinaire mucine biliaire est-elle une mucine ? Non.

Sans doute, elle communique à la bile une forte viscosité ; sans doute, elle est précipitée de la bile par l'alcool ; sans doute, elle est précipitée de la bile par l'acide acétique ; sans doute, elle se dissout dans les alcalis dilués. Mais le précipité produit par l'acide acétique est facilement soluble dans un excès d'acide ; mais elle n'est pas seulement formée de carbone, hydrogène, oxygène, azote et soufre : elle contient aussi du phosphore et sa teneur en azote est égale à 16 p. 100 , comme celles des substances albumineuses ; mais, bouillie avec un acide minéral étendu, elle ne donne pas de substance réductrice.

Ce n'est donc pas une mucine : c'est une *pseudomucine*. On en fait en général une *nucléoprotéide*. Appelons-la donc *nucléoprotéide biliaire*.

En discutant sa nature, nous avons indiqué ses propriétés principales, les seules qu'il importe de connaître.

Sa quantité, dans la bile, oscille autour de 1 p. 1 000.

d. — *Cholestérine*, $C^{26}H^{44}O$ ou $C^{27}H^{46}O$.

La bile contient de la *cholestérine*, mais cette substance n'est pas, comme celles que nous avons jusqu'ici étudiées dans ce chapitre, caractéristique de la bile : elle se rencontre dans les centres nerveux, dans le jaune d'œuf, etc.

C'est une substance dont la constitution chimique est mal connue ; on sait seulement qu'elle est alcool[1] et non saturée.

Fig. 90. — Cholesté-rine.

Elle est absolument insoluble dans l'eau, dans les acides étendus et dans les alcalis. Elle se dissout facilement dans l'alcool fort bouillant, et cristallise, par refroidissement de ses solutions alcooliques, sous forme de larges et minces tablettes rhombiques, contenant une molécule d'eau de cristallisation $C^{27}H^{46}O + H^{2}O$. Elle se dissout également bien dans l'éther, le chloroforme, et en général dans tous les dissolvants des graisses[2] ; elle cristallise, par évaporation de ses solutions éthérées ou chloroformiques, sous forme de longues aiguilles soyeuses, ne contenant pas d'eau de cristallisation. Elle est soluble dans les huiles, et un peu dans les solutions aqueuses des sels biliaires.

Il y a un certain nombre de réactions colorées qui permettent de caractériser la cholestérine. Nous nous bornerons à signaler les deux suivantes :

1° *Réaction de Salkowski.* — Si l'on dissout la cholestérine dans le chloroforme et si on ajoute un volume d'acide sulfurique concentré, la liqueur chloroformique se colore d'abord en rouge sang, puis peu à peu en rouge violet, l'acide sulfurique prenant une couleur rouge sombre avec une fluorescence verte.

2° *Réaction microchimique.* — Si on fait agir sur des cristaux de cholestérine un mélange de 5 parties d'acide sulfurique concentré et de 1 partie d'eau, les cristaux se colorent des bords vers

---

1. La lanoline qu'on extrait du suint de mouton est un éther palmitique de la cholestérine.

2. En épuisant les tissus par l'éther ou par le chloroforme, on obtient donc intimement mélangées les graisses et la cholestérine. Pour séparer la cholestérine de ce mélange, on le soumet à l'action saponifiante des alcalis caustiques (soude caustique par exemple) à la température d'ébullition : les graisses sont transformées en savons solubles dans l'eau ; la cholestérine reste inaltérée, insoluble dans l'eau.

le centre, d'abord en rouge carmin vif, puis en violet. — Cette réaction convient particulièrement pour l'examen microscopique.

— La bile contient également une petite quantité de *lécithines*, de *graisses neutres*, de *savons*.

Enfin, la bile contient des matières salines qui sont des chlorures, des phosphates, des sels de soude, de potasse, de magnésie, de *fer*

Les cendres de la bile contiennent toujours du fer, mais une très petite quantité de fer : 100 centimètres cubes de bile en renfermeraient de 1 à 6 milligrammes.

e. — *Calculs biliaires*.

Les concrétions qu'on observe dans les canaux et surtout dans la vésicule biliaire sont de deux sortes : les *calculs de cholestérine* les plus fréquents de beaucoup, chez l'homme ; — les *calculs pigmentaires*, rares chez l'homme, fréquents chez le bœuf[1].

Les calculs de cholestérine sont très légers : ils flottent sur l'eau ; ils sont peu colorés. La cholestérine s'y présente en couches concentriques à structure cristalline : les cristaux affectent une direction radiaire.

Les calculs pigmentaires sont essentiellement formés de bilirubinate de chaux : ils sont lourds, sombres, sans structure cristalline.

Ces caractères extérieurs permettent en général de reconnaître la nature d'un calcul biliaire. Mais, veut-on vérifier la conclusion tirée de l'inspection du calcul, par une analyse chimique sommaire, on peut procéder de la façon suivante :

Le calcul est-il dissous par l'alcool chaud, ou par l'éther ; — la solution alcoolique donne-t-elle par refroidissement de larges plaquettes cristallines ; — la solution éthérée donne-t-elle par évaporation de longues aiguilles soyeuses ? — le calcul était un calcul de cholestérine. — Cette conclusion peut être vérifiée par les réactions colorées ci-dessus indiquées (p. 256) ; réaction de Salkowski faite soit directement avec le calcul, soit avec les

---

1. Exceptionnellement, on a signalé des calculs minéraux de carbonate et de phosphate de chaux.

cristaux qui se sont déposés dans la solution alcoolique du calcul ; réaction microchimique faite sur ces derniers cristaux.

Le calcul, réduit en poudre, est-il insoluble dans l'alcool et dans l'éther ; — après traitement par l'acide chlorhydrique, est-il soluble dans le chloroforme, en donnant une solution rouge brun ; —. après traitement par l'acide chlorhydrique, est-il soluble dans les solutions alcalines, en donnant des liqueurs précipitables par les acides ou par les sels alcalino-terreux, verdissant à l'air? — le calcul était un calcul de bilirubinate de calcium. — Cette conclusion peut être vérifiée par les réactions colorées pratiquées sur les solutions alcalines du calcul; réaction de Gmelin, ou réaction d'Hammarsten (p. 253-254).

CHAPITRE XV

LES CAPSULES SURRÉNALES
LES THYROÏDES

SOMMAIRE. — I. CAPSULES SURRÉNALES, l'adrénaline. — II. THYROÏDES.
L'iode des thyroïdes. La thyroïodine. La thyréoglobuline.

L'étude chimique des glandes vasculaires sanguines n'est qu'amorcée; aussi nous bornerons-nous à quelques indications sommaires sur quelques substances importantes découvertes dans les capsules surrénales et dans les thyroïdes.

I. — CAPSULES SURRÉNALES

On sait que l'ablation totale des capsules surrénales détermine rapidement la mort des animaux, mais on ignore le rôle physiologique de ces organes. Rappelons qu'elles sont situées, au nombre de deux, à la partie postérieure et supérieure de la cavité abdominale, au voisinage plus ou moins immédiat des reins et au-dessus d'eux, au voisinage immédiat de l'aorte et de la veine cave inférieure; qu'elles sont faciles à reconnaître à cause de leur situation et de leur couleur brun clair, et que, sur une coupe, elles présentent une substance médullaire et une substance corticale.

Les physiologistes ont démontré que les capsules surrénales contiennent une substance agissant de façon remarquable sur le cœur et sur les vaisseaux : les extraits aqueux de capsules surrénales injectés dans les veines d'un animal ralentissent le cœur et surtout élèvent la pression artérielle.

Les chimistes ont pu isoler cette substance, la purifier et en déterminer la composition, la constitution, les principales propriétés. C'est l'*adrénaline* [1].

La préparation de l'adrénaline repose sur sa solubilité dans l'eau acidulée et dans l'alcool acidulé et sur son insolubilité dans l'eau ammoniacalisée. Divers procédés ont été indiqués, que nous n'avons pas à passer en revue ici ; contentons-nous de résumer le suivant, proposé par l'inventeur de l'adrénaline.

Les capsules surrénales, ou mieux leur substance médullaire, ayant été hachées et triturées avec de la poudre de verre, sont mises à macérer pendant quelques heures (5 heures par exemple) dans de l'eau acidulée (2 à 3 p. 100 d'acide chlorhydrique, ou sulfurique, ou oxalique, etc.) au bain-marie à 60°, de préférence en présence d'une atmosphère d'acide carbonique (afin d'éviter l'oxydation que subit facilement l'adrénaline en présence de l'air). La macération est ensuite portée, pendant une heure à 95° : la majeure partie

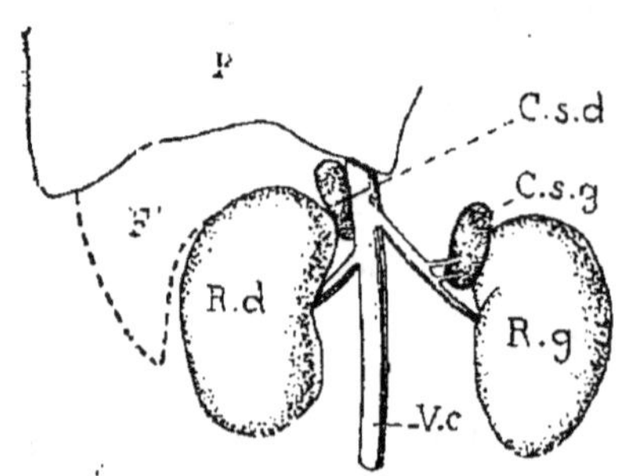

Fig. 91. — Capsules surrénales du cobaye. FF', foie ; R.*d*., R.*g*., rein droit et gauche ; C.*s.d*., C.*s.g*., capsules surrénales droite et gauche.

des protéines dissoutes sont ainsi coagulées. La liqueur, séparée par filtration ou par centrifugation, est concentrée dans le vide, additionnée de 2 à 3 volumes d'alcool fort, filtrée, débarrassée de l'alcool par évaporation dans le vide et enfin alcalinisée par l'ammoniaque. Il se produit un précipité cristallin d'adrénaline impure : on la purifie par dissolution dans l'alcool acidulé et précipitation par l'ammoniaque ; la manipulation répétée plusieurs fois donne de l'adrénaline pure.

L'adrénaline se présente en prismes, aiguilles ou paillettes rhomboïdales ; elle est très peu soluble dans l'eau froide, plus soluble dans l'eau chaude, extrêmement peu soluble dans l'alcool, insoluble dans l'éther et dans le chloroforme. Sa solution aqueuse, tout d'abord incolore, prend successivement, au contact de l'air, les teintes rose, rouge et brune en s'oxydant.

L'adrénaline répond à la formule $C^9H^{13}NO^3$ et probablement à la constitution suivante :

1. Quelques auteurs l'ont aussi appelée épinéphrine ou suprarénine ; mais l'expression adrénaline a prévalu.

$$C^6H^3(OH)^2—CH(OH)—CH^2.NH.CH^3.$$

L'adrénaline est une base, donnant des sels (chlorhydrate, sulfate, tartrate, benzoate, etc.), en s'unissant directement aux acides correspondants. Ces sels sont plus solubles dans l'eau que l'adrénaline; ils sont décomposés par l'ammoniaque, qui précipite l'adrénaline de leurs solutions aqueuses.

Le tissu des capsules surrénales présente une réaction colorée,

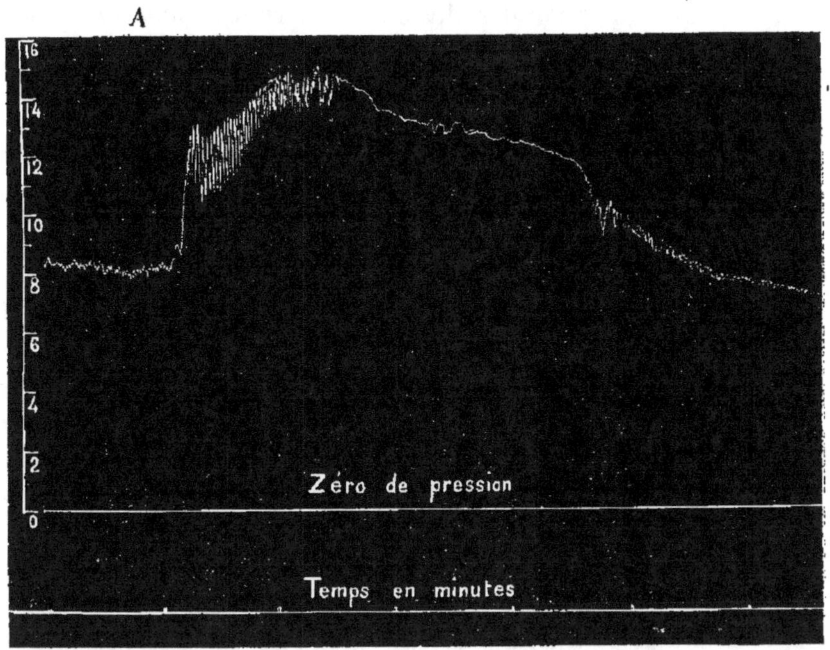

Fig. 92. — Influence de l'adrénaline sur la pression artérielle. En A, injection intraveineuse de 0,2 mg. d'adrénaline chez le lapin. Courbe de pression carotidienne.

dite *réaction de Vulpian*. Si on traite ce tissu, et plus particulièrement la substance médullaire, par une solution aqueuse de chlorure ferrique, il se produit une coloration vert émeraude, qui passe au rouge pourpre sous l'influence des alcalis, pour redevenir verte par neutralisation. L'adrénaline et ses sels présentant la réaction de Vulpian, on est fondé à dire que cette réaction caractérise l'adrénaline dans le tissu des capsules.

Les procédés de dosage de l'adrénaline sont imparfaits; les nombres qu'ils ont donnés ne constituent que des indications : 1 gramme de tissu de capsule surrénale contiendrait de 1 à 2 milligrammes d'adrénaline.

L'adrénaline a d'ailleurs une activité physiologique considérable : 0 mgr. 2 d'adrénaline suffit, en injection intraveineuse, pour provoquer, chez un lapin, une élévation de la pression artérielle de 7 à 8 centimètres de mercure pendant quelques minutes.

II. — THYROÏDES

On sait que l'ablation des thyroïdes détermine, chez l'homme,

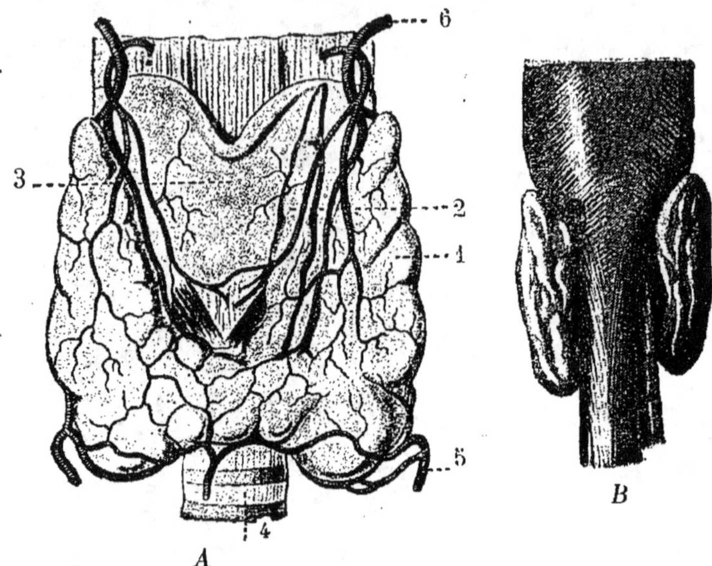

Fig. 93. — A, Glande thyroïde de l'homme. — B, Face postérieure des glandes thyroïdes et de l'œsophage (d'après Zuckerkandl). — 1, Lobe gauche. — 2, Pyramide de Lalouette. — 3, Cartilage thyroïde. — 4, Trachée. — 5 et 6, Artères thyroïdiennes.

l'apparition de troubles trophiques et psychiques, constituant le myxœdème post-opératoire, et que ces mêmes troubles, constituant le myxœdème spontané, s'observent chez des sujets dont les thyroïdes ont été atrophiées ou détruites pathologiquement. Quand la thyroïdectomie est pratiquée chez l'adolescent, ou quand l'atrophie des thyroïdes se produit pendant l'enfance, à ces troubles myxœdémateux s'ajoute un arrêt plus ou moins complet du développement. — On sait, d'autre part, que ces accidents divers peuvent être améliorés, sinon supprimés, par le traitement dit traitement thyroïdien : ingestion de thyroïdes d'animaux, ou injection sous-cutanée d'extraits aqueux ou glycérinés de thyroïdes d'animaux.

— On sait enfin que ce traitement doit être soigneusement sur-
veillé parce qu'il ne tarde pas à provoquer des accidents,
dont les principaux sont l'amaigrissement du sujet, l'accéléra-
tion du cœur, etc. Mais on ignore le rôle physiologique des
thyroïdes.

Chez l'homme, le corps thyroïde est formé par une masse unique, dans laquelle on peut distinguer deux lobes latéraux, réunis
par un isthme médian. Chez les animaux domestiques, il y a deux
thyroïdes distinctes, rejetées sur les côtés du larynx.

Il importe de distinguer nettement des thyroïdes, les parathyroï-
des, organes situés au voisinage, à la surface, ou même dans la
profondeur des thyroïdes, dont elles diffèrent essentiellement par
leur structure histologique et leur rôle physiologique.

. Les thyroïdes contiennent en général de l'*iode*; mais cet iode
n'est ni à l'état de liberté, ni à l'état d'iodure métallique; il est
uni à des substances organiques qui le dissimulent. Pour le
mettre en évidence, il faut détruire la matière organique.

Le tissu thyroïdien ayant été haché et desséché est additionné
de potasse caustique et calciné, en présence d'une petite quantité
d'azotate de potasse, dans un creuset d'argent. La masse fondue
est abandonnée au refroidissement, puis dissoute dans l'eau : la
solution aqueuse est neutralisée, puis légèrement acidulée par
l'acide sulfurique; l'iodure de potassium, qui était contenu dans
le résidu de calcination, est, dans ces conditions, décomposé :
l'iode est mis en liberté. En agitant avec du chloroforme la liqueur
ainsi préparée, on voit ce dissolvant se colorer en violet. On pourrait d'ailleurs manifester la présence de l'iode libre dans cette
liqueur, en l'additionnant d'une solution d'empois d'amidon, qui
se colorerait en bleu intense.

On a dosé la quantité d'iode contenue dans les thyroïdes
de l'homme, des animaux domestiques et de quelques animaux
sauvages. Cette quantité est très variable selon l'espèce animale considérée, et, dans une même espèce, selon les individus : elle est d'ailleurs toujours petite, et atteint très rarement
1 centigramme pour 100 grammes de tissu thyroïdien pesé frais.
Parfois même, le tissu thyroïdien ne contient pas d'iode en
quantité appréciable à l'analyse chimique quantitative et même
qualitative.

Du tissu thyroïdien, on a pu retirer une substance iodée très
intéressante, la *thyroïodine* ou *iodothyrine*. Des corps thyroïdes

(de mouton par exemple) sont, après avoir été hachés et broyés, bouillis pendant 6 à 8 heures avec de l'acide sulfurique à 10 p. 100 dans un appareil à retour (pour éviter la concentration de l'acide). La presque totalité du tissu a été dissoute, il ne reste plus qu'une petite quantité d'une matière brune floconneuse. On jette sur un filtre, on lave la matière brune à l'eau, puis on l'épuise par l'alcool à 85 p. 100 bouillant. La solution alcoolique évaporée laisse un résidu, qu'on épuise par l'éther pour enlever les graisses qu'il peut contenir; il reste une masse brune, riche en iode, la thyroïodine. La thyroïodine étant soluble dans les alcalis, on la purifie par une série de dissolutions dans l'eau alcalinisée et de précipitations par l'acide sulfurique.

La thyroïodine est une substance insoluble dans l'eau, insoluble dans l'éther, insoluble dans le chloroforme; soluble dans les solutions diluées d'alcalis (fixes ou volatil) et de carbonates d'alcalis, soluble dans l'alcool fort.

La thyroïodine est une substance iodée; on le démontre, comme nous l'avons indiqué ci-dessus pour les tissus thyroïdiens, en la calcinant avec un alcali, et manifestant l'iode dans le résidu de la calcination par le chloroforme ou par l'amidon. — La *proportion d'iode* contenue dans la thyroïodine *est variable*; elle peut atteindre 9,3 p. 100 (et même, au dire de certains auteurs, 12 et 14 p. 100) du poids de la thyroïodine; mais elle peut être beaucoup moindre, tomber à 4, à 2 et même à 1 p. 100. On aurait même, au dire de certains, en partant de corps thyroïdes non iodés, pu préparer par les procédés que nous venons d'indiquer une thyroïodine non iodée.

Ces faits conduisent à penser que la thyroïodine n'est pas une combinaison chimique définie; de deux choses l'une, ou elle est un mélange de deux substances, l'une iodée, l'autre non iodée, en proportions variables, la substance iodée résultant de la fixation d'iode sur la substance non iodée; — ou elle est une substance à laquelle l'iode peut s'unir en plusieurs proportions.

Au lieu de traiter le tissu thyroïdien par l'acide sulfurique à 10 p. 100 bouillant, pour préparer la thyroïodine, on peut le traiter par le suc gastrique artificiel et recueillir le résidu de cette digestion gastrique, pour le traiter comme on a fait pour le résidu du traitement par l'acide sulfurique bouillant.

Quel que soit le mode de préparation adopté, acide sulfurique dilué bouillant, ou suc gastrique, il est évident qu'on a profon-

dément altéré les composés chimiques constituant le tissu thyroïdien. Il est très possible que la thyroïodine ne préexiste pas dans
le tissu thyroïdien, mais résulte de l'action des agents hydrolysants
employés sur les substances iodées de ce tissu.

On s'est appliqué à isoler cette substance génératrice de la thyroïodine dans le tissu thyroïdien. On y est parvenu de la façon
suivante.

Les thyroïdes étant hachées et broyées sont mises à macérer à
la glacière dans l'eau salée à 1 p. 100 pendant quelques heures.
La liqueur, débarrassée des tissus, est additionnée d'un égal
volume d'une solution saturée de sulfate d'ammoniaque : il se
forme un précipité, qui contient tout l'iode ; il reste en solution une substance protéique non iodée. La substance précipitée
est insoluble dans l'eau distillée, soluble dans les solutions salées
ou légèrement alcalines, d'où elle est précipitée par les acides,
par le sulfate de magnésie à saturation, par le sulfate d'ammoniaque à demi-saturation. C'est une globuline, la *thyréoglobuline*. La substance non précipitée est une nucléoprotéide.

La thyréoglobuline peut être considérée comme la génératrice
de la thyroïodine : par les acides dilués bouillants ou par le suc
gastrique, elle est dédoublée en thyroïodine et substance albumineuse, qui subit la protéolyse.

La proportion d'iode de la thyréoglobuline est variable ; au dire
de certains auteurs même, en partant des corps thyroïdes non
iodés, on pourrait obtenir une thyréoglobuline non iodée.

Les considérations que nous avons présentées ci-dessus au sujet
de l'état de l'iode dans la thyroïodine s'appliquent donc aussi à la
thyréoglobuline.

L'ablation des thyroïdes détermine des phénomènes pathologiques, myxœdème et arrêt de développement ; on ne doit pas les
attribuer à l'absence d'iode ou de composés iodés, thyréoglobuline ou thyroïodine, parce que les animaux qui ont des thyroïdes
sans iode ne présentent pas pour cela de myxœdème.

L'injection ou l'ingestion de tissu thyroïdien, chez les animaux,
provoque de l'amaigrissement et des phénomènes cardiaques et
vasculaires. Ces phénomènes doivent être rapportés à la thyroïodine et à la thyréoglobuline, parce qu'on les peut engendrer en
injectant l'une ou l'autre de ces substances.

C'est d'ailleurs la combinaison iodée, thyroïodine ou thyréoglobuline, et non le substratum, auquel s'unit l'iode dans la thyroïo-

dine ou dans la thyréoglobuline, qui est actif dans la production de ces phénomènes, car les substances non iodées sont inactives et les substances iodées sont d'autant plus actives qu'elles sont plus iodées.

La quantité d'iode contenue dans les thyroïdes, dans la thyréoglobuline ou dans la thyroïodine semble dépendre de l'alimentation de l'animal ou du sujet. Elle est portée au maximum par le traitement iodé.

CHAPITRE XVI

LES ALIMENTS

Les physiologistes ont établi que la nourriture prise par les animaux doit normalement contenir :

1º de *l'eau* ;

2º des *substances minérales*, notamment des phosphates et des chlorures ; des sels de potassium, de sodium, de calcium, de magnésium, de fer ;

3º des *hydrocarbones*, glycoses, saccharoses, ou amyloses ;

4º des *graisses*, graisses neutres, tripalmitine, tristéarine, trioléine, ou lécithines ;

5º des *protéines*, notamment des substances albumineuses.

Sans doute, dans des conditions expérimentales qui ne se retrouvent pas dans la pratique courante, et chez quelques espèces animales carnivores, on a pu réduire considérablement la ration d'hydrocarbones et de graisses, en la remplaçant par une ration équivalente de protéines ; mais cette constitution n'est pas compatible, chez l'homme, avec la conservation de la santé, ainsi qu'on l'a établi. — Sans doute encore, on a pu, dans la ration alimentaire de l'homme et des animaux, remplacer tout ou partie des graisses par une quantité équivalente d'hydrocarbones ou inversement; mais si, chez l'homme, le remplacement de la majeure partie des graisses par les hydrocarbones est possible, sans nuire à sa santé, la substitution inverse n'est pas compatible avec l'accomplissement des fonctions digestives normales.

Nous dirons donc que, chez les animaux et chez l'homme en particulier, les cinq groupes de substances indiquées doivent exister dans la nourriture.

Au point de vue quantitatif, et en nous bornant à examiner le cas de l'homme, si la quantité de graisses peut être considérablement réduite sans inconvénient, il n'en est pas de même des quantités de protéines et d'hydrocarbones. L'homme doit assimiler une quantité minima d'azote, par conséquent ingérer, digérer et absorber une quantité minima de protéines, sous peine de perdre chaque jour plus d'azote qu'il n'en reçoit et d'aller infailliblement à une mort

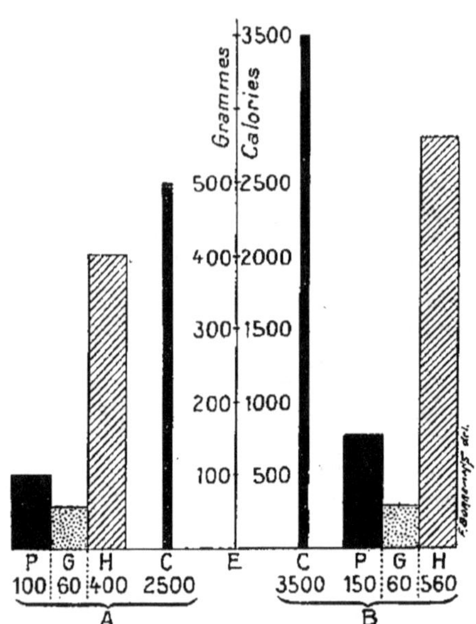

Fig. 91. — Alimentation matérielle et énergétique de l'homme. — A, homme au repos. — B, homme travaillant. — P, protéines; G, graisses; H, hydrocarbones; C, calories; E, échelle.

prochaine. L'homme doit ingérer une quantité minima d'hydrocarbones, sous peine de devoir augmenter les quantités de protéines ou de graisses au delà des limites compatibles avec la conservation du fonctionnement normal de l'appareil digestif et par conséquent de la santé.

Au point de vue quantitatif encore, l'homme doit absorber une quantité d'aliments suffisante pour pourvoir à sa consommation énergétique, laquelle consommation comprend deux parties, la production de chaleur et la production de travail.

Ces notions sommaires de physiologie, qu'il ne convient pas de développer ici, devaient être rappelées, pour bien établir que les aliments, ou plutôt le mélange des aliments ingérés doit répondre à certaines conditions qualitatives, présentant d'ailleurs une assez grave laxité.

Nous rappelons enfin que les statistiques alimentaires ont fourni les résultats suivants :

Un homme adulte de poids moyen, n'exerçant aucun travail manuel important, consomme par jour environ 100 grammes de protéines, 50 grammes de graisses, 400 grammes d'hydrocarbones — ce qui correspond à environ 2 500 calories.

Un homme adulte de poids moyen, accomplissant le travail moyen d'un ouvrier d'industrie, consomme par jour environ 150 grammes de protéines, 60 grammes de graisses et 560 grammes d'hydrocarbones, ce qui correspond à environ 3 500 calories.

Les aliments sont : 1° d'origine animale; 2° d'origine végétale.

Les principaux aliments d'origine animale sont :

    a. La chair et les viscères des animaux;

    b. Le lait;

    c. L'œuf des oiseaux.

Les principaux aliments d'origine végétale sont :

    a. Les graines des céréales et le pain;

    b. Les graines des légumineuses;

    c. Les racines et les tubercules;

    d. Les légumes;

    e. Les fruits.

I. — ANALYSE DES ALIMENTS

L'analyse des aliments comprend 5 déterminations fondamentales, celles de l'eau, des cendres, des protéines, des graisses et des hydrocarbones.

1° Détermination de l'eau. — Nous avons indiqué ci-devant (chap. I, p. 5), comment on détermine l'eau des substances et liquides de l'organisme, et comment on obtient le poids du résidu sec.

2° Détermination des cendres. — Nous avons indiqué ci-devant (chap. I, p. 6) comment on pratique la carbonisation et l'incinération des liquides et tissus de l'organisme, pour obtenir sans pertes leur résidu minéral.

3° Détermination des protéines. — On désigne *dans l'étude des questions d'alimentation* sous le nom de *protéines* toutes les substances azotées contenues dans les matières alimentaires à l'exclusion des lécithines.

Ces protéines comprennent deux groupes de substances, les *substances protéiques*, substances albumineuses, protéides et albumoïdes, et les *substances non protéiques*, bases xanthiques, amino-acides, etc. On peut admettre qu'en général cette seconde catégorie de substances est quantitativement de beaucoup inférieure à la première.

Pour déterminer la proportion des protéines contenues dans une

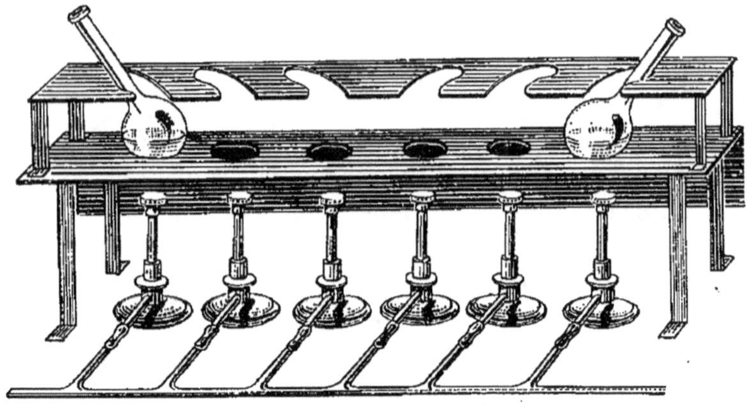

Fig. 95. — Destruction de la matière organique par l'acide sulfurique pour la détermination de l'azote total.

substance alimentaire donnée, on détermine, par la méthode de Kjeldahl, la proportion d'azote qu'elle contient et on multiplie ce nombre par le coefficient 6,25.

En procédant ainsi, on fait une approximation ; on admet en effet que toutes les protéines contiennent $\dfrac{1}{6,25}$ ou 16 p. 100 de leur poids d'azote. Or, pour les substances albumineuses, cette proportion varie de 15,0 à 17,6 p. 100, pour les glycoprotéides de 11,7 à 13,6 p. 100, pour les albumoïdes de 16,4 à 18,3 p. 100, etc. Mais il importe peu que les nombres ne soient qu'approchés, car toutes les études physiologiques sur les échanges matériels et énergétiques comportent une approximation d'au moins 10 p. 100.

Le *dosage de l'azote total* se fait par la *méthode de Kjeldahl*. Cette méthode repose sur les notions suivantes :

1° Si l'on fait bouillir une matière organique quelconque avec de l'acide sulfurique concentré, la matière organique est totalement détruite, et tout l'azote qu'elle contenait se trouve à l'état de sulfate d'ammoniaque ;

2° Si l'on fait bouillir une solution de sulfate d'ammoniaque avec un excès de soude caustique, l'ammoniaque est totalement chassée de sa combinaison.

Le dosage peut se faire de la façon suivante :

Dans un ballon, on introduit 25 centimètres cubes d'un mélange d'acide sulfurique concentré et d'acide phosphorique anhydre (mélange formé avec 1 litre d'acide sulfurique et 200 grammes d'anhydride phosphorique) et 0 cc. 1 de mercure ; puis quelques grammes (2 à 5 grammes par exemple) de la substance à analyser (l'acide phosphorique anhydre sert à fixer l'eau de la substance et à empêcher l'hydratation de l'acide sulfurique, qui, pour cette opération, doit être et rester concentré ; — on a constaté que lorsqu'on ajoute un peu de mercure, la destruction et l'oxydation de la matière organique se font plus rapidement). Ce mé-

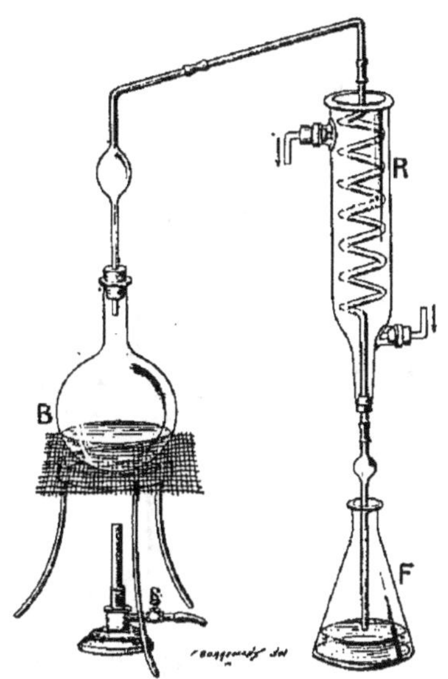

Fig. 96. — Appareil pour déterminer l'ammoniaque produite dans l'action de l'acide sulfurique sur les matières organiques (méthode de Kjeldahl) ; B, ballon contenant la liqueur et la soude ; R, réfrigérant ; F, fiole contenant la solution titrée d'acide.

lange est porté lentement et maintenu à l'ébullition (qui ne doit jamais être tumultueuse) jusqu'à ce que la décoloration soit complète. La liqueur contient alors du sulfate d'ammoniaque, du sulfate de mercure et de l'acide sulfurique en excès. On laisse refroidir. On ajoute de la soude caustique (solution de densité 1,25), de façon à saturer la presque totalité de l'acide sulfurique libre, et on laisse refroidir de nouveau. On ajoute alors de la soude caustique, jusqu'à réaction nettement alcaline, puis 12 centimètres cubes d'une solution de sulfure de potassium [1] (obtenue

---

1. On a proposé de substituer au sulfure de sodium, l'hypophosphite de soude pour précipiter le mercure (Voir ci-dessous, azote total de l'urine, p. 380).

en dissolvant 2 parties de sulfure de potassium dans 3 parties d'eau), pour précipiter le mercure à l'état de sulfure de mercure.

Cette liqueur est alors soumise à la distillation et l'ammoniaque dégagée est reçue dans une quantité connue d'une solution acide titrée. En déterminant le titre acide de cette solution, après que la distillation de l'ammoniaque est terminée, on peut connaître la quantité d'acide neutralisé par l'ammoniaque, par conséquent la quantité d'azote de la matière organique soumise à l'analyse.

4° Détermination des graisses. — Sous le nom de graisses, dans l'étude des questions d'alimentation, on réunit toutes les substances solubles dans l'éther : graisses neutres, acides gras libres, lécithines, cholestérine, etc. On détermine, somme toute, l'*extrait éthéré*.

Pour faire cette détermination, il convient tout d'abord de préparer le résidu sec de la substance analysée, en la desséchant à l'étuve à 100°, puis à l'étuve à 110°. Ce résidu sec étant broyé finement dans un mortier (et au besoin mélangé de sable pour assurer sa division, si ses particules tendent à s'accoler entre elles) est épuisé par l'éther bouillant jusqu'à ce qu'il n'abandonne plus rien à l'éther. La liqueur éthérée, débarrassée de l'éther par évaporation

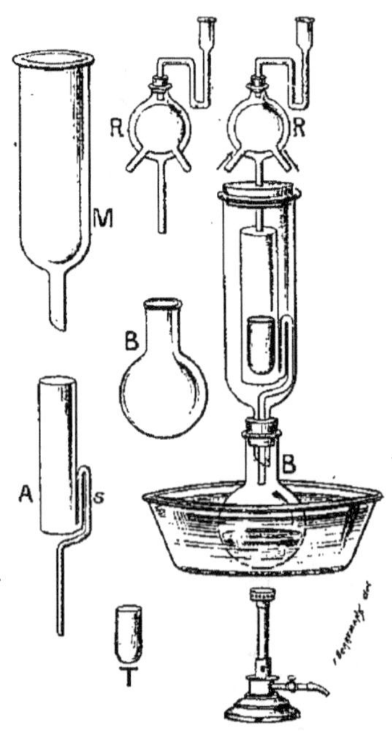

Fig. 97. — Appareil de Sohlet pour extraire les graisses. — B, ballon à éther; M, manchon; A, tube portant un tube siphon *s*; T, doigt de gant en papier filtre, destiné à contenir la substance; R, réfrigérant. La substance étant placée dans T, on l'introduit dans A et on glisse A dans M. L'appareil est alors monté comme l'indique la figure. En chauffant B au bain-marie, on volatilise l'éther qu'il contient; cet éther est condensé dans le réfrigérant, tombe sur la substance, puis s'écoule par le siphon *s*, entraînant les matières dissoutes dès que son niveau atteint le sommet du siphon.

laisse un résidu qu'on pèse : c'est l'extrait éthéré de la substance analysée, ce sont ses graisses. L'épuisement par l'éther peut se faire par l'un quelconque des appareils chimiques dits appareils à épuisement. Les physiologistes emploient plus particulièrement l'appareil de Soxhlet, dont les dispositions essentielles sont indiquées dans la figure 97.

Pour certaines substances (en général pour les tissus animaux), il est impossible d'obtenir la totalité des graisses par extraction simple à l'éther. Il est nécessaire, pour obtenir de bons résultats, après avoir extrait la plus grande partie des graisses, de reprendre la matière, d'en chasser l'éther et de la soumettre à l'action protéolytique du suc gastrique artificiel : la solution gastrique et le résidu sont évaporés, desséchés et de nouveau épuisés par l'éther. On obtient ainsi la totalité des graisses.

5° Détermination des hydrocarbones. — Les hydrocarbones ne sont pas toujours déterminés directement; on calcule leur quantité par différence : on compte comme hydrocarbone tout ce qui n'est pas eau, sels, protéines et graisses. Les hydrocarbones comprennent alors les sucres, les amidons, la cellulose, les gommes, les parties ligneuses, etc.

Il y aurait un intérêt physiologique certain à calculer la quantité d'hydrocarbones transformables en sucres. Cette détermination se ferait facilement en hydrolysant par un acide minéral dilué à la température de 120°, à l'autoclave, la substance analysée jusqu'à transformation totale. En déterminant alors la quantité de sucre, on obtiendrait l'*équivalent en sucre* des hydrocarbones; c'est ce qui intéresse le physiologiste.

6° Détermination de la valeur calorifique ou énergétique. — L'eau et les matières minérales ne fournissent pas d'énergie à l'organisme; les hydrocarbones et les graisses en fournissent en se transformant en acide carbonique et en eau; les protéines en fournissent en se transformant en acide carbonique, eau et urée. On admet que

Calories.

1 gr. d'hydrocarbone fournit...................... 4,1
1 gr. de protéine fournit....................... 4,1
1 gr. de graisse fournit...................... 9,3

Connaissant les proportions d'hydrocarbones, de protéines et de graisses contenues dans 1 gramme d'une substance donnée, on peut, au moyen de ces nombres, calculer la valeur énergétique de la substance.

II. — ALIMENTS D'ORIGINE ANIMALE

a. — *Chair.*

La chair est essentiellement constituée de tissu musculaire et de tissu conjonctif. Nous avons décrit, avec quelques détails, la constitution chimique de la fibre musculaire et du tissu conjonctif; nous nous bornerons, par conséquent, à rappeler que la chair est un aliment complexe; elle contient :

1° de l'eau : 75 p. 100 de son poids environ :

2° des sels, surtout des phosphates (sels de potasse, mais aussi, quoiqu'en moindre quantité, sels de soude, de chaux, de magnésie) et des chlorures. Par sa matière colorante propre, hémoglobine, elle contient également du fer : 100 grammes de viande contiennent environ 0 gr. 5 d'acide phosphorique; 0 g. 1 de chlore; 0 gr. 5 de potasse; 0 gr. 1 de soude; 0 gr. 01 de chaux; 0 gr. 04 de magnésie et 0 gr. 005 d'oxyde de fer.

3° des hydrocarbones, qui sont presque exclusivement représentés par le glycogène;

4° des matières grasses en petite quantité, surtout contenues dans le tissu conjonctif, mais existant également, quoique très peu abondamment, dans la fibre musculaire elle-même;

5° des substances albumineuses, dont la plus importante est la myosine.

La chair contient, outre ces substances, de la matière collagène et de l'élastine en petite quantité, et des substances extractives azotées, telles que la créatine, les bases xanthiques, etc.

Voici une analyse de viande de bœuf :

Eau	75,90	p. 100.
Résidu fixe	24,10	—
Substances albumineuses	18,36	—
Substances collagènes	1,64	—
Matières grasses	0,90	—
Hydrocarbones	0,60	—
Matières extractives	1,30	—
Matières minérales	1,30	—

Cette analyse démontre clairement que la viande n'est pas, pour l'homme, un aliment capable de satisfaire à tous ses besoins; elle est pauvre en effet en graisses et surtout en hydrocarbones : la viande est essentiellement un aliment protéique.

Voici quelques analyses de viandes (Pl. col. II) :

	Eau.	Protéines.	Graisses.	Hydrocarbones.	Sels.
Bœuf 1/2 gras	72,2	21,0	5,5	0,3	1,0
Veau maigre	76,8	20,0	1,5	0,2	1,5
Porc maigre	71,0	20,5	7,0	0,4	1,1

Les principaux viscères alimentaires ont la composition approximative suivante :

	Eau.	Protéines.	Graisses.	Hydro-carbones.	Sels.
Foie de veau..........	71,2	19,4	4,5	2,7	1,6
Rognons de bœuf...	76,7	16,6	4,8	0,4	1,2
Rognons de mouton.	78,7	16,5	3,2	»	1,3
Cervelle de porc....	75,8	11,7	10,3	»	1,6
Cœur de veau......	73,2	16,8	9,6	»	1,0
Ris de veau........	70,9	16,8	12,1	»	1,6

Le bouillon de viande, obtenu pas ébullition prolongée, telle qu'on la pratique couramment, et non salé, contient environ 2 p. 100 de matières dissoutes, dont la moitié de substances organiques et la moitié de sels. Les substances organiques sont des substances extractives azotées, créatine et bases xanthiques, et de la gélatine, provenant de la transformation du tissu conjonctif à l'ébullition. Parmi les sels, le phosphate de potasse domine.

L'extrait de viande contient environ 25 p. 100 d'eau et 75 p. 100 de résidu sec, et ce dernier est formé de sels (15 p. 100) et de matières organiques (60 p. 100). Ces matières organiques sont des substances extractives (créatine et bases xanthiques), de la gélatine, des protéoses et des peptones, un peu de glycogène et d'acide sarcolactique. Les sels sont surtout du phosphate de potassé.

La chair des poissons diffère de la chair des mammifères ou des oiseaux par sa teneur en protéines, qui est généralement un peu moindre, et par sa teneur en graisse, qui est généralement plus grande. La chair de certains poissons ne contient que 12 à 14 p. 100 de protéines ; en général, pour la plupart des espèces, elle en contient 14 à 16 p. 100 ; pour quelques espèces ; elle en a jusqu'à 28 p. 100. La teneur en graisse varie considérablement selon les espèces ; tantôt elle ne dépasse pas 0,5 p. 100, tantôt elle atteint 5, 10 et 20 p. 100 : la graisse de poisson est toujours une huile, liquide à la température ordinaire, contenant de 60 à 80 p. 100 d'oléine.

Voici quelques analyses de chair de poisson :

	Eau.	Protéines.	Graisses.	Hydrocarbones	Sels.
Carpe...............	78,90	15,71	4,85	»	0,54
Perche.............	82,60	14,90	1,53	»	0,97
Hareng............	76,00	17,23	5,26	»	1,51
Maquereau	67,60	15,67	15,32	»	1,41
Raie...............	76,40	22,08	0,62	»	0,90
Sole...............	61,40	17,45	20,08	»	0,87

(Pl. col. II).

b. — Lait.

Nous étudierons le lait dans un chapitre spécial, aussi nous bornerons-nous aux quelques indications suivantes.

Le lait contient :

- Des sels;
- Des graisses neutres (émulsionnées);
- Du sucre de lait;
- Des protéines.

Voici quelques analyses types de lait (Pl. col. II) :

	100 CENTIMÈTRES CUBES DE LAIT			
	de vache.	de chèvre.	d'ànesse.	de femme.
Eau	86,0	85,0	90,0	89,0
Résidu fixe.........	14,0	15,0	10,0	11,0
Protéines	4,1	4,3	2,3	2,0
Graisses............	3,9	4,1	1,2	3,6
Sucre de lait.......	5,2	5,6	6,0	5,0
Sels	0,8	1,0	0,5	0,4

Les laits de vache, de chèvre, de mouton sont la matière première de la fabrication des *fromages*. Soumis à l'action de la présure, ils fournissent un caséum, qu'on exprime et qu'on abandonne, dans des conditions très variables, à la maturation; celle-ci résulte des transformations multiples, subies par la caséine et la graisse sous l'influence de ferments organisés. La composition des fromages est évidemment très variable; on peut en distinguer trois groupes, selon que la quantité de graisse y est grande, moyenne ou petite. Nous donnons ici trois analyses de fromages respectivement gras, demi-gras et maigre, comme indications générales :

	100 GRAMMES DE FROMAGE		
	gras.	demi-gras.	maigre.
Eau	36	46	48
Résidu fixe	64	54	52
Protéines	28	28	33
Graisses	30	20	8
Sucres et acides	2	3	7
Sels	4	3	4

Le lait, surtout pour la nourriture des enfants, peut être stérilisé; la composition du *lait stérilisé* par la chaleur est celle du lait naturel.

Le lait peut être conservé sous forme de *lait condensé*; on l'obtient par évaporation d'une quantité plus ou moins grande d'eau du lait naturel, et stérilisation par la chaleur. Parfois on l'additionne de sucre de saccharose. Le lait condensé a la composition du lait naturel, dont il ne diffère que par de l'eau en moins (le lait condensé non saccharosé contient 50 p. 100 d'eau environ et 50 p. 100 de résidu sec; — le lait saccharosé contient généralement 25 p. 100 d'eau et 75 p. 100 de résidu sec), et par de la saccharose en plus dans le lait saccharosé (30 à 40 p. 100).

c. — *Œuf des oiseaux*.

L'œuf de poule, qui peut servir de type, est constitué par :

> La coquille;
> Le blanc de l'œuf;
> Le jaune de l'œuf.

— La *coquille* de l'œuf est essentiellement composée de matières minérales, dont la plus importante est le carbonate de chaux, qui en représente les 90 centièmes, et de matières organiques, qui appartiennent au groupe de la kératine. La membrane coquillière est essentiellement formée de kératine.

— Le *blanc de l'œuf* est surtout riche en substances albumineuses : la plus importante et la plus abondante est l'*ovalbumine*. Cette ovalbumine est accompagnée de globulines peu abondantes et d'une petite quantité d'une mucoïde; — le blanc d'œuf frais ne contient pas de protéoses.

Voici des analyses de blanc d'œuf de poule :

Eau...........................	86,7 p. 100	86,6 p. 100	85,8 p. 100
Résidu solide.................	13,3 —	13,4 —	14,2 —
Substances albumineuses......	12,2 p. 100	12,4 p. 100	12,9 —
Hydrocarbones................	0,5 —	0,2 —	0,3 —
Matières minérales...........	0,6 —	0,6 —	0,8 —
Matières grasses	Traces,	0,2 —	0,3 —

(Pl. col. II.)

L'*ovalbumine* est une albumine typique : c'est dire qu'elle est soluble dans l'eau distillée, soluble dans les solutions salines neutres diluées; ses solutions sont coagulées par la chaleur. Elles

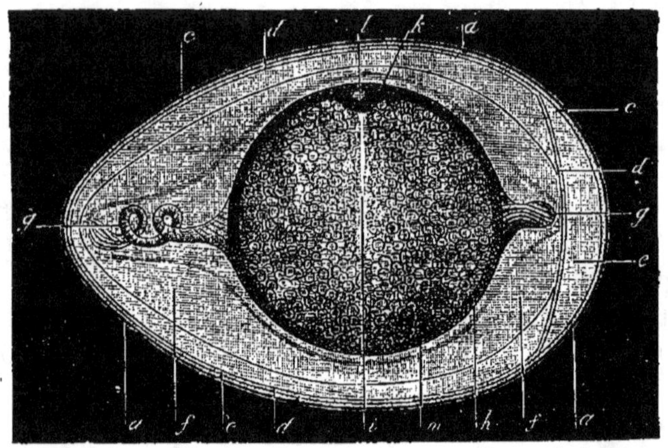

Fig. 98. — Œuf d'oiseau (d'après Gautier): — *a*, coquille; *c*, *d*, feuillets de membrane coquillière; *e*, chambre à air; *ff*, blanc ou albumen; *h*, membrane vitelline enveloppant le jaune; *g,g*, chalazes, ligaments qui suspendent le jaune et s'unissent à la membrane coquillière interne; *k*, cicatricule ou disque proligère; *l*, vésicule germinative de Purkinjo.

ne sont précipitées ni par la dialyse, ni par la dilution, ni par l'acide acétique, ni par le chlorure de sodium dissous à saturation à froid, ni par le sulfate de magnésie dissous à saturation à froid. — Elles sont précipitées par le chlorure de sodium ou le sulfate de magnésie dissous à saturation à froid, lorsqu'elles ont été convenablement acidulées. Elles sont précipitées par le sulfate d'ammoniaque dissous à saturation à froid, etc.

L'ovalbumine se distingue de la sérumalbumine par son pouvoir rotatoire qui est

$$[\alpha]_D = -35°,5,$$

celui de la sérumalbumine étant

$$[\alpha]_D = -63°.$$

Le blanc d'œuf contient des globulines, qui ne représentent que 5 à 6 p. 100 des protéines totales. On en distingue au moins deux, différant par leurs températures de coagulation.

Enfin on trouve dans le blanc d'œuf une substance incoagulable par la chaleur, soluble dans l'eau, précipitable par le sulfate d'ammoniaque à saturation comme les protéoses, mais ne donnant pas les réactions protéosiques. Cette substance, donnant lieu à la production, sous l'influence prolongée de l'acide chlorhydrique bouillant, d'une substance réductrice, a été considérée comme une glycoprotéide, c'est l'*ovomucoïde*.

— Le *jaune de l'œuf* est très riche en matières fixes : il contient environ 50 p. 100 de résidu fixe. Ce résidu fixe est formé de :

1° protéines, dont la plus importante est l'ovovitelline, à côté de laquelle il faut signaler, en petite quantité, l'albumine et des nucléines ;

2° matières grasses, qui sont des graisses neutres et de la lécithine ;

3° hydrocarbones, en petite quantité, qui sont surtout du sucre de glycose ;

4° sels, dont les plus abondants sont des chlorures (sels de chaux et de potasse).

Voici des analyses de jaune d'œuf de poule :

Eau..........................	49,20	49,90	50,80
Résidu fixe.................	50,80	50,10	49,20
Protéines...................	15,63	15,70	16,20
Graisses....................	33,80	33,30	31,90
Hydrates de carbone.....	traces	traces	traces
Sels........................	1,20	1,10	1,10

L'*ovovitelline* est une protéine insoluble dans l'eau, soluble dans les solutions salines diluées, solubles dans les solutions acides et dans les solutions alcalines étendues. Ses solutions salées coagulent à 70°-75° ; elles sont précipitées par la dilution. Ce sont là les caractères de solubilité des globulines. Mais elle n'est pas précipitée par le chlorure de sodium dissous à saturation, caractère qui la différencie des globulines proprement dites. C'est le type des substances qui constituent la *famille des vitellines*.

On a quelquefois considéré l'ovovitelline comme une paranucléoprotéide, parce que, sous l'action du suc gastrique, elle laisse généralement déposer de la paranucléine. Il est très vraisemblable que celte paranucléine provient d'impuretés qui accompagnent l'ovovitelline, mais ne provient pas de cette ovovitelline elle-même.

Les cendres du jaune d'œuf sont riches en acide phosphorique et contiennent de l'oxyde de fer.

Voici une analyse de cendres de jaune d'œuf : 100 parties de cendres contiennent :

Soude...	5,12 à 6,57
Potasse.......................................	8,05 à 8,93
Chaux...	12,21 à 13,28
Magnésie......................................	2,07 à 2,11
Oxyde de fer..................................	1,19 à 1,45
Acide phosphorique...........................	63,81 à 66,70
Silice..	0,55 à 1,40

Cependant le jaune ne contient ni phosphates, ni sels de fer : il contient des combinaisons phosphorées organiques et des combinaisons organiques ferrugineuses.

Les *combinaisons phosphorées organiques* du jaune d'œuf sont des lécithines [lesquelles sont, comme nous l'avons dit précédemment (chap. II), des dioléyl-, distéaryl-, dipalmityl- phosphoglycérates de choline] et des nucléines.

Le fer est à l'état de combinaison organique ; cette combinaison a reçu le nom d'*hématogène* (il est évident que c'est aux dépens de cette combinaison ferrugineuse, la seule qui existe dans l'œuf, que se forme l'hémoglobine, ferrugineuse, du sang de poulet). L'hématogène doit être considéré comme une *protéide ferrugineuse*, formée par la combinaison d'une substance albumineuse et d'un groupe prosthétique ferrugineux, pour les raisons suivantes :

Si l'on épuise le jaune d'œuf par l'alcool et par l'éther, on n'enlève pas trace de combinaisons ferrugineuses : ces combinaisons restent dans le résidu, qui contient les substances albumineuses, les nucléines, etc. — Dans ce résidu, le fer n'est pas à l'état de combinaison saline ; on sait que tous les sels de fer, que l'acide du sel soit organique ou minéral, sont solubles dans l'alcool acidulé par l'acide chlorhydrique : or le résidu considéré n'abandonne pas trace de combinaisons ferrugineuses à l'alcool acidulé par l'acide chlorhydrique [1] ; donc le fer est, dans ce résidu, à l'état de combinaison métallo-organique. — Lorsqu'on soumet ce résidu

---

1. On emploie à cet effet le réactif ou la liqueur de Bunge : alcool à 95 p. 100, 90 volumes ; acide chlorhydrique à 25 p. 100, 10 volumes.

à l'action du suc gastrique, les substances albumineuses sont peptonisées, les protéines sont dédoublées en substances protéosiques, et groupes prosthétiques. Or dans ces conditions, le fer reste en totalité avec le résidu insoluble. Ce résidu insoluble n'abandonne pas de combinaisons ferrugineuses à l'alcool acidulé par l'acide chlorhydrique, donc il contient le fer à l'état de combinaisons non salines. — Par conséquent, la ou les combinaisons ferrugineuses du jaune d'œuf sont des protéides, formées par l'union d'une substance albumineuse et d'un groupe prosthétique ferrugineux.

On a souvent considéré ce groupe prosthétique comme une nucléine; mais ce n'est là qu'une hypothèse, et rien actuellement n'autorise à la confirmer ou à l'infirmer.

III. — ALIMENTS D'ORIGINE VÉGÉTALE

Les aliments d'origine animale sont riches en protéines; ils sont en général pauvres en hydrocarbones; — les aliments d'origine végétale sont, au contraire, riches en hydrocarbones et généralement pauvres en protéines.

Les *graines des céréales* entrent pour une part importante dans l'alimentation de l'homme : citons le blé, le seigle, le riz, l'orge, etc. Ces graines sont très riches en hydrocarbones et très pauvres en matières grasses.

Voici des analyses (Pl. col. II) :

	Blé.	Seigle.	Riz.	Orge.
Eau	13,56	15,26	14,41	13,78
Résidu fixe	86,44	84,74	85,59	86,22
Protéines	12,40	11,43	6,94	11,16
Graisses	1,70	1,71	0,51	2,12
Extrait non azoté	67,89	67,83	77,61	65,51
Cendres	1,79	1,77	0,45	2,63
Résidu ligneux	2,66	2,00	0,08	4,80

L'homme utilise pour son alimentation non pas le grain de blé, mais la *farine* de blé, débarrassée du son. — Le blé donne au maximum 80 p. 100 de bonne farine et au minimum 20 p. 100 de son.

Voici des analyses de farine et de son de blé :

	Farine.	Son.
Eau	14,86	14,07
Résidu fixe	85,14	85,93
Protéines	8,91	13,46
Graisses	1,11	2,46
Extrait non azoté	74,28	32,63
Cendres	0,51	6,52
Résidu ligneux	0,33	30,86

(Pl. col. II.)

La farine est généralement employée sous forme de *pain*. La
farine est additionnée d'eau, de sel et de levain; le tout est
mélangé, de façon à constituer une pâte homogène, qui ne tarde
pas à se gonfler par suite du développement de bulles gazeuses
dans son épaisseur (le levain a provoqué, aux dépens des hydrates
de carbone de la pâte, une fermentation avec dégagement de bulles
gazeuses). La pâte levée est soumise à la cuisson à une température de 200° à 250°. Pendant cette opération, une partie de l'amidon est transformée en empois d'amidon, en dextrine et en maltose.

Voici une analyse de pain blanc :

Eau	28,6
Résidu fixe	71,4
Protéines	9,6
Graisses	1,0
Hydrocarbones	60,1
Substances diverses	0,7

(Pl. col. II.)

Les *graines des légumineuses*, haricots, pois, lentilles, etc.,
sont plus riches en protéines et moins riches en hydrates de carbone que les graines des céréales.

	Haricots.	Lentilles.	Pois.
Eau	13,60	12,30	10,60
Résidu fixe	86,40	87,70	89,40
Protéines	23,12	25,70	18,88
Graisses	2,28	1,90	1,22
Substances non azotées	53,63	53,50	56,21
Cendres	3,53	2,80	2,26
Substances diverses	3,84	3,80	2,10

(Pl. col. II.)

Les pommes de terre, les carottes, les raves, etc., en général les *tubercules* et les *racines alimentaires*, sont très riches en hydrates de carbone et pauvres en protéines et en graisses. Voici quelques analyses :

	Pommes de terre.	Carottes.	Navets.
Eau	75,77	87,10	89,40
Résidu sec	24,23	12,90	10,60
Protéines	1,79	1,00	1,40
Graisses	0,16	0,20	0,20
Hydrocarbones	20,56	9,30	7,40
Cendres	0,97	0,90	0,70
Divers	0,75	1,50	0,90

(Pl. col. II.)

Les *fruits* ont une composition très variable selon leur nature : ils sont en général pauvres en protéines et en graisses, riches en eau. Cependant il existe des fruits secs peu aqueux; il en existe de riches en graisses, etc.

Exemples :

	Pommes.	Poires.	Fraises.	Raisins.
Eau	84,6	84,4	90,4	77,4
Résidu sec	15,4	15,6	9,6	22,6
Protéines	0,4	0,6	1,0	1,3
Graisses	0,5	0,5	0,6	1,6
Hydrocarbones	13,0	11,4	6,0	13,9
Cellulose	1,2	2,7	1,4	4,3
Cendres	0,3	.0,4	0,6	0,5

	Marrons.	Noix.	Dattes.
Eau	45,0	4,8	15,4
Résidu sec	55,0	95,2	84,6
Protéines	6,2	21,0	2,1
Graisses	5,5	54,9	2,8
Hydrocarbones	} 35,4	15,3	} 78,4
Cellulose		2,0	
Cendres	1,1	2,0	1,3

(Pl. col. II.)

CHAPITRE XVII

LE LAIT

Nous prenons comme type le *lait de vache*.

Le lait est constitué par un liquide, que nous appellerons le *plasma du lait* ou *lactoplasma*, dans lequel sont suspendus deux sortes d'éléments : les uns sont de gros globules ayant de 2 à 10 millièmes de millimètre de diamètre, arrondis et très réfringents; ce sont les *globules du lait*; — les autres sont de très fines *granulations* ayant moins d'un demi-millième de millimètre de diamètre, formant un pointillé noir entre les globules du lait.

Les *globules du lait*, essentiellement constitués par la matière grasse du lait, sont encore appelés les *globules gras*[1]; les fines *granulations*, si l'on admet qu'elles sont essentiellement constituées par du phosphate tribasique de chaux, pourraient être appelées *granulations phosphatiques*.

---

1. Le diamètre des globules gras du lait de vache varie de 0 mm. 0025 à 0 mm. 0045; le plus grand nombre a environ 0 mm. 004, soit 4 μ.

I. — GLOBULES GRAS DU LAIT

Lorsqu'on abandonne le lait au repos, les globules gras, moins denses que le lactoplasma, montent à la surface du lait, et forment une couche distincte, la *crème*. Sous l'action de la centrifuge, la montée de la crème se fait plus rapidement et plus complètement. — Lorsqu'on abandonne le lait au repos pendant plusieurs jours, en évitant toute transformation microbienne, capable d'acidifier le lait, et, par suite, de déterminer la dissolution du phosphate de chaux, les granulations fines, plus denses que le lactoplasma, se déposent au fond du liquide en une mince couche d'un blanc nacré.

Quelle est la constitution des globules du lait? Ont-ils une membrane d'enveloppe [1]?

Les globules du lait sont *essentiellement constitués par la matière grasse.* Mais ne sont-ils constitués que par la matière grasse? N'entre-t-il pas d'autres substances dans leur constitution? Ne sont-ils pas pourvus d'une membrane d'enveloppe qui les empêche d'adhérer les uns aux autres? S'ils sont pourvus d'une membrane d'enveloppe, quelle est la nature de cette membrane? Et s'ils n'ont pas de membrane d'enveloppe, ne sont-ils pas englobés dans une atmosphère protectrice, de nature protéique par exemple?

Le lait agité avec l'*éther* ne lui cède pas sa matière grasse. Le lait se comporte donc, disent les partisans d'une membrane globulaire, comme si les globules gras étaient protégés par une membrane insoluble dans l'éther et inattaquée par l'éther.

Lorsqu'on agite le lait pendant un certain temps, lorsqu'on le *baratte*, on obtient du beurre. *Qu'est-ce que le beurre?* Le beurre résulte de l'agglomération des gouttelettes grasses du lait. Les chocs répétés du battage, disent les partisans d'une membrane d'enveloppe, ont rompu la membrane et permis aux globules gras, devenus libres, de se souder.

Lorsqu'on additionne le lait d'une lessive de soude caustique et qu'on l'agite avec de l'éther, l'éther dissout la graisse du lait. — Ceci démontre, disent les partisans de la membrane d'enveloppe,

---

1. Si nous entrons dans quelques détails sur la constitution des globules du lait, ce n'est pas que cette question soit très importante; c'est parce qu'elle nous permet de grouper certaines expériences et de faire connaître certaines propriétés du lait.

que l'enveloppe des globules est composée d'une substance insoluble dans l'éther et soluble dans la soude caustique : cette substance, c'est probablement de la caséine. D'ailleurs, ajoutent les mêmes physiologistes, toutes les fois qu'on précipite la caséine du lait soit par l'acide acétique, soit par le chlorure de sodium, la matière grasse se trouve englobée dans le précipité ; donc les globules sont entourés d'une membrane de caséine.

A ces conclusions, les adversaires de la membrane d'enveloppe font les objections suivantes :

Si l'on examine au microscope une goutte de lait, placée sur une lame de verre et recouverte d'une lamelle, et si l'on exerce une pression sur la lamelle, on ne voit jamais ces globules prendre une forme démontrant la rupture d'une membrane : les globules s'étalent régulièrement. En serait-il ainsi si les globules avaient une membrane d'enveloppe !

Sans doute, les globules gras sont entraînés par toutes les précipitations de la caséine dans le lait, mais cela ne prouve pas que la caséine constitue aux globules une membrane, au sens propre du mot.

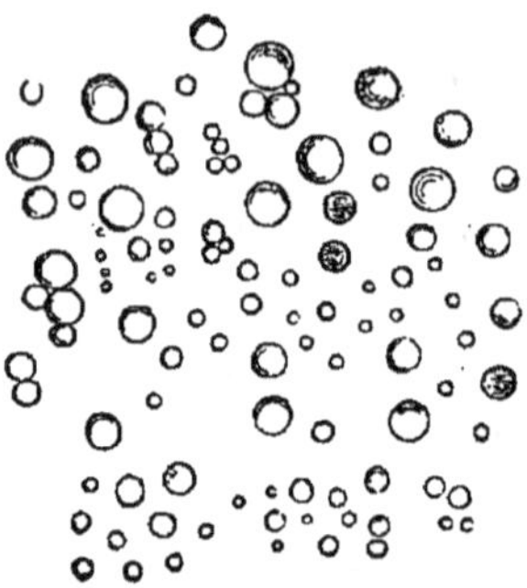

Fig. 99. — Globules du lait.

Nous connaissons mal l'état de la substance protéique que nous considérons comme dissoute ; nous avons peut-être tort d'assimiler ces solutions trop complètement aux solutions salines. Il est possible, il est probable même que cette substance se condense autour des globules gras, qui constituent des centres d'attraction, formant à ces globules une atmosphère mal définie et surtout mal limitée. De telle sorte que les globules ne seraient pas entourés d'une véritable membrane bien définie et stable, mais plongés dans une liqueur protéique qui leur constitue, grâce à ses propriétés physiques, grâce à ses propriétés d'adhésion, grâce aux forces capillaires qui sont en jeu, une zone protectrice mal définie et variable.

Cette conclusion est confirmée par les propriétés du *lait homogénéisé*. Il existe depuis quelques années des machines, dites *machines à homogénéiser*, permettant de diviser les globules gras du lait en particules infiniment petites. Dans cette opération, s'il existait une membrane d'enveloppe, elle serait rompue, et si la persistance de l'émulsion avait comme condition essentielle l'intégrité de cette membrane, les globules se souderaient comme dans l'opération du barattage. Or, dans le lait homogénéisé, les globules gras restent indéfiniment en émulsion, et le lait homogénéisé ne diffère du lait normal qu'en ce que ces globules ne se groupent jamais pour former une crème : ils restent répandus dans toute la masse du lait.

Nous admettons donc que les globules gras sont plongés dans un liquide dont les propriétés physiques permettent à l'émulsion, qui est le lait ou la crème, d'être stable, — même en présence de l'éther. Qu'on vienne à changer ces propriétés physiques, par l'addition de soude, par exemple, on détruira la stabilité de l'émulsion; on rendra possible la dissolution des globules gras dans l'éther.

L'entraînement des globules gras par les précipités de caséine s'explique aisément par cette propriété générale des colloïdes d'entraîner, en se précipitant, les éléments en suspension.

Quant au barattage, avouons que nous n'en connaissons pas l'explication. Faut-il admettre une modification physique du lait, permettant à l'émulsion de devenir instable et aux globules gras de se souder sous l'influence du barattage? Nous l'ignorons.

Les *matières grasses du lait* sont *les matières grasses neutres* ordinaires : *trioléine, tripalmitine, tristéarine*, avec de petites quantités de quelques autres triglycérides, dont les plus importants pondéralement sont la tributyrine et la tricapronine. Le lait contient environ 4 p. 100 de matières grasses, ces matières étant composées de 30 à 35 p. 100 de trioléine, de 58 à 63 p. 100 de trimargarine (mélange de tripalmitine et de tristéarine), de 4 à 5 p. 100 de tributyrine, de 2 à 3 p. 100 de tricapronine et de traces des autres graisses [1].

Pour doser les matières grasses du lait, on peut employer deux méthodes principales : la première consiste à extraire ces matières

---

[1]. Le lait renfermerait, au dire de divers auteurs, une petite quantité de lécithine, 0 gr. 05 environ pour 100 grammes de lait.

Les acides gras qu'on a trouvés dans le lait de vache, en quantité plus ou moins grande, parfois en quantité très petite pour certains d'entre eux, sont les acides butyrique, capronique, caprylique, caprinique, laurique, myristique, palmitique, stéarique, c'est-à-dire les acides gras normaux contenant, 6, 8, 10, 12, 14, 16 et 18 atomes de carbone, et l'acide oléique. Qu'on ne trouve que des acides gras pairs et qu'on ne trouve pas d'acides gras impairs, c'est là un fait assurément remarquable, dont l'explication se trouve sans doute dans les considérations suivantes (théorie de la β. oxydation).

On a démontré que, sous l'influence des oxydants agissant modérément sur leur grasses et à les peser; la seconde consiste à préparer un extrait éthéré de ces matières grasses et à en déterminer la densité.

1° On prend par exemple 30 centimètres cubes de lait; on ajoute 1 cc. 5 d'une lessive de potasse de densité 1,27 (obtenue en dissolvant 400 grammes de potasse caustique dans l'eau et en ajoutant de l'eau pour faire un litre à la température ordinaire), puis 100 centimètres cubes d'éther. On agite vigoureusement, puis on laisse reposer, et on décante la plus grande quantité possible de l'éther. On ajoute de nouveau de l'éther; on agite, on laisse reposer et on décante; et on répète cette manœuvre, jusqu'à ce qu'une petite portion de l'éther décanté ne laisse plus de résidu gras après évaporation. On réunit toutes ces portions d'éther; on chasse l'éther par évaporation; on dessèche le résidu gras à l'étuve à 105-110°; on laisse refroidir dans un exsiccateur et on pèse.

Une modification avantageuse (parce qu'elle permet d'économiser l'éther) de cette méthode consiste à mélanger le lait soumis à l'analyse avec une quantité de plâtre suffisante pour faire une pâte se prenant bien en masse solidifiable. On dessèche cette masse à l'étuve à air, dont on élève progressivement la température jusqu'à 105-110°; puis on la pulvérise. On l'introduit dans un appareil à épuisement par l'éther et on procède à cet épuisement. L'extrait éthéré est évaporé, desséché et pesé.

2° Lorsqu'on veut employer la méthode densimétrique ou aréométrique, on a généralement recours aux appareils et aux procédés de Soxhlet. Le principe de la méthode consiste à alcaliniser le lait par la potasse, à en faire passer la matière grasse en solution dans une proportion donnée d'éther, et à déterminer la densité de cette solution, au moyen d'un densimètre, à une température donnée. Des tables, vendues avec l'appareil, permettent, sans qu'il soit besoin de faire aucun calcul, de déduire de la densité trouvée la proportion des matières grasses du lait.

II. — LE LACTOPLASMA

On obtient le lactoplasma par une énergique centrifugation du lait; les globules gras se réunissent en totalité à la surface du

molécule, les acides acycliques normaux, fournissent des oxacides correspondants, le groupement oxhydrylé se fixant en β, c'est-à-dire sur l'avant-avant-dernier carbone : ainsi l'acide butyrique donne l'acide β. oxybutyrique

$$CH^3\text{-}CH^2\text{-}CH^2\text{-}CO^2H + O = CH^3\text{-}CHOH\text{-}CH^2\text{-}CO^2H$$
$$\phantom{CH^3\text{-}CH^2\text{-}}\beta\phantom{\text{-}}\alpha$$

et plus généralement

$$R\text{-}CH^2\text{-}CH^2\text{-}CO^2H + O = R\text{-}CHOH\text{-}CH^2\text{-}CO^2H.$$
$$\phantom{R\text{-}CH^2\text{-}}\beta\phantom{\text{-}}\alpha$$

Une oxydation un peu plus forte transformera en groupement acide le groupement alcool secondaire et détachera de la molécule une chaîne bicarbonée, diminuant ainsi de 2 le nombre des atomes de carbone de la molécule

$$R\text{-}CHOH\text{-}CH^2\text{-}CO^2H + O = R\text{-}CO^2H + CH^3\text{-}CO^2H.$$

On comprend dès lors que de l'acide stéarique en C^{18} on passe à l'acide palmitique en C^{16}, de celui-ci à l'acide myristique en C^{14}, etc.

lactoplasma. Le lactoplasma contient des sels, des gaz, un sucre et des substances protéiques.

La *réaction du lait* est neutre au tournesol. On dit ordinairement que la réaction du lait est *amphotère*, c'est-à-dire qu'il rougit le papier bleu de tournesol et bleuit le papier de tournesol rougi par un acide dilué. En réalité, le lait fait prendre au papier de tournesol une teinte violacée, qui paraît rouge à côté du bleu et qui paraît bleue à côté du rouge. *La réaction du lait est donc neutre au tournesol.*

Les sels dissous dans le lait sont des chlorures, des phosphates et des citrates[1]; il n'y a pas de sulfates. Ce sont des sels de potasse, de soude, dé chaux et de magnésie.

Voici quelques nombres indiquant la quantité des matières minérales du lait de vache, — pour 1 litre.

Chlore	$1^{gr},3$	0,8	0,9
Ac. phosphorique	1 4	2,3	2,5
Chaux	1 2	1,8	2,0
Magnésie	0 2	0,2	0,1
Potasse	2 5	2,0	1,9
Soude	0 5	0,6	0,9

Les gaz dissous dans le lait sont de l'oxygène, de l'azote et du gaz carbonique.

a. — *Le sucre de lait*.

Le lait contient un sucre, le *sucre de lait* ou *lactose*. Il existe environ 5 p. 100 de lactose dans le lait de vache.

En étudiant les sucres, nous avons dit que la lactose est une saccharose, c'est-à-dire un sucre répondant à la formule $C^{12}(H^2O)^{11}$. La lactose est dextrogyre, réductrice et non fermentescible par la levure de bière. Bouillie avec un acide minéral étendu, elle se dédouble, en fixant une molécule d'eau, en deux sucres du groupe des glycoses : glycose et galactose.

Fig. 100. — Cristaux de lactose.

Si la levure de bière n'a pas d'action sur le sucre de lait, d'autres

1. La proportion d'acide citrique contenue dans le lait de vache atteint et souvent même dépasse 1 gr. 5 par litre.

levures peuvent lui faire subir la fermentation alcoolique. C'est ainsi qu'en soumettant le lait, dans des conditions convenablement choisies, à l'action de certaines levures, on obtient des boissons alcooliques, dont les plus connues sont : le *képhir*, préparé avec le lait de vache, le *koumis*, préparé avec le lait de jument, etc.

Un microorganisme, appelé *ferment lactique*, fait subir à la lactose une fermentation particulière : il transforme la lactose en *acide lactique* :

$$C^{12}(H^2O)^{11} + H^2O = 4C^3H^6O^3.$$
Lactose.   Ac. lactique.

Cet acide lactique, dit *acide lactique de fermentation*, se distingue de l'acide sarcolactique, que nous avons trouvé dans le muscle rigide. Signalons notamment cette différence : l'acide lactique de fermentation et ses sels n'ont pas de pouvoir rotatoire; l'acide sarcolactique et les sarcolactates sont doués d'un pouvoir rotatoire droit.

Le ferment lactique existe dans toutes les poussières atmosphériques : le lait abandonné au contact de l'air, ou dans un vase qui n'a pas été stérilisé, subit la fermentation lactique, le sucre de lait diminue en même temps que la réaction du lait devient acide : lorsque l'acidité de la liqueur est devenue suffisante, la caséine se précipite : on dit que le lait caille, ou coagule spontanément, ou encore coagule par autoacidification. Cette *coagulation spontanée du lait* n'a rien de commun avec la coagulation spontanée du sang : c'est une précipitation de la caséine du lait par l'acide lactique, résultant de la transformation du sucre de lait, sous l'influence des ferments lactiques.

Pour doser la lactose contenue dans un lait donné, on précipite la caséine par addition d'acide acétique (1 à 2 p. 1 000 en général) : on fait bouillir, pour coaguler la lactoglobuline et la lactalbumine; on jette sur un filtre, et, dans la liqueur filtrée, on dose la lactose par titration avec la liqueur de Fehling, d'après les principes que nous avons énoncés au chapitre III, en tenant compte du pouvoir réducteur de la lactose égal à 0,70 de celui de la glycose.

b. — Protéines du lait.

Le lait contient trois protéines :

{ 1. Une caséine : la *caséine* (ou mieux le *caséinogène*).
{ 2. Une albumine : la *lactalbumine*.
{ 3. Une globuline : la *lactoglobuline*.

Les caséines sont des paranucléoprotéides. La caséine du lait de vache contient 0,85 p. 100 de phosphore; par digestion chlorhydro-peptique, elle laisse déposer une paranucléine, qui contient de 2 à 3 p. 100 de phosphore. — Elles ne sont coagulées ni par la chaleur, ni par l'alcool. Une caséine peut être bouillie dans l'eau, ou maintenue en contact prolongé avec l'alcool, ou traitée par l'alcool absolu bouillant, sans perdre la propriété de se dissoudre dans ses dissolvants primitifs. Les caséines sont incoagulables.

Les caséines sont insolubles dans l'eau distillée : elles sont solubles dans les alcalis caustiques très étendus, et dans les solutions aqueuses de terres alcalines : elles se dissolvent également dans les solutions de carbonates alcalins, mettant le gaz carbonique en liberté. Enfin, elles se dissolvent dans les solutions aqueuses de fluorure de sodium, d'oxalate d'ammoniaque et d'oxalate de potasse (contenant 1 à 5 p. 100 de sel).

Les propriétés des solutions des caséines diffèrent un peu, selon que les caséines ont été dissoutes dans les solutions alcalines étendues, ou dans les solutions de sels neutres d'alcalis.

Les *solutions des caséines dans les alcalis* peuvent être bouillies sans précipiter leur caséine. Elles ne sont pas précipitées quand, après dilution, on les fait traverser par un courant de gaz carbonique. Elles sont précipitées par l'acide acétique, et, pour une quantité convenable d'acide acétique, peuvent être totalement précipitées. Elles sont précipitées, et totalement précipitées, par le chlorure de sodium, ou par le sulfate de magnésie, dissous l'un et l'autre à saturation à la température ordinaire.

Les *solutions des caséines dans les solutions de sels neutres* peuvent être bouillies sans précipiter leur caséine. Ces solutions, et, pour prendre un exemple, les solutions dans le fluorure de sodium à 1 p. 100 de ce sel, sont précipités par un courant de gaz carbonique agissant après dilution de la solution, et, pour une dilution convenable, peuvent être totalement précipitées. Elles sont précipitées par l'acide acétique, et, pour une proportion convenable d'acide, totalement précipitées. Elles sont totalement précipitées par le sulfate de magnésie dissous à saturation; — mais elles ne sont nullement précipitées par le chlorure de sodium dissous à saturation à la température ordinaire (à la température d'ébullition, elles sont précipitées au contraire par ce sel dissous à saturation).

Les solutions des caséines dans les sels, et les solutions dans les alcalis diffèrent donc par deux propriétés : 1° les premières sont précipitées, les secondes ne sont pas précipitées, après dilution, par le gaz carbonique ; 2° les premières ne sont pas précipitées, les secondes sont précipitées totalement par le chlorure de sodium dissous à saturation à la température ordinaire.

Le lait ne précipite pas à l'ébullition.

Lorsqu'on additionne le lait de 1 à 2 p. 1 000 d'acide acétique, on détermine la production d'un précipité floconneux entraînant les globules gras ; le liquide débarrassé du précipité est transparent et très peu coloré.

Lorsqu'on sature le lait de sulfate de magnésie à froid, on détermine la production d'un précipité floconneux englobant les globules gras, se condensant au sein d'une liqueur transparente.

Lorsqu'on fait passer un courant de gaz carbonique dans du lait dilué ou non dilué, il ne se produit pas de précipitation.

Lorsqu'on sature de chlorure de sodium à froid le lait, il se produit un précipité englobant les globules gras ; la liqueur débarrassée du précipité est transparente.

Le lait se comporte donc comme une *solution de caséine dans les alcalis ou les phosphates alcalins*, et non comme une solution saline.

Le précipité produit dans le lait par l'acide acétique est constitué par une substance appelée *caséine*. Cette substance est insoluble dans les solutions étendues de chlorure de sodium. Le précipité produit dans le lait par le chlorure de sodium dissous à saturation à froid n'est pas la caséine : il se dissout dans les solutions étendues de chlorure de sodium ; on l'appelle *substance caséinogène*. Le lait contient une substance caséinogène, transformée par les acides dilués en caséine et précipitée.

On admet quelquefois que le caséinogène existe dans le lait sous deux états : à l'état de dissolution vraie et à l'état de simple suspension. On s'appuie sur les expériences de filtration du lait sur porcelaine poreuse : dans ces conditions, une partie, mais une partie seulement du caséinogène est retenue par le filtre : d'où cette conclusion que le caséinogène qui a filtré était en solution, et que celui qui a été retenu était en suspension. Comme le lait filtré une première fois abandonne encore du caséinogène pendant une seconde filtration, on est conduit à admettre qu'il existe dans le lait un équilibre entre les deux formes de caséinogène. C'est là une explication ingénieuse des faits observés, mais conservant un caractère hypothétique.

Lorsqu'on précipite le lait par l'acide acétique, ou par le sulfate de magnésie dissous à saturation à froid, ou par le chlorure de sodium dissous à saturation à froid, la liqueur transparente, séparée du précipité, donne un coagulum protéique à la température d'ébullition. Or la caséine est totalement précipitée de ses solutions phospho-alcalines par ces trois agents : acide acétique, sulfate de magnésie et chlorure de sodium. Donc le lait contient en solution des protéines autres que la caséine. — Ces protéines qui restent en solution dans le lait, après précipitation de la caséine, ne doivent pas être considérées comme un résidu de caséine non précipitée, car ces substances sont coagulables; le coagulum produit à l'ébullition est notamment insoluble dans les solutions aqueuses de fluorure de sodium à 1 p. 100.

Que sont ces substances albumineuses coagulables contenues dans le lait.

Le lait saturé de sulfate de magnésie à froid précipite : le liquide clair, séparé de ce précipité, coagule à l'ébullition; ce coagulum, nous l'avons vu, n'est pas un reste de caséine, puisqu'il n'est pas soluble dans le fluorure de sodium ; ce n'est pas un coagulum de globulines, puisque, par définition, les globulines sont totalement précipitées de leurs solutions par saturation de sulfate de magnésie à froid. Ce ne peut être qu'un coagulum d'albumine. Cette albumine a été appelée *lactalbumine*.

Le lait saturé de chlorure de sodium à froid précipite : le liquide clair, séparé de ce précipité, donne un nouveau précipité lorsqu'on le sature de sulfate de magnésie à froid ; — ce nouveau précipité n'est pas un reste de caséine, parce que la liqueur ne contenait plus de protéines non coagulables; ce n'est pas une albumine, car les albumines ne sont pas précipitées par le sulfate de magnésie, même en présence de chlorure de sodium; c'est une globuline. On l'a appelée la *lactoglobuline*.

La lactalbumine présente les propriétés générales des albumines, et notamment de la sérumalbumine, dont elle ne diffère que par son pouvoir rotatoire.

La lactoglobuline présente les propriétés générales des globulines, et, dans le groupe des globulines, celles de la sérumglobuline, dont elle ne semble pas différer.

C'est ainsi notamment que le sérum d'un lapin qui a reçu quatre ou cinq injections sous-cutanées ou intrapéritonéales de sérum de bœuf, espacées de six à huit jours, précipite le lait de vache débarrassé de sa caséine, comme il précipite le sérum sanguin de vache. Or nous avons vu (chap. VI, p. 143) la spécificité remarquable de ces sérums précipitants, tant au point de vue de l'espèce de substance albumineuse précipitée, que de l'espèce animale dont elle provient. Nous pouvons dès lors considérer la lactoglobuline comme identique à la sérumglobuline.

La quantité de caséine contenue dans le lait de vache est d'environ 4 p. 100. La quantité des substances albumineuses coagulables est beaucoup moins considérable, elle ne dépasse pas 0,5 p. 100; elle varie d'ailleurs beaucoup suivant le lait considéré. La protéine la plus importante du lait, la plus abondante, celle qui caractérise le lait et lui communique ses propriétés, est la caséine; les autres protéines contenues dans le lait doivent être mises au second plan.

c. — *Caséification du lait.*

Lorsque le lait est traité par la *présure*, il coagule. Les présures sont essentiellement des extraits de caillettes de veaux ou de chevreaux, préparés de différentes façons[1]. Cette coagulation du lait par la présure est la première phase de la fabrication industrielle des fromages; — c'est également la première phase de la digestion gastrique. A ce double point de vue, elle mérite d'être étudiée.

Supposons donc qu'on additionne le lait de présure à une température de 30° à 40°. Au bout d'un temps plus ou moins long suivant la nature du lait, suivant la nature et la quantité de la présure employée, le lait se prend en une masse homogène solide, un peu tremblotante, à cassure irrégulière. Abandonné à lui-même, ce caillot se rétracte, expulsant un liquide transparent. Le caillot est essentiellement constitué par une protéine précipitée, appartenant à la classe des caséines (nous verrons que ce n'est plus de la caséine), englobant dans sa masse les globules gras du lait.

---

1. Un certain nombre de substances végétales possèdent la propriété de coaguler le lait comme la présure; tels sont le suc de figuier, les fleurs d'artichaut, les feuilles de grassette, etc. Certains microbes fabriquent également des substances coagulantes.

On ne peut pas ne pas voir l'analogie, au moins l'analogie extérieure de ce phénomène, avec le phénomène de coagulation spontanée du sang. Dans les deux cas, un liquide organique, essentiellement constitué par un liquide ou plasma, tenant en suspension
des éléments figurés, globules sanguins ou globules du lait, se
prend en une masse gélatineuse totale. Dans les deux cas, cette
masse se rétracte en expulsant du liquide clair, un sérum. Dans
les deux cas, la masse solide rétractée est essentiellement constituée
par une protéine, fondamentale, englobant et fixant les éléments
figurés du liquide, globules sanguins, ou globules du lait.

Résumons ces notions dans le tableau suivant :

(I)   Sang. { Plasma.   Lait. { Lactoplasma.
                { Globules.   { Globules du lait.

          Sang.   { Caillot. { Protéine.
          coagulé. {   { Globules.
(II)   { Sérum.

          Lait.   { Caillot. { Protéine.
          coagulé. {   { Globules.
                    { Lactosérum.

Le *lait de vache bouilli* coagule toujours moins rapidement
que le même lait non bouilli : le caillot obtenu, en partant du lait
bouilli, est moins compact et moins rétractile. L'addition d'un
peu d'acide ou de sels de chaux favorise la coagulation du lait
et rend la rétraction du caillot plus rapide et plus grande. Les
alcalis ou les carbonates d'alcalis retardent la coagulation du lait
de vache cru ou bouilli; le lait de vache bouilli, saturé de gaz
carbonique, coagule très rapidement.

*Cette coagulation du lait par la présure doit-elle être rap-
prochée de la coagulation par autoacidification?*

Non, car les présures ne sont pas nécessairement des produits
acides. — *Non*, car la réaction du lait, après coagulation par des
présures neutres, est neutre, comme elle est neutre avant l'addition de la présure. — *Non*, car nous verrons que les produits de la
coagulation par la présure et par les acides ne sont pas identiques.

Il faut par conséquent distinguer ces phénomènes en leur donnant des noms convenablement choisis. La coagulation du lait par
autoacidification ne peut pas être une coagulation véritable, puisque la caséine est incoagulable : c'est, nous l'avons dit, une *précipitation de la caséine*. Le lait précipite sa caséine par *autoacidification*. La coagulation du lait par la présure n'est pas une

coagulation; ce n'est pas non plus une simple précipitation, car le produit n'est plus de la caséine. Il faut désigner ce phénomène par un nom spécial : nous l'appellerons *caséification* : le lait est caséifié, la caséine est caséifiée par la présure.

Mais qu'est-ce que ce phénomène de caséification?

Les *présures* sont des produits très complexes : elles contiennent des sels et des matières organiques diverses. Quelle est, parmi toutes les substances qui les constituent, la substance active? — Soumises à l'ébullition, les présures perdent leur action sur le lait; traitées par l'alcool fort, les présures donnent des précipités qui, séparés de la liqueur, desséchés à température peu élevée et dissous dans l'eau, communiquent à cette eau le pouvoir caséifiant. Le principe actif de la présure est une *diastase*, décrite et étudiée sous le nom de *labferment*. La caséification du lait est un phénomène de *fermentation diastasique*.

Quelles transformations s'accomplissent dans le lait pendant et par la caséification? — Le lait, nous l'avons dit, contient trois protéines; une caséine (la caséinogène), une lactoglobuline et une lactalbumine. — Le lait caséifié présente à étudier un caillot et un sérum; le caillot contient une protéine; le sérum contient trois substances albumineuses.

La *protéine du caillot* est une caséine ; mais ce n'est plus de la caséine ou du caséinogène. Elle se distingue de la caséine et du caséinogène par les caractères suivants : la caséine et le caséinogène préparés purs ne laissent pas de résidu salin à l'incinération ; la protéine du caillot n'a jamais pu être obtenue telle que, par incinération, elle ne laisse pas de résidu salin. La protéine du caillot est soluble dans les alcalis et dans les acides, mais elle y est beaucoup moins soluble que la caséine et le caséinogène. Enfin, le pouvoir rotatoire spécifique du caséinogène et celui de la substance fondamentale du caillot du lait diffèrent. C'est donc une substance de nouvelle formation ; nous l'appellerons *caséum* ou *paracaséine*. Toutefois, le caséum ne diffère pas profondément, essentiellement, du caséinogène ou de la caséine ; si, en effet, on prépare des lapins à sérums précipitants par injections répétées de lait, de solutions phospho-sodiques de caséine ou de solutions phospho-sodiques de caséum, on obtient des sérums précipitant indistinctement le lait, les solutions phospho-sodiques de caséine ou les solutions phospho-sodiques de caséum, pourvu que les caséines injectées et essayées appartiennent à une même espèce animale.

Le *lactosérum* contient trois substances albumineuses : la lactalbumine et la lactoglobuline du lait, et une substance albumineuse de nouvelle formation. Cette substance n'est pas coagulée ou précipitée à l'ébullition ; elle n'est pas précipitée par les acides ; — elle rappelle donc, par ces propriétés, les protéoses : c'est la protéose du lactosérum, la *lactosérumprotéose*. C'est la *substance albumineuse caractéristique du lactosérum*[1].

Cette étude des protéines du caillot et du sérum du lait caséifié démontre que, dans la caséification, la caséine du lait est transformée, qu'elle subit un dédoublement, donnant naissance à deux protéines, l'une qu'on retrouve dans le caillot, dont elle constitue la masse fondamentale, l'autre qu'on retrouve en solution dans le lactosérum.

La caséification du lait par la présure est donc essentiellement un dédoublement du caséinogène du lait et une précipitation de l'un des produits du dédoublement. L'étude de l'action de la présure sur le *lait oxalaté à 1 p. 1000* permet d'analyser le phénomène avec plus de précision.

Additionnons le lait de 1 p. 1000 d'oxalate neutre de potasse, d'oxalate de soude ou d'oxalate d'ammoniaque, et, après l'avoir additionné de présure, portons à 40° ce lait oxalaté (et par conséquent au moins partiellement décalcifié, l'oxalate d'alcali précipitant les sels solubles de calcium à l'état d'oxalate calcique insoluble). Il ne se forme pas de caséum : le lait reste liquide. La caséification parfaite du lait, la production du caséum, exige, dans le lait soumis à l'action du labferment, la présence d'une quantité de sels calciques dissous voisine de la quantité normale. Mais si la présure ne caséifie pas, au sens propre du mot, le lait oxalaté à 1 p. 1000, elle transforme cependant profondément ce lait, ainsi que le démontrent les faits suivants :

Le lait oxalaté à 1 p. 1000 ne précipite pas à l'ébullition et ne précipite pas quand on l'additionne de 1 p. 1000 de chlorure de calcium. Le lait oxalaté à 1 p. 1000, soumis à l'action du labferment à 40° pendant un temps suffisant, donne à l'ébullition un

---

1. On a récemment prétendu que la lactosérumprotéose n'était pas un élément constant du lactosérum ; quand on l'y trouve, elle préexisterait dans le lait avant la caséification ; et on ne la rencontrerait pas dans le lactosérum quand le lait soumis à la caséification est récemment trait. Nous ne saurions nous ranger à cette opinion, parce que les solutions de caséum purifiées soumises à l'action de la présure calcique donnent, comme le lait, un caséum précipité et un sérum contenant une substance protéosique de nouvelle formation.

précipité floconneux, englobant les globules gras du lait, et donne, par addition de 1 p. 1 000 de chlorure de calcium, un précipité dont les flocons s'agglomèrent rapidement en une masse assez homogène et rétractile, englobant les globules gras.

La substance, qui se précipite par addition de chlorure de calcium au lait oxalaté transformé par la présure, est du caséum, car elle en possède toutes les propriétés et notamment les solubilités, précipitabilités et pouvoir rotatoire.

La substance, qui se précipite à l'ébullition, n'est pas de la caséine : la caséine ne se précipite pas dans le lait (même dans le lait oxalaté) à l'ébullition; c'est du caséum, car elle en possède toutes les propriétés et notamment les solubilités, précipitabilités et pouvoir rotatoire. Sans doute, le caséum normalement formé est insoluble dans le lait oxalaté, tandis que la substance précipitée à l'ébullition y est soluble ; mais cette différence est sans grande importance. On est autorisé à supposer que ces deux substances sont entre elles dans le même rapport que la silice soluble et la silice gélatineuse, que l'alumine soluble et l'alumine précipitée, etc. La substance qui, dans le lait oxalaté soumis à l'action de la présure, donne en se précipitant du caséum, la *substance caséogène*[1] par conséquent, est un *caséum soluble*.

La transformation du caséogène en caséum se fait, dans le lait naturel, sous l'influence des sels de chaux dissous. Dans le lait oxalaté transformé par la présure, elle se fait sous l'influence des sels de chaux solubles surajoutés, ou sous l'influence des sels solubles de baryum, de strontium et de magnésium.

En ajoutant au lait 3 p. 1 000 d'un citrate neutre d'alcali, on obtient un *lait citraté à 3 p. 1 000*, qui possède toutes les propriétés du lait oxalaté à 1 p. 1 000, au point de vue de la caséi-fication. Or les citrates neutres d'alcalis ne précipitent pas les sels de chaux du lait : le lait citraté n'est pas un lait décalcifié; mais les citrates possèdent vis-à-vis des colloïdes, ou tout au moins de certains colloïdes, un pouvoir antiprécipitant antago-niste du pouvoir précipitant des sels alcalino-terreux.

On peut étudier les phénomènes de la caséification au moyen des solutions phospho-sodiques de caséine.

Le lait est précipité par 1 p. 1 000 d'acide acétique : le précipité de caséine est débarrassé de l'acide qui a servi à la précipitation par

1. Quelques auteurs appellent cette substance *paracaséine*.

lavages à l'eau, et des globules gras qu'il a entraînés par lavages à l'éther. Ainsi préparée, la caséine est dissoute dans une solution très étendue de soude caustique, et la solution alcaline de caséine est exactement neutralisée par l'acide phosphorique.

Une telle solution présente les deux caractères suivants : la caséine en solution peut être totalement précipitée par addition d'une quantité convenable d'acide acétique ; — la caséine en solution peut être précipitée par addition de chlorure de calcium, mais seulement par une assez forte proportion de chlorure de calcium.

Faisons agir sur une telle solution de la présure à 40°. Nous constaterons : 1° que la substance en solution n'est plus totalement précipitée par l'acide acétique, quelle que soit la proportion de cet acide ; — 2° qu'elle est précipitée par de très petites quantités de chlorure de calcium.

La caséine a donc été dédoublée en deux substances, l'une qui n'est plus précipitée par l'acide acétique : c'est la lactosérumprotéose ; l'autre qui est précipitée par de faibles quantités de chlorure de calcium : c'est la substance caséogène. Par le chlorure de calcium, cette substance caséogène est précipitée à l'état de caséum.

Nous le voyons, la solution phospho-sodique de caséine permet d'analyser les phénomènes de caséification de la caséine comme le lait oxalaté.

Si l'on prépare une solution phospho-calcique de caséine, en dissolvant la caséine dans l'eau de chaux et neutralisant par l'acide phosphorique, on obtient une solution qui est caséifiable par la présure, comme l'est le lait naturel. On constate la formation d'un caséum insoluble, et il reste en solution une substance protéique non coagulée par la chaleur, non précipitée par les acides, la lactosérumprotéose.

III. — COLOSTRUM

On désigne sous le nom de *colostrum* le lait jaunâtre, épais et visqueux, sécrété pendant les premières heures, et quelquefois pendant les premiers jours, qui suivent la mise bas. Le colostrum se distingue du lait normal par les caractères suivants :

1. Le colostrum renferme, outre les globules du lait, des éléments appelés *globules du colostrum*, caractérisés par leur grosseur (20 millièmes de millimètre environ) et par leur aspect granuleux.

2. Le colostrum coagule à l'ébullition, tantôt en une masse compacte, rappelant le blanc d'œuf cuit, tantôt en gros grumeaux, flottant dans un liquide jaunâtre et transparent ; le coagulum retient les globules gras et les globules de colostrum. Le colostrum doit cette coagulabilité à l'abondance des protéines coagulables, lactalbumine et lactoglobuline, qu'il contient : le colostrum,

d'après la plupart des analyses, contiendrait de 12 à 15 p. 100 de protéines coagulables par la chaleur.

3. Le colostrum, additionné de présure à 40°, n'est pas caséifié : il reste parfaitement liquide.

La constitution du colostrum est la même que celle du lait, qualitativement, au moins : il contient du sucre de lait, des matières grasses neutres et des protéines, qui sont de la caséine, de la lactalbumine et de la lactoglobuline. Mais, tandis que, dans le lait, la caséine constitue la plus grande partie des protéines et donne au lait ses propriétés; dans le colostrum, ce sont les substances albumineuses coagulables, lactalbumine et lactoglobuline considérablement augmentées, qui communiquent au colostrum leurs propriétés. C'est ainsi que le colostrum coagule à l'ébullition, le coagulum de lactalbumine et de lactoglobuline entraînant avec lui la caséine. — Mais comment expliquer que le colostrum, qui contient de la caséine, ne donne pas de caséum par la présure ? Nous n'en savons rien de façon précise. Mais nous pouvons rendre ce colostrum caséifiable : il suffit de l'addi-

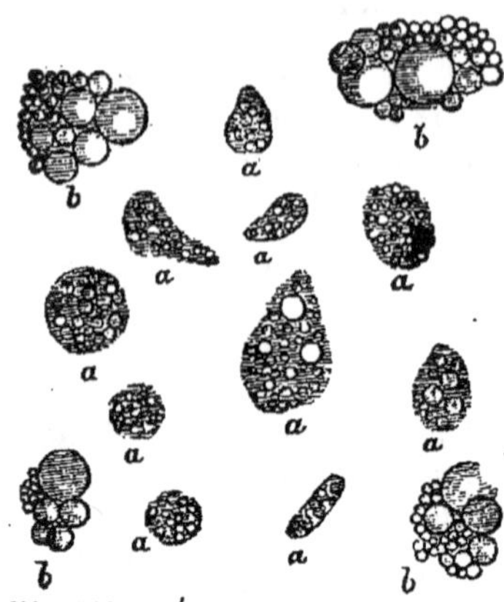

Fig. 101. — Éléments du colostrum (d'après Beauregard et Galippe); *a*, corps granuleux; *b*, globules agglomérés.

tionner d'une faible proportion de chlorure de calcium. Le caséum se forme alors, entraînant avec lui les globules gras et une forte proportion de lactalbumine et de lactoglobuline. Le colostrum se comporte donc vis-à-vis de la présure comme les laits oxalatés et citratés ; il contient des sels de chaux en dissolution; contient-il un excès de citrates, neutralisant l'action précipitante de ces sels de chaux? C'est possible, mais ce n'est pas démontré.

Pour démontrer, dans le colostrum, la présence des trois protéines : caséine, lactalbumine et lactoglobuline, on peut procéder de la façon suivante :

Additionnons le colostrum d'acide acétique, jusqu'à ce qu'il se produise un précipité floconneux; lavons ce précipité à l'eau ; faisons-le bouillir dans l'eau pour coaguler les substances albumineuses coagulables qu'il peut contenir; mettons-le en présence de fluorure de sodium à 1 p. 100; une substance protéique se dissout, et la solution fluorée présente toutes les propriétés des solutions salines de caséine. Le colostrum contient donc de la caséine.

Saturons le colostrum de sulfate de magnésie à froid ; séparons le précipité par filtration : la liqueur claire coagule par la chaleur : elle contient une substance albumineuse coagulable, une albumine, la lactalbumine.

Saturons le colostrum de chlorure de sodium à froid ; séparons le précipité par filtration : la liqueur claire précipitée par le sulfate de magnésie dissous à saturation, elle contient donc une globuline, la lactoglobuline.

Voici quelques analyses de colostrum de vache (1re traite) pour 100 grammes.

Eau	74,79	71,45	67,17	80,80	75,13
Résidu sec	25,21	28,55	32,83	19,20	24,87
Protéines [1]	18,10	15,75	21,76	13,25	18,12
Graisses	2,92	9,28	8,14	2,03	3,97
Hydrocarbones	2,90	2,42	2,21	2,92	1,63
Cendres	1,17	1,10	0,82	1,00	1,15

Tels sont les caractères du colostrum vrai, de celui qui est sécrété aussitôt après la mise bas. Mais, peu à peu, ces caractères se modifient : tout d'abord le colostrum devient caséifiable par la présure, tout en restant coagulable à l'ébullition ; — puis le coagulum produit par l'ébullition devient de moins en moins abondant, la liqueur séparée du coagulum devenant de plus en plus trouble et laiteuse. Finalement le colostrum perd sa coagulabilité par l'ébullition : c'est alors du lait véritable. Le colostrum, d'abord très riche en substances albumineuses coagulables et relativement pauvre en caséine, est devenu de moins en moins riche en substances albumineuses coagulables et de plus en plus riche en caséine, jusqu'à ce que sa constitution soit celle du lait véritable.

Voici des nombres indiquant la composition du colostrum des traites successives.

1. Dans la somme des protéines, la caséine ne représente pas plus de 3 à 4 p. 100, le reste, c'est-à-dire la plus forte proportion, correspond aux protéines coagulables par la chaleur, lactalbumine et lactoglobuline.

	1re traite.	2e traite.	3e traite.	4e traite.
Eau	74,79	81,42	84,94	85,72
Résidu sec	25,21	18,58	15,06	14,28
Protéines	18,10	11,27	7,32	4,27
Graisses	2.92	2,27	2,30	4,98
Hydrocarbones	2,90	3,88	4,39	4,17
Cendres	1,17	1,16	1,05	0,83

IV. — LAITS DIVERS

a. Le *lait de chèvre*, d'un blanc nacré éclatant, ne diffère pas essentiellement du lait de vache. Toutefois, nous devons noter que la crème y monte beaucoup plus lentement et beaucoup plus incomplètement que dans le lait de vache. Il subit moins facilement que ce dernier la fermentation lactique. La proportion des matières minérales est assez élevée (8 à 9 p. 1 000) ; ce sont les chlorures et les sels de chaux qui dominent. Il caille en fournissant un volumineux caséum, massif, rétractile.

Voici deux analyses de laits de chèvres.

Eau	86,13	87.60
Résidu sec	13,87	12,40
Protéines	4,29	3,70
Graisses	4,78	4,20
Hydrocarbones	4,04	4,00
Cendres	0,76	0,56

b. Le *lait de brebis* est légèrement jaunâtre. Il est remarquable par sa richesse en caséine (5,5 à 6,0 p. 100), en graisse (7 p. 100) et en phosphate de chaux. Il donne par la présure un caséum mou et peu rétractile.

Voici deux analyses de laits de brebis.

Eau	79,97	81,10
Résidu sec	20,03	18,90
Protéines	6,18	5,54
Graisses	7,40	6,98
Hydrocarbones	5,37	5,53
Cendres	1,02	0,96

c. Les *laits de jument et d'ânesse*, moins blancs que le lait de vache, sont beaucoup plus pauvres que ce dernier en protéines et en matières grasses. Le lait d'ânesse contient environ 2,5 p. 100 de caséine, 1,5 p. 100 de graisses, 6 p. 100 de lactose. Les acides déterminent dans ces laits un léger précipité floconneux, flottant dans un liquide un peu trouble ; — la présure fait cailler ces laits, mais le caillot est toujours peu volumineux, très poreux et très peu rétractile : le lactosérum est trouble. Ils subissent très facilement la fermentation lactique.

Voici des analyses de laits d'ânesses et de juments.

	Anesse.	Anesse.	Jument.	Jument.
Eau	89,36	89,25	90,11	90,21
Résidu sec	10,64	10,75	9,89	9,80
Protéines	3,07	2,22	1,99	2,00
Graisses	1,17	1,64	1,21	1,56
Hydrocarbones	6,00	6,38	6,34	5,73
Cendres	0,40	0,51	0,35	0,55

d. Le *lait des carnivores*, notamment le *lait de chienne*, est remarquable par sa richesse en protéines (7 à 12 p. 100), en graisses (8 à 12 p. 100), en matières minérales (1 à 1,2 p. 100), particulièrement en phosphate de chaux (0,4 p. 100). A l'air, il finit par se putréfier après un long séjour, mais il ne subit pas la fermentation lactique. La présure le caséifie : il se forme un caséum mou, grenu, fin, très peu rétractile, laissant sourdre quelques gouttelettes de lactosérum.

Voici une analyse de lait de chienne.

Eau	80,17
Résidu sec	19,83
Protéines	7,70
Graisses	8,10
Hydrocarbones	2,98
Cendres	1,05

e. Le *lait de truie* contient parfois jusqu'à 8 à 10 p. 100 de protéines ; 6 à 7 p. 100 de matières grasses (avec prédominance de l'oléine), et 1,5 p. 100 de matières minérales. Il est parfois incaséifiable par la présure, et coagulable par la chaleur comme les colostrums typiques.

Voici une analyse.

Eau... 80,92
Résidu sec....................................... 19,08
Protéines 6,20
Graisses 7,06
Hydrocarbones 4,75
Cendres. 1,07

f. Le *lait de vache* a servi de type pour notre étude du lait, et cela à juste titre, car il occupe, par sa composition chimique, une place moyenne entre les différents laits fournis par les espèces domestiques. Il est plus riche en caséine que le lait de jument et d'ânesse ; il en contient moins que ceux de brebis, de chèvre, de chienne ; — il est plus sucré que le lait de chèvre et de brebis : il l'est moins que le lait de jument et d'ânesse ; — il est plus gras que le lait de jument et d'ânesse : il l'est moins que ceux de chienne et de brebis ; — il est plus riche en matières minérales que le lait de jument et d'ânesse, il est moins riche que ceux de chienne, de truie et de brebis. Sa matière minérale est pauvre en chlore (0,1 p. 100) et en soude (0,05 p. 100) ; riche en acide phosphorique (0,2 p. 100), en chaux (0,18 p. 100) et en potasse (0,2 p. 100).

Voici quelques analyses de lait de vache :

Eau	87,15	86,43	86,15	86,70
Résidu sec..............	12,85	13,57	13,85	13,30
Protéines	3,57	3,33	3,60	3,40
Graisses	3,69	4,20	3,68	4,00
Hydrocarbones..........	4,88	5,28	5,69	5,30
Cendres	0,71	0,76	0,78	0,60

g. Le *lait de femme* a la même composition qualitative que les laits que nous venons d'étudier. Quantitativement, il diffère du lait de vache par sa pauvreté en protéines et par sa richesse en sucre de lait. En moyenne, le lait de femme contient 2 à 3 p. 100 de matières grasses[1], 1,5 à 2,0 p. 100 de protéines[2], 6 p. 100 de sucre de lait, et 0,2 p. 100 de matières minérales.

La caséine du lait de femme est précipitée par les acides, mais il faut ajouter au lait une forte proportion d'acide ; elle se préci-

1. La graisse du lait de femme fond à 30° environ : elle renferme peu de glycérides dérivés des acides gras volatils (1, 4 p. 100 environ) et notamment de l'acide butyrique ; elle renferme une forte proportion d'oléine (41 à 42 p. 100 environ).

2. La majeure partie de ces protéines est ici représentée par les protéines coagulables ; la caséine du lait de femme ne dépasse guère 0,6 à 0,8 p. 100, tandis que les albumines coagulables atteignent la proportion de 0,9 à 1,2 p. 100.

pite alors sous forme de flocons légers nageant dans un liquide louche [1]. Par la présure, le lait de femme donne un caséum ; mais ce caséum est peu abondant, très poreux, à peine rétractile ; le lactosérum est très trouble : il contient en assez grande abondance des protéines coagulables par la chaleur.

Le lait de femme ne subit pas facilement la fermentation lac-

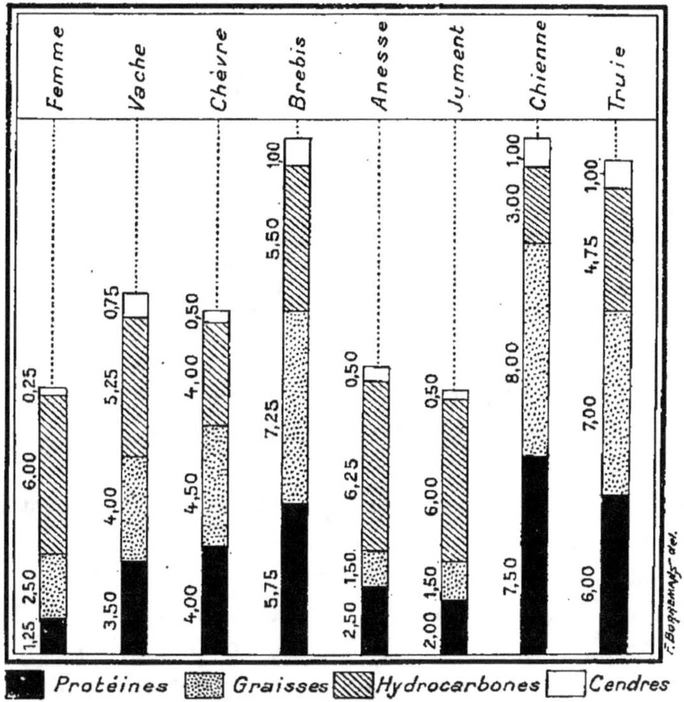

Fig. 102. — Composition du résidu sec de 100 grammes de lait de diverses espèces.

tique ; on sait que le lait de vache, au contraire, est un milieu très favorable au développement des ferments lactiques.

Voici des analyses de laits de femmes :

Eau	80,71	81,18	78,91	80,79	80,64	80,39	78,58
Résidu sec	9,29	8,82	11,09	9,21	9,36	9,61	11,42
Protéines	0,97	0,87	1,03	1,16	1,04	1,17	1,35
Graisses	2,19	1,57	3,82	2,60	2,67	2,05	3,32
Hydrocarbones	5,90	6,17	6,01	5,25	5,45	6,19	6,50
Cendres	0,23	0,21	0,23	0,20	0,20	0,20	0,25

1. La caséine du lait de femme se distinguerait encore de la caséine du lait de vache en ce que, traitée par la pepsine chlorhydrique, elle se transformerait sans déposer de paranucléine. Mais il est plus vraisemblable que les différences notées sont plutôt quantitatives que qualitatives.

CHAPITRE XVIII

LA SALIVE

Différentes glandes, dites *glandes salivaires*, situées au voisinage ou dans les parois de la cavité buccale, déversent leurs
sécrétions dans cette cavité. La *salive mixte* est formée par le
mélange des différentes salives : *parotidienne, sous-maxillaire,
sublinguale et buccale.*

Comme tous les liquides de l'organisme, la salive mixte contient
en solution des sels minéraux. Ces sels sont surtout des chlorures
et des phosphates, des sels de potasse, de soude et de chaux. On
doit aussi signaler dans la salive la présence d'une petite quantité
de carbonates d'alcalis, auxquels il faut rapporter sa réaction
légèrement alcaline.

I. — CONSTITUTION CHIMIQUE DE LA SALIVE

Parmi les éléments organiques de la salive, il en est trois à
signaler : une *mucine*, une *substance albumineuse*, un *sulfocyanure.*

— La *mucine salivaire* provient surtout de la sécrétion de la
glande sous-maxillaire ; la salive sous-maxillaire est manifestement
plus visqueuse que les autres salives. (La salive parotidienne de
l'homme ne contient pas de mucine.)

Supposons isolée cette mucine salivaire : c'est une substance
blanche, filamenteuse et gluante. Elle se dissout dans les solutions

très étendues d'alcalis caustiques (potasse, soude, ammoniaque),
donnant des liqueurs à réaction neutre, lorsque le dissolvant n'est
pas employé en excès. Ces solutions neutres ne sont ni coagulées,
ni précipitées à l'ébullition. Elles sont précipitées par l'alcool en
présence de sels. Elles sont précipitées et totalement précipitées
par addition d'acidé acétique : le précipité produit est absolument
insoluble dans un
excès quelconque d'a-
cide acétique (l'acidé
acétique ne précipi-
terait pas ces solu-
tions en présence
d'un excès de chlo-
rure de sodium, 5 à
10 p. 100, par exem-
ple). Elles sont égale-
ment précipitées par
une petite quantité
d'acide chlorhydri-
que, mais le préci-
pité se redissout dans
un excès de cet acide.
Bouillies avec l'acide
sulfurique ou avec
l'acide chlorhydrique
dilués, les solutions
de mucine salivaire
sont décomposées en
une substance albu-
mineuse et en di-
verses substances, parmi lesquelles on a reconnu l'existence d'un
hydrocarbone typique ou substitué, capable de réduire la liqueur
de Fehling.

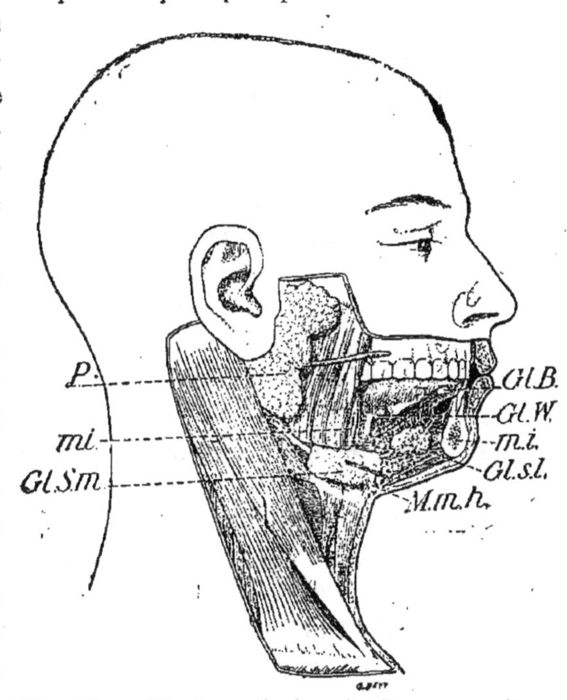

Fig. 103. — Glandes salivaires de l'homme. — *P*, pa-
rotide ; *G.s.m.*, sous-maxillaire ; *Gl.sl.*, sublingualo ;
Gl.B., glande do Blandin ou de Nühn ; *Gl.W.*,
glande de Weber ; *m.i.*, maxillaire inférieur ; *M.m.h.*,
muscle mylo-hyoïdien.

En se fondant sur ces quelques propriétés de la mucine salivaire,
on peut la mettre en évidence dans la salive, la préparer ou la doser.

En traitant la salive par l'acide acétique, on détermine la production d'un précipité insoluble dans un excès d'acide acétique ;
ce précipité est un précipité de mucine, car, de toutes les substances contenues normalement dans la salive, aucune, si ce n'est
la mucine, ne possède cette double propriété : — les autres élé-

ments de la salive, chlorures, phosphates, sels d'alcalis et de terres alcalines, sulfocyanures, etc., ne sont pas précipités par l'acide acétique ; — la petite quantité de substance albumineuse contenue dans la salive peut être précipitée par l'acide acétique, mais le précipité se redissout dans un excès d'acide.

On peut préparer la mucine salivaire en partant de la salive, mais le plus souvent on se sert, pour faire cette préparation, de la macération aqueuse de glandes sous-maxillaires de veau. La liqueur contenant en solution la mucine est additionnée de petites quantités d'acide chlorhydrique : un précipité se forme ; on continue d'ajouter l'acide chlorhydrique jusqu'à ce que la liqueur en contienne 0,15 p. 100 : le précipité s'est redissous. On précipite la mucine de cette liqueur acide en diluant par 5 volumes d'eau distillée.

Enfin, pour doser la mucine salivaire, on ajoute à la salive de l'acide acétique en excès ; on lave le précipité avec de l'eau fortement acétique, jusqu'à ce que les eaux de lavage n'entraînent plus ni matières salines, ni substances albumineuses.

— La salive contient toujours une très petite quantité d'une *substance albumineuse*, coagulable par la chaleur, appartenant au groupe des *globulines*.

— Enfin la salive renferme des *sulfocyanures*.

Les *sulfocyanures* se rattachent au groupe du cyanogène. On sait que l'acide cyanique a pour formule $CNOH$, et le cyanate de potasse $CNOK$. L'acide sulfocyanhydrique répond à la formule $CNSH$; c'est donc de l'acide cyanique dans lequel l'oxygène divalent a été remplacé par le soufre également divalent ; le sulfocyanure de potassium est $CNSK$.

Les sulfocyanures d'alcalis sont des sels solubles dans l'eau et dans l'alcool. Lorsqu'on ajoute à leurs solutions une solution de chlorure ferrique, on fait apparaître une coloration rouge sang intense que l'acide chlorhydrique fort ne fait pas disparaître (les acétates d'alcalis donnent également avec le chlorure ferrique une coloration rouge foncé, mais cette coloration disparaît en présence d'un excès d'acide chlorhydrique).

On peut affirmer l'existence dans la salive de sulfocyanure pour les raisons suivantes :

La salive, acidulée par l'acide chlorhydrique et additionnée d'une solution étendue de chlorure ferrique, prend une coloration rouge sang intense.

L'extrait alcoolique de salive donne la même réaction colorée.

L'extrait alcoolique contient une substance sulfurée, car, après action d'un mélange de chlorate de potasse et d'acide chlorhydrique (mélange oxydant), il présente les réactions des sulfates : cette substance sulfurée, soluble dans l'alcool, puisqu'elle existe dans l'extrait alcoolique, ne peut être ni un sulfate neutre, ni une substance albumineuse, ni une mucine, ces substances étant insolubles dans l'alcool.

La salive contient donc une substance sulfurée, transformable en sulfate par les agents oxydants, soluble dans l'eau, soluble dans l'alcool, donnant, en présence d'acide chlorhydrique et de perchlorure de fer, une coloration rouge ; elle *contient des sulfocyanures*.

Le sulfocyanure existe normalement dans la salive mixte, mais en très faible quantité, environ 0,008 p. 100[1]. Quelquefois même, la quantité de ce sel est si faible qu'il est difficile de mettre en évidence son existence par la réaction colorée ; c'est ce qui avait conduit certains auteurs à penser que le sulfocyanure n'est pas un élément normal de la salive.

II. — DIASTASE SALIVAIRE

La salive mixte possède une *propriété diastasique* ; elle renferme un *ferment soluble*, la *diastase salivaire*, ou *ferment saccharifiant* de la salive, ou mieux *diastase amylolytique* salivaire, *amylase* salivaire, ou *ptyaline*.

La salive mixte peut transformer l'amidon cuit ; elle peut le *saccharifier*[2].

Les solutions aqueuses d'empois d'amidon ont, on le sait, la propriété de se colorer en bleu par l'eau iodée, de ne pas réduire la liqueur cupro-potassique de Fehling et de ne pas fermenter par la levure de bière. — Lorsque ces solutions ont été soumises à l'action de la température du corps, pendant un temps suffisant, variable suivant la salive employée, on constate qu'elles ont perdu

1. La salive des non-fumeurs contient toujours moins de sulfocyanure que la salive des fumeurs. Des déterminations faites à ce sujet donnent comme moyenne : pour les non-fumeurs 0,004 p. 100 ; pour les fumeurs 0,012 p. 100.

2. Les salives isolées des diverses glandes ne possèdent pas toutes cette propriété saccharifiante : c'est ainsi que les salives parotidiennes de l'homme et du cheval n'ont aucune action sur l'amidon.

la propriété de se colorer en bleu par l'iode et qu'elles ont acquis la propriété de réduire la liqueur cupro-potassique de Fehling et de fermenter par la levure de bière. L'amidon a donc été transformé.

Cette action de la salive sur l'amidon est une action diastasique; car elle est suspendue à basse température, accélérée aux températures voisines de 40°, définitivement détruite par l'ébullition, sans que la réaction et la composition chimique du liquide salivaire soient modifiées d'une façon appréciable.

Étudions avec quelques détails cette action de la salive sur la solution d'*empois d'amidon*, en écartant, par des moyens convenablement choisis, l'action des microbes. Pour faire cette étude, examinons la composition de la solution à différents moments.

Nous opérons sur une solution d'empois d'amidon, incapable de réduire la liqueur de Fehling et de fermenter par la levure de bière, se colorant en bleu par l'iode. Nous faisons agir la salive (la salive normale ne réduit pas la liqueur cupro-potassique, ne fermente pas par la levure de bière, ne se colore pas par l'iode) jusqu'à ce que le mélange ne se colore plus en bleu par l'iode [1]. A ce moment, nous constatons que la solution a les propriétés suivantes : elle donne un précipité par l'alcool; elle se colore en rouge par l'eau iodée; elle réduit la liqueur cupro-potassique de Fehling; elle fermente par la levure de bière : elle contient des substances appartenant au groupe des *dextrines* et au groupe des *sucres fermentescibles*. Les recherches délicates ont prouvé qu'elle contient en réalité au moins deux dextrines (une *érythrodextrine*, substance qui se colore en rouge par l'eau iodée, et une *achroodextrine*, substance qui ne se colore pas par l'eau iodée), et un sucre, qui est de la *maltose*, c'est-à-dire un sucre dextrogyre, réducteur, fermentescible, du groupe des saccharoses. Les dextrines, surtout l'érythrodextrine, sont abondantes; la maltose est en petite quantité.

Laissons la salive agir plus longtemps sur la solution d'empois d'amidon : il arrive un moment où la solution ne se colore plus en rouge par l'iode : elle conserve ses autres propriétés, sa précipitabilité par l'alcool, son pouvoir réducteur, sa fermentescibilité. Elle ne contient plus d'érythrodextrine, mais elle contient encore

---

1. Quand on fait agir la salive sur de l'empois d'amidon en bouillie, il y a tout d'abord liquéfaction de l'empois; la substance dissoute donne toujours, avec l'iode, la réaction bleue. On dit que l'empois d'amidon a été transformé en *amidon soluble* ou *amylodextrine*.

de l'*achroodextrine* et de la *maltose*; cette dernière est devenue abondante.

Laissons enfin la salive agir pendant très longtemps sur l'empois d'amidon, pendant plusieurs jours, par exemple, jusqu'à ce que soit atteint l'équilibre final. Nous constatons que la solution renferme toujours de l'*achroodextrine* et de la *maltose* et ne renferme pas de subtances de nouvelle formation. Isolons l'achroodextrine, en la précipitant par l'alcool, redissolvons-la dans l'eau, et faisons agir sur cette solution d'achroodextrine de la salive fraîche, nous n'observons pas de transformation : la liqueur, qui ne fermentait pas par la levure de bière avant l'action de la salive, ne fermente pas davantage, après l'action de la salive. Ceci est vrai lorsque l'achroodextrine a été préparée au moyen de liqueurs soumises, jusqu'à réaction finie, à l'action de la salive. Si, au contraire, on avait retiré l'achroodextrine des liqueurs, au moment où disparaît la réaction de l'érythrodextrine (coloration rouge par l'eau iodée), cette achroodextrine aurait été partiellement transformée en maltose par la salive. Ce fait a conduit les auteurs à considérer l'achroodextrine comme un mélange de plusieurs substances : on en distingue généralement trois qu'on différencie par leurs précipitabilités différentes par l'alcool, par leurs pouvoirs rotatoires et par leurs pouvoirs réducteurs : l'*achroodextrine* α, l'*achroodextrine* β et l'*achroodextrine* γ, cette dernière étant la seule qui n'est pas modifiée par la salive : c'est celle qu'on retire des solutions soumises pendant très longtemps à l'action de la salive.

En résumé, lorsqu'on fait agir la salive sur une solution d'empois d'amidon, on constate : 1° l'apparition simultanée de dextrines et de maltose; 2° la diminution progressive des dextrines et l'augmentation correspondante de la maltose; 3° la disparition totale de l'érythrodextrine et des achroodextrines α et β, et la conservation indéfinie de l'achroodextrine γ.

De ces faits, on a donné l'*interprétation* suivante, qui pendant longtemps fut classique parmi les physiologistes.

L'amidon peut être considéré comme un corps ayant pour formule $(C^6H^{10}O^5)^n$, la valeur de n étant au moins égale à 5. *Sous l'influence de la salive, il se produit une série de dédoublements : chaque dédoublement* (accompagné d'une hydratation partielle) *donne naissance à une dextrine et à de la maltose* : les dextrines des dédoublements successifs ont pour formule $(C^6H^{10}O^5)^p$, p diminuant à chaque dédoublement nouveau. Pour préciser, l'amidon est dédoublé en maltose et érythrodextrine; l'érythrodextrine est dédoublée en maltose et achroodextrine α; l'achroodextrine α est dédoublée en maltose et achroodextrine β; l'achroodextrine β est dédoublée en maltose et achroodextrine γ, cette dernière n'étant plus modifiable par la salive.

Cette interprétation n'est plus universellement admise; certains auteurs lui ont substitué la suivante, reposant sur certaines expériences faites au moyen de la diastase du malt. En maintenant, pendant un temps convenable, à 79-80°, une solution de malt, on a obtenu une liqueur qui, agissant sur l'empois d'amidon, fournit bien des dextrines, mais ne donne pas trace de maltose. La saccharification de l'amidon ne résulterait donc pas de dédoublements successifs fournissant chaque fois de la maltose, mais de deux transformations successives, sous l'influence de deux diastases : une transformation de l'empois d'amidon en dextrines par une *amylase vraie*; une transformation des dextrines en maltose par une autre diastase, une *dextrinase*. Dans cette théorie nouvelle, les diverses dextrines ne dériveraient d'ailleurs pas les unes des autres, mais proviendraient de divers amidons plus ou moins facilement attaquables par l'amylase, et ces dextrines seraient les unes transformées, les autres non transformées en maltose par la dextrinase.

Pour d'autres auteurs, l'interprétation serait encore différente. L'amidon, nous l'avons indiqué p. 65, se compose de deux groupes de substances, les amylocelluloses et les amylopectines; — le malt contiendrait deux diastases, l'une, qu'on pourrait appeler amylocellulase, agissant sur les amylocelluloses et les transformant intégralement en maltose; l'autre, qu'on pourrait appeler amylopectase, agissant sur les amylopectines pour les transformer en dextrines sans aucune formation de maltose. L'amylocellulase serait détruite à 80°, l'amylopectase résisterait à cette température.

Il ne nous est pas possible actuellement de choisir entre ces diverses interprétations.

L'*amidon cru* et le *glycogène* sont transformés par la salive comme l'amidon cuit : les produits de transformation sont identiques; la transformation est seulement beaucoup moins rapide. Le glycogène donne les mêmes produits de transformation que l'amidon : dextrines et maltose.

La *diastase de l'orge germée* transforme l'empois d'amidon en dextrines et maltose, comme le fait la diastase salivaire : ces deux diastases, agissant dans les mêmes conditions de température et de milieu, et déterminant la formation des mêmes produits de transformation, peuvent être considérées comme identiques pratiquement.

Par l'action des *acides minéraux étendus*, à la température d'ébullition, sur les solutions d'empois d'amidon, on obtient tout d'abord les mêmes produits de transformation que par l'action des diastases : dextrines et maltose; mais les produits ultimes de transformation ne sont pas les mêmes. Sous l'influence des acides dilués à l'ébullition, l'achroodextrine γ et la maltose subissent une hydratation et donnent de la glycose. De telle sorte que, lorsque l'action des diastases est épuisée, on a de l'achroodextrine et de la maltose; — lorsque l'action des acides est suffisamment prolongée, on a de la *glycose* et rien que de la glycose.

La *salive mixte humaine* possède un *pouvoir amylolytique* très énergique; les salives parotidienne et sous-maxillaire humaines, recueillies pures de tout mélange avec quelque autre salive, possèdent également, au moins parfois, sinon toujours, un pouvoir amylolytique faible. En général, toutes les sécrétions salivaires de l'homme, à tout âge, peuvent produire plus ou moins énergiquement la transformation de l'amidon.

CHAPITRE XIX

LE SUC GASTRIQUE

Les physiologistes ont démontré que la sécrétion du suc gastrique est intermittente, au moins chez l'homme et chez les mammifères carnivores : elle se produit au moment du repas et sous l'influence des matières alimentaires ingérées. C'est dire que le suc gastrique étudié et analysé n'est pas du suc gastrique pur, mais un mélange de suc gastrique et de matières alimentaires; — c'est un *contenu gastrique* et non un suc gastrique.

Pour provoquer la sécrétion du suc gastrique, chez l'homme, on fait généralement absorber un repas composé d'ordinaire de pain blanc et d'une infusion légère de thé. On retire au bout d'un certain temps le contenu gastrique, au moyen de la sonde stomacale.

Chez le chien, on peut procéder de même ; mais, le plus souvent, on pratique, chez cet animal, l'opération de la fistule gastrique, pour éviter le sondage. Après avoir fait absorber à l'animal des os bouillis, on ouvre le canule obturatrice et on recueille le liquide qui s'écoule par l'orifice.

On a pu obtenir, chez les chiens, du suc gastrique absolument pur par trois artifices. — 1° On a sectionné le cardia et le pylore pour isoler l'estomac ; puis on a posé des ligatures obturatrices sur

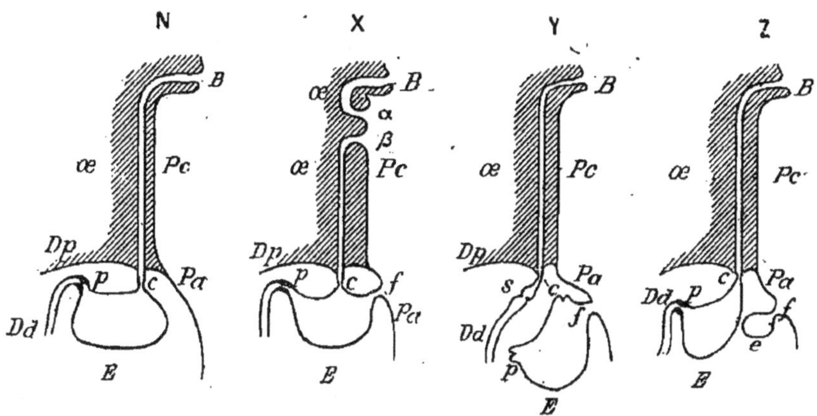

Fig. 104. — Schéma des principales dispositions physiologiques destinées à fournir du suc gastrique pur. — *B*, bouche ; *Œ*, œsophage ; *E*, estomac ; *c*, cardia ; *p*, pylore ; *Dd*, duodénum ; *Dp*, diaphragme ; *Pc*, peau du cou ; *Pa*, peau de l'abdomen ; *N*, animal normal ; *X*, animal préparé pour fournir du suc gastrique par repas fictif ; *α*, orifice cutané de l'œsophage supérieur sectionné et suturé à la peau ; *β*, orifice cutané de l'œsophage inférieur ; *f*, orifice cutané de la fistule gastrique ; *Y*, animal à estomac isolé ; *s*, suture de l'œsophage et du duodénum ; le pylore et le cardia ont été, après section, ligaturés ; *f*, orifice cutané de la fistule gastrique ; *Z*, animal porteur du petit estomac de Pawlow ; *e*, petit estomac sécréteur ; *f*, son orifice cutané.

les deux orifices cardiaque et pylorique, de façon à transformer l'estomac en une poche close ; on a pratiqué sur cette poche la fistule gastrique, et, en suturant l'origine du duodénum à la terminaison de l'œsophage, on a rétabli la continuité du tube digestif. Le liquide qui s'acccumule dans la poche gastrique est pur de tout mélange soit avec la salive, soit avec les aliments. — 2° On a, sur un chien porteur d'une fistule gastrique, pratiqué l'œsophagotomie totale, et constaté qu'une abondante sécrétion gastrique, absolument pure, apparaît, lorsque l'animal absorbe un repas fictif (c'est-à-dire ingère des aliments qui s'échappent en totalité par l'orifice de la fistule œsophagienne). — 3° On a enfin, chez le chien, préparé le petit estomac de Pawlow : c'est une poche fermée

au moyen d'un lambeau de la muqueuse gastrique : cette poche
vient s'ouvrir au dehors pour y déverser sa sécrétion; l'observation physiologique a établi que cette sécrétion est tout à fait
identique à celle de l'estomac normal.

Nous distinguerons aussi dans l'étude de suc gastrique : le *suc
gastrique pur* (obtenu par l'un des deux procédés que nous
venons d'indiquer) et le *suc gastrique impur*, ou *contenu gastrique*, (obtenu mélangé avec les aliments ou leurs produits de
transformation).

Le suc gastrique, qu'il soit pur ou impur, est caractérisé par
sa *réaction acide* et par deux propriétés : il *peptonise les
substances albumineuses* et il *caséifie le lait*. Il nous offre à
étudier :

1. Des *combinaisons acides*;
2. Une *diastase peptonisante*, la *pepsine*;
3. Une *diastase caséifiante*, le *labferment*.

Le suc gastrique du chien, recueilli pur de tout mélange, soit
avec de la salive, soit avec des aliments, est un liquide transparent, incolore, légèrement filant, à réaction acide, pouvant être
bouilli sans se troubler, donnant, par évaporation, un résidu
brun jaunâtre fortement acide, et, par calcination, des cendres
blanches faiblement alcalines.

Le suc gastrique impur de l'homme et du chien ne diffère pas
essentiellement du suc gastrique pur, par ses propriétés physiques.

Le suc gastrique a une réaction acide : il rougit fortement le
papier bleu de tournesol. L'acidité du suc gastrique pur du chien,
évaluée en acide chlorhydrique, est de 4,8 à 5,2 p. 1000. Cela
veut dire que si l'on prend, par exemple, 100 centimètres cubes de
suc gastrique pur de chien, il faut, pour le neutraliser, ajouter
une quantité de soude capable de neutraliser 100 centimètres
cubes d'une solution d'acide chlorhydrique renfermant de 4,8 à
5,2 p. 1000 d'acide. L'acidité du suc gastrique impur du chien
est moindre; elle dépasse rarement 3 p. 1000. — L'acidité du suc
gastrique impur de l'homme est encore moindre : évaluée en acide
chlorhydrique, elle est comprise entre 1,8 et 1,5 p. 1000 dans les
conditions ordinaires de l'observation clinique.

Les cendres du suc gastrique contiennent essentiellement des
chlorures et des phosphates de soude, de potasse, de chaux, de
magnésie; elles ne renferment pas de sulfates ou de carbonates,
au moins en quantités appréciables.

I. — COMBINAISONS ACIDES

Le suc gastrique est *acide. Quelle est la substance, ou quelles sont les substances qui lui communiquent cette réaction?*

La plupart des auteurs ont attribué l'acidité du suc gastrique soit à la présence d'*acide chlorhydrique*, soit à la présence d'*acide lactique*. Les premières recherches ont été faites avec le suc gastrique impur de l'homme ou du chien, c'est-à-dire avec le contenu de leur estomac, suc gastrique et repas d'épreuve.

Lorsqu'on soumet le suc gastrique impur à la distillation, disent les partisans de l'acide chlorhydrique, il se dégage des vapeurs acides qui précipitent les solutions d'azotate d'argent à l'état de chlorure d'argent : ces vapeurs sont des vapeurs chlorhydriques. Le suc gastrique impur doit donc son acidité à la présence d'*acide chlorhydrique*.

Sans doute, répondent les partisans de l'*acide lactique*, il se produit par la distillation du suc gastrique impur un dégagement d'acide chlorhydrique, mais ce dégagement ne commence à se produire que lorsque ce suc gastrique a été évaporé à consistance sirupeuse; pendant tout le temps que se fait l'évaporation préalable, les vapeurs ne sont pas acides; il n'en serait pas de même si l'on avait véritablement affaire à de l'acide chlorhydrique. Ce dégagement d'acide chlorhydrique peut d'ailleurs parfaitement s'expliquer par l'action d'un acide organique fort sur le chlorure de sodium du liquide gastrique. Or le contenu gastrique renferme des acides organiques, notamment de l'acide lactique : on peut en général facilement démontrer la présence de cet acide dans le liquide gastrique; on peut l'en retirer, on peut préparer ses sels, on peut déterminer sa composition et sa constitution chimique. — C'est cet acide qui est le véritable acide du contenu gastrique; c'est lui qui, en agissant à haute température sur le chlorure de sodium dans le contenu gastrique concentré, provoque le dégagement d'acide chlorhydrique.

Assurément, répliquent les partisans de l'acide chlorhydrique, le suc gastrique impur renferme souvent de l'acide lactique; mais en renferme-t-il nécessairement, en renferme-t-il toujours? Oui, chez les herbivores et surtout chez les ruminants dont l'estomac n'est jamais vide, et chez lesquels l'acide lactique provient de fermentations microbiennes, s'accomplissant dans les cavités gastriques aux dépens des hydrates de carbone des aliments ingérés. Non, chez les carnivores, pourvu qu'on recueille le contenu gastrique vingt-quatre heures après le dernier repas régulier, et qu'on provoque sa sécrétion par l'ingestion de matières ne contenant pas d'acide lactique. Or ce contenu gastrique des carnivores, qui ne contient pas d'acide lactique, dégage des vapeurs chlorhydriques à la fin de la distillation. Ces vapeurs ne proviennent pas de la décomposition du chlorure de sodium par l'acide lactique, puisqu'il n'y a pas d'acide lactique.

La même conclusion résulte de l'examen du suc gastrique impur, chez l'animal soumis au jeûne chloré (épuisement des aliments par l'eau bouillante pour enlever les chlorures). Après un temps assez long, la sécrétion gastrique perd son acidité, pour la reprendre dès qu'on ajoute des chlorures aux aliments. En serait-il ainsi si l'acide du suc gastrique était l'acide lactique?

L'acide du liquide gastrique est de l'*acide chlorhydrique*, et, ajoutent-ils, en voici la démonstration : si, dans un liquide gastrique, on détermine la quantité totale de chlore, d'une part, la quantité des bases métalliques, soude, potasse, chaux, magnésie, d'autre part, on trouve que la quantité de chlore est toujours supérieure à celle qui est nécessaire pour saturer la totalité des bases. Donc il y aurait dans le liquide gastrique un excès de chlore non combiné aux métaux, alors même qu'on supposerait ces métaux uniquement à l'état de chlorures; comme une partie de ces métaux est à l'état de phosphates, il en résulte *a fortiori* qu'une partie du chlore du suc gastrique n'est pas combinée aux métaux.

D'autre part, supposons faite l'analyse de la quantité totale du chlore, du phosphore et des bases d'un liquide gastrique. Supposons qu'on emploie la totalité du phosphore à faire des phosphates tribasiques avec une partie des bases, et qu'on sature ce qui reste de bases par une quantité convenable de chlore, il reste un excès de chlore. Calculons la quantité d'acide chlorhydrique que peut donner cet excès de chlore. Déterminons enfin l'acidité du liquide gastrique évaluée en acide chlorhydrique. Nous trouvons pour ces deux valeurs d'acide chlorhydrique des nombres sensiblement égaux. Le liquide gastrique se comporte donc comme si l'excès de chlore était à l'état d'acide chlorhydrique.

D'où cette conclusion : *Le suc gastrique impur doit son acidité soit à de l'acide chlorhydrique, soit à des combinaisons chlorées organiques acides*, ces combinaisons ayant une acidité égale à celle de l'acide chlorhydrique qui entre dans leur composition.

La question que nous nous sommes posée se ramène ainsi à la suivante : *Les combinaisons acides du suc gastrique sont-elles de l'acide chlorhydrique libre, ou des combinaisons chlorées organiques acides?* — Les expériences que nous allons relater nous renseigneront à cet égard. Nous distinguerons nettement le *cas du suc gastrique impur* et le *cas du suc gastrique pur*, car la conclusion à laquelle nous arriverons sera différente suivant le cas considéré.

Nous appelons *acide chlorhydrique libre* l'acide chlorhydrique en solution dans l'eau. Lorsqu'une liqueur présente les propriétés, et toutes les propriétés, de l'acide chlorhydrique en solution dans l'eau, elle contient de l'acide chlorhydrique libre. Lorsqu'une liqueur présente quelques-unes des propriétés la plupart même des propriétés, mais pas toutes les propriétés de l'acide chlorhydrique en solution dans l'eau, elle ne contient pas d'acide chlorhydrique libre.

Lorsqu'on traite par une solution aqueuse d'*acide chlorhydrique* une solution d'*acétate de soude*, de telle façon que le mélange contienne un équivalent d'acide chlorhydrique pour un équivalent d'acétate de soude, les 33/34 de l'acétate de soude sont transformés en chlorure de sodium. — Lorsqu'on traite une solution d'*acétate de soude* par du *suc gastrique impur*, de façon que le mélange contienne, pour un équivalent d'acétate de soude, une quantité de suc gastrique d'acidité égale à un équivalent d'acide chlorhydrique, la moitié seulement de l'acétate de soude est transformée en chlorure de sodium.

Lorsqu'on soumet à la *dialyse* une solution aqueuse d'*acide chlorhydrique* et de *chlorure de sodium*, le rapport de la quantité d'acide à la quantité de chlorure de sodium est plus grand dans le liquide extérieur que dans le liquide soumis à la dialyse : l'acide chlorhydrique dialyse donc plus vite que le chlorure de sodium. — Lorsqu'on soumet à la *dialyse du suc gastrique impur*, on constate que le rapport du chlore aux bases est plus petit dans le liquide extérieur que dans le liquide soumis à la dialyse : les chlorures du suc gastrique dialysent donc plus vite que les combinaisons acides.

Lorsqu'on fait *bouillir* une solution de *sucre de canne* pendant un temps donné avec une *solution chlorhydrique diluée* pure, d'une part, et avec un *suc gastrique impur* de même acidité, d'autre part, la quantité du sucre interverti par la solution acide est toujours plus considérable que la quantité du sucre interverti par le suc gastrique.

Ces expériences prouvent que les *combinaisons acides du suc gastrique impur ne peuvent pas être exclusivement de l'acide chlorhydrique libre*; elles ne permettent pas de savoir si ce sont exclusivement des combinaisons chlorées organiques, ou un mélange de ces combinaisons avec de l'acide chlorhydrique libre. Les expériences suivantes, la seconde surtout, permettent au contraire de résoudre la question :

Lorsqu'on fait *bouillir* une solution d'*empois d'amidon* avec une solution étendue d'*acide chlorhydrique*, on transforme l'amidon en dextrines et sucre réducteur. — Lorsqu'on fait *bouillir* une solution d'*empois d'amidon* avec le *suc gastrique impur*, ayant la même acidité que la solution acide précédente, on ne transforme pas l'amidon.

Lorsqu'on fait *bouillir une solution aqueuse d'acide chlorhydrique*, ou lorsqu'on introduit cette solution dans le vide, on provoque un dégagement de vapeurs chlorhydriques. — Lorsqu'on fait *bouillir un suc gastrique impur*, sans le ramener à consistance sirupeuse, ou lorsqu'on le distille dans le vide, on ne provoque aucun dégagement chlorhydrique.

Donc *le suc gastrique impur ne contient pas d'acide chlorhydrique libre*, puisque deux au moins des propriétés de cet acide manquent au suc gastrique. Le *suc gastrique impur*, obtenu par les procédés en usage courant dans la pratique clinique, ne *contient que des combinaisons chlorées organiques acides*.

Quelles sont ces combinaisons? Il nous est impossible de le dire actuellement : leur constitution chimique nous est inconnue; mais nous connaissons quelques-unes de leurs propriétés.

Ces combinaisons présentent une réaction acide au tournesol, à la phénylphtaléine, à l'acide rosolique. Comme l'acide chlorhydrique, elles font passer au bleu sombre le rouge congo; elles décolorent la fuchsine; elles font perdre aux solutions d'éosine leur dichroïsme et modifient leur spectre d'absorption; elles font passer au bleu le violet de méthyle, et au vert émeraude le vert malachite (toutes ces réactions et quelques autres, dites *réactions colorées*, ont été considérées par les cliniciens comme pouvant démontrer dans le suc gastrique l'existence d'acide chlorhydrique libre; elles démontrent simplement l'existence de combinaisons, qui se comportent, vis-à-vis de ces matières colorantes, comme se comporte l'acide chlorhydrique libre, ce qui est bien différent).

Nous avons vu précédemment que les solutions de ces substances chlorées organiques acides agissent moins énergiquement que les solutions d'acide chlorhydrique de même acidité sur le sucre de canne et sur les acétates; — qu'elles dialysent moins rapidement que les chlorures. — Nous avons vu en outre qu'elles sont incapables de transformer l'amidon en dextrines et sucre, et qu'elles ne sont volatiles ou décomposables ni dans le vide, ni à la température d'ébullition : ce n'est qu'à une température supérieure à 100° et lorsqu'elles sont concentrées, que ces combinaisons subissent une décomposition mettant en liberté l'acide chlorhydrique.

En résumé, **le suc gastrique impur** *doit essentiellement son acidité à des composés chlorés organiques acides, qui présentent certaines propriétés des acides minéraux libres et en particulier de l'acide chlorhydrique libre, mais qui ne présentent pas toutes les propriétés de l'acide chlorhydrique libre.*

Quant au **suc gastrique pur**, recueilli par l'expérience du repas fictif, *il contient de l'acide chlorhydrique libre.* En effet, abandonné dans le vide, au-dessus de l'acide sulfurique, il laisse dégager, à la température ordinaire, des vapeurs d'acide chlorhydrique; — soumis à l'action d'une température de 20 à 30° dans le vide, il laisse distiller d'abondantes vapeurs chlorhydriques, qu'on peut recueillir dans une solution titrée de soude, et doser.

Toutefois, si le suc gastrique pur obtenu à la suite du repas fictif renferme la presque totalité de son acide chlorhydrique à l'état de liberté chimique, il en contient une petite quantité à l'état de combinaison chlorée organique acide; — en effet, après ébullition, après action du vide, il contient encore un peu d'acide chlorhydrique.

Au contraire le suc gastrique pur, produit par un estomac isolé par section cardiaque et pylorique, abandonne la totalité de son acide chlorhydrique soit dans le vide, soit à l'ébullition. Il est vraisemblable que la différence entre ces deux sucs gastriques purs tient à ce que, dans le premier cas, les mucosités œsophagiennes sont venues souiller la sécrétion gastrique et que leur mucus a fixé une petite fraction de l'acide chlorhydrique.

Ajoutons que ce suc gastrique rigoureusement pur se comporte à la dialyse comme une solution aqueuse d'acide chlorhydrique de même acidité, saccharifie la même quantité d'amidon et intervertit la même quantité de saccharose, dans les mêmes conditions expérimentales qu'une solution aqueuse d'acide chlorhydrique de même acidité.

On peut donc conclure : le suc gastrique pur sécrété dans l'estomac isolé contient uniquement de l'acide chlorhydrique libre.

— Un certain nombre d'auteurs admettent qu'il existe dans le suc gastrique impur à la fois de l'*acide chlorhydrique libre* et de l'*acide chlorhydrique faiblement combiné*. — Nous ne pouvons admettre ces distinctions, nous avons dit pourquoi; d'ailleurs, ce qu'un auteur appelle acide chlorhydrique libre, un autre ne le considère pas comme acide libre.

Tel auteur admet que le suc gastrique contient de l'acide chlorhydrique libre, quand il fait passer au bleu le violet de méthyle; tel autre, quand il fait passer au vert le vert brillant; tel autre, quand il bleuit le rouge congo; tel autre quand il décolore la fuchsine; tel autre enfin, quand, évaporé à consistance sirupeuse, il dégage des vapeurs chlorhydriques.

L'acide chlorhydrique ainsi considéré comme libre ne l'est pas réellement. D'ailleurs, il arrive souvent qu'un suc gastrique examiné avec l'un des réactifs que nous venons d'indiquer, le rouge congo par exemple, contient de l'acide chlorhydrique dit libre, et examiné avec un autre réactif, le violet de méthyle par exemple, n'en contient pas.

— Accessoirement, le suc gastrique contient des *phosphates acides* : lorsqu'une liqueur contient des phosphates et présente une réaction acide, une partie au moins de l'acide phosphorique est à l'état de phosphates non saturés.

Accidentellement, le suc gastrique contient de l'*acide lactique*, qui provient généralement d'une transformation des hydrates de carbone de l'alimentation par les microorganismes connus sous le nom de ferments lactiques.

Cet acide lactique peut être mis en évidence par la *réaction d'Uffelmann*. L'acide lactique possède la propriété de colorer en jaune vermouth la liqueur violette ou bleue violacée obtenue en mélangeant une solution aqueuse très étendue de perchlorure de fer et une solution étendue de phénol. (Pl. col. V, fig. O_1, O_2, O_3.)

A 10 centimètres cubes d'une solution aqueuse de phénol à 1 p. 100, on ajoute quelques gouttes d'une solution de chlorure de fer très diluée, jusqu'à obtenir une teinte bleue violacée intense. — L'acide lactique fait virer cette teinte au jaune; les acides minéraux produisent, quand leur quantité est suffisante, une décoloration absolue.

Lorsque le suc gastrique contient de l'acide lactique, ou, en général, des acides organiques, il est possible d'extraire ces acides par l'éther. Lorsqu'on agite avec de l'éther une solution aqueuse d'un acide minéral, tel que l'acide chlorhydrique, la presque totalité de l'acide reste en solution dans l'eau. Lorsqu'on agite avec de l'éther une solution aqueuse d'un acide organique, tel que l'acide lactique, la presque totalité de l'acide passe en solution dans l'éther. — Les composés chlorés organiques acides du suc gastrique se comportent vis-à-vis de l'éther comme les acides minéraux : ils restent en solution dans l'eau.

Étant donné un suc gastrique, on peut se proposer de déterminer l'acidité totale, l'acidité due aux acides organiques, l'acidité due aux composés minéraux (sels acides et composés organiques chlorés).

Pour doser l'*acidité totale*, il faut faire une détermination acidimétrique du suc gastrique en présence d'un réactif indicateur déterminé, la phénolphtaléine par exemple, ou le tournesol [1], c'est-à-dire déterminer la quantité d'une solution alcaline titrée, capable de neutraliser la liqueur.

Pour doser l'*acidité due aux acides organiques*, le suc gastrique est agité avec de l'éther qui dissout les acides organiques. La liqueur éthérée est évaporée, le résidu est dissous dans l'eau et la solution aqueuse est dosée acidimétriquement.

Pour doser l'*acidité due aux composés minéraux* (sels acides et composés organiques chlorés), il faut, en agitant le suc gastrique avec de l'éther, le débarrasser des acides organiques qu'il peut contenir, et déterminer l'acidité du résidu aqueux.

Pour déterminer la *quantité des composés organiques chlorés*, ce que plusieurs auteurs appellent avec quelque raison, car il se comporte physiologiquement comme tel, l'*acide chlorhydrique libre*, un grand nombre de méthodes ont été proposées; on peut les ranger en trois groupes principaux.

Les *méthodes du premier groupe* consistent essentiellement à neutraliser le suc gastrique par une solution alcaline titrée, en présence de réactifs indicateurs convenablement choisis, tels que la fuchsine, le rouge congo, l'éosine, etc. On admet que la solution alcaline ajoutée neutralise tout d'abord les composés chlorés organiques acides, à l'exclusion des sels acides du suc gastrique : les réactifs indicateurs permettent de saisir le

1. Le choix de l'indicateur n'est pas indifférent, car le résultat varie considérablement suivant l'indicateur employé (phénolphtaléine, tournesol, orangé, etc.). Il convient donc, pour des recherches comparatives, d'employer toujours le même indicateur.

moment où cette saturation est terminée. — *Ces méthodes sont mauvaises*, parce que rien ne prouve que les combinaisons chlorées organiques acides sont exclusivement saturées par la soude avant les autres substances à réaction acide du suc gastrique, notamment les phosphates acides; — parce qu'aussi les réactifs indicateurs employés peuvent indiquer que la saturation des composés organiques chlorés acides est terminée alors qu'elle ne l'est, en réalité, pas encore.

Les *méthodes du second groupe* consistent essentiellement à doser le chlore total du suc gastrique d'une part, et le chlore des composés qui ne sont pas détruits à la température d'incinération d'autre part. La différence des deux nombres obtenus représente le chlore des composés organiques chlorés. — Le dosage du chlore total se fait après incinération en présence du carbonate de soude qui retient l'acide chlorhydrique mis en liberté; — le dosage du chlore dit minéral se fait après incinération du suc gastrique. Les cendres, dans l'un et l'autre cas, sont dissoutes dans l'eau acidulée par l'acide nitrique; les chlorures dissous sont précipités par l'azotate d'argent; le précipité de chlorure d'argent est lavé, desséché et pesé. — On en déduit le poids de chlore correspondant. — *Ces méthodes sont mauvaises*, parce que, pendant la dessication, et surtout pendant l'incinération, une partie de l'acide chlorhydrique provenant de la dissociation des composés chlorés organiques acides peut être retenue par les phosphates monométalliques d'alcalis contenus dans le suc gastrique; — inversement, par suite d'une action des phosphates dimétalliques alcalino-terreux du suc gastrique, une partie des chlorures métalliques est décomposée et de l'acide chlorhydrique est mis en liberté. Il y a ainsi deux causes d'erreur en sens inverse, ne se compensant pas nécessairement l'une l'autre. Il y a donc une erreur, soit en plus, soit en moins, dont il est impossible de déterminer une valeur approximative et même le sens.

Les *méthodes du troisième groupe* consistent à transformer les composés organiques chlorés acides en chlorure de baryum, par addition au suc gastrique de carbonate de baryum, dessiccation et incinération du mélange. Le résidu est formé de carbonate de baryum non transformé, — de phosphate de baryum résultant de l'action des phosphates acides du suc gastrique sur le carbonate de baryum, — de chlorure de baryum et des sels de suc gastrique. Parmi ces différents sels de baryum, un seul est soluble dans l'eau : c'est le chlorure de baryum, provenant de l'action des composés organiques chlorés acides sur le carbonate de baryum. Dans l'extrait aqueux de ces cendres, il suffit de doser le baryum pour en déduire la quantité de chlore des composés chlorés organiques acides du suc gastrique. Ce dosage du baryum se fait en le précipitant par le sulfate de soude en présence d'acide chlorhydrique : le précipité de sulfate de baryum insoluble est lavé, desséché, calciné et pesé.

Ces méthodes ne présentent pas les causes d'erreur que nous avons signalées à propos des méthodes du second groupe, l'incinération se faisant en milieu neutre, et, par conséquent, en l'absence de phosphates monométalliques d'alcalis et de phosphates dimétalliques alcalino-terreux. Mais *elles ne sont pas à l'abri de toute cause d'erreur*, car, à la température de calcination, le carbonate de baryum peut réagir sur les chlorures alcalins du suc gastrique et former à leurs dépens un peu de chlorure de baryum : le chlore attribué aux composés organiques acides se trouve par suite plus considérable qu'il n'est en réalité.

Il existe d'autres méthodes de dosage des composés chlorés organiques acides du suc gastrique. Nous ne croyons pas devoir les discuter, aucune d'elles n'est tout à fait bonne.

Si l'on détermine, par plusieurs des méthodes proposées, la quantité des composés chlorés organiques du suc gastrique, on trouve des résultats absolument différents : c'est là un fait qui vient confirmer l'importance des objections que nous avons présentées au sujet des méthodes de dosage et prouver que ces méthodes sont entachées de causes d'erreur.

Ces réserves faites, voici quelles sont les principales méthodes employées en clinique.

1° **Méthode alcalimétrique**. — A 10 centimètres cubes de suc gastrique, on ajoute 2 centimètres cubes d'une solution normale de carbonate de soude; on évapore à siccité dans une capsule de platine, et on calcine le résidu jusqu'à destruction des matières organiques et disparition complète du charbon. — On ajoute au résidu salin blanc 20 centimètres cubes d'une solution décinormale [1] d'acide chlorhydrique : cet acide, pour une part, neutralise l'excès du carbonate de soude employé; pour l'autre part, il reste libre. La quantité de cet acide libre, égale à celle de l'acide du suc gastrique, est déterminée par titration alcalimétrique au moyen d'une solution décinormale de soude caustique, en présence de phénolphtaléine, employée comme réactif indicateur.

2° **Méthode barytique**. — On évapore à siccité 10 centimètres cubes de suc gastrique additionné de carbonate de baryte en excès, et on calcine jusqu'à destruction complète des matières organiques; on épuise par l'eau chaude le chlorure de baryum formé et on titre au moyen d'une solution titrée d'azotate d'argent en présence d'un peu de bichromate de potasse. La fin de l'opération est indiquée par la tache orange que forme une goutte de nitrate d'argent sur un papier trempé dans le liquide à analyser.

3° **Méthode chlorométrique**. — Le suc gastrique soumis à l'analyse est divisé en trois portions α, β, γ, servant respectivement au dosage du chlore total, de l'acide chlorhydrique libre, et de l'acide chlorhydrique combiné aux bases minérales. — La portion α est additionnée d'un excès d'une solution de carbonate de soude, destinée à fixer l'acide chlorhydrique libre et l'acide des

---

1. La solution décinormale d'acide chlorhydrique contient 3 gr. 65 d'acide par litre; — la solution décinormale de soude caustique en contient 4 grammes par litre.

composés chlorés organiques acides ; on évapore à siccité au bain-marie ; on calcine le résidu jusqu'à carbonisation des matières organiques et on l'épuise par l'eau chaude. Dans cet extrait aqueux, on dose volumétriquement le chlore : c'est le *chlore total*. La portion β est évaporée à siccité au bain-marie, afin de chasser l'acide chlorhydrique libre : le résidu est additionné de carbonate de soude, desséché, incinéré, etc., comme la portion α : on obtient ainsi le chlore total moins le chlore de l'acide chlorhydrique libre, c'est-à-dire le *chlore des composés chlorés organiques acides et des chlorures métalliques* — La portion γ est évaporée à siccité, et calcinée sans addition de carbonate de soude : dans le résidu, on dose volumétriquement le chlore : c'est le *chlore des chlorures métalliques*.

En résumé, le chlore γ correspond au chlore combiné aux bases minérales ; le chlore, contenu dans le suc gastrique à l'état de combinaisons chlorées organiques acides, correspond à la différence β — γ ; — le chlore de l'acide chlorhydrique libre correspond à la différence α — β.

II. — PEPSINE

Le suc gastrique transforme les substances albumineuses : en particulier, il dissout la fibrine, le blanc d'œuf cuit, etc., en les transformant. Le phénomène grossier de dissolution des substances albumineuses par le suc gastrique avait tout d'abord attiré seul l'attention des premiers observateurs ; ils avaient dit : le suc gastrique a la propriété de dissoudre les substances albumineuses (protéines) ; il possède un *pouvoir protéolytique*.

Le suc gastrique doit-il son pouvoir protéolytique à ses combinaisons acides ?

Le suc gastrique, *exactement neutralisé*, en présence de tournesol, soit par un alcali caustique, soit par un carbonate d'alcali, ne possède plus aucun pouvoir protéolytique ; — acidulé de nouveau, le suc gastrique recouvre ce pouvoir protéolytique. Cette expérience démontre que la *présence de composés acides* dans le suc gastrique est une *condition nécessaire* de son activité protéolytique.

Le suc gastrique *bouilli* ne possède plus aucun pouvoir protéolytique. Or l'ébullition ne modifie l'acidité du suc gastrique ni quantitativement ni qualitativement, au moins quand il s'agit du

suc gastrique impur : il faut, pour le neutraliser, la même quantité
de soude avant et après ébullition ; il donne, avant et après ébullition, les mêmes réactions colorées (fuchsine, éosine, rouge
congo, etc.). — Cela prouve que si la *présence de composés
acides* dans le suc gastrique est une *condition nécessaire*, ce *n'est
pas une condition suffisante* de son activité protéolytique. Pour
agir sur les substances albumineuses, le suc gastrique doit contenir encore un agent qui est détruit à la température d'ébullition.
Cet agent est une *diastase*, la *pepsine*.

En résumé, le suc gastrique doit son pouvoir protéolytique à
une diastase, la pepsine, agissant sur les substances albumineuses
en milieu acide [1]. Privé de pepsine par l'ébullition, le suc gastrique
devient inactif; privé d'acide par neutralisation, le suc gastrique
devient également inactif.

Le suc gastrique acide dissout les substances albumineuses, ou,
pour parler exactement, transforme les substances albumineuses
en substances solubles dans les liqueurs aqueuses, en *protéoses*.
Les protéoses ont été autrefois désignées sous le nom de *peptones*,
qu'on applique aujourd'hui à l'une des protéoses : le *pouvoir protéolytique* du suc gastrique est un *pouvoir peptonisant*; le suc
gastrique peptonise les substances albumineuses.

On peut préparer, au moyen de la muqueuse gastrique, des
liqueurs de macération ou des extraits possédant le même pouvoir
peptonisant que le suc gastrique naturel. On peut obtenir des
solutions de pepsine, c'est-à-dire des liqueurs qui, sans contenir
les différents éléments chimiques du suc gastrique, possèdent
comme lui le pouvoir peptonisant.

On prépare les liqueurs de macération, les *sucs gastriques
artificiels*, en faisant digérer pendant vingt-quatre heures, à la
température ordinaire, ou mieux à 40°, dans plusieurs litres d'une
solution aqueuse d'acide chlorhydrique ou d'acide phosphorique à
1 ou 2 p. 1 000 [2], une muqueuse gastrique de porc hachée.

---

1. De cette proposition ainsi énoncée, il résulte qu'on considère la pepsine
comme l'agent de la transformation, et l'acide comme la condition d'activité de
cet agent. Quelques auteurs rejettent cette conception, parce que, disent-ils, les
acides sont aussi indispensables que la pepsine pour assurer la transformation
gastrique des protéines. Cela est parfaitement juste, mais il nous semble bon de
distinguer nettement entre le rôle essentiel de la pepsine qui ne saurait être
remplacée par un autre agent équivalent, et le rôle indispensable sans doute
mais secondaire pourtant de l'acide chlorhydrique, qui peut être remplacé par
un autre acide ou par un phosphate acide. Et c'est pour cela que nous adoptons
a formule telle qu'elle a été ci-dessus énoncée.

2. On peut employer un acide minéral quelconque, car la pepsine agit en

On peut préparer des *extraits de muqueuse gastrique* en faisant macérer dans la glycérine une muqueuse hachée. Cet extrait glycérique, acidulé à 4 p. 1 000 par l'acide chlorhydrique, possède un pouvoir protéolytique très énergique.

La préparation de *solutions de pepsine*, c'est-à-dire de liquides très pauvres en éléments fixes, tout en étant très actifs, repose sur les deux observations suivantes :

1° La pepsine est entraînée dans certains précipités produits dans les liquides de macération des muqueuses gastriques.

2° La pepsine ne dialyse pas notablement.

On peut, par exemple, préparer un suc gastrique artificiel, en faisant macérer une muqueuse gastrique dans une solution d'acide phosphorique étendu, neutraliser cette macération par l'eau de chaux, séparer le précipité de phosphate tricalcique produit et le dissoudre dans l'acide chlorhydrique dilué : ainsi sera obtenue une liqueur possédant un pouvoir peptonisant énergique et ne contenant qu'une faible proportion des éléments fixes de la macération gastrique et du phosphate acide de chaux. En dialysant cette liqueur, on élimine ce phosphate acide de chaux et on obtient une solution très active sur les substances albumineuses et très pauvre en éléments fixes.

Les liqueurs obtenues par l'un quelconque des procédés que nous avons indiqués possèdent le même pouvoir peptonisant que le suc gastrique. L'étude des transformations des substances albumineuses par le suc gastrique peut donc être faite indifféremment avec le suc gastrique naturel, ou avec les sucs gastriques artificiels, avec les extraits de muqueuses gastriques, ou avec les solutions de pepsine.

Les liqueurs peptiques n'agissent sur les substances albumineuses, nous l'avons dit, qu'autant qu'elles sont acides : cette acidité peut être due à de l'acide chlorhydrique combiné à des matières organiques, comme dans le contenu gastrique naturel,

milieu acide quelconque et non pas seulement en milieu chlorhydrique. Il semble bien établi par les recherches récentes que l'acide intervient dans l'action peptique grâce aux produits de sa dissociation électrolytique (on admet qu'en solution dans l'eau, les acides sont partiellement dissociés en radical d'acide et en hydrogène, le nombre des atomes d'hydrogène libérés dépendant de la nature de l'acide et de sa quantité), et notamment aux ions hydrogène. La présence des ions hydrogène est la condition nécessaire de l'activité peptique ; deux liqueurs contenant la même quantité de pepsine ont en effet une même activité peptique quand le nombre des ions hydrogène est le même (même concentration en ions hydrogène) quel que soit l'acide employé.

ou libre, comme dans les solutions artificielles de pepsine, ou le suc gastrique pur; ou à un autre acide, phosphorique, sulfurique, etc.

Les liqueurs peptiques acides n'agissent pas à la température de 0°; leur pouvoir protéolytique augmente d'intensité avec la température, jusqu'à 35-40° environ; vers cette température, il est maximum; il diminue ensuite, pour disparaître définitivement vers la température de 60°. La pepsine, diastase, est, comme toutes les diastases, détruite par la chaleur.

Faisons agir, à une température de 30-40°, le suc gastrique ou une solution acide de pepsine sur une substance albumineuse, la fibrine, par exemple, jusqu'à dissolution aussi complète que possible. Il reste toujours une fine poussière non dissoute : c'est la *dyspeptone* (de Meissner). Neutralisée par le carbonate de soude, la liqueur précipite des flocons albumineux, c'est le *précipité de neutralisation*, ou la *parapeptone* (de Meissner). Dans la liqueur, débarrassée par filtration de la parapeptone, il reste encore, en solution, des substances albumineuses, ce sont les *peptones* (de Meissner).

La *dyspeptone* est une substance riche en phosphore, inattaquée par les sucs digestifs : c'est une *nucléine*; c'est ou bien une impureté, comme dans le cas de la fibrine (résidu de globules sanguins), ou bien un produit de dédoublement de la protéine employée, comme dans le cas de la caséine ou des nucléoprotéides.

La *parapeptone* est une substance soluble dans les liqueurs acides, précipitée par neutralisation; c'est une *acidalbuminoïde*. Elle résulte de l'action de l'acide de la liqueur peptique sur la substance albumineuse et non de l'action de la pepsine, car elle se produit également par l'action de l'acide seul. Ce n'est pas encore un produit de transformation peptique.

Les *peptones* (de Meissner) sont les véritables produits de digestion peptique. Meissner considérait trois *peptones*, α, β *et* γ, qu'il distinguait d'après leur précipitabilité par le ferrocyanure de potassium acétique et par l'acide nitrique. La peptone α était précipitable par les deux réactifs; la peptone β était précipitable par le ferrocyanure acétique, mais non par l'acide nitrique; la peptone γ n'était précipitable ni par l'un, ni par l'autre de ces deux réactifs.

Schmidt-Mülheim considère les peptones de Meissner comme un mélange de deux substances seulement : l'une qu'il appelait *propeptone*, l'autre qu'il appelait *peptone*.

La *propeptone de Schmidt-Mülheim* présente les trois réactions propeptoniques : précipitation à froid par l'acide nitrique, par le ferrocyanure de potassium acétique, par le chlorure de sodium acétique ; redissolution à chaud du précipité formé, et réapparition de ce précipité par refroidissement.

La *peptone de Schmidt-Mülheim* ne présente pas les trois réactions propeptoniques.

La propeptone étant abondante, et la peptone peu abondante, lorsque l'action de la pepsine acide a été courte ; la propeptone étant peu abondante et la peptone très abondante dans les liqueurs, lorsque l'action de la pepsine acide a été prolongée, Schmidt-Mülheim en concluait que la pepsine transforme les substances albumineuses en propeptone, puis la propeptone en peptone.

La propeptone et la peptone de Schmidt-Mülheim ne sont pas des individus chimiques ; *la propeptone est un mélange, la peptone est un mélange*. La peptone est essentiellement formée des substances que nous avons étudiées sous le nom de *protéoses primaires* (protoprotéoses et hétéroprotéoses) avec un peu de protéose secondaire. La peptone est un mélange de *protéose secondaire* (deutéroprotéose) et de *peptone vraie* (peptone de Kühne). Nous avons décrit les propriétés de ces corps au chapitre IV (p. 99).

Lorsque l'action de la pepsine a été peu prolongée, la liqueur contient des protéoses primaires, très peu de protéose secondaire et de peptone de Kühne. — Lorsque l'action est prolongée, les protéoses primaires sont moins abondantes, la protéose secondaire et la peptone augmentent. — Lorsque l'action est très prolongée, les protéoses primaires ont considérablement diminué, la protéose secondaire a aussi diminué, la peptone a augmenté. Donc la substance albumineuse a été d'abord transformée en protéoses primaires (hétéroprotéoses et protoprotéoses) simultanément, celles-ci en protéose secondaire, et cette dernière en peptone.

En résumé, lorsqu'on fait agir la pepsine acide sur une substance albumineuse quelconque jusqu'à dissolution aussi complète que possible de cette substance, on constate les faits suivants : il reste un résidu non dissous, essentiellement constitué de nucléines. La liqueur portée à l'ébullition peut fournir un léger coagulum correspondant à une partie non transformée de la substance albumineuse simplement dissoute dans la liqueur. Débarrassée de ce coagulum, la liqueur dépose, par neutralisation, des flocons de parapeptone ou acidalbuminoïde. Débarrassée de ce précipité, la liqueur renferme des protéoses qu'on peut reconnaître, séparer et doser par les procédés précédemment indiqués.

Nous donnons, sous forme de tableau, la correspondance des substances décrites par différents auteurs :

Dyspeptone.

Parapeptone. } Précipité de neutralisation.

Peptones de Mesniers. } Propeptone de Schmidt-Mülheim. / Peptone de Schmidt-Mülheim.

Nucléine.

Acidalbuminoïde ou syntonine.

Protéoses { Protoprotéose. / primaires. / Hétéroprotéose.
Protéose secondaire ou deutéro-protéose.
Protéose secondaire ou deutéro-protéose.
Peptone de Kühne.

Le suc gastrique transforme non seulement les substances albumineuses, mais encore la *gélatine* et l'*élastine*. Soumise à l'action de la pepsine acide, la gélatine est liquéfiée : elle est transformée en substances nouvelles non gélifiables. Lorsqu'on sature par le sulfate d'ammoniaque les solutions de gélatine transformée par le suc gastrique, on détermine une précipitation des substances appelées *gélatoses*; la liqueur, débarrassée de ce précipité, contient encore en solution une substance qu'on appelle *gélatinepeptone*.

De même l'élastine, qui constitue la substance fondamentale du tissu élastique, est transformée par le suc gastrique en substances appelées *élastoses* et *élastine peptone*.

Lorsqu'on fait agi rle suc gastrique sur les *protéides*, il se produit en général un dédoublement, séparant la

Fig. 105.

substance albumineuse et le groupement prosthétique : c'est ainsi que l'hémoglobine est dédoublée en hématine, qui reste inaltérée dans le suc gastrique, et globine, qui subit les transformations successives de la peptonisation; — c'est ainsi que les nucléoprotéides ou les paranucléoprotéides sont dédoublées en nucléines ou paranucléines, qui restent inaltérées dans le suc gastrique, et substances albumineuses qui sont peptonisées. Toutefois le suc gastrique ne dédouble pas toutes les protéides : les nucléines et les paranucléines, formées par l'union d'une substance albumineuse et d'acides nucléiques ou paranucléiques, ne sont pas dédoublées par lui.

Pour comparer l'activité digestive de plusieurs sucs gastriques, divers procédés ont été proposés. Les plus généralement employés sont les suivants :

1° On prépare de la fibrine bien lavée, qu'on hache finement : on en met dans des tubes à essai des quantités aussi égales que possible ; on les additionne de quantités égales des sucs gastriques soumis à l'analyse et on porte le tout à l'étuve à 40°. On compare les temps nécessaires à la dissolution totale de la fibrine.

2° On prépare de petits cubes de blanc d'œuf coagulé ; on en introduit dans des tubes à essai des quantités pesées (sans dessiccation) ; on ajoute des quantités égales des sucs gastriques ; on les porte à l'étuve à 40° ; on les y laisse quelques heures ; puis on jette sur le filtre, et on pèse les résidus albumineux non dissous. Ces résidus sont d'autant moins abondants que les sucs gastriques étaient plus actifs (fig. 105).

3° **Méthode de Mette.** — On remplit de blanc d'œuf cru des tubes de verre ayant de 1 à 2 millimètres de diamètre ; et on les chauffe pour coaguler l'albumine. On sectionne par un trait de lime le tube de verre contenant l'albumine coagulée en segments d'une longueur exactement déterminée. On introduit ces segments dans des tubes à essai et on y fait agir à 40° des

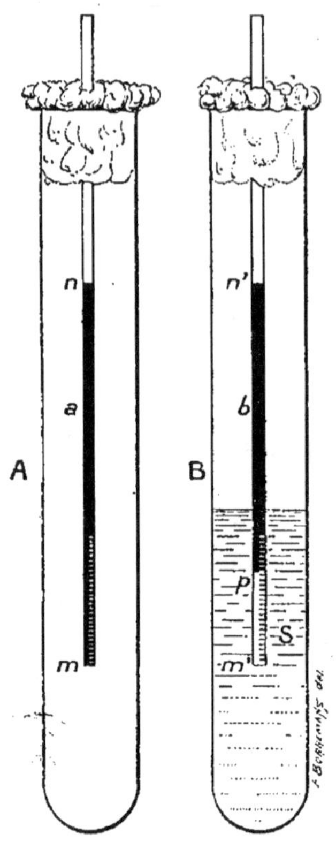

Fig. 105. — Tubes de Mette. — En A tube de Mette prêt à servir : *a*, tube de Mette, contenant son cylindre d'albumine *mn*, ce tube est passé à frottement dur dans le bouchon d'ouate du tube à essai A ; il peut être gradué en millimètres de longueur. — En B, tube de Mette soumis à l'action du suc gastrique S ; l'albumine a été digérée en *m'p*.

quantités égales des sucs gastriques à comparer. Après quelques heures d'action, on retire les cylindres, et on mesure à la loupe la longueur du cylindre albumineux non digéré. La diminution de leur longueur est d'autant plus grande que le suc employé était plus actif. On peut substituer à l'albumine du sérum sanguin, dont on détermine la coagulation par la chaleur, ou une solution de gélatine à 15 ou 20 p. 100 qu'on laisse gélifier par refroidissement (avec les tubes à gélatine, l'essai se fait à la température ordinaire).

4° **Méthode colorimétrique.** — On prépare de la fibrine teinte par le carmin. Pour cela, on lave bien complètement de la fibrine obtenue par battage du sang, et on l'immerge dans une solution de carmin; après l'y avoir laissée quelque temps, on l'en retire et on la lave à l'eau, jusqu'à ce que les eaux de lavage ne prennent plus la moindre coloration : on peut la conserver dans la glycérine. Si l'on fait agir sur une telle fibrine colorée le suc gastrique, la quantité de fibrine dissoute, et par suite la quantité de carmin mise en liberté, sera d'autant plus grande que le suc gastrique était plus actif. Pour comparer l'activité de deux sucs gastriques, il suffit dès lors de comparer colorimétriquement les liqueurs de digestion au bout d'un temps déterminé, le même pour les deux essais.

La muqueuse gastrique ne contient pas de pepsine, mais un proferment, un *pepsinogène*. Ce pepsinogène est insoluble dans la glycérine, tandis que la pepsine s'y dissout; il résiste à l'action du carbonate de soude à 1 p. 100 qui détruit la pepsine. Il est transformé en pepsine par les acides dilués et notamment par l'acide chlorhydrique à 4 p. 1 000.

III. — LABFERMENT OU PRÉSURE

Le suc gastrique a la propriété de coaguler le lait. Qu'est-ce que cette coagulation? A la présence de quelle substance, dans le suc gastrique, faut-il rapporter cette propriété?

On sait que, lorsqu'on ajoute au lait une quantité convenable d'acide, par exemple environ 5 p. 1 000 d'acide chlorhydrique ou d'acide acétique, on précipite en flocons la caséine. Le suc gastrique est acide; son acidité, chez certains animaux au moins, atteint 4 à 5 p. 1 000. *N'est-ce pas à cette acidité que le suc gastrique doit la propriété de coaguler le lait?*

Non, pour les raisons suivantes :

1. Lorsqu'on acidifie le lait, par addition d'une quantité suffisante d'acide, la précipitation de la caséine est presque instantanée : les flocons se forment en quelques secondes. Lorsqu'on mélange du suc gastrique avec du lait, la coagulation ne se produit qu'après plusieurs minutes, souvent même plus tardivement encore. — Sans doute, si le suc gastrique est très acide, et si l'on ajoute à peu de lait beaucoup de suc gastrique, il se peut que l'acidité du mélange soit suffisante pour provoquer la précipitation de la caséine; — mais c'est là un fait exceptionnel : en général, la coagulation du lait par le suc gastrique demande quelque temps pour s'accomplir.

2. Lorsque le lait est coagulé par un acide, la caséine se précipite en flocons, se déposant rapidement, sans se souder en une masse unique. — Lorsque le lait est coagulé par le suc gastrique, il se transforme en une gelée cohérente, en un caillot affectant la forme du vase, se rétractant peu à peu, en expulsant un liquide clair.

3. Enfin, et ce sont là les meilleures démonstrations, — lorsqu'on neutralise exactement le suc gastrique, il conserve la propriété de coaguler le lait; — lorsqu'on fait bouillir le suc gastrique impur, son acidité étant conservée, il perd la propriété de coaguler le lait.

Ces remarques nous montrent que le suc gastrique n'est pas redevable à ses combinaisons acides de sa propriété de coaguler le lait : il en est redevable à quelque chose qui est détruit par l'ébullition. Ce quelque chose est une diastase : c'est le *labferment*, ou *chymosine*, ou *présure*[1]. C'est la même diastase que nous avons précédemment rencontrée dans les présures, et dont nous avons étudié le mode d'action sur la caséine du lait.

La coagulation du lait par le suc gastrique n'est pas une précipitation ou une coagulation, c'est une *caséification*.

Nous avons dit précédemment ce qu'est la caséification : c'est une transformation de la caséine du lait, un dédoublement de cette caséine en deux substances : l'une, la substance caséogène, donnant en présence des sels solubles de chaux un précipité de caséum insoluble dans le lait; — l'autre, la substance albumineuse du lactosérum, soluble dans le lactosérum. Ces deux substances, nous les retrouvons dans le lait transformé par le suc gastrique. Et cela était à prévoir, car les présures sont des produits préparés avec les muqueuses gastriques de jeunes animaux.

La présence du labferment dans le suc gastrique des mammifères jeunes est universellement admise; la présence de cette diastase dans le suc gastrique des adultes a été souvent niée. Cette négation est une erreur absolue. *Le suc gastrique des mammifères adultes renferme du labferment, toujours, sans exception;* mais il en renferme généralement beaucoup moins que le suc gastrique des jeunes mammifères; il en renferme souvent si peu,

---

1. Quelques auteurs donnent le nom de *présure* à cette diastase. D'autres réservent le mot *présure* aux extraits de muqueuses gastriques capables de caséifier le lait, et donnent au principe actif de ces présures le nom de *labferment*. Il conviendrait en tout cas, pour éviter les confusions, de dire « la diastase de la présure », et non pas simplement « la présure ».

que les procédés généralement mis en usage pour le manifester
sont incapables de démontrer sa présence. D'ordinaire, pour reconnaitre dans une liqueur la présence du labferment, on neutralise
cette liqueur et on la fait agir à 40° sur un égal volume de lait. En
opérant ainsi avec le suc gastrique, très souvent, à 40°, il ne se
produit pas de coagulation, ou il ne se forme de caillot qu'après
une heure, une heure et demie, deux heures et plus. — Pour
démontrer la présence du labferment dans ces sucs gastriques
pauvres, il faut employer un artifice : il faut *sensibiliser le lait*
sur lequel on opère. On obtient ce résultat, soit en additionnant
le lait de quelques dix-millièmes d'acide (quantité incapable de
précipiter la caséine du lait), soit en l'additionnant de petites
quantités de chlorure de calcium. Le labferment, en effet, agit
beaucoup plus énergiquement dans les liqueurs un peu acides ou
un peu calciques. Si l'on procède ainsi, on constate que le suc
gastrique des animaux adultes contient toujours du labferment.

Comme nous l'avons vu, en étudiant la pepsine, on peut
substituer, pour l'étude des diastases de l'estomac, au suc gastrique naturel, soit des macérations de muqueuse gastrique, soit
des solutions de diastases purifiées.

On obtient des sucs gastriques artificiels contenant du labferment en faisant macérer pendant vingt-quatre heures une
caillette de veau ou de chevreau hachée, dans l'eau, ou mieux
dans une solution d'acide chlorhydrique à 1 p. 1000. On peut
employer aussi une muqueuse gastrique de mammifère adulte,
mais, dans ce cas, il est nécessaire de la faire macérer dans une
liqueur acide, parce que la muqueuse gastrique des adultes ne
contient pas de labferment, mais possède la propriété de fournir
du labferment, sous l'influence des acides [1]. Ces liqueurs de macération acide sont ensuite neutralisées par la soude ou par le carbonate de soude.

On obtient des extraits de muqueuses gastriques riches en labferment en faisant macérer dans la glycérine une caillette de veau
ou de chevreau, hachée et débarrassée de ses couches musculeuses.

Il existe enfin des procédés permettant d'obtenir des *solutions
de labferment*, dites solutions pures, c'est-à-dire des solutions
possédant un pouvoir caséifiant très énergique, tout en étant extrêmement pauvres en éléments fixes. En particulier, on peut faire

---

1. C'est ce qu'on traduit en disant que la muqueuse gastrique des mammifères
adultes contient un proferment, un *prolabferment*.

macérer la caillette de veau dans une solution d'acide salicylique à 1 p. 1 000, traiter cette macération par l'alcool, séparer le précipité ainsi formé et le redissoudre dans l'eau, etc.

Quant aux produits industriels appelés *présures*, ils sont également obtenus au moyen de caillettes de veau ou de chevreau. Ce sont des extraits de muqueuse gastrique d'animaux jeunes, extraits généralement très impurs, mais doués d'un pouvoir caséifiant énergique.

Nous avons admis que la diastase caséifiante du suc gastrique est une diastase distincte de la pepsine. Or nous voyons que les procédés de préparation des liqueurs caséifiantes ne diffèrent pas essentiellement des procédés de préparation des liqueurs protéolytiques : macération dans l'acide chlorhydrique dilué; extrait glycérique, etc. Ne pourrait-on pas penser que la pepsine et le labferment sont une même diastase, capable en milieu acide de peptoniser les substances albumineuses, capable en milieu acide, neutre, ou très légèrement alcalin, de caséifier le lait?

Non, parce qu'il est possible d'obtenir des liqueurs possédant un pouvoir protéolytique sans pouvoir caséifiant; et inversement des liqueurs possédant un pouvoir caséifiant sans pouvoir protéolytique.

La liqueur de macération de caillette de veau, acidulée à 3 p. 1000 d'acide chlorhydrique, perd toute action caséifiante (après neutralisation), lorsqu'elle a été maintenue quarante-huit heures à 40°, mais conserve un pouvoir protéolytique énergique. — Inversement une macération de caillette de veau, agitée avec du carbonate de magnésie fraîchement précipité, perd toute action protéolytique et conserve un pouvoir caséifiant énergique.

La *pepsine* et le *labferment* sont donc deux diastases *essentiellement distinctes*.

Peut-être conviendrait-il de ne présenter cette conclusion qu'avec des réserves, si, comme on l'a soutenu récemment, les expériences sur lesquelles elle se fonde ne sont pas à l'abri de tout reproche, et si, comme on le prétend dans plusieurs mémoires, l'activité peptique et l'activité labferment d'un suc, d'un contenu, d'une muqueuse gastrique, varient parallèlement l'une à l'autre, quand on a su réaliser les conditions d'une comparaison rigoureuse.

Au point de vue physiologique toutefois, il convient de conserver nettement la distinction des deux fonctions du suc gastrique, la fonction pepsine et la fonction labferment, parce que ces deux actions étant influencées très différemment par les conditions du milieu, ne se manifesteront pas de façon équivalente ou parallèle dans l'organisme vivant, parce que, peut-on dire encore, il y a en fait des sucs gastriques fortement peptonisants et faiblement caséifiants et des sucs gastriques faiblement peptonisants et fortement caséifiants.

Quand nous aurons dit que le labferment possède la propriété de caséifier le lait en milieu neutre, acide, ou légèrement alcalin; — qu'il n'agit pas aux températures inférieures à 20°, possède un maximum d'action vers 40°, est détruit à 60°-70°; — que son action est favorisée par les sels alcalino-terreux solubles, ou surtout par les acides dilués ajoutés en petite quantité, et retardée ou annihilée, suivant la dose, par les alcalis, nous connaîtrons les principales propriétés de cette diastase.

Dans le chapitre sur le lait, nous avons étudié les produits résultant de l'action du labferment sur la caséine; nous avons montré que cette diastase n'est pas véritablement une diastase coagulante, mais bien une diastase dédoublante : s'il se forme un précipité, un caséum, *c'est un accident*, tenant à ce que l'un des produits du dédoublement de la caséine par le labferment est précipité dans les liqueurs contenant une faible proportion de sels de chaux; mais cette précipitation est absolument indépendante de la diastase.

La pepsine aussi se comporte, au moins à l'origine, comme une diastase dédoublante : dans les liqueurs de digestion peptique, on voit apparaître simultanément l'hétéroprotéose et la protoprotéose. Le mode d'action des deux diastases gastriques présente une certaine analogie. Il faut, par conséquent, considérer le *labferment* comme une *véritable diastase digestive*.

IV. — CONTENU GASTRIQUE

Les aliments introduits dans l'estomac, la salive déglutie pendant ou après le repas, le suc gastrique sécrété, se mélangent, pour former une masse semi-liquide, sous l'influence des mouvements de la paroi gastrique. Pendant les premiers instants du séjour des aliments dans l'estomac, la salive continue à agir, la réaction étant peu acide : la saccharification continue. Mais peu à peu, l'acidité gastrique augmentant, le rôle de salive est terminé, le rôle de la pepsine commence; les substances albumineuses sont peptonisées et dissoutes.

La masse alimentaire partiellement transformée par le suc gastrique s'appelle *chyme*.

Dans ce chyme, on peut reconnaître la présence de sucre réducteur, de dextrines, d'amidon non transformé ; on trouve des substances albumineuses non transformées, mélangées avec les protéoses résultant de leur transformation peptique ; — on trouve des masses de matières grasses, mises en liberté par suite de la dissolution du tissu conjonctif qui les englobait. Les fragments de viande crue non digérée sont gonflés ; les tendons et les cartilages sont aussi un peu gonflés ; les os sont ramollis.

Parfois, surtout lorsque l'acidité du suc gastrique n'est pas considérable, des fermentations microbiennes se développent dans la cavité gastrique : on voit apparaître l'acide lactique, l'acide butyrique, l'acide acétique et des gaz, qui sont essentiellement de l'azote et du gaz carbonique.

CHAPITRE XX

LE SUC PANCRÉATIQUE

Le suc pancréatique peut être obtenu par fistule du canal pancréatique, ou canal de Wirsung ; lorsque l'opération est faite extemporanément, sur le chien, on n'obtient souvent que quelques gouttes, tout au plus quelques centimètres cubes de suc ; — mais on peut établir des fistules permanentes fournissant en abondance du suc pancréatique pur. Les physiologistes ont établi que la sécrétion du suc pancréatique du chien est intermittente : elle se produit normalement quand le contenu acide de l'estomac se déverse dans le duodénum par le pylore entr'ouvert. Les acides du contenu gastrique agissant sur la muqueuse duodénale engendrent une substance, la sécrétine (voir chap. xxi, p. 360), qui, résorbée et entraînée par le sang jusqu'aux cellules pancréatiques, on provoque l'activité. La connaissance de ces faits permet d'obtenir à volonté de grandes quantités de suc pancréatique, chez le chien porteur d'une fistule pancréatique temporaire ou permanente : il suffit d'injecter dans le duodénum 20 à 30 centimètres cubes d'acide chlorhydrique à 1 p. 1 000, ou dans les veines 20 à 30 centimètres cubes d'une solution de sécrétine obtenue par macération de la muqueuse duodénale dans l'acide chlorhydrique à 4 p. 1 000 et neutralisation par la soude. On peut obtenir, chez les grands herbivores, pour lesquels la sécrétion pancréatique est ininterrompue, des litres de suc pancréatique par fistule du canal pancréatique.

Le suc pancréatique est un liquide clair, légèrement citrin, visqueux et filant, moussant par l'agitation. Sa réaction est légèrement alcaline. Il est éminemment putrescible.

Lorsqu'on veut étudier les propriétés diastasiques du suc pancréatique, on peut indistinctement avoir recours aux sucs pancréatiques naturels ou

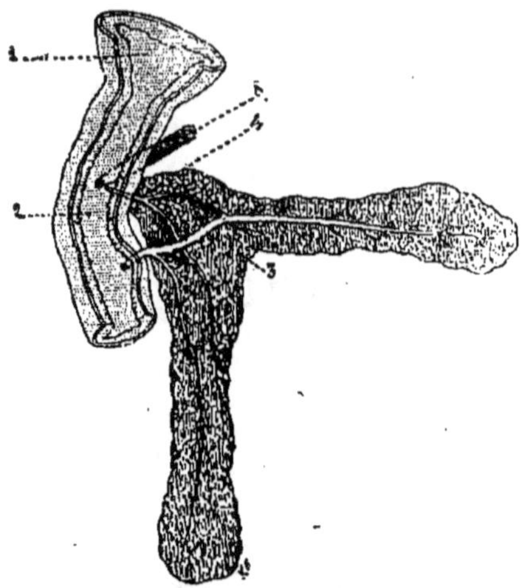

Fig. 107. — Pancréas du chien. — 1, pylore; 2, duodénum; 3, canal pancréatique principal; 4, canal pancréatique accessoire; 5, canal cholédoque.

aux macérations du tissu du pancréas. C'est là un fait général : les macérations des glandes possèdent les propriétés diastasiques des sucs sécrétés par les glandes; nous avons vu qu'on obtient des macérations de muqueuse gastrique douées des propriétés protéolytique et caséifiante du suc gastrique; de même, on obtient des macérations de pancréas douées des propriétés diastasiques du suc pancréatique.

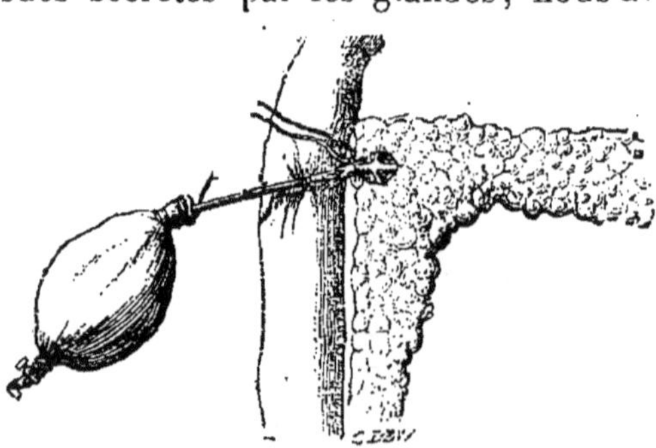

Fig. 108. — Fistule pancréatique temporaire chez le chien.

Ces *sucs pancréatiques artificiels* se peuvent préparer par macération du tissu pancréatique haché dans l'eau à froid. Le tissu pancréatique étant éminemment putrescible, comme le suc pancréatique lui-même, ces macérations doivent être faites, afin d'éviter la pullulation des micro-organismes, ou bien à température basse, voisine de 0°, ou bien en milieu saturé de chloroforme, ou bien en présence d'un agent antiseptique, qui, tel que le fluorure de sodium à 1 p. 100, ne détruit pas les diastases.

On se procurera donc des sucs pancréatiques artificiels, en faisant macérer le tissu pancréatique haché dans l'eau fortement refroidie, ou dans de l'eau chloroformée, ou dans une solution de fluorure de sodium à 1 p. 100 (ce dernier moyen étant de beaucoup le meilleur, puisqu'il permet d'obtenir des sucs pancréatiques fluorés, absolument imputrescibles).

Le suc pancréatique naturel renferme une proportion de matières minérales égale à 8 ou 10 p. 1 000. Les cendres du suc pancréatique contiennent essentiellement des sels d'alcalis et de terres alcalines, des chlorures, des phosphates et des carbonates.

Le suc pancréatique naturel renferme des substances albumineuses : porté à l'ébullition, il coagule en gros flocons, comme le blanc d'œuf; traité par l'alcool, il donne un abondant précipité floconneux; traité par les acides minéraux, il donne un précipité soluble dans un excès d'acide. Il présente avec une très grande netteté les réactions du biuret, xanthoprotéique, de Millon, c'est-à-dire les réactions colorées des substances albumineuses.

La composition chimique du suc pancréatique, qualitative ou quantitative, ne permettrait pas de le caractériser nettement. Mais il possède *trois propriétés diastasiques caractéristiques*.

Le suc pancréatique naturel possède la propriété de *saccharifier l'amidon et le glycogène*, de *saponifier les graisses neutres*, de *peptoniser* ou plus exactement d'*hydrolyser les substances albumineuses*.

Les macérations aqueuses de pancréas frais possèdent les mêmes propriétés diastasiques que le suc pancréatique naturel.

En traitant par la glycérine le tissu pancréatique frais, on obtient un extrait glycériné actif. Cet extrait glycériné, traité par l'alcool, donne un précipité : ce précipité, séparé par filtration, desséché à basse température et dissous dans l'eau, communique à cette eau la triple propriété pancréatique.

Le suc pancréatique naturel, les macérations aqueuses, les extraits glycériques et les solutions dérivées perdent leurs propriétés par l'ébullition. Par conséquent, la *triple propriété pancréatique* est une *triple propriété diastasique*, puisque les agents actifs sont solubles dans l'eau, solubles dans la glycérine, inso-

lubles dans l'alcool, et perdent toute activité à la température
d'ébullition.

Le suc pancréatique renferme donc trois diastases : une diastase
amylolytique ou *amylopsine*; une diastase saponifiante ou *stéapsine*; une diastase protéolytique ou *trypsine*. Il renferme *trois
diastases distinctes, et non pas une seule diastase*, capable
d'agir à la fois sur des hydrocarbones, sur des graisses et sur des
substances albumineuses, parce qu'il est possible d'obtenir, en
partant du pancréas ou du suc pancréatique, des liquides possédant une action sur l'un seulement de ces trois groupes de substances.

Ainsi, lorsqu'on fait une macération aqueuse de pancréas, l'eau
acquiert très rapidement le pouvoir amylolytique, très lentement
le pouvoir protéolytique ; par conséquent, une macération de pancréas de quelques heures à température basse possède le pouvoir
amylolytique, mais ne possède pas de pouvoir protéolytique; si,
au contraire, on fait macérer le pancréas pendant longtemps, en
renouvelant plusieurs fois l'eau de macération, on obtient finalement des liqueurs douées d'un pouvoir protéolytique très net,
mais absolument dépourvues de pouvoir amylolytique.

Enfin, le suc pancréatique recueilli au moyen d'une canule
placée dans le canal de Wirsung, non souillé, par conséquent, par
les liquides intestinaux, possède les pouvoirs amylolytique et saponifiant, mais n'a aucune activité protéolytique, au moins sur
l'ovalbumine coagulée.

I. — AMYLOPSINE, OU DIASTASE AMYLOLYTIQUE

Lorsqu'on ajoute à quelques centimètres cubes d'une solution
d'empois d'amidon, à une température de 40°, une goutte de suc
pancréatique naturel, obtenu par fistule du canal de Wirsung, on
obtient une transformation presque instantanée de l'empois d'amidon : en quelques secondes, la liqueur, qui était opalescente,
devient claire; elle ne se colore plus en bleu par l'iode; elle
réduit la liqueur de Fehling : elle ne contient plus d'amidon, elle
contient des dextrines et un sucre réducteur et fermentescible.

Les macérations pancréatiques possèdent la même propriété
amylolytique que le suc pancréatique naturel : la transformation
de l'empois d'amidon est toutefois infiniment moins rapide.

Les transformations que subit l'empois d'amidon sous l'influence du ferment amylolytique du pancréas sont exactement celles qu'il subit sous l'influence du ferment amylolytique de la salive, ou du ferment amylolytique de l'orge germée. L'amidon est transformé en dextrines et en maltose. — Nous renvoyons à l'étude que nous avons faite du ferment amylolytique de la salive (chap. XVIII, p. 309) pour la description des produits de transformation de l'amidon par cette diastase, et pour la détermination de l'ordre d'apparition et de succession de ces produits.

Le glycogène est transformé par la diastase amylolytique du pancréas comme l'amidon : les produits de transformation sont les mêmes : dextrines et maltose.

II. — STÉAPSINE, OU DIASTASE SAPONIFIANTE

Le suc pancréatique exerce sur les matières grasses neutres une double action : 1° une action *chimique* : il les *saponifie*; — 2° une action *physique* ; il les *émulsionne*.

Nous avons, en étudiant les graisses neutres, indiqué la constitution de ces substances; nous avons dit que, sous l'influence de certains agents, elles peuvent se dédoubler en acides gras et en glycérine; nous avons dit que, lorsque ce dédoublement se fait sous l'influence d'un alcali, l'acide gras mis en liberté se combine avec l'alcali pour former un sel d'acide gras, un savon. Nous avons appelé cette décomposition des graisses neutres par les alcalis caustiques, avec production de savons, une saponification, et nous avons appliqué ce mot *saponification*, par extension, au dédoublement des graisses neutres en acides gras et glycérine.

Le suc pancréatique naturel, certaines macérations de pancréas (notamment celles obtenues en faisant macérer le pancréas dans une solution de carbonate et de bicarbonate de potasse) et les extraits glycériques de pancréas possèdent la propriété de saponifier les matières grasses neutres. Ces matières sont dédoublées en glycérine et en acides gras, et ces derniers, en présence des carbonates alcalins contenus dans le suc pancréatique (et aussi des carbonates alcalins contenus dans le suc intestinal), donnent des savons alcalins.

Mais nous devons faire remarquer que la saponification des matières grasses par le suc pancréatique est, dans l'organisme, comme hors de l'organisme, une saponification partielle : une petite quantité seulement de la matière grasse est décomposée. La formation de savons est également peu considérable. De sorte que, si l'on fait agir du suc pancréatique sur une matière grasse neutre, on obtient une masse qui contient encore beaucoup de graisses neutres non transformées et une petite quantité de savons d'alcalis, d'acides gras libres et de glycérine.

Nous avions étudié précédemment les graisses phosphorées, les *lécithines*, dans la constitution desquelles entrent la glycérine, des acides gras, l'acide phosphorique et une base azotée, la choline. Sous l'influence du suc pancréatique, ces lécithines sont saponifiées : elles sont décomposées en acide phospho-glycérique, choline et acides gras libres.

Enfin, le suc pancréatique possède la propriété de *dédoubler*, par sa diastase stéapsine, *un certain nombre d'éthers* : il dédouble la tribenzoïcine ou éther tribenzoïque de la glycérine ; il dédouble le succinate de phényle en phénol et acide succinique ; il dédouble le salol en acide salicylique et phénol. Ces dédoublements d'éthers n'ont pas grand intérêt physiologique ; nous les signalons cependant pour montrer que le pouvoir saponifiant du suc pancréatique n'est qu'un cas particulier d'une propriété plus générale : propriété de dédoubler les éthers en leurs constituants, acide et alcool [1].

En étudiant les matières grasses, nous avons dit ce qu'est une *émulsion* ; nous avons indiqué quelques-unes des conditions qui favorisent la *stabilité* des *émulsions* ; nous avons dit notamment qu'une émulsion obtenue par agitation d'une huile avec un liquide alcalin, est une émulsion stable, ou tout au moins plus stable que l'émulsion obtenue par agitation de la même huile avec de l'eau. Nous avons dit qu'une huile tenant en solution des acides gras libres donne des émulsions très stables ; nous avons dit enfin que les savons favorisent l'émulsion des graisses.

Or le suc pancréatique est visqueux, il est alcalin ; il transforme une partie des matières grasses avec lesquelles il est en contact en

---

1. On tend aujourd'hui à admettre que le suc pancréatique dédouble tous les éthers : qu'il s'agisse des éthers de la glycérine, du glycol, de l'alcool ou des alcools aromatiques, qu'il s'agisse des éthers gras saturés ou non saturés, normaux ou iso, hydroxylés ou cétoniques, qu'il s'agisse d'éthers solubles ou insolubles dans l'eau, liquides ou solides, le suc pancréatique les dédouble tous.

On avait proposé de distinguer dans le suc pancréatique 3 stéapsines distinctes : une éthérase agissant sur les éthers ordinaires, une lipase agissant sur les graisses dérivées de la glycérine, une phénolase agissant sur les éthers phénoliques ; mais rien ne prouve actuellement, que cette conception soit exacte.

acides gras libres, en savons d'alcalis et en glycérine. Il possède donc des propriétés qui le rendent éminemment propre à rendre stables les émulsions de matières grasses.

Le suc pancréatique, par sa *viscosité* naturelle, par sa *réaction* et par *son action chimique sur les graisses neutres*, est un suc *émulsif*.

III. — TRYPSINE OU DIASTASE PROTÉOLYTIQUE

Le suc pancréatique naturel, obtenu par fistule du canal de Wirsung, ne possède en général pas d'activité protéolytique, au moins sur l'ovalbumine coagulée, sur le tissu musculaire et sur les albumines du sérum, mais il en acquiert une très énergique quand on le mélange avec du suc intestinal ou avec une macération aqueuse intestinale. On dit que le suc pancréatique pur, tel qu'il existe dans les canaux pancréatiques, ne contient pas de *trypsine*, mais seulement une *protrypsine* ou *trypsinogène*, transformable en trypsine par l'entérokinase du suc intestinal ou de la muqueuse intestinale.

D'autre part, nous avons indiqué précédemment quelques-uns des procédés employés pour préparer des liqueurs tryptiques.

En voici un qui fournit des liqueurs extrêmement actives :

Le tissu pancréatique haché, épuisé par l'alcool pendant plusieurs semaines, puis par l'éther, desséché dans le vide à basse température et broyé, est mis à macérer pendant quelques heures à 40° dans une solution à 1 p. 1 000 d'acide salicylique thymolisé (pour éviter le développement des microorganismes). Le tissu, séparé de l'extrait salicylique, est mis à macérer quelques heures à 40° dans une solution à 5 p. 1 000 de carbonate de soude thymolisée. Les deux solutions, salicylique et carbonatée, sont réunies, et leur mélange constitue un suc pancréatique artificiel, doué d'un pouvoir protéolytique extrêmement énergique [1].

Le suc pancréatique naturel, nous l'avons dit, contient des substances albumineuses ; les extraits pancréatiques contiennent les produits de digestion pancréatique du tissu pancréatique lui-même. Si l'on veut étudier les transformations d'une substance albumineuse par la trypsine, il faut préparer cette diastase aussi

1. On peut substituer avantageusement le fluorure de sodium au thymol. On fluorure les liqueurs à 1 p. 100.

pure que possible, c'est-à-dire il faut préparer des liqueurs débarrassées de substances albumineuses ou de produits de transformation pancréatique de ces substances albumineuses. On a pu réaliser cette transformation par des procédés variés, qu'il est inutile de décrire ici.

L'action protéolytique du suc pancréatique naturel ou artificiel ou des solutions de trypsine s'accomplit surtout bien au voisinage de 40°. Elle s'accomplit en milieu neutre, très légèrement acide, ou alcalin : la réaction alcaline (notamment 1/2 p. 100 de carbonate de soude) est surtout favorable. La réaction acide est au contraire peu favorable; l'action de la trypsine ne s'exerce plus en présence de 2 p. 1 000 d'acide chlorhydrique.

Soumises à l'action du suc pancréatique, ou des liqueurs tryptiques, les substances albumineuses sont transformées en *protéoses*. Supposons qu'on fasse agir sur la fibrine, à une température de 40°, une solution de trypsine : la fibrine est dissoute. La liqueur contient des protéoses. Comme dans le cas de la digestion peptique, la liqueur contient d'abord surtout des protéoses primaires (protoprotéose et hétéroprotéose) et très peu de deutéroprotéose et de peptone. Comme dans le cas de la digestion peptique, par action prolongée de la diastase, les protéoses primaires se transforment en protéose secondaire et celle-ci en peptone.

Mais l'action de la trypsine sur les substances albumineuses est plus énergique que l'action de la pepsine : le terme ultime des transformations produites par la pepsine est la peptone; la peptone n'est pas le terme ultime des transformations produites par la trypsine. Si l'on fait agir la trypsine pendant un temps suffisant, on voit apparaître dans la liqueur des masses blanchâtres, qui, examinées au microscope, se montrent constituées de très nombreuses et très fines aiguilles cristallines groupées en faisceaux : ces aiguilles cristallines sont de la *tyrosine*; — lorsqu'on évapore la liqueur de digestion tryptique dans laquelle commencent à se déposer les cristaux de tyrosine, on voit se former de nouveaux dépôts de tyrosine, et aussi des dépôts constitués par des masses noduleuses de *leucine*.

Enfin on peut, dans la liqueur, manifester soit par des réactions colorées, soit par des manipulations chimiques convenables, la présence de divers amino-acides, *tryptophane*, cystine, etc.

La leucine, la tyrosine, le tryptophane, la cystine, etc., ne sont plus des substances albumineuses : ils ne présentent plus les réactions colorées des substances albumineuses, ou plus exactement, ils ne présentent plus toutes les réactions colorées des substances albumineuses; ils ne présentent plus les réactions de précipitation des substances albumineuses : ils ne sont plus des substances colloïdes comme les substances albumineuses. Ce sont des *amino-acides*, dont la composition et la constitution chimiques ont été établies, dont la synthèse chimique a été réalisée. La leucine est un acide aminocaproïque : $C^5H^{10}N^2COOH$; la tyrosine est un acide oxyphénylaminopropionique : $HO\text{-}C^6H^4\text{-}C^2H^3NH^2\text{-}COOH$; le tryptophane est un acide indolaminopropionique, etc.

A côté de la leucine et de la tyrosine, on a trouvé, dans les produits de la digestion tryptique, d'autres amino-acides, tels que l'acide aspartique (acide aminosuccinique $(CO^2H)CH(NH^2)\text{-}CH^2\text{-}CO^2H$), l'acide glutamique (acide aminoglutarique $CO^2H\text{-}CH(NH^2)\text{-}CH^2\text{-}CH^2\text{-}CO^2H$), etc. (Voy. chap. IV, p. 76)[1].

Ces substances, amino-acides, dont nous avons signalé la production dans la décomposition des substances albumineuses par les agents d'hydratation, constituent le groupe des *produits abiurétiques* de la digestion pancréatique, qui ne fournissent pas la réaction du biuret, tandis que les protéoses et peptones, qui donnent la réaction du biuret, forment le groupe des *produits biurétiques*.

Les peptones ne se transforment d'ailleurs pas immédiatement en acides-aminés. Dans les liqueurs de digestion tryptique, on peut en effet manifester la présence de produits qui présentent avec les polypeptides les plus nombreuses et les plus frappantes analogies. On peut donc admettre que dans la protéolyse tryptique, il y a un stade polypeptide précédant le stade acide-aminé.

Supposons qu'on ait épuisé l'action de la trypsine sur une substance albumineuse, c'est-à-dire qu'on ait fait agir la diastase jusqu'à ce qu'il ne se produise plus de transformation dans la liqueur. Examinons alors la constitution de cette liqueur. Nous y trouvons de la peptone, des polypeptides et des amino-acides. Séparons cette peptone de la liqueur, redissolvons-la dans l'eau et traitons-la de nouveau par la trypsine, nous ne constatons pas de modifications. D'où cette conclusion :

Sous l'influence de la trypsine, les substances albumineuses

---

1. En faisant agir une solution de trypsine sur les protamines, on obtient d'abord des protones, analogues aux protéoses, puis des bases hexoniques, arginine, lysine, histidine.

sont transformées en protéoses primaires, celle-ci en protéose secondaire, la protéose secondaire en peptone et enfin la peptone est transformée, mais seulement partiellement transformée, en amino-acides (leucine, tyrosine, etc.). La peptone pancréatique, formée aux dépens de la deutéroprotéose, n'est donc pas une substance unique, puisqu'une partie seulement est transformée en amino-acides : c'est une *amphopeptone*. Cette amphopeptone se comporte vis-à-vis du suc pancréatique comme si elle était formée d'un mélange de deux peptones, l'une transformable par le suc pancréatique en amino-acides, l'autre inattaquable [1] par ce suc. La peptone inattaquée par le suc pancréatique, celle qu'on peut retirer des liquides de digestion tryptique prolongée, a reçu le nom d'*antipeptone*. La peptone transformable par le suc pancréatique a reçu le nom d'*hémipeptone*.

L'amphopeptone est-elle une substance chimiquement définie? Ou bien est-elle un mélange d'hémipeptone et d'antipeptone? Nous n'en savons rien. Le suc pancréatique agissant sur l'amphopeptone la dédouble-t-il en hémipeptone et antipeptone, ou bien en antipeptone, polypeptides et amino acides? Nous n'en savons rien.

La peptone obtenue par l'action de la pepsine sur les substances albumineuses est une amphopeptone, parce que, si l'on fait agir sur cette substance la trypsine, on obtient des polypeptides, des amino-acides et de l'antipeptone.

Nous dirons donc que le *terme ultime des transformations peptiques* des substances albumineuses est l'*amphopeptone* et que les *termes ultimes des transformations tryptiques* de ces mêmes substances sont l'*antipeptone* et des *amino-acides*. — La pepsine ne parvient pas à transformer les substances albumineuses en quelque substance n'appartenant plus au groupe albumineux; la trypsine transforme partiellement les substances albumineuses en substances qui ne sont plus albumineuses. — La pepsine ne produit que des substances biurétiques; la trypsine produit des substances biurétiques, puis des substances abiurétiques.

La digestion peptique ne fournissant pas de tyrosine, la digestion tryptique en fournissant, on peut distinguer les produits de

---

1. Plusieurs auteurs tendent à admettre que l'antipeptone n'est pas absolument inattaquable par le suc pancréatique; elle serait simplement très difficilement, très péniblement attaquable par le suc pancréatique. Peu importe; ce qu'il faut retenir, c'est que les peptones dérivant de la protéolyse peptique ou tryptique constituent deux groupes nettement distincts de par leur différence de résistance à la trypsine.

l'une et de l'autre digestion par l'emploi d'une diastase, la *tyrosinase*, qui existe dans les extraits de divers champignons, notamment des russula et des lactaria. Sous l'influence de cette diastase, la tyrosine noircit. Si donc, en traitant les produits d'une digestion par la tyrosinase (macération aqueuse ou glycérinée de russules, par exemple), on détermine un noircissement de la liqueur, on peut admettre que ces produits contiennent de la tyrosine, provenant d'une digestion tryptique [1].

La trypsine peut agir sur la gélatine, la transformer en *gélatoses*, en *gélatinepeptone* et en *amino-acides* (*leucine, glycocolle*, etc.). Cette production de glycocolle (acide amino-acétique CH^2NH^2COOH) aux dépens de la gélatine [2] est à noter, car nous retrouvons dans les sucs organiques le glycocolle sous deux formes : l'acide glycocholique dans la bile (résultant de la combinaison de l'acide cholalique et du glycocolle) et l'acide hippurique dans l'urine (résultant de la combinaison de l'acide benzoïque et du glycocolle).

Sous l'influence de la trypsine, les nucléoprotéides sont dédoublées en substances albumineuses et en nucléines ; les nucléines sont dédoublées en substances albumineuses et en acides nucléiques. Il est vraisemblable que les acides nucléiques eux-mêmes sont modifiés par la trypsine, mais ils ne sont pas décomposés par elle en leurs constituants élémentaires, bases xanthiques, bases pyrimidiques, etc.

Notons enfin ce fait intéressant que la trypsine pancréatique agit sur les polypeptides naturels et sur quelques polypeptides de synthèse pour les dédoubler en amino-acides.

Une liqueur protéolytique doit-elle cette propriété à la présence de pepsine ou de trypsine ? C'est une question facile à résoudre. — Si la liqueur dissout en milieu acide les substances albumineuses coagulées ; si elle ne les attaque pas en milieu neutre ou alcalin ;

---

1. On a avantage à préparer un extrait glycériné de russules, qu'on peut conserver pendant longtemps. A cet effet, on hache 250 grammes de russules, on les fait macérer quelques heures dans 750 grammes de glycérine et on sépare la glycérine par passage sur linge fin.

Sous l'influence de la tyrosinase, la tyrosine ou ses solutions se colorent successivement en rose, rouge grenat, rouge acajou et brun ; si alors on ajoute à la liqueur des sels d'alcalis ou de terres alcalines, notamment du sulfate de magnésie, la coloration passe au noir d'encre, et la matière noire se précipite, laissant la liqueur décolorée.

2. Il se forme d'ailleurs du glycocolle dans la protéolyse de protéines autres que la gélatine (voir chap. IV, p. 76) mais c'est la gélatine qui fournit la plus grande quantité de glycocolle.

si, parmi les produits de transformation, on ne trouve que des produits biurétiques, et pas de produits abiurétiques, en particulier pas de tyrosine (reconnaissable à la forme de ses cristaux, finés aiguilles biréfringentes groupées en faisceaux typiques, et à la coloration noire qu'elle donne sous l'action de la tyrosinase), la liqueur contient de la pepsine. — Si la liqueur dissout les substances albumineuses coagulées en milieu alcalin, neutre ou très faiblement acide (avec une activité maxima en milieu alcalinisé à 5 p. 1 000 de carbonate de soude), si elle ne les attaque pas en milieu franchement acide (4 p. 1 000 d'acide chlorhydrique, par exemple); si, parmi les produits de transformation, on trouve des substances abiurétiques, amino-acides et en particulier de la tyrosine, la liqueur contient de la trypsine.

On a trouvé dans les végétaux un certain nombre de diastases protéolytiques, dont les mieux connues sont : la *papaïne* ou *papayotine*, qu'on peut retirer du carica papaya, et la *broméline*, qu'on peut retirer du fruit de l'ananassa sativa. Que sont ces diastases? Sont-elles pepsine ou trypsine, sont-elles différentes de la pepsine et de la trypsine? — La papaïne n'est pas une pepsine, car elle produit la protéolyse en milieu neutre et en milieu alcalin, comme en milieu acide; la papaïne n'est pas une trypsine, car elle ne conduit la protéolyse qu'au stade protéose-peptone, sans engendrer de leucine, tyrosine et autres amino-acides. Par les conditions de son activité, elle se rapproche de la trypsine; par les produits de son activité, elle se rapproche de la pepsine. La papaïne est donc une diastase distincte de la pepsine et de la trypsine. L'étude de la broméline est moins avancée: on peut seulement dire qu'elle diffère de la papaïne en ce qu'elle peut engendrer leucine et tyrosine.

Pour comparer l'activité tryptique de plusieurs sucs pancréatiques naturels ou artificiels, on a recours à diverses méthodes calquées sur celles que nous avons précédemment indiquées à propos des sucs gastriques (Voy. chap. XIX, p. 332).

Nous nous bornerons à ce sujet aux quelques indications complémentaires suivantes.

Dans tous les essais d'activité peptique, on opère en milieux fortement acides, par conséquent aseptiques, du fait de cette acidité. Dans les essais d'activité tryptique, les milieux étant alcalins, neutres ou faiblement acides, sont essentiellement septiques, et les transformations observées sont le fait de l'intervention des microbes autant que de la trypsine, si on ne les élimine pas. En général, on élimine l'action des microbes en saturant les liquides de chloroforme ; — ou mieux encore en dissolvant dans les liqueurs

1 p. 100 de fluorure de sodium. Donc tous les essais seront faits en milieux chloroformés ou mieux fluorés à 1 p. 100 (on ajoute aux liqueurs un tiers de leur volume d'une solution de fluorure de sodium à 4 p. 100).

Les déterminations au moyen de la fibrine ou des cubes d'albumine se pratiquent comme pour la pepsine.

Les déterminations par la méthode de Mette se pratiquent comme pour la pepsine ; — mais on peut aussi substituer aux cylindres d'albumine, dont la dissolution ne se fait que lentement, des cylindres de gélatine qui se peptonisent beaucoup plus rapidement. On introduit dans les tubes de Mette une solution de gélatine à 10 ou 20 p. 100, colorée par quelques gouttes de violet de méthyle, dans l'eau fluorée à 1 p. 100, maintenue à 40°; on la laisse s'y gélifier par refroidissement ; on fractionne le tube en segments d'égale longueur, et on fait agir les liqueurs tryptiques à une température inférieure à la température de liquéfaction de la gélatine.

Les déterminations par la méthode colorimétrique se font avec de la fibrine teinte par le rouge de Magdala, au lieu d'être teintes par le carmin ; elles se font d'ailleurs comme pour la pepsine.

— Le tissu pancréatique ne contient pas de trypsine, mais un proferment, capable de se transformer en trypsine dans diverses circonstances et sous diverses influences.

Ce *trypsinogène* est soluble dans la glycérine et peut être extrait du tissu pancréatique par ce liquide, sans se transformer en trypsine. Il est transformé en trypsine par l'action de l'oxygène de l'air, des acides très dilués (par exemple, acide salicylique à 1 p. 1 000), de l'entérokinase du suc intestinal (Voy. chap. XXI, p. 359), etc.

Il est aujourd'hui établi de façon certaine que la trypsine pancréatique telle que nous l'avons étudiée n'est pas une unique diastase, mais bien une diastase double, un mélange de deux diastases, l'une et l'autre protéolytiques d'ailleurs, mais n'agissant pas sur les mêmes subtances protéiques et ne dérivant pas d'une même origine.

Le suc pancréatique pur, tel qu'il s'écoule d'une fistule du canal de Wirsung, n'agit ni sur l'ovalbumine coagulée, ni sur les albumines du sérum, ni sur les albumines de la viande ; il ne contient donc pas de trypsine ; il renferme seulement une protrypsine transformable en trypsine sous l'influence de l'entérokinase intestinale.

Mais ce même suc pancréatique pur agit sur la fibrine crue, sur la gélatine, sur la caséine, sur les alcalialbumines, sur les acidalbumines, sur les protéoses, pour les hydrolyser : il renferme donc une diastase protéolytique capable d'agir sans être préalablement activée par les liquides intestinaux. On dit que cette diastase est une érepsine, non pas certes que cette diastase soit la même que celle qu'on trouve dans le suc intestinal, mais parce que, ainsi que celle-ci, elle n'agit pas sur la plupart des albumines naturelles et agit sur la caséine et sur les protéoses.

L'étude qui a été présentée ci-dessus du mode d'action de la trypsine sur les protéines devrait assurément être reprise, et il importerait de distinguer ce qui dans les transformations observées est dû à l'action de la trypsine vraie et ce qui est dû à l'action de l'érepsine pancréatique. Mais actuellement cette étude n'est pas faite.

Nous noterons seulement les faits suivants : — Si l'on fait agir sur des cubes d'ovalbumine coagulée le suc pancréatique pur, non activé, il ne se produit absolument aucune protéolyse ; il s'en produit une au contraire, et une énergique, quand ce suc a été activé par l'entérokinase. Selon qu'on a fait intervenir l'entérokinase, ou qu'on ne l'a pas fait intervenir, c'est *tout ou rien*.

Si l'on fait agir sur des masses filamenteuses de fibrine crue le suc pancréatique pur, non activé, il se produit une protéolyse ; si on fait agir sur la même fibrine le suc pancréatique activé par l'entérokinase intestinale, il se produit une protéolyse plus rapide que précédemment. Mais ici, selon qu'on a activé ou non le suc pancréatique, il ne s'agit plus de tout ou de rien ; il s'agit simplement *de plus ou de moins*. Avant activation, la fibrine était protéolysée par la seule érepsine pancréatique ; après activation, elle est protéolysée à la fois par l'érepsine et par la trypsine.

A cette conclusion sans doute, on pourrait objecter qu'il n'est pas nécessaire d'imaginer deux diastases distinctes pour rendre compte des faits observés. Ne serait-il pas beaucoup plus simple d'admettre que le trypsinogène inactif sur l'ovalbumine coagulée est actif sur la fibrine et sur les protéoses, son activité toutefois étant moindre que celle de la trypsine sur ces mêmes substances?

— Non, il faut admettre l'existence de deux diastases distinctes et indépendantes l'une de l'autre, et voici pourquoi. Le suc pancréatique pur contient de la protrypsine, puisque, activé par l'entérokinase intestinale, il peut digérer l'ovalbumine coagulée ; le même suc pancréatique pur dialysé longuement en présence d'eau distillée ne contient plus de protrypsine, car l'addition d'entérokinase ne le rend plus actif sur l'ovalbumine coagulée. Mais, après comme avant cette dialyse, ce suc agit sur la fibrine, la caséine et les protéoses. Il doit donc cette activité à un agent qui n'est pas la protrypsine.

Quel est le rôle respectif de la trypsine et de l'érepsine pancréatiques dans la protéolyse pancréatique ? Nous ne le savons pas encore. La trypsine pousse-t-elle la destruction protéique jusqu'au stade acide-aminé ou simplement jusqu'au stade peptone, les transformations en produits abiurétiques étant dues à l'action de l'érepsine ; c'est possible, mais nous ne le savons pas actuellement.

Quoiqu'il en soit, l'érepsine pancréatique n'est pas équivalente à l'érepsine intestinale — et il est regrettable dès lors qu'on lui ait donné le même nom érepsine — parce que l'érepsine pancréatique n'attaque pas l'antipeptone, tandis que l'érepsine intestinale la transforme en acides-aminés.

L'érepsine pancréatique représente un très intéressant chaînon de la chaîne des diastases protéolytiques, pepsine, trypsine, érepsine pancréatique, érepsine intestinale. La pepsine agit sur toutes les albumines naturelles (très faiblement pourtant sur la caséine) et les transforme, pour la majeure part en protéoses, pour une faible part en peptones. La trypsine agit sur toutes les albumines naturelles, y compris la caséine, et les transforme en peptones (et peut-être en acides-aminés pour une part). L'érepsine pancréatique n'agit pas sur toutes les albumines naturelles, mais elle en attaque cependant plusieurs, notamment la caséine et la fibrine crue et elle les transforme en protéoses et celles-ci en amino-acides, mais son action sur les peptones est limitée puisqu'elle ne transforme pas l'antipeptone. L'érepsine intestinale enfin n'agit plus, parmi les albumines naturelles, que sur la caséine ; mais elle agit sur toutes les protéoses, sur toutes les peptones (et polypeptides) et les transforme toutes et intégralement en acides-aminés. (Voy. p. 356.)

CHAPITRE XXI

LE SUC INTESTINAL
ET LA MUQUEUSE INTESTINALE

SOMMAIRE. — I. SUC INTESTINAL et muqueuse intestinale.
L'invertine; — la maltase; la lactase; — l'érepsine.
L'entérokinase; — la prosécrétine et la sécrétine.
II. CONTENU INTESTINAL.

I. — SUC INTESTINAL ET MUQUEUSE INTESTINALE

Le suc intestinal, sécrété par les innombrables glandes contenues dans la paroi de l'intestin, ne peut être obtenu pur qu'avec difficulté. Dans la cavité intestinale, en effet, viennent constamment se déverser, outre le suc intestinal, la bile, le suc pancréatique et les aliments partiellement digérés par le suc gastrique. Pour obtenir le suc intestinal pur, il faut réséquer une anse d'intestin, en respectant le mésentère qui lui amène ses vaisseaux et ses nerfs, aboucher ses extrémités à la peau et rétablir par une suture la continuité intestinale, pour assurer la vie de l'animal (fistules de Thiry et de Vella). L'anse réséquée fournit un liquide clair, qu'on peut recueillir et étudier : c'est du suc intestinal pur.

La composition chimique du suc intestinal n'offre aucune particularité intéressante : c'est un liquide alcalin (son alcalinité correspond à 4 à 5 p. 1000 de carbonate de soude), contenant en solution des matières protéiques abondantes (8 p. 1000 env.) et des matières salines, notamment des carbonates alcalins, des chlorures, des phosphates et quelques substances organiques.

Les études sur le suc intestinal pur ne remontent qu'à quelques années; aussi le plus grand nombre des résultats acquis a-t-il été obtenu avec des macérations de muqueuse intestinale. C'est pour cette raison que nous allons rechercher les diastases intestinales soit dans le suc pur, soit dans les macérations de muqueuses.

Le suc intestinal et la muqueuse intestinale contiennent une diastase capable de dédoubler la saccharose en glycose et lévulose, une *invertine*.

L'invertine a la propriété de transformer la saccharose, avec fixation d'eau, en sucre interverti, constitué, nous l'avons dit en étudiant les sucres, par un mélange à poids égaux de glycose et de

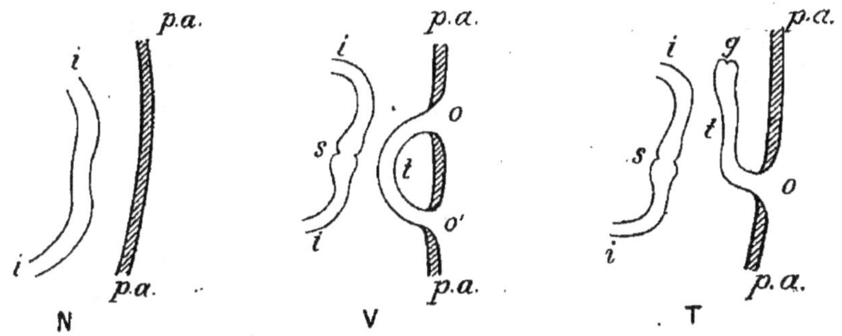

Fig. 109. — Schéma des opérations pratiquées pour obtenir le suc intestinal pur. — N, animal normal : *p.a.*, paroi abdominale ; *i.i.*, anse intestinale. — V. Fistule de Vella ; *p.a.*, paroi abdominale ; *i.i.*, intestin suturé en *s* ; *t*, anse réséquée abouchée à la peau en *O* et *O'*. — T. Fistule de Thiry : *p.a.*, paroi abdominale ; *i.i.*, intestin suturé en *s* ; *t*, anse réséquée, fermée par une suture en *g*, abouchée à la peau en *O*.

lévulose : l'invertine intestinale est identique à l'invertine qu'on trouve dans les liquides où se développe la levure de bière : la première phase de la fermentation alcoolique de la saccharose consiste, on le sait, en une interversion de ce sucre.

Les macérations intestinales contiennent une seconde diastase, capable de dédoubler la maltose en deux molécules de glycose, une *maltase*. Cette maltase n'est pas d'ailleurs spécifique de la muqueuse intestinale ; on la retrouve dans divers autres tissus de l'organisme, mais elle est partout beaucoup moins abondante que dans la muqueuse intestinale : les macérations intestinales transforment plus énergiquement la maltose en glycose que les macérations hépatiques et pancréatiques par exemple.

Les physiologistes ont établi que la lactose du lait doit subir un dédoublement pour être assimilée, et ils ont recherché dans les divers sucs digestifs la présence d'une *lactase*, capable de dédoubler la lactose en glycose et galactose. Cette diastase n'existe ni dans la salive, ni dans le suc gastrique, ni dans la bile, ni dans le suc pancréatique : elle devrait exister dans le suc intestinal. Or si la lactase a été signalée parfois dans le contenu intestinal de certains animaux et notamment des mammifères jeunes nourris de lait, elle ne paraît pas être un constituant constant du suc intestinal. Le suc intestinal pur obtenu par fistule intestinale de Thiry ou de Vella ne contient pas de lactase. La macération aqueuse aseptique (fluorée à 1 p. 100) de muqueuse intestinale, débarrassée par une vigoureuse centrifugation de tous les éléments cellulaires en suspension ne contient pas de lactase. Mais si, à une macération fluorée à 1 p. 100 de muqueuse intestinale, contenant le hachis de muqueuse, on ajoute, une solution de lactose, on constate qu'il se produit une hydrolyse de la lactose à 40°, mais avec une certaine lenteur. — Pour mettre en évidence la transformation de la lactose, on jette sur un filtre, on coagule les substances protéiques par la chaleur, et on transforme les sucres du filtrat en osazones par l'action de l'acétate de phénylhydrazine au bain-marie bouillant. Après refroidissement, on recueille les osazones sur un filtre et on les caractérise facilement : la lactosazone étant soluble dans l'eau bouillante et dans l'acétone étendue de son volume d'eau, la glycosazone et la galactosazone étant insolubles dans ces dissolvants. — La lactase intestinale est donc vraisemblablement une diastase endocellulaire, localisée dans les cellules ou dans certaines cellules de la muqueuse intestinale.

Quelques auteurs décrivent une diastase amylolytique du suc intestinal, capable de saccharifier l'amidon, comme la diastase amylolytique de la salive. — Tous les tissus et tous les liquides organiques, le muscle, le sang, la lymphe, les transsudats, etc., possèdent un pouvoir amylolytique faible, mais facile à mettre en évidence. Il en est de même des macérations de muqueuse intestinale. Nous ne croyons donc pas qu'il convienne de décrire une diastase amylolytique intestinale. Deux liquides organiques seulement possèdent un pouvoir amylolytique énergique et spécifique, la salive et surtout le suc pancréatique.

Le suc intestinal et les macérations intestinales ne contiennent pas de diastases protéolytiques analogues à la pepsine ou à la trypsine, c'est-à-dire capables de peptoniser les substances albumineuses naturelles ; mais ils contiennent une diastase, l'*érepsine*, capable d'agir sur les protéoses pour les transformer en produits abiurétiques (Voy. p. 347).

On prépare une macération de muqueuse intestinale de chien ou de chat dans l'eau salée à 7 p. 1000, ou dans du sang dilué au moyen d'eau salée à 7 p. 1000, ou dans du liquide de Ringer (Eau 1000; NaCl 8,5; CO_3NaH 0,2; $CaCl_2$ 0,1; KCl 0,075). A cette macération antiseptisée au moyen de toluol ou de thymol, on ajoute soit de la peptone commerciale, soit des protéoses purifiées, et on abandonne le mélange pendant quelques heures à 40°. On porte à l'ébullition pour coaguler les substances albumineuses coagulables et on jette sur un filtre: le filtrat ne donne plus la réaction du biuret, il ne contient donc plus de protéoses : les protéoses ont été transformées en produits abiurétiques. La liqueur précipite d'ailleurs encore par l'acide phosphomolybdique comme les solutions primitives de protéoses; mais le précipité produit n'est plus amorphe, il est cristallin. Enfin, si on dose l'azote total contenu dans la liqueur, on le trouve égal à l'azote contenu dans les protéoses employées. Donc, sous l'influence d'une substance contenue daus la macération intestinale, les protéoses ont été transformées en produits abiurétiques.

Les macérations intestinales bouillies perdent leur action sur les protéoses. On est donc conduit à admettre que cette action est une action diastasique; la diastase dont il s'agit a été appelée *érepsine*.

L'érepsine agit sur les protéoses en milieu neutre et aussi, mais moins énergiquement, en milieu faiblement alcalin; elle n'agit pas en milieu acide. Elle est détruite à la température d'ébullition; elle est d'ailleurs déjà partiellement détruite par un chauffage prolongé à 65°. Elle est altérée par l'alcool. On peut la précipiter des macérations intestinales qui la contiennent par le sulfate d'ammoniaque dissous à 3/4 de saturation (60 p. 100), et ceci permet de la séparer de la presque totalité des substances protéiques qui l'accompagnent dans la macération intestinale. A cet effet, on ajoute à cette macération du sulfate d'ammoniaque jusqu'à ce que la liqueur en contiennent 60 p. 100 : on sépare par centrifugation (ou par filtration) le précipité floconneux produit; on le met en suspension dans l'eau et on introduit le tout dans un dialyseur, pour éliminer le sulfate d'ammoniaque retenu dans le précipité : la presque totalité des substances albumineuses restent précipitées sur le dialyseur, la liqueur renferme l'érepsine.

Le suc intestinal pur, obtenu au moyen des fistules de Thiry et de Vella, se comporte comme les macérations intestinales;

l'érepsine est donc une diastase normale du suc intestinal.

L'érepsine agit sur toutes les protéoses, protéoses proprement dites et peptones : elle agit plus rapidement sur les protoprotéoses, sur les deutéroprotéoses et sur les amphopeptones ; elle agit moins rapidement, mais elle agit pourtant très nettement sur les hétéroprotéoses et sur les antipeptones.

Dans l'action de l'érepsine sur les protéoses, sont engendrées des substances multiples ; on a reconnu la présence de leucine, de tyrosine, de lysine, d'histidine, d'arginine et d'autres aminoacides.

Comme la trypsine, ainsi que nous l'avons indiqué précédemment, conduit la protéolyse jusqu'aux produits abiurétiques et qu'on a signalé les produits ci-dessus nommés dans les liqueurs de digestions tryptiques, on peut se demander si la diastase des macérations intestinales et du suc intestinal n'est pas purement et simplement de la trypsine fixée sur la muqueuse, ou souillant le suc.

Non, l'érepsine et la trypsine sont deux diastases distinctes, et l'on en peut fournir des preuves physiologiques et des preuves chimiques.

Si on examine une muqueuse intestinale d'une anse séquestrée, selon les méthodes de Thiry ou de Vella, depuis des jours ou des semaines, on y trouve de l'érepsine, et en quantité aussi grande que dans les segments intestinaux parcourus par les aliments.

La trypsine agit en milieu neutre, en milieu faiblement acide, en milieu légèrement alcalin, et son activité est maxima en milieu très légèrement alcalin. L'érepsine n'agit pas en milieu acide, elle agit en milieu neutre ou faiblement alcalin, et son activité est maxima en milieu neutre.

La trypsine agit sur les substances albumineuses naturelles pour les transformer en protéoses et sur les protéoses pour les transformer en produits abiurétiques. L'érepsine n'agit pas sur les substances albumineuses naturelles : elle ne transforme ni la fibrine, ni la myosine, ni l'ovalbumine, ni la sérumalbumine, ni la sérumglobuline ; elle transforme les protéoses, et nous dirions elle ne transforme que les protéoses, s'il n'y avait à noter trois exceptions remarquables. Outre les protéoses, l'érepsine transforme en effet : 1° les caséines, 2° les protamines, 3° les acides nucléiques (ces derniers ne sont pas transformables par la trypsine pancréatique).

On a récemment décrit dans les muqueuses intestinales une nouvelle diastase, l'*arginase*, qui décompose l'arginine résultant de l'action de la trypsine ou de l'érepsine, en ornithine et en urée. Cette arginase est d'ailleurs distincte de la trypsine et de l'érepsine, qui, l'une et l'autre, sont inactives sur l'arginine.

Les macérations intestinales et le suc intestinal pur possèdent la propriété d'exalter le pouvoir protéolytique des macérations de tissu pancréatique, ou de faire apparaître le pouvoir protéolytique du suc pancréatique pur recueilli par cathétérisme du canal de Wirsung.

Supposons, par exemple, qu'on ait préparé une macération aqueuse, ou mieux une macération fluorée à 1 p. 100 de tissu pancréatique et qu'on la fasse agir à 40°, par exemple, sur de la fibrine ou sur des cubes d'albumine; la protéolyse se produira, et, au bout d'un certain temps, la substance protéique sera complètement dissoute. — Si, à la macération pancréatique, on ajoute une certaine proportion d'une macération intestinale ou de suc intestinal pur, on constate que ce mélange possède un pouvoir protéolytique beaucoup plus énergique que la macération pancréatique. Or la macération intestinale ou le suc intestinal ne possèdent par eux-mêmes aucune action protéolytique; on peut donc dire que les macérations intestinales exaltent le pouvoir protéolytique des macérations pancréatiques.

Supposons qu'à un suc pancréatique pur recueilli par cathétérisme du canal de Wirsung, ne possédant, comme on sait, absolument aucun pouvoir protéolytique, on ajoute soit une macération intestinale, soit du suc intestinal pur, on constate que le mélange possède un énergique pouvoir protéolytique : dans un mélange formé par exemple de 9 parties de suc pancréatique et de 1 partie de suc intestinal, les flocons de fibrine ou les cubes d'albumine se dissolvent très rapidement à la température de 40°. On peut donc dire que le suc intestinal fait apparaître le pouvoir protéolytique du suc pancréatique.

La substance qui, contenue dans la muqueuse intestinale ou dans le suc intestinal, agit sur le suc pancréatique, a reçu le nom d'*entérokinase*.

L'entérokinase est détruite par une ébullition de quelques minutes; elle est altérée et finalement détruite par un chauffage prolongé à 70°. Elle possède les propriétés générales des diastases.

Faut-il en faire une diastase vraie? C'est peut-être imprudent à l'heure présente, puisque nous ignorons son mode d'action; nous la rangerons de préférence dans le groupe des enzymoïdes.

On admet généralement que l'entérokinase agit sur le trypsinogène du tissu pancréatique ou du suc pancréatique, pour le transformer en trypsine active. Mais on sait que cette même transformation peut s'accomplir sous d'autres influences : les acides très dilués (acide salicylique à 1 p. 1 000 par exemple) transforment en trypsine le trypsinogène du tissu pancréatique. — Elle s'accomplit encore par l'action de divers tissus ou de leurs macérations, leucocytes, ganglions lymphatiques par exemple. On en a conclu que les leucocytes et les ganglions lymphatiques contiennent de l'entérokinase; mais cette conclusion ne sera de quelque valeur que lorsqu'on aura établi l'identité chimique et physiologique des principes actifs des leucocytes et des principes actifs de la muqueuse intestinale, ce qui n'est pas encore fait actuellement. Sans nier le moins du monde qu'il peut exister çà et là de nombreux produits capables de transformer le trypsinogène en trypsine, nous réserverons le nom d'entérokinase à celui de ces produits qui est localisé dans la muqueuse intestinale.

Enfin la muqueuse intestinale (la muqueuse intestinale, mais non pas le suc intestinal) contient une substance très importante au point de vue physiologique, la *prosécrétine*, transformable en *sécrétine* par les acides dilués.

Les physiologistes ont démontré que la sécrétion pancréatique des carnivores, éminemment intermittente, se produit quand le contenu acide de l'estomac s'écoule dans le duodénum par le pylore entr'ouvert, et ils sont parvenus à établir le mécanisme de cette sécrétion. Ils ont montré qu'elle ne résulte pas d'une action nerveuse réflexe, ayant pour point d'origine la muqueuse duodénale et pour point de terminaison la glande pancréatique; — elle résulte de l'action directe exercée sur les cellules pancréatiques par une substance engendrée au niveau du duodénum par l'action des acides du suc gastrique sur la muqueuse duodénale, résorbée et amenée au pancréas par le sang circulant.

Si, en effet, on prépare une macération de muqueuse duodénale dans l'acide chlorhydrique à 3 p. 1 000 par exemple, et si, après neutralisation, on l'injecte dans le système circulatoire d'un animal, on détermine une abondante sécrétion pancréatique. Cette

action n'appartient pas à la macération aqueuse de muqueuse duodénale ; elle est donc due à une substance, qu'on a appelée *sécrétine*, engendrée par l'action de l'acide chlorhydrique très dilué sur
une substance, elle-même inactive, contenue dans la muqueuse
duodénale, qu'on a appelée *prosécrétine*.

Les divers acides minéraux et organiques forts très dilués peuvent être substitués à l'acide chlorhydrique pour transformer la
prosécrétine en sécrétine.

Les expressions prosécrétine et sécrétine pourraient engendrer
une méprise ; on pourrait être tenté de supposer que ce sont une
prodiastase et une diastase. Or la sécrétine n'est pas une diastase,
car elle résiste absolument à l'ébullition.

II. — CONTENU INTESTINAL

Le contenu intestinal est constitué par les produits de digestion
des matières alimentaires ; par les résidus alimentaires non atta-
qués ; par les sécrétions des glandes digestives (salive, suc gastrique, bile, suc pancréatique, suc intestinal) ; par les produits
des fermentations microbiennes intra-intestinales.

Les matières digérées, solubles et assimilables, sont peu à peu
résorbées dans l'intestin grêle ; les matières non absorbées subissent
peu à peu, pendant leur trajet dans l'intestin, des fermentations
microbiennes ; par conséquent, la constitution du contenu intestinal varie non seulement suivant la nature des aliments ingérés,
mais encore suivant la région intestinale considérée.

Nous nous bornerons à indiquer sommairement les substances
qu'on peut trouver dans l'intestin :

1° De la glycose, de la maltose, des dextrines ; — des matières
grasses neutres, des acides gras, de la glycérine, des savons :
— des protéoses, des gélatoses, des élastoses et les divers produits
abiurétiques de la protéolyse, leucine, tyrosine, histidine, etc. ;
— ces différentes substances provenant des transformations digestives des hydrocarbones, des graisses neutres et des protéines.

2° De la cellulose, des gommes, des résines, des fragments de
tissus cartilagineux, cornés, tendineux, des nucléines, etc. ; —
ces différentes substances étant contenues dans les aliments et non
attaquées par les sucs digestifs.

3° Des *produits de fermentations microbiennes*, parmi lesquels nous citerons l'*indol* et le *scatol*, qui, absorbés par la paroi intestinale, se combinent à l'acide sulfurique provenant de la désintégration des protéines des tissus, pour s'éliminer par les urines à l'état d'indoxylsulfates, — et des *gaz intestinaux*, provenant de la fermentation de la cellulose et des substances albumineuses : ces gaz sont du gaz carbonique, de l'hydrogène, du protocarbure d'hydrogène, de l'hydrogène sulfuré et de l'azote.

CHAPITRE XXII

L'URINE

Nous prenons comme type d'urine, l'urine de l'homme.

Un homme adulte sain, de poids moyen, prenant une alimentation moyenne, excrète en vingt-quatre heures environ 1 500 centimètres cubes d'urine, dont la densité est généralement comprise entre 1,015 et 1,020.

On a coutume de déterminer la densité de l'urine au moyen d'aréomètres spéciaux, dits *pèse-urine*. On possède en général deux pèse-urine, l'un gradué de 1,000 à 1,020, l'autre gradué de 1,020 à 1,040, servant respectivement, suivant que la densité est inférieure ou supérieure à 1,020.

Lorsque l'alimentation est mixte, c'est-à-dire composée d'aliments d'origine animale et d'aliments d'origine végétale, la *réaction* de l'urine est franchement acide au tournesol. Cette réaction acide n'est pas due à la présence d'un acide libre, mais à la présence de *phosphates minéraux acides*. En voici la preuve : les acides minéraux décomposent l'hyposulfite de soude et déterminent la production d'un précipité pulvérulent de soufre; l'urine reste claire lorsqu'on l'additionne d'hyposulfite de soude. — Les acides organiques, tels que l'acide hippurique et l'acide urique, possèdent la propriété de faire passer au bleu le rouge congo; le gaz carbonique libre le fait passer au violet; l'urine ne modifie pas sa coloration; donc l'urine ne contient pas d'acide hippurique libre, pas d'acide urique libre, pas d'acide carbonique libre. L'urine doit sa réaction acide à ses phosphates acides.

Lorsque l'alimentation est surtout végétale, la réaction de l'urine peut devenir neutre et même alcaline, par suite de l'augmentation considérable des carbonates alcalins éliminés. L'urine des herbivores, par exemple l'urine du lapin abondamment nourri de matières végétales, est normalement alcaline; elle ne devient acide, chez le lapin, que lorsque cet animal est privé depuis quelques heures de nourriture, et vit aux dépens de ses réserves.

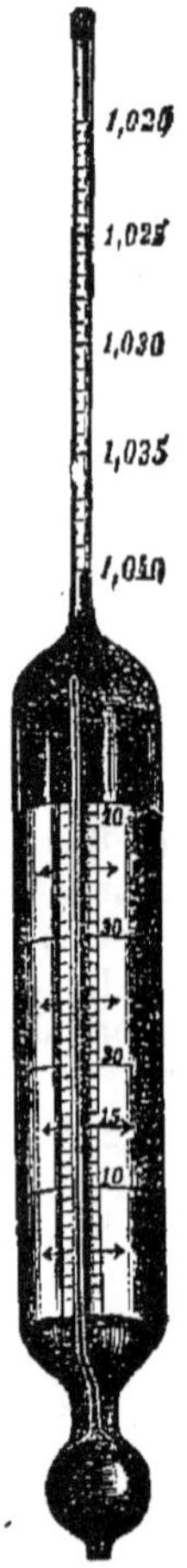

Fig. 110.
Pèse-urine.

On ne peut pas songer à déterminer l'acidité d'une urine par simple titration acidimétrique, au moyen d'un alcali, en présence d'un indicateur coloré, le tournesol par exemple, parce que l'urine contient des phosphates monométalliques, qui, par addition progressive d'alcali, se transforment progressivement en phosphates dimétalliques, et que le mélange de ces deux catégories de phosphates donne une réaction amphotère, ne permettant pas de saisir nettement le moment où la réaction devient neutre ou alcaline.

On admet que l'urine doit son acidité aux phosphates acides, c'est-à-dire aux phosphates monométalliques qu'elle contient, et on détermine la quantité de ces phosphates de la façon suivante.

Supposons connue la quantité totale d'acide phosphorique contenue dans un volume donné d'une urine donnée, — nous indiquerons ci-dessous les procédés employés en chimie physiologique pour doser les phosphates d'une urine, — et déterminons la quantité d'alcali nécessaire pour transformer ces phosphates monométalliques et dimétalliques en phosphates trimétalliques, nous aurons tous les éléments de la solution.

Supposons l'acide phosphorique de l'urine exprimé en PO^4H^3 et soit Q la quantité contenue dans un volume donné d'urine. — On sait que 118 grammes d'acide phosphorique PO^4H^3 demandent 40 grammes de soude NaOH pour donner du phosphate monosodique, 80 grammes pour donner du phosphate disodique, 120 grammes pour donner du phosphate trisodique; par conséquent, Q grammes d'acide phosphorique demandent $\frac{40Q}{118}$, $\frac{80Q}{118}$ et $\frac{120Q}{118}$, pour donner les phosphates monosodique, disodique et trisodique. Pour transformer Q grammes d'acide phosphorique à l'état de phosphate disodique en phosphate trisodique, il faut donc employer $\frac{40Q}{118}$ grammes de soude caustique.

Supposons que, dans notre détermination, nous ayons dû employer une quantité de soude égale à S; d'après notre hypothèse (mélange de phosphates monométalliques et dimétalliques), $S > \frac{40Q}{118}$, et la différence $S - \frac{40Q}{118}$ représente la quantité de soude employée à transformer le phosphate monométallique en phosphate dimétallique. — Or il faut 40 grammes de soude pour transformer 118 grammes d'acide phosphorique à l'état de phosphate monométallique en phosphate dimétallique; donc 1 gramme de soude transforme $\frac{118}{40}$ grammes d'acide phosphorique, et la quantité que nous avons obtenue ci-devant $S - \frac{40Q}{118}$ en transforme

$$\left(S - \frac{40Q}{118} \right) \times \frac{118}{40}, \text{ soit } \frac{118S}{40} - Q.$$

Ceci posé, pour déterminer la quantité de soude S, nécessaire pour transformer les phosphates d'un volume donné d'urine en phosphates trimétalliques, on procède de la façon suivante. On ajoute à un volume donné d'urine une quantité connue d'une solution titrée de soude caustique, quantité plus que suffisante pour produire la transformation des phosphates (le mélange doit être nettement alcalin). On précipite alors la liqueur par le chlorure de baryum, qui transforme les phosphates trimétalliques en phosphates tribaryliques insolubles; on les sépare par la filtration, et, dans la liqueur, on titre, au moyen d'une solution titrée d'acide, l'excès d'alcali qu'elle contient : par différence avec la quantité employée, on a la quantité d'alcali utilisée à transformer les phosphates urinaires en phosphates trimétalliques.

COMPOSITION MOYENNE D'UNE URINE HUMAINE NORMALE POUR 1 LITRE.

	Grammes
Eau	954
Résidu sec	46
Matières organiques	30
— minérales	16
Urée	24
Acide urique	0,5
— hippurique	0,6
Créatinine	0,9
Divers	4,0
Chlorure de sodium	10
Sulfates d'alcalis	3
Phosphates d'alcalis	1,5
— alcalino-terreux	0,8
Sels ammoniacaux	0,7

Les éléments contenus dans l'urine sont les uns minéraux, les autres organiques, et, parmi ces derniers, les plus importants sont azotés.

1. — SELS MINÉRAUX DE L'URINE

Les *sels de l'urine* sont :

> Des chlorures.
> Des phosphates.
> Des sulfates et des phénylsulfates.
> Des carbonates et des bicarbonates.

d'alcalis et de terres alcalines.

Nous avons décrit précédemment (chap. 1er, p. 9) les principales propriétés des sels minéraux et indiqué les principales méthodes de dosage en poids de ces composés.

Ici, nous nous bornerons à indiquer les procédés volumétriques généralement employés, pour doser dans les urines les chlorures et les phosphates.

a. — *Dosage volumétrique des chlorures.*

Le *dosage volumétrique des chlorures* de l'urine peut se faire de deux façons différentes :

Première méthode. — Le principe de la méthode est le sui-

vant. Si, dans une solution contenant des chlorures et du chromate
de potasse, et présentant une réaction neutre, on fait tomber goutte
à goutte une solution de nitrate d'argent, on précipite d'abord les
chlorures et nullement le chromate. Ce n'est que lorsque la précipitation des chlorures est totale que le chromate est à son tour
précipité. Or le chromate d'argent a une très forte coloration
rouge brique, très facile à reconnaître. On est donc averti que la
précipitation des chlorures est terminée lorsque le fin précipité
blanc, produit dans la liqueur soumise à l'analyse se teinte de
rouge. Connaissant le titre de la solution d'argent, on en déduit la
quantité de chlorures dissous dans la liqueur analysée.

On ne peut employer directement cette méthode, lorsqu'il s'agit
de l'urine. La solution d'argent en effet peut précipiter certaines
substances organiques, contenues dans les urines (acide urique et
substances xanthiques), avant de précipiter le chromate alcalin. Il
faut donc détruire ces matières organiques, avant d'effectuer la
titration. Il faut par conséquent incinérer l'urine.

On procède de la manière suivante :

Dans un creuset de porcelaine ou de nickel, 10 centimètres
cubes d'urine sont additionnés de 1 gramme de carbonate de soude
pur (destiné à empêcher toute perte d'acide chlorhydrique, pouvant résulter de l'action des phosphates sur les chlorures à haute
température) et de 1 à 2 grammes d'azotate de potasse pur (destiné
à favoriser la combustion des matières organiques de l'urine). Ce
mélange est évaporé, puis incinéré à la plus basse température
possible, au rouge naissant, pour ne pas volatiliser les chlorures.
La masse fondue est, après refroidissement, dissoute dans l'eau.
Pour que la réaction de cette solution soit rigoureusement neutre,
condition nécessaire à une bonne titration, on commence par l'aciduler très légèrement par l'acide nitrique pur, et on sature l'excès
d'acide, en ajoutant un excès de carbonate de chaux pur pulvérisé :
il reste en suspension un excès de carbonate de chaux insoluble,
qui ne nuit pas à l'analyse. On ajoute quelques gouttes d'une
solution de chromate neutre de potasse et on fait tomber goutte à
goutte la solution d'azotate d'argent, jusqu'à production d'une
teinte rouge persistante.

La solution d'azotate d'argent généralement employée est telle
que 1 centimètre cube soit capable de précipiter exactement 1 centigramme de chlorure de sodium. Une telle solution contient
29 gr. 075 d'azotate d'argent par litre.

Supposons qu'on ait opéré sur 10 centimètres cubes d'urine, et que la quantité de la solution d'argent nécessaire pour précipiter la totalité des chlorures soit 5 cc. 3 : les 10 centimètres cubes d'urine contiennent une quantité de chlorures qui, exprimée en chlorure de sodium, est égale à 5 cgr. 3, et, par suite, l'urine contient 5 gr. 30 de chlorures, exprimés en chlorure de sodium, par litre.

Deuxième méthode. — Cette méthode peut s'appliquer immédiatement à l'urine.

Le principe de cette méthode est le suivant. Si, dans une solution de chlorures, acidulée par l'acide nitrique, on ajoute une solution d'azotate d'argent en excès, et si on sépare par filtration le précipité de la liqueur dans laquelle il s'est formé, on a une liqueur contenant l'excès du sel d'argent. — Si on connaît cet excès, on peut en déduire la quantité du sel d'argent précipité à l'état de chlorure. On a ainsi ramené la question du dosage de chlorures à une question de dosage de sels d'argent ; or ce dosage peut facilement se faire volumétriquement.

Si, à une solution d'azotate d'argent, acidulée par l'acide nitrique, on ajoute une solution d'un sel de fer, et, goutte à goutte, une solution de sulfocyanure de potassium, l'argent est précipité à l'état de sulfocyanure d'argent insoluble, et ce n'est que lorsque la précipitation de l'argent est totale que le sulfocyanure agit sur le fer en solution, pour former le sulfocyanure de fer, facile à reconnaître à sa coloration rouge.

Pour faire la titration, il faut préparer :

a. Une solution d'azotate d'argent contenant 29 gr. 075 de ce sel par litre. — 1 centimètre cube de cette solution précipite exactement 1 centigramme de chlorure de sodium (c'est-à-dire correspond à 0 gr. 607 de chlore).

b. Une solution saturée à la température ordinaire d'alun de fer ou de sulfate de fer purs.

c. Une solution d'acide nitrique pur, de densité 1,20.

d. Une solution de sulfocyanure de potassium, contenant 8 gr. 30 de sel par litre. — 2 centimètres cubes de cette solution précipitent exactement l'argent contenu dans 1 centimètre cube de la solution *a.*

Dans un ballon jaugé de 100 centimètres cubes, on introduit 10 centimètres cubes de l'urine, 5 centimètres cubes de la solution d'acide nitrique *c*, 50 centimètres cubes d'eau et 20 centi-

mètres cubes de la solution d'azotate d'argent. — On agite et on
remplit avec de l'eau jusqu'au trait 100 centimètres cubes. On
jette sur un filtre, pour séparer le précipité de chlorure d'argent.
On prend la moitié, soit 50 centimètres cubes du liquide filtré; on
ajoute 3 centimètres cubes de la solution ferrique *b*, et on fait
tomber la solution *d* de sulfocyanure; il se forme un précipité : on
laisse tomber cette solution *d*, jusqu'à ce que la liqueur au fond de
laquelle se dépose le précipité prenne une coloration rouge persistante.

Supposons, par exemple, qu'il faille ajouter 5 cc. 2 de la solution de sulfocyanure de potassium. Pour la totalité de la liqueur,
100 centimètres cubes, et non plus 50 centimètres cubes, il faudrait 10 cc. 4 de la solution de sulfocyanure. Ces 10 cc. 4 de la
solution de sulfocyanure sont capables de précipiter 5 cc. 2 de la
solution d'azotate d'argent *a*, nous l'avons dit. Donc, après précipitation des chlorures de 10 centimètres cubes d'urine par 20 centimètres cubes de la solution d'azotate d'argent, il reste un excès
de 5 cc. 2 de cette solution. Il a donc été employé 14 cc. 8 d'azotate d'argent pour précipiter les chlorures de 10 centimètres cubes
d'urine. C'est que ces 10 centimètres cubes contiennent 14 cgr. 8
de chlorures, exprimés en chlorure de sodium. L'urine analysée
contient par conséquent 14 gr. 80 de chlorures par litre.

b. — *Dosage volumétrique des phosphates.*

Nous avons indiqué (chap. Ier, p. 14) une méthode de dosage des
phosphates en poids; en peut les doser volumétriquement. En
général *le dosage des phosphates dans l'urine se fait volumétriquement.*

Le principe de la méthode est le suivant. Une solution chaude
de phosphates, contenant de l'acide acétique libre, donne, par addition d'une solution d'un sel d'urane un précipité blanc jaunâtre de
phosphate d'urane insoluble dans l'acide acétique, mais soluble
dans les acides minéraux. — Une solution de ferrocyanure de
potassium, additionnée d'une solution d'un sel d'urane, donne soit
un précipité brun rougeâtre, soit une liqueur rougeâtre, selon les
circonstances. Si une solution contient à là fois de l'acide acétique, des phosphates et du ferrocyanure de potassium, le sel
d'urane précipite d'abord uniquement les phosphates, sans agir sur

le ferrocyanure de potassium, et ce n'est que lorsque la précipitation des phosphates est totale qu'il donne une coloration ou une précipitation brune de ferrocyanure d'urane.

Ces notions étant rappelées, on voit que, pour faire un dosage volumétrique de phosphates par le sel d'urane, il faut :

1° Opérer à chaud.

2° Opérer en présence d'acide acétique libre.

3° Opérer en l'absence d'acides minéraux libres, pour éviter la redissolution par ces acides du précipité de phosphate d'urane, condition nécessaire, qu'on réalise en additionnant la liqueur d'acétate de soude en grand excès. — On sait en effet que l'acétate de soude, en présence d'acides minéraux, est décomposé en acide acétique libre et en sel à acide minéral ; en d'autres termes, que les acides minéraux chassent l'acide acétique de ses combinaisons salines.

4° Ajouter à la liqueur à analyser une solution de ferrocyanure de potassium.

5° Faire tomber, goutte à goutte, une solution titrée d'acétate d'urane, jusqu'à ce que la liqueur prenne une teinte brun rougeâtre.

A cet effet, on prépare :

a. Une solution d'acétate d'urane : on dissout environ 35 grammes d'acétate d'urane dans l'eau acidulée par un peu d'acide acétique, et on ajoute de l'eau de façon à faire un litre.

b. Une solution d'acétate de soude acétique : on dissout 100 grammes d'acétate de soude cristallisé dans un peu d'eau ; on ajoute 100 centimètres cubes d'acide acétique glacial, et, par addition d'eau, on amène le volume à 1 litre.

c. Une solution de ferrocyanure de potassium.

Pour pratiquer le dosage des phosphates, il faut connaître le titre de la solution d'acétate d'urane. Pour connaître ce titre, on procède au dosage volumétrique d'une solution de phosphate de soude contenant une quantité connue de phosphate de soude calciné, en opérant comme nous l'indiquerons ultérieurement. On détermine la quantité de la solution d'acétate d'urane nécessaire pour précipiter totalement le phosphate contenu dans un volume donné de la solution de phosphate de soude calciné, et on en déduit par un calcul simple le titre de la solution d'urane.

La solution *a*, préparée comme nous l'avons dit, est telle que 20 centimètres cubes correspondent à 0 gr. 100 (1 centimètre cube correspond donc à 5 milligrammes) d'anhydride phosphorique,

P^2O^5. Supposons que la titration de cette solution ait conduit exactement à ce résultat.

Pour doser les phosphates de l'urine, on mélange dans un verre cylindrique de Bohême 50 centimètres cubes d'urine filtrée et 5 centimètres cubes de la solution acétique d'acétate de soude *b*, et on chauffe au bain-marie bouillant. On fait tomber goutte à goutte la solution d'acétate d'urane : il se forme un précipité, augmentant graduellement. Lorsque ce précipité ne semble plus augmenter, on mélange, dans une petite capsule de porcelaine bien blanche, une goutte de la solution de ferrocyanure de potassium et une goutte du mélange analysé : s'il se produit une teinte rouge brun, on a ajouté à l'urine un excès d'acétate d'urane ; sinon, on ajoute encore à l'urine quelques gouttes de la solution d'urane, et on recommence l'essai, jusqu'à ce que cet essai donne lieu à la coloration rouge brun. (Au lieu d'employer une solution de ferrocyanure de potassium, il est avantageux d'employer le sel broyé et de l'humecter avec une goutte de la liqueur analysée). Au moment où commence à se montrer cette coloration, la précipitation des phosphates est totale. — Supposons que, pour précipiter totalement les phosphates contenus dans 50 centimètres cubes d'urine, il faille ajouter 24 centimètres cubes de la solution d'acétate d'urane. Nous savons que 1 centimètre cube correspond à 5 milligrammes P^2O^5, donc 24 centimètres cubes correspondent à 120 milligrammes P^2O^5 ; — donc 50 centimètres cubes d'urine contiennent 120 milligrammes P^2O^5 ; 100 centimètres cubes contiennent 240 milligrammes, et 1 litre contient 2 gr. 4 P^2O^5.

Il n'existe pas ce procédé simple volumétrique permettant de doser rapidement les carbonates et les sulfates.

Pour *doser les carbonates*, ou plus exactement l'acide carbonique des carbonates et bicarbonates de l'urine, il faut traiter l'urine par un acide et déterminer la quantité du gaz carbonique mis en liberté. On recueille à la température d'ébullition les gaz de l'urine acidulée.

c. — *Origine des sels de l'urine.*

Les *chlorures de l'urine* sont des chlorures introduits dans l'organisme sous forme de chlorures minéraux : on ne connaît pas, dans les aliments, de combinaisons organiques chlorées.

Les *phosphates de l'urine* proviennent, pour une part, des phosphates des aliments, mais pour une part aussi, ils se forment aux dépens des combinaisons phosphorées de l'organisme. Nous avons signalé dans l'organisme la présence de combinaisons phosphorées, les lécithines et les nucléoprotéides. Ces substances sont oxydées dans les tissus, et, parmi les produits de désassimilation, résultant de cette oxydation, se trouve l'acide phosphorique, lequel, en présence des carbonates alcalins contenus dans les tissus, fournit des phosphates.

Les *carbonates de l'urine* proviennent, pour une partie, des carbonates des aliments, mais, pour une partie aussi, des sels à acides organiques des aliments : certains aliments, notamment les fruits et les légumes, sont riches en lactates, malates, tartrates, etc., de potasse et de soude : ces sels, oxydés dans l'économie, fournissent des carbonates et des bicarbonates.

Les *sulfates de l'urine* peuvent provenir, pour une partie, de sulfates absorbés avec les aliments, mais seulement pour une faible partie, car les aliments sont ordinairement très pauvres en sulfates. Ils proviennent, pour la majeure partie, de l'oxydation des substances sulfurées de l'économie. Les substances albumineuses, les protéides, la substance collagène sont des substances sulfurées : par oxydation, elles fournissent de l'acide sulfurique, qui, en présence des carbonates alcalins des tissus, donnent des sulfates et du gaz carbonique.

Voici une analyse des sels minéraux d'une urine d'un homme de poids moyen, recevant une alimentation moyenne. Les nombres se rapportent à la quantité totale d'urine éliminée en vingt-quatre heures :

	Grammes.
Acide sulfurique	2,00
— phosphorique	3,15
Chlore des chlorures	7,00
Ammoniaque	0,75
Potassium	2,50
Sodium	11,10
Calcium	0,25
Magnésium	0,20

II. — SELS D'ACIDES SULFO-CONJUGUÉS
OU PHÉNYLSULFATES URINAIRES

A côté des substances que nous venons d'étudier, lesquelles sont les véritables sels minéranx, il convient de placer une série très importante de substances, les sels d'*acides sulfo-conjugués*, les *phénylsulfates*.

Qu'est-ce qu'un acide sulfo-conjugué? Qu'est-ce qu'un phénylsulfate?

L'*acide sulfurique* SO^4H^2 est un *acide bibasique*; il donne *deux séries de sels* :

> **Les sulfates neutres, tels que SO^4Na^2 et SO^4Ca;**
> **Les sulfates acides ou bisulfates, tels que SO^4HNa.**

De même, l'acide sulfurique peut donner avec les alcools *deux séries d'éthers*, tels que :

$$\text{Le sulfate diéthylique } SO^4\big\langle{}^{C^2H^5}_{C^2H^5}$$

qui est deux fois éther, — et

$$\text{Le sulfate monoéthylique } SO^4\big\langle{}^{H}_{C^2H^5}$$

ou acide sulfovinique, qui est une fois éther et encore une fois acide; — ce dernier composé peut donner des sels, les sulfovinates, répondant à la formule

$$SO^4\big\langle{}^{Na}_{C^2H^5}.$$

Avec les phénols aromatiques, l'acide sulfurique donne *deux séries d'éthers*, par exemple :

$$\text{Le sulfate de phényle } SO^4\big\langle{}^{C^6H^5}_{C^6H^5}$$

qui est deux fois éther, — et

$$\text{Le sulfate monophénylique } SO^4\big\langle{}^{H}_{C^6H^5}$$

ou acide phénylsulfurique, lequel est une fois éther et une fois acide. Les sels, les phénylsulfates, répondent à la formule

$$SO^4{\Large\big<}{{}^{Na}_{C^6H^5}}.$$

Ce sont ces composés qu'on trouve dans l'urine : les *acides sulfo-conjugués de l'urine* sont donc des *sulfates acides de phénols*, des monosulfates de phénols. Il sont, dans l'urine, à l'état de sels d'alcalis, surtout à l'état de sels de potasse.

Les phénylsulfates d'alcalis sont solubles dans l'eau; le phénylsulfate de baryum est soluble dans l'eau.

Ces sels, en solution aqueuse neutre, ne sont pas décomposés à l'ébullition.

Lorsqu'on ajoute à leur solution aqueuse un acide organique, par exemple de l'acide acétique, il se forme un acétate et de l'acide sulfo-conjugué libre ; mais cet acide libre n'est pas décomposé à l'ébullition, en présence de l'acide acétique. — Lorsqu'on ajoute à leur solution aqueuse un acide minéral, par exemple de l'acide chlorhydrique, ils sont décomposés : à froid, en chlorure et acide sulfo-conjugué libre ; à la température d'ébullition, l'acide sulfo-conjugué libre est décomposé; il se forme alors, par fixation d'une molécule d'eau, de l'acide sulfurique et un phénol.

$$SO^4{\Large\big<}{{}^{K}_{C^6H^5}} + HCl + H^2O = HCl + SO^4{\Large\big<}{{}^{K}_{H}} + C^6H^5OH.$$

L'urine contient des *sulfates* et des *phénylsulfates*. Le sulfate de baryum est insoluble dans l'eau, les phénylsulfates de baryum sont solubles dans l'eau. Par conséquent, si on acidule l'urine par l'acide acétique, si on porte à l'ébullition et si on ajoute un excès de chlorure de baryum, on précipite, à l'état de sulfate de baryum, tout l'acide sulfurique des sulfates et rien que l'acide sulfurique des sulfates.

L'urine contient des sulfates et des phénylsulfates, ces derniers décomposables en phénol et sulfates acides, à l'ébullition, en présence d'acide chlorhydrique. Si donc on acidule l'urine par l'acide chlorhydrique, si on porte à l'ébullition et si on ajoute un excès de chlorure de baryum, on précipite, à l'état de sulfate de baryte, la totalité de l'acide sulfurique des sulfates et des phénylsulfates.

Si, après avoir précipité, à l'état de sulfate de baryte, la totalité de l'acide sulfurique des sulfates dans l'urine acidulée par l'acide acétique, on sépare de ce précipité la liqueur qui contient en solution la totalité des phénylsulfates, on peut précipiter ces derniers à l'état de sulfate de baryte : il suffit d'aciduler par l'acide chlorhydrique et de porter à l'ébullition, en présence d'un excès de chlorure de baryum.

On peut donc obtenir ainsi, à l'état de sulfate de baryum, l'acide sulfurique total, l'acide sulfurique des sulfates et l'acide sulfurique des phénylsulfates. Pour le dosage, il suffit de séparer par filtration les précipités de sulfate de baryum, de les dessécher, de les calciner et de les peser.

Les principaux phénylsulfates de l'urine sont le *phénylsulfate* et le *paracrésylsulfate de potasse.*

La quantité de l'acide sulfurique à l'état de composés sulfo-conjugués, dans l'urine humaine des vingt-quatre heures, est de

$$0^{gr},09 \text{ à } 0^{gr},60, \text{ en moyenne } 0^{gr},25.$$

L'acide *phénylsulfurique* peut être considéré comme résultant de l'union de l'acide sulfurique et du phénol C^6H^5OH. Sa formule est donc $SO^4HC^6H^5$.

L'acide *paracrésylsulfurique* résulte de la combinaison de paracrésol et de l'acide sulfurique :

$$SO^4H^2 + C^6H^4\diagup_{OH}^{CH^3} = H^2O + SO^4\diagup_{C^6H^4-CH^3}^{H}.$$

Le *phénol* et le *paracrésol* sont volatils à la température d'ébullition ; si donc on distille de l'urine acidulée par l'acide chlorhydrique, on retrouve dans le distillat ces phénols, qu'on peut caractériser par leur *réaction bromée* : les phénols possèdent en effet la propriété de donner avec l'eau de brome des composés cristallisables insolubles dans l'eau, des *tribromophénols*, dont les formules sont :

Tribromophénol $C^6H^2Br^3OH$,
Tribromoparacrésol $C^6HBr^3OHCH^3$.

C'est au moyen de ces composés qu'on a proposé de doser la quantité des phénols de l'urine : l'urine, acidulée par l'acide chlorhydrique est soumise à la distillation, le distillat est traité par l'eau de brome, le précipité, séparé par filtration, est lavé, desséché dans le vide et pesé. — Remarquons que cette méthode ne donne que des nombres approchés.

Au groupe des phénylsulfates se rattache l'*indoxylsulfate de potasse* contenu en petite quantité dans l'urine.

L'acide indoxylsulfurique (appelé quelquefois, mais improprement, indican urinaire), doit être considéré comme résultant de l'union de l'acide sulfurique avec une substance phénolique, l'*indoxyle*; cette dernière substance pouvant être considérée elle-même comme résultant de l'oxydation de l'*indol*. On sait que l'indol est un composé chimique qu'on pourrait appeler phénopyrrol en considérant sa formule de constitution qui résulte de l'accolement des formules du benzol et du pyrrol.

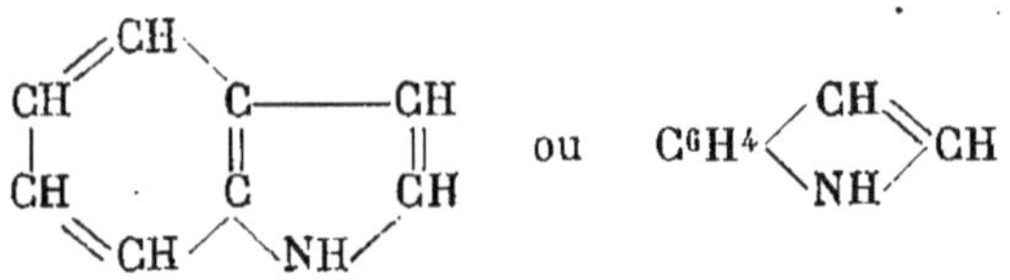

Les trois substances indiquées sont ainsi :

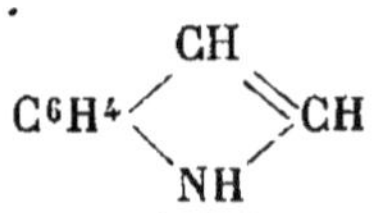

indol. 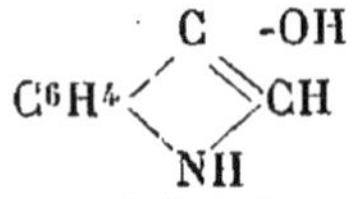   indoxyle. 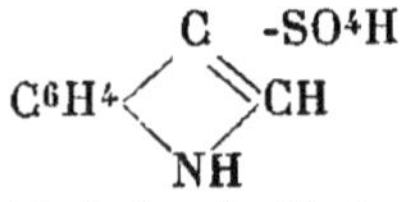   acide indoxylsulfurique.

On a coutume de décrire, dans les traités de chimie physiologique, un acide scatoxylsulfurique, qui résulterait de l'union de l'acide sulfurique avec un scatoxyle qui serait un produit d'oxydation du scatol ou méthylindol. Le *scatol* est connu, il correspond à la formule de constitution :

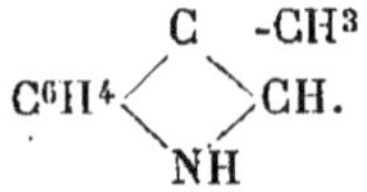

Mais on ne connaît ni scatoxyle homologue de l'indoxyle, ni acide scatoxylsulfurique homologue de l'acide indoxylsulfurique.

Si, en général, tout l'indol urinaire est à l'état d'acide indoxylsulfurique, il se présente quelques cas (l'urine est alors très chargée d'indol) où il existe en outre, à l'état *d'acide indoxylglycuro-nique*, résultant de l'union de l'indoxyle avec l'acide glycuronique $CHO\text{-}(CHOH)^4\text{-}CO^2H$, dont on connaît les relations intimes avec les glycoses $CHO\text{-}(CHOH)^4\text{-}CH^2OH$.

Lorsqu'on traite les acides indoxyle-conjugués par l'acide chlorhydrique concentré, on dédouble leur combinaison et on régénère l'indoxyle. Or cet indoxyle, sous l'influence des agents d'oxydation, se transforme en substances colorantes, qui sont l'indigotine et l'indirubine, identiques à l'indigotine et à l'indirubine contenues dans l'indigo naturel. — Mais il importe, pour que ces deux pigments ne soient pas transformés, que l'oxydation soit extrêmement ménagée; autrement, ils seraient transformés en un pigment jaune faiblement coloré, l'isatine.

L'indigotine et l'indirubine sont solubles dans le chloroforme; elles n'abandonnent le chloroforme ni par agitation avec l'eau distillée, ni par agitation avec l'eau acidulée, ni par agitation avec l'eau alcalinisée.

Sous l'influence des oxydants très faibles, d'après des recherches récentes, l'indoxyle ne fournirait pas directement de l'indigotine et de l'indirubine, mais une substance, dite hémiindigotine, pigment bleu comme l'indigotine, soluble comme elle dans le chloroforme, en différant pourtant par quelques caractères, notamment par la grandeur de sa solubilité. Cette hémiindigotine, en se polymérisant, fournirait soit de l'indigotine, soit de l'indirubine. L'hémiindigotine en solution chloroformique acide se polymériserait lentement en indirubine; en solution chloroformique alcaline, elle se polymériserait instantanément en indigotine.

Ceci posé, nous pouvons indiquer comment se pratique, et comment doit se pratiquer la réaction, improprement appelée réaction de l'indican urinaire, qu'il vaudrait mieux appeler *réaction de l'indoxyle urinaire*, destinée à manifester dans l'urine la présence de l'indoxyle conjugué soit à l'acide sulfurique seul, soit à l'acide sulfurique et à l'acide glycuronique. On a avantage à traiter tout d'abord l'urine par le sous-acétate de plomb; l'expérience a montré que ce traitement enlevait des substances gênant l'oxydation de l'indoxyle, ou diminuant la pureté des pigments chloroformiques obtenus. On a avantage en outre à supprimer tout oxydant autre que l'oxygène de l'air, au moins dans la plupart des cas.

A 50 centimètres cubes d'urine, on ajoute 50 centimètres cubes d'une solution aqueuse de sous-acétate de plomb; on agite et on filtre. Dans un tube à essai, on mélange parties égales du filtrat et d'acide chlorhydrique pur, et on y ajoute quelques centimètres cubes de chloroforme : il doit rester, en haut du tube, place pour quelques centimètres cubes d'air. On agite très violemment, puis on laisse retomber le chloroforme. Celui-ci est coloré en bleu en général. Quand, par exception, il est incolore, il convient d'ajouter au mélange 1 ou 2 gouttes d'eau oxygénée à 10 volumes, diluée de 10 volumes d'eau, et de recommencer l'agitation.

Le chloroforme chargé du pigment bleu étant séparé de la couche aqueuse sous-jacente et étant agité avec une solution de soude à 1 p. 1 000 reste bleu indéfiniment; — conservé tel quel (donc acide), il passe, progressivement mais lentement, du bleu au violet, au pourpre et au rouge.

D'où proviennent les phénylsulfates? — Dans le contenu

intestinal, nous avons reconnu la présence d'indol et de scatol (ou méthylindol), substances résultant de fermentations microbiennes des protéines [1] ou de leurs produits de transformation digestive. Ces indol et scatol sont résorbés au moins partiellement. Ils se comportent alors comme la benzine et autres hydrocarbures : ils sont oxydés. (Lorsqu'on injecte de la benzine dans l'organisme, on constate une oxydation de cet hydrocarbure et une formation de phénol.) L'indol se transforme vraisemblablement en indoxyle ; quant au scatol, il fournit également de l'indoxyle, en perdant son groupe méthylé.

On n'a pas constaté, dans l'organisme, la présence de l'indoxyle substance peu stable. Il est probable qu'elle se conjugue, aussitôt formée, avec l'acide sulfurique résultant de l'oxydation des substances sulfurées, notamment des protéines de l'organisme [2].

Toutefois la production d'acide indoxylsulfurique n'est pas liée nécessairement à une fermentation microbienne intestinale : nous savons que, sous l'influence des sucs pancréatique et intestinal, le

---

1. Nous avons indiqué (chap. iv, p. 82) l'existence d'un noyau tryptophane dans la molécule albumineuse et ses rapports avec l'indol. Voici d'ailleurs comment on peut représenter les transformations successives, qui, du tryptophane, conduisent à l'indol et au scatol :

$$NH = C^8H^5 - CH^2 - CHNH^2 - CO^2H + H^2O$$
$$\text{tryptophane}$$
$$= NH^3 + NH = C^8H^3 - CH^2 - CHOH - CO^2H. \qquad (1)$$
$$\text{ac. scatoloxyacétique}$$

$$NH = C^8H^3 - CH^2 - CHOH - CO^2H + O^2$$
$$\text{ac. scatoloxyacétique}$$
$$= NH = C^8H^5 - CH^2 - CO^2H + CO^2 + H^2O. \qquad (2)$$
$$\text{ac. scatolcarbonique.}$$

$$NH = C^8H^5 - CH^2 - CO^2H = NH = C^8H^5 - CH^3 + CO^2. \qquad (3)$$
$$\text{ac. scatolcarbonique} \qquad\qquad \text{scatol}$$

$$NH = C^8H^5 - CH^3 + O^2 = NH = C^8H^5 - CO^2H + H^2O. \qquad (4)$$
$$\text{scatol} \qquad\qquad \text{ac. indolcarbonique}$$

$$NH = C^8H^5 - CO^2H = NH = C^8H^6 + CO^2. \qquad (5)$$
$$\text{ac. indolcarbonique} \qquad\qquad \text{indol}$$

$$NH = C^8H^6 + O = NH = C^8H^5 - OH. \qquad (6)$$
$$\text{indol} \qquad\qquad \text{indoxyle.}$$

2. L'acide indoxylsulfurique est moins important par sa quantité dans les urines (on en trouve en moyenne 1 centigramme par litre) que par sa signification physiologique ; l'indol contient en effet un noyau mixte benzopyrrol ; or nous avons pu, en partant des pigments sanguins, obtenir une série de produits de transformation qui nous ont conduit à l'hémopyrrol renfermant aussi un noyau pyrrol. L'avenir nous fera peut-être connaître des relations entre les pigments sanguins et l'acide indoxylsulfurique.

tryptophane contenu dans la molécule protéique est libéré et peut subir des transformations le conduisant à l'état d'indol.

On peut dire que l'acide indoxylsulfurique est le témoin d'une désintégration protéique, sans pouvoir indiquer la nature de cette désintégration.

Le *phénol*, le *paracrésol* et d'autres phénols se produisent dans la cavité intestinale par fermentations microbiennes des protéines (qui contiennent, nous l'avons établi ci-dessus, des constituants aromatiques, tyrosine, phénylalanine)[1]. Ces phénols se conjuguent avec l'acide sulfurique résultant de la désassimilation du soufre des tissus et donnent des acides sulfo-conjugués.

Toutefois la production d'acide phénylsulfurique et d'acide paracrésylsulfurique n'est pas liée nécessairement à une fermentation microbienne intestinale : nous savons que, sous l'influence des sucs pancréatique et intestinal, la tyrosine et la phénylalanine contenues dans la molécule protéique sont libérées et peuvent subir des transformations les conduisant à l'état de phénol et de paracrésol. — On peut dire que les acides phénylsulfurique et paracrésylsulfurique sont les témoins d'une désintégration protéique, sans pouvoir indiquer la nature de cette désintégration.

Ces phénylsulfates se rencontrent plus abondants dans l'urine des herbivores que dans celles des carnivores : or, on démontre que les composés aromatiques sont plus abondants en général dans les protéines végétales que dans les protéines animales.

On admet que la combinaison des phénols et de l'acide sulfu-

---

1. Voici comment on peut représenter les transformations successives, qui, de la tyrosine, conduisent au crésol et au phénol :

$$OH - C^6H^4 - CH^2 - CHNH^2 - CO^2H + H^2O$$
$$\text{tyrosine}$$
$$= NH^3 + OH - C^6H^4 - CH^2 - CHOH - CO^2H. \tag{1}$$
$$\text{ac. paraoxyphényloxypropionique}$$

$$OH - C^6H^4 - CH^2 - CHOH - CO^2H + H^2O$$
$$\text{ac. paraoxyphényloxypropionique}$$
$$= CO^2 + H^2O + OH - C^6H^4 - CH - CO^2H. \tag{2}$$
$$\text{ac. paraoxyphénylacétique}$$

$$OH - C^6H^4 - CH^2 - CO^2H = CO^2 + OH - C^6H^4 - CH^3. \tag{3}$$
$$\text{ac. paraoxyphénylacétique} \qquad \text{crésol}$$

$$OH - C^6H^6 - CH^3 + O^3 = OH - C^6H^4 - CO^2H + H^2O. \tag{4}$$
$$\text{crésol} \qquad \text{ac. paraoxybenzoïque}$$

$$OH - C^6H^4 - CO^2H = CO^2 + OH - C^6H^5. \tag{5}$$
$$\text{ac. paraoxybenzoïque} \qquad \text{phénol}$$

rique se fait dans le foie, ou du moins surtout dans le foie : on a en effet trouvé dans le tissu hépatique une quantité de phénylsulfates plus grande que dans le sang. Les phénols, substances toxiques produites dans l'intestin et absorbées par les branches de la veine porte, seraient transformées en phénylsulfates, substances non toxiques, dans le foie, qui exercerait ainsi, à l'égard des phénols toxiques, le rôle de protection contre les agents toxiques, qu'on tend actuellement à lui accorder.

— Les sulfates et phénylsulfates ne représentent pas la totalité des combinaisons sulfurées de l'urine. On trouve dans l'urine divers autres composés qui contiennent de 10 à 20 p. 100 du soufre total de l'urine.

— Bien qu'il ne s'agisse point là de composés sulfurés, il convient de signaler la présence constante dans les urines de phénylglycuronates, qui sont des combinaisons équivalentes aux phénylsulfates, le phénol étant, dans les premiers, conjugué avec l'acide glycuronique, dans les seconds, avec l'acide sulfurique. Les principaux phénylglycuronates décrits dans les urines sont les dérivés glycuroniques du phénol et de l'indoxyle : leur quantité est d'ailleurs xtrèmement faible dans les urines normales. — Différentes substances médicamenteuses introduites dans l'organisme s'y conjuguent, directement ou après transformation, avec l'acide glycuronique : c'est ainsi que le camphre et le chloral donnent respectivement des combinaisons glycuroniques, l'acide camphoglycuronique et l'acide urochloralique, qui passent dans les urines.

III. — SUBSTANCES AZOTÉES DE L'URINE

L'urine contient des combinaisons organiques azotées. On peut dire, d'une façon générale, que les produits de la désassimilation azotée des tissus sont éliminés par l'urine.

Le physiologiste peut avoir besoin de connaître les modifications de l'élimination azotée : il y parvient aisément en déterminant l'azote total de l'urine, c'est-à-dire la quantité d'azote contenue dans l'urine sous diverses formes, urée, acide urique, ammoniaque, etc.

Le dosage de l'*azote total urinaire* se fait par la *méthode de Kjeldahl*, dont nous avons précédemment (p. 270) indiqué les grandes lignes. Dans le cas particulier de l'urine, on peut procéder de la façon suivante.

Dans un ballon de 800 centimètres cubes de capacité, on introduit 5 centimètres cubes d'urine, 15 centimètres cubes d'acide sulfurique de Nordhausen (équivalent au mélange acide sulfurique-acide phosphorique indiqué p. 271) et environ 1 gr. 50 de mercure métallique : on maintient à l'ébullition modérée jusques à et au delà de la décoloration complète, disons, pour fixer les idées, pendant trois ou quatre heures.

La liqueur étant refroidie, on ajoute dans le ballon [1] 500 centimètres cubes d'eau environ et 1 gramme d'hypophosphite de soude[2].

L'élévation de température résultant du mélange de l'eau et de l'acide sulfurique suffit à la dissolution de l'hypophosphite et à la précipitation du mercure; — on peut d'ailleurs pour plus de sûreté, chauffer le mélange, pendant 10 minutes, à 80°.

On laisse refroidir; on ajoute alors, par petites fractions, pour éviter toute élévation notable de température, de la soude caustique, pour neutraliser l'acide sulfurique en excès, puis pour alcaliniser la liqueur; on réunit le matras à l'appareil à distillation et condensation de l'ammoniaque et on chauffe le ballon; etc.

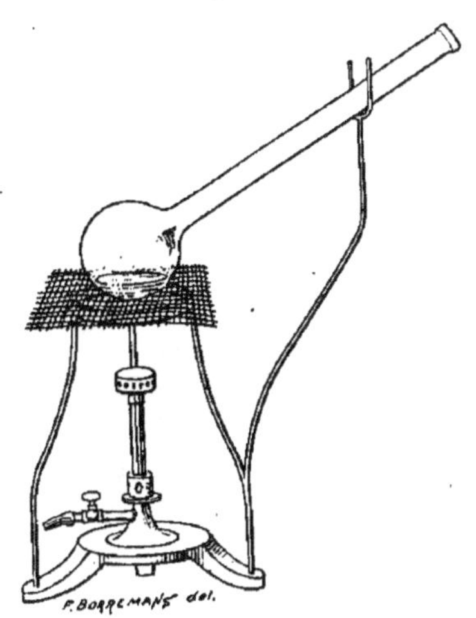

Fig. 111.

On substitue souvent, et avec avantage, à l'appareil à distillation figuré précédemment (p. 271, fig. 93) un appareil représenté dans la figure 112.

— Les principales substances azotées, normalement contenues dans l'urine normale de l'homme, sont les suivantes :

---

1. L'attaque par l'acide sulfurique et toutes les opérations ultérieures se font dans un même ballon en verre d'Iéna, sans transvasement. C'est pour cela que l'on emploie un ballon de 800 centimètres cubes pour l'attaque, bien que le volume du liquide soit de 20 centimètres cubes seulement. On pourrait d'ailleurs sans grand inconvénient faire l'attaque dans un ballon à long col de 100 centimètres cubes de capacité et transvaser ensuite dans le ballon de 800 centimètres cubes, contenu et eaux de lavage du petit ballon.

2. Il y a avantage à substituer cette substance au monosulfure de sodium pour précipiter le mercure : on évite ainsi la production de corps sulfurés volatils qui gênent la titration. L'hypophosphite de soude précipite le mercure à l'état métallique.

$\left\{\begin{array}{l} \text{L'}urée, \\ \text{L'}ammoniaque\ et\ ses\ sels, \\ \text{L'}acide\ urique\ et\ les\ urates, \\ \text{L'}acide\ hippurique\ et\ les\ hippurates. \\ \text{La } créatinine, \text{ etc.} \end{array}\right.$

Les physiologistes, et surtout les pathologistes, ont intérêt à

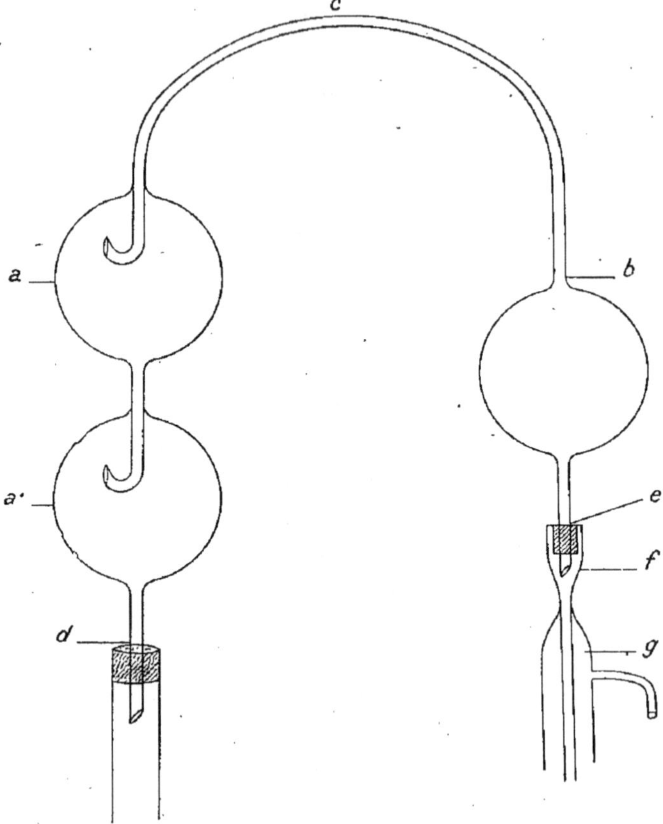

Fig. 112. — Appareil à distillation et condensation de l'ammoniaque. L'appareil est fixé en *d* au ballon contenant la liqueur ammoniacale additionnée de soude, et en *e* au réfrigérant *g*.

connaître les proportions de l'urée et des autres composés azotés de l'urine. Ils sont ainsi amenés à déterminer la quantité d'azote éliminée sous forme d'urée et à la comparer à la quantité totale de l'azote urinaire. Le rapport de ces deux quantités est connu sous le nom de *rapport ou coefficient azoturique*. Pour l'établir, il faut déterminer : 1° l'azote de l'urée ; 2° l'azote total.

Pour déterminer l'azote de l'urée, on multiplie par 0,4666 ou

$\frac{28}{60}$ le poids de l'urée trouvé par l'un des procédés d'analyse de ce corps. Pour déterminer l'azote total, on a recours à la méthode de Kjeldahl.

Le coefficient azoturique normal est voisin de 0,85.

A l'état normal, sur 100 p. d'azote total urinaire, chez l'homme ayant une alimentation mixte moyenne, on trouve 84 à 87 p. 100 d'azote d'urée, 4 à 6 p. 100 d'azote d'ammoniaque, 1 à 3 p. 100 d'azote d'acide urique, et enfin 4 à 11 p. 100 d'azote appartenant aux autres substances azotées de l'urine.

a. — *Urée*.

1. L'*urée* peut être considérée comme la *carbamide*[1]. Qu'est-ce que la carbamide?

Les carbonates neutres répondant à une formule telle que

$$CO^3 \begin{cases} Na \\ Na \end{cases}$$

l'acide carbonique théorique est :

$$CO^3 \begin{cases} H \\ H \end{cases}$$

composé qu'on ne connaît pas, mais qu'on peut imaginer pour les besoins de la démonstration. Le gaz carbonique CO^2 est l'anhydride carbonique, obtenu en enlevant H^2O à l'acide carbonique vrai, de même que l'anhydride sulfurique SO^3 est obtenu en enlevant H^2O à l'acide sulfurique SO^4H^2.

Les *amides* peuvent être considérées comme résultant de la substitution du groupe atomique NH^2 au groupe atomique OH dans les acides; par conséquent, la carbamide répond à la formule :

$$CO \begin{cases} NH^2 \\ NH^2 \end{cases}$$

C'est la formule de l'urée.

Entre l'acide carbonique théorique et l'urée se place le corps

---

1. On peut la préparer synthétiquement par tous les procédés généraux de préparation des amides

$$CO\begin{cases}OH\\NH^2\end{cases}$$

qui est l'*acide carbamique* [1].

On sait, d'autre part, que les *amides* et les *sels ammoniacaux* présentent des relations intimes : les amides peuvent être considérées comme des sels ammoniacaux déshydratés et les sels ammoniacaux comme des amides hydratées.

Ainsi, considérons l'acide oxalique :

$$COOH - COOH.$$

L'oxamide est :

$$CONH^2 - CONH^2,$$

et le sel ammoniacal correspondant, l'oxalate d'ammoniaque, est :

$$CO^2NH^4 - CO^2NH^4.$$

On voit que :

$$[CONH^2]^2 + 2H^2O = (CO^2NH^4)^2.$$

Oxamide.   Oxalate d'ammoniaque.

De même :

$$CO(NH^2)^2 + 2H^2O = CO^3(NH^4)^2.$$

Carbamide.   Carbonate d'ammoniaque.

Urée.

L'urée est une substance soluble à la température de 25° dans son poids d'eau, et dans cinq fois son poids d'alcool. Elle est plus soluble à chaud dans l'alcool et dans l'eau, et cristallise par refroidissement de ses solutions aqueuses ou alcooliques en longues aiguilles incolores prismatiques du système rhombique.

---

1. On ne connaît pas l'acide carbamique libre (il se décompose immédiatement en acide carbonique et ammoniaque) ; mais on connaît un certain nombre de ses sels, notamment le carbamate d'ammoniaque, le carbamate de chaux, etc. Ces sels sont solubles dans l'eau, mais ces solutions aqueuses sont fort instables : les carbamates s'y décomposent en carbonates et en ammoniaque. On peut toutefois stabiliser les solutions aqueuses de carbamates en leur ajoutant de l'ammoniaque : les carbamates sont stables en liqueurs ammoniacales.

Notons que le carbamate d'ammoniaque a été trouvé parmi les produits de l'oxydation des protéines par le permanganate de potasse, et qu'il est l'un des précurseurs de l'urée dans l'organisme, où il dérive de la désintégration des protéines des tissus.

Elle est soluble dans l'alcool-éther, soluble dans l'éther aqueux, insoluble dans l'éther absolu.

L'urée forme avec plusieurs acides des combinaisons cristallines : les plus importantes sont l'*azotate* et l'*oxalate d'urée*, qui sont peu solubles dans l'eau. Si on traite une solution aqueuse concentrée d'urée (c'est-à-dire ne contenant pas moins de 10 p. 100 d'urée à la température de 15°) par l'acide nitrique fort, ajouté en excès, il se produit un précipité cristallin d'azotate d'urée. De même, si on traite une solution aqueuse concentrée d'urée par une solution saturée d'acide oxalique, il se produit un précipité cristallin d'oxalate d'urée. Ces

Fig. 113. — Urée (d'après Funke).   Fig. 114. — Nitrate (1) et oxalate d'urée (2).

deux sels se dissolvent d'ailleurs assez bien dans l'eau bouillante, d'où ils se précipitent partiellement par refroidissement, à l'état cristallin [1].

L'urée, à l'état solide, présente une réaction colorée caractéristique, dite *réaction de Schiff*. Les cristaux d'urée, traités par une solution concentrée de furfurol et par l'acide chlorhydrique prennent une série de teintes (jaune, verte, bleue et violette) conduisant au violet pourpre. Pratiquement, à 2 centimètres cubes d'une solution concentrée de furfurol, on ajoute 5 gouttes d'acide chlorhydrique concentré ; et, dans ce mélange, qui ne doit pas se colorer en rouge, on immerge un cristal de la substance supposée être de l'urée ; en quelques minutes, la coloration violet pourpre se produit.

L'urée ou ses solutions sont décomposées par certains *agents*

1. L'azotate d'urée est beaucoup moins soluble dans l'acide nitrique que dans l'eau ; l'oxalate d'urée est moins soluble dans l'acide oxalique que dans l'eau : c'est pour ces raisons qu'il est recommandé d'employer un excès de ces acides et une liqueur acide concentrée quand on veut précipiter, en partant de l'urée, soit le nitrate, soit l'oxalate d'urée. — Quand on a obtenu, par refroidissement de la solution aqueuse de nitrate ou d'oxalate d'urée un dépôt cristallin, on peut augmenter considérablement ce dépôt en ajoutant à la liqueur soit de l'acide nitrique, soit de l'acide oxalique.

oxydants, tels que l'*hyprobromile de soude*, en gaz carbonique et azote, volumes égaux des deux gaz :

$$CO(NH^2)^2 + 3NaOBr = 3NaBr + CO^2 + N^2 + 2H^2O.$$

Sous l'influence de certains microorganismes, l'urée subit une fermentation, dite *fermentation ammoniacale* : deux molécules d'eau sont fixées sur une molécule d'urée ; l'urée est transformée en *carbonate d'ammoniaque*. (On obtient la même transformation par divers agents d'hydratation, et même par l'eau surchauffée à 140°). On comprend sans peine cette transformation, si on se reporte à ce que nous venons de dire sur la parenté chimique de l'urée et du carbonate d'ammoniaque.

Dans cette transformation de l'urée, les microorganismes interviennent comme producteurs d'une diastase, dite *uréase*, capable d'hydrolyser l'urée.

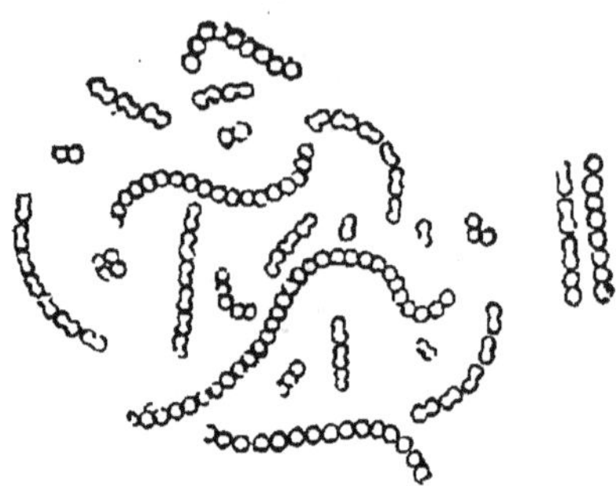

Fig. 115. — Micrococcus ureæ de Van Tieghem.

L'urine abandonnée à l'air subit toujours la fermentation ammoniacale : le ferment figuré, ou plus exactement les ferments figurés capables de produire cette transformation sont abondants dans les poussières de l'atmosphère. Le carbonate d'ammoniaque a une réaction alcaline ; l'urée a une réaction neutre. Lors donc que l'urée subit la transformation ammoniacale, l'urine prend une réaction alcaline de plus en plus marquée.

Signalons enfin trois réactions qui trouvent leur application dans le dosage exact de l'urée.

L'urée est précipitée de ses solutions par addition d'une solution diluée d'azotate de mercure, et le corps qui se précipite, combinaison d'urée et d'azotate de mercure, a, au moins dans des circonstances déterminées, une composition définie : $CO(NH^2)^2 + 2HgO$.

L'urée, chauffée à haute température, en tube scellé, en présence d'une solution alcaline de chlorure de baryum, se transforme en carbonate d'ammoniaque.

L'urée, traitée par le chlorure de magnésium ou par le chlorure de lithium fondus et bouillants, se transforme en carbonate d'ammoniaque.

On peut se proposer d'extraire de l'urée pure de l'urine humaine. A cet effet, on évapore l'urine jusqu'à consistance de sirop; on ajoute de l'acide nitrique en excès; on sépare par filtration l'azotate d'urée précipité; on l'essore au moyen d'une centrifuge ou on le dessèche entre des feuilles de papier buvard; on le redissout dans un peu d'eau; on neutralise l'acide nitrique qu'il retenait par addition de carbonate de baryte; on évapore à siccité; on épuise le résidu par l'alcool absolu; on jette sur un filtre; on concentre par évaporation à chaud la liqueur alcoolique; l'urée cristallise par refroidissement.

Parmi les nombreux procédés proposés pour doser l'urée dans l'urine, les uns donnent des résultats grossiers, et sont uniquement applicables aux recherches cliniques approximatives; les autres fournissent des résultats plus rigoureux et sont utilisables dans les travaux scientifiques et les recherches cliniques exactes.

Dosage de l'urée par l'hypobromite de soude. — Parmi les premiers, nous indiquerons le suivant, qui repose sur la décomposition de l'urée en azote et gaz carbonique par l'hypobromite de soude.

Supposons qu'on ajoute à une solution d'urée, à de l'urine par exemple, un grand excès d'hypobromite de soude et de lessive de soude caustique : l'urée est décomposée en gaz carbonique et azote; le gaz carbonique est retenu par la lessive de soude caustique et l'azote est mis en liberté seul.

$$NH^2 - CO - NH^2 + 3BrONa + 2NaOH$$
$$= CO^3Na^2 + 3NaBr + N^2 + 3H^2O.$$

On admet, et c'est en cela que la méthode n'est pas rigoureuse, parce que cette hypothèse ne l'est pas elle-même, que la totalité de l'urée de l'urine est transformée et que l'urée seule parmi les substances urinaires est transformée par l'hypobromite de soude.

Si on mesure le volume d'azote dégagé, on peut calculer la quantité correspondante d'urée ; 100 grammes d'urée contiennent 46 g. 66 d'azote; — 100 grammes d'azote correspondent à 214 gr. 28 d'urée.

Pratiquement, on peut opérer de la façon suivante : Un tube A B, dit *tube d'Yvon* (fig. 116), formé de deux parties A et B, réunies par un robinet R, graduées en dixièmes de centimètre cube, est placé

sur une éprouvette remplie de mercure, M. La partie B du tube
est remplie de mercure. Dans la partie A, on verse l'urine à
analyser. En soulevant le tube, de façon que le robinet s'élève
au-dessus du mercure de M et ouvrant ce robinet, on fait pénétrer
dans la partie B de l'appareil une certaine quantité d'urine, quan-

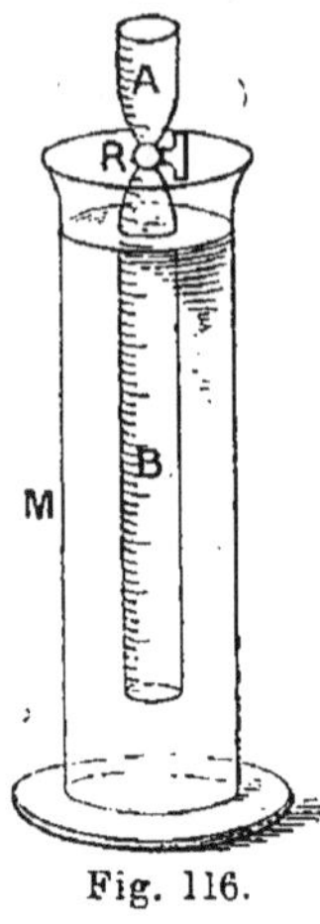

Fig. 116.

tité qu'on peut connaître, en lisant l'abaissement
du niveau de l'urine dans la partie A de l'appareil.
On enlève avec un papier buvard ce qui reste de
liquide dans A; on y verse la solution d'hypobromite de soude et on fait pénétrer dans la partie
B, par la même manœuvre que précédemment, un
volume de cette solution égal à plusieurs fois le
volume de l'urine introduite. Le dégagement
gazeux se produit; on lit dans la partie B le volume
de gaz : soit V ce volume, T la température, H la
pression atmosphérique, F la tension maxima de
la vapeur d'eau à la température T, α le coefficient
de dilatation cubique des gaz; le poids d'un litre
d'azote étant 1 gr. 256; le poids d'azote dégagé est :

$$p = V \times \frac{1}{1 + aT} \times \frac{H - F}{760} \times 1,256$$

d'où l'on peut calculer le poids d'urée P :

$$P = p \times \frac{214,28}{100},$$

ou

$$P = 2,1428\ p.$$

On peut substituer au tube d'Yvon le *tube de Frédéricq* représenté dans la figure 117. L'ampoule B sert à mesurer les 2 cc. 5
d'urine sur lesquels on opère; le tube DEF est gradué dans
la partie rétrécie E seulement; l'ampoule D a un volume de
5, ou 15, ou 25 centimètres cubes (on a besoin de 3 tubes qu'on
emploie respectivement selon la richesse de l'urine en urée). Le
tube rétréci E est gradué pour 5 centimètres cubes.

On peut, si l'on ne possède pas de cuve à mercure, se servir
d'un appareil disposé comme l'indique la figure 118 (appareil de
Regnard) :

Deux petits ballons A et B sont réunis par un tube de verre
recourbé T : les orifices a et b sont fermés, l'un par un bouchon

plein *a*, l'autre par un bouchon percé d'un trou, *b*, dans lequel s'engage un tube *t* (verre et caoutchouc) communiquant avec une petite cloche *c* graduée en dixièmes de centimètre cube et plongeant dans l'eau. — Les bouchons *a* et *b* étant enlevés, on introduit dans A l'urine, 2 centimètres cubes par exemple ; dans B la solution d'hypobromite d'alcali alcalin, 10 centimètres cubes par exemple ; on bouche en *a*, on fixe en *b* et on lit le niveau de l'eau dans la cloche *c*, les niveaux de l'eau étant amenés à être dans un même plan à l'intérieur et à l'extérieur de la cloche. En inclinant l'appareil AB, on mélange les deux liquides : un dégagement d'azote se produit ; le niveau de l'eau baisse dans la cloche *c* graduée. En soulevant la cloche, pour que le niveau du liquide soit le même à l'intérieur et à l'extérieur dans la cloche *c*, on lit le nouveau niveau : on connaît ainsi l'augmentation de volume du gaz contenu dans l'appareil, par conséquent le volume de l'azote dégagé. On peut calculer son poids, d'après la formule précédemment donnée. En général, on se reporte à des tables vendues avec l'appareil, lesquelles donnent, pour chaque température, la quantité d'urée correspondant à une augmentation de volume lue sur l'appareil.

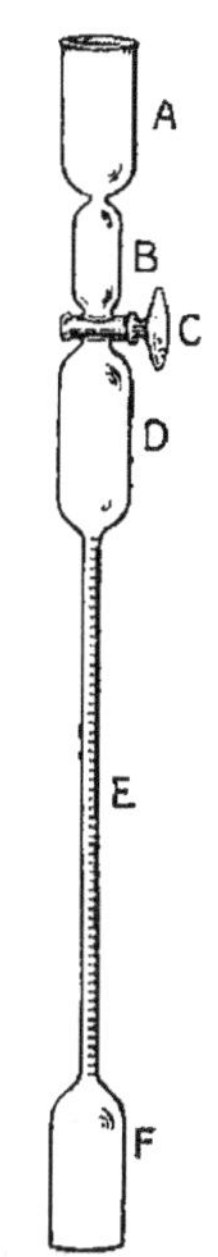

Fig. 117. — Tube uréométrique de Frédéricq.

On peut encore employer un appareil plus simple, en substituant aux ballons géminés A-B un flacon de verre à large ouverture A au fond duquel on dépose la solution d'hypobromite de soude. Dans ce flacon, on introduit un tube de verre *a* contenant l'urine, tube qu'on dispose de façon que le mélange des deux liqueurs ne se fasse pas. On

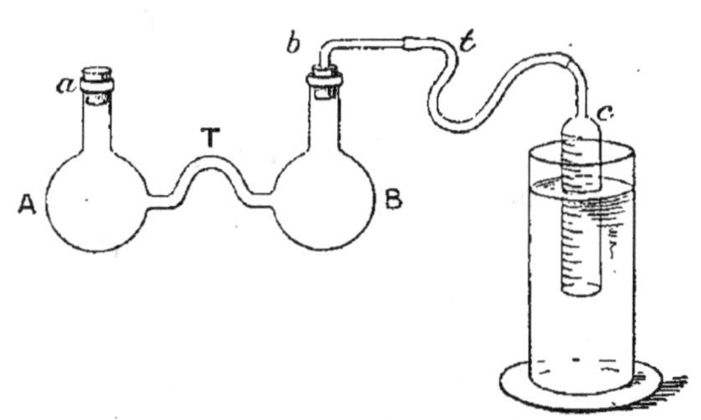

Fig. 118. — Appareil de Regnard.

adapte le bouchon, de façon que le niveau de l'eau arrive dans la cloche à la division O. On renverse le flacon A pour assurer le mélange de l'urine et de l'hypobromite (fig. 119).

La solution d'hypobromite de soude employée se prépare en mélangeant 60 centimètres cubes de lessive de soude caustique commerciale, 140 centimètres cubes d'eau et 7 centimètres cubes de brome.

Tous les procédés de dosage de l'urée à l'aide de l'hypobromite de soude sont entachés de causes graves d'erreur pour les deux raisons suivantes : 1° La décomposition de l'urée par l'hypobromite de soude n'est pas intégrale; en général on ne recueille pas plus de 92 p. 100 de l'azote qu'elle contient; — 2° L'hypobromite de soude décompose au moins partiellement les sels ammoniacaux, l'acide urique, les bases nucléiniques, la créatinine, qui accompagnent toujours l'urée dans l'urine; on s'est efforcé sans doute d'éliminer cette cause d'erreur en précipitant préalablement tous ces composés de l'urine par un réactif convenable, avant de traiter par l'hypobromite de soude, mais aucun de ceux qui ont été proposés ne donne des résultats pleinement satisfaisants.

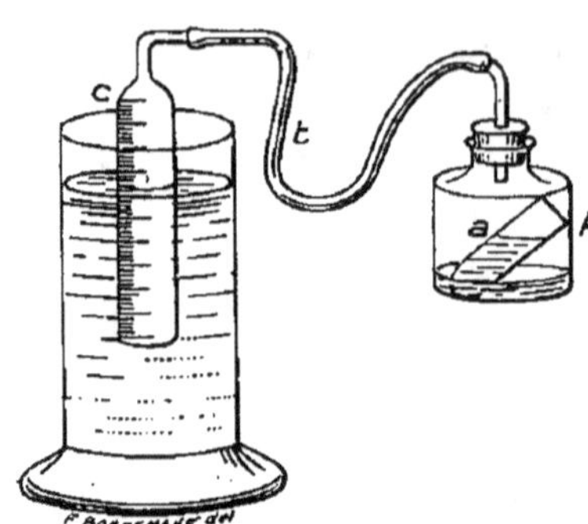

Fig. 119. — Disposition pour doser l'urée à l'hypobromite. — A, flacon de verre à large ouverture au fond duquel on a versé la solution d'hypobromite; *a*, tube contenant un volume connu d'urine; *c*, cloche gradué reposant sur l'eau et communiquant par le tube en caoutchouc *t* avec l'appareil A.

Le procédé de dosage de l'urée par l'hypobromite de soude comporte ainsi une erreur qui peut atteindre 10 p. 100 et plus. Or les cliniciens ne peuvent plus se contenter aujourd'hui, notamment dans la détermination du coefficient azoturique, d'une telle approximation. Il leur faut recourir, comme les physiologistes le font eux-mêmes, à des méthodes plus précises. — De ces méthodes, nous indiquons seulement les grandes lignes pour les deux premières; nous décrivons de façon précise la troisième, qui nous paraît devoir être considérée comme la méthode de choix pour les physiologistes et pour les cliniciens.

1° **Méthode de titration au nitrate de mercure.** — Le nitrate de mercure forme avec l'urée, dans des conditions déterminées, une combinaison définie, qui est insoluble dans l'urine. On détermine la quantité de solution titrée de nitrate de mercure qu'il faut ajouter à une urine, pour en précipiter l'urée. Le composé d'urée et de nitrate de mercure est blanc : pour juger que la précipitation est totale, on a recours à des substances donnant avec les sels de mercure des combinaisons colorées (telles sont une solution de carbonate de soude, ou une bouillie de bicarbonate de soude, qui, avec les sels de mercure, donnent une coloration jaune ou jaune brun). Simple en principe, cette méthode devient extrêmement compliquée dans la pratique, car, parmi les substances dissoutes dans l'urine, l'urée n'est pas la seule qui soit précipitée par le nitrate de mercure : les phosphates et les chlorures notamment se combinent au sel mercurique. Il est donc nécessaire, avant de procéder à la titration de l'urée, de débarrasser l'urine de ses phosphates et de ses chlorures; ce qui complique singulièrement l'opération.

2° **Méthode barytique**. — L'urée chauffée à haute température en tube scellé avec une solution alcaline de chlorure de baryum, se décompose en acide carbonique et ammoniaque. Il suffit dès lors, une fois terminée cette décomposition, de doser soit l'acide carbonique, soit l'ammoniaque engendrés. Il convient toutefois, pour obtenir des résultats exacts, de débarrasser préalablement l'urine des produits azotés qu'elle contient, à l'exception de l'urée : on y parvient d'une façon satisfaisante, en traitant l'urine par l'acide chlorhydrique et l'acide phosphomolybdique. Après filtration, on alcalinise légèrement avec un lait de chaux, puis on chauffe en tube scellé. L'ammoniaque se dose par déplacement au moyen de la magnésie et titration alcalimétrique. Ici encore, la méthode est compliquée, car, outre les manipulations préalables indiquées, il faut tenir compte de l'ammoniaque préexistant dans l'urine, et en faire un dosage spécial [1].

3° **Méthode au chlorure de magnésium (méthode de Folin)**. — C'est la *méthode de choix* pour les physiologistes et pour les cliniciens.

Elle repose sur ce que l'urée est transformée en carbonate d'ammoniaque quand elle est chauffée à la température d'ébullition du chlorure de magnésium fondu. De toutes les matières urinaires, l'urée est d'ailleurs la seule qui fournisse de l'ammoniaque dans ces conditions; l'acide urique, l'acide hippurique et la créatinine en particulier n'en fournissant pas trace. Il convient, pour que de l'ammoniaque ne se perde pas pendant la chauffe, d'ajouter de

---

1. Pour la pratique de ces méthodes, on se reportera aux traités de chimie analytique, qui fournissent toutes les indications pour faire une analyse rigoureuse.

l'acide chlorhydrique n'empêchant d'ailleurs nullement l'hydrolyse de l'urée par le chlorure de magnésium fondu. L'ammoniaque est ensuite dosée, comme dans la détermination de l'azote total, par déplacement par la soude caustique, distillation, et réception dans une solution acide titrée.

On procédera donc de la façon suivante :

Dans un petit matras d'essayeur à très long col (fig. 102) de 150 à 200 centimètres cubes de capacité, on introduit 5 centimètres cubes d'urine, 35 grammes de chlorure de magnésium cristallisé [1] et 5 centimètres cubes d'acide chlorhydrique concentré. On chauffe à l'ébullition, en réglant la flamme de façon que la condensation des vapeurs se fasse dans la moitié inférieure du long col du matras incliné à 45°. La température du mélange est de 160-165°. On maintient l'ébullition pendant une heure ; puis on laisse refroidir ; on ajoute de l'eau et on transvase dans l'appareil à distillation d'ammoniaque, disposé comme nous l'avons indiqué ci-dessus (p. 382, fig. 112).

Il est recommandable, pour obtenir de bons résultats, que la quantité de liquide à distiller ne dépasse pas 250 centimètres cubes. A ce liquide, on ajoute par petites portions de la soude, pour neutraliser l'acide chlorhydrique en excès, puis environ 5 centimètres cubes d'une lessive de soude à 25 p. 100 (env. 30° Baumé). On distille lentement, de façon qu'il passe de 15 à 20 gouttes par minute, et pendant 30 à 40 minutes (soit environ 30 centimètres cubes de distillat [2]). L'ammoniaque distillée est condensée dans 20 centimètres cubes d'acide sulfurique 1/5 normal (9 gr. 8 acide sulfurique SO^4H^2 pour un litre). — On titre ensuite l'acide avec une solution décinormale d'ammoniaque (1 g. 7 NH^3 par litre) en présence de tournesol indicateur.

En procédant ainsi, on détermine l'ammoniaque résultant de l'hydrolyse de l'urée et l'ammoniaque préexistant dans l'urine à l'état des sels ammoniacaux. C'est dire que l'on doit, pour terminer l'analyse de l'urée, déterminer la quantité d'ammoniaque contenue

---

1. On a proposé de remplacer le chlorure de magnésium par le chlorure de lithium anhydre pour la transformation de l'urée en carbonate d'ammoniaque : l'expérience a démontré que la distillation de l'ammoniaque qui termine l'analyse se fait plus régulièrement dans une liqueur tenant en solution de la lithine dissoute que dans une liqueur tenant en suspension de la magnésie. Dans ce cas, on opère sur 5 centimètres cubes d'urine, auxquels on ajoute 15 grammes de chlorure de lithium et 3 centimètres cubes d'acide chlorhydrique.

2. On vérifie alors que le distillat ne contient plus d'ammoniaque, au moyen du réactif de Nessler (Voy. p. 396).

dans l'urine (Voy. ci-dessous p. 397) et retrancher le nombre ainsi obtenu du nombre fourni par la précédente analyse.

Exemple de calcul.

Supposons que, pour neutraliser l'acide dans lequel s'est faite la condensation ammoniacale (pour 20 centimètres cubes acide pur 1/5 normal, il faut employer 40 centimètres cubes ammoniaque décinormale), il faille ajouter 6 centimètres cubes de la solution décinormale d'ammoniaque. Il a donc distillé l'équivalent de 34 centimètres cubes d'une solution décinormale d'ammoniaque. Or 1 centimètre cube d'une solution décinormale d'ammoniaque contient 0 gr. 0017 d'ammoniaque; il en a donc distillé $0,0017 \times 34$, soit 0 gr. 0578. — Supposons que l'urine examinée contienne 0 gr. 0035 d'ammoniaque; la différence $0,0578 - 0,0035$, soit 0 gr. 0543, représente l'ammoniaque résultant de l'hydrolyse de l'urée.

Or à 1 gramme d'ammoniaque correspond $\frac{60}{34}$ gramme soit 1,765 d'urée,

Donc la quantité d'urée contenue dans les 5 centimètres cubes d'urine analysée est $0,0543 \times 1,765$, soit 0 gr. 0958; la quantité contenue dans 1 litre est 200 fois plus grande, soit 19 gr. 16.

La quantité d'urée excrétée normalement par les urines d'un homme adulte de poids moyen, recevant une alimentation mixte, partie animale et partie végétale, est d'environ 30 grammes par vingt-quatre heures. — Elle varie considérablement selon l'alimentation.

L'urée, substance azotée, est nécessairement un *produit de désassimilation des substances azotées de l'organisme*, c'est-à-dire des substances protéiques? Se forme-t-elle directement, ou n'est-elle que le dernier terme d'une série de transformations successives?

Les chimistes ont obtenu par diverses méthodes des produits simples de décomposition des protéines. Parmi ces produits de décomposition, nous avons signalé les amino-acides, glycocolle, leucine, tyrosine, acides aspartique et glutamique, arginine, lysine, etc. Nous pouvons signaler encore le gaz carbonique, l'ammoniaque, etc.

Nous n'avons pas à examiner ici la question d'ordre purement physiologique de la formation d'urée dans l'organisme. Aussi nous contenterons-nous de fixer les points suivants :

L'organisme des mammifères possède la propriété de transformer en urée le carbonate d'ammoniaque, le carbamate d'ammoniaque et en général les sels ammoniacaux qui peuvent se transformer en carbonate d'ammoniaque dans l'organisme[1] la transformation du carbonate et du carbamate d'ammoniaque en urée se fait dans le foie. Or, on a pu déceler dans les tissus et dans le sang la présence de substances ammoniacales et de carbonates et carbamates alcalins. D'autre part, les physiologistes ont démontré que, dans le cas de suppression pathologique ou expérimentale du foie, la proportion d'urée dans la masse des composés azotés de l'urine diminue, en même temps que la proportion d'ammoniaque y augmente (le coefficient azoturique diminue)[2]. Par conséquent,

---

1. Sont transformés en carbonates dans l'économie les sels d'alcalis à acides organiques, tels que les acétates, les tartrates, les malates, les citrates, etc. Ne sont pas transformés en carbonates dans l'économie les sels d'alcalis à acides minéraux et les sels d'alcalis dérivés des acides lactique, oxybutyrique, acétyla-cétique.

2. Dans les deux précédentes éditions de cet ouvrage, nous écrivions :

« La connaissance du coefficient azoturique, c'est-à-dire du rapport $\dfrac{\text{azote d'urée}}{\text{azote total}}$, a pris depuis quelques années une importance considérable au point de vue de l'établissement du diagnostic des insuffisances hépatiques. Il ne nous semble pas cependant que cette détermination soit la plus importante parmi celles entre lesquelles on avait le choix. L'insuffisance hépatique réagissant surtout sur la valeur relative de l'urée et de l'ammoniaque, il nous semble qu'il eût été préfé-rable de déterminer le rapport $\dfrac{\text{Azote d'urée}}{\text{Az. d'urée} + \text{Az. d'NH}^3}$ ou le rapport complémen-taire $\dfrac{\text{Azote d'NH}^3}{\text{Az. d'urée} + \text{Az. d'NH}^3}$. Cette détermination peut d'ailleurs se faire avec 2 analyses (1° ammoniaque d'urée + ammoniaque préformée; 2° ammoniaque préformée), supprimant l'analyse de l'azote total. Elle permettrait en outre de supprimer les calculs complémentaires, car les deux rapports ci-dessus indiqués pourraient être remplacés par les rapports égaux $\dfrac{\text{Ammoniaque d'urée}}{\text{Ammoniaque totale}}$ et $\dfrac{\text{Ammoniaque préformée}}{\text{Ammoniaque totale}}$. Il ne resterait plus qu'à leur trouver un nom conve-nablement choisi pour assurer leur fortune. »

Le vœu ainsi formulé a été réalisé. On a notamment étudié le rapport :
$$\frac{\text{Azote de NH}^3}{\text{Az. de NH}^3 + \text{Az. d'urée}}$$
et aussi le rapport :
$$\frac{\text{N d'NH}^3 + \text{N d'acides-aminés}}{\text{N d'urée} + \text{N d'NH}^3 + \text{N d'acides-aminés}};$$
depuis qu'on a reconnu la présence dans les urines de quantités non négligeables d'acides-aminés. La substitution de ce dernier rapport au précédent est recom-mandable, puisque l'azote des acides-aminés, comme celui de l'ammoniaque, est uréifiable.

La valeur de ces divers coefficients varie chez l'homme normal de façon très sensible suivant le régime alimentaire. La valeur moyenne du coefficient azotu-rique est 0,85 (de 0,81 à 0,92).

La valeur moyenne du rapport $\dfrac{\text{Azote d'amm.}}{\text{Az. d'amm.} + \text{Az. d'urée}}$ est 0,06.

La valeur moyenne du rapport $\dfrac{\text{Azote d'urée}}{\text{Az. d'urée} + \text{Az. d'amm.}}$ est 0,94.

— Il convient de faire remarquer que la connaissance de ces coefficients uri-naires, ne comporte pas toujours une conclusion clinique unique. La diminution du coefficient azoturique et l'augmentation du coefficient $\dfrac{\text{Azote de NH}^3}{\text{Az. de NH}^3 + \text{Az. d'urée}}$

nous sommes autorisés à affirmer qu'une partie de l'urée produite dans l'organisme dérive de la transformation intra-hépatique de composés ammoniacaux, notamment de carbonates et de carbamates engendrés par un mécanisme d'ailleurs ignoré dans les tissus.

L'organisme des mammifères possède la propriété de transformer en urée les acides monoaminés, notamment la leucine et le glycocolle : la transformation se fait dans le foie. Sans doute, on n'a pu déceler la présence de ces acides monoaminés libres dans le sang et dans les tissus, mais on en a signalé la présence en petite quantité dans l'urine. D'ailleurs nous savons, d'une part, que le glycocolle existe combiné à l'acide cholalique, dans la bile, et combiné à l'acide hippurique dans l'urine, et, d'autre part, que les molécules albumineuses sont essentiellement constituées par accolement de noyaux amino-acides; par conséquent, l'hypothèse d'une production temporaire d'amino-acides libres et de leur transformation en urée par le foie est, sinon certaine, du moins possible; les méthodes dont nous disposons ne nous permettent pas de déceler les traces d'amino-acides qui se rencontrent sans doute dans les liquides de l'organisme.

Les physiologistes démontrent qu'une partie de l'urée produite dérive nécessairement des tissus, sans passer par la forme ammoniacale ou carbamique. Nous avons vu précédemment que, sous l'influence de l'eau de baryte, l'arginine donne de l'urée; nous avons vu que, sous l'influence d'une diastase de la muqueuse intestinale, l'arginase, l'arginine donne de l'ornithine et de l'urée; or l'arginine est un élément de la charpente fondamentale de la molécule albumineuse; nous sommes ainsi autorisés à supposer que, dans l'organisme des mammifères, une partie de l'urée produite dérive du noyau arginine de la charpente protaminique des substances albumineuses.

b. — *Ammoniaque et sels ammoniacaux urinaires.*

L'ammoniaque libre est un gaz, à odeur caractéristique, très soluble dans l'eau. La solution aqueuse d'ammoniaque a une

se manifestent en effet dans deux circonstances : 1° lorsque le foie ne transforme plus au même degré que chez l'homme normal les composés azotés générateurs d'urée, et il y a alors insuffisance hépatique; 2° lorsque l'organisme fabrique en surabondance les acides stables, fixateurs d'ammoniaque qu'ils soustraient à l'action uréogénique du foie, et il y a alors hyperacidose ou tout simplement acidose. Il appartiendra, dans chaque cas, au clinicien de choisir entre les deux conclusions possibles que comportent les variations des coefficients urinaires.

réaction très fortement alcaline; elle perd la totalité de son ammoniaque à la température d'ébullition; à la température ordinaire, elle abandonne de l'ammoniaque en quantité plus ou moins grande selon sa richesse.

L'ammoniaque, base énergique, se combine directement avec les acides pour donner des sels bien définis, cristallisables, équivalents aux sels correspondants de potasium et de sodium. Ces sels sont dédoublés par les alcalis caustiques ou par les terres alcalines : l'ammoniaque est mise en liberté, un sel alcalin ou alcalino-terreux prend naissance.

On peut caractériser l'ammoniaque par son odeur, par sa réaction alcaline, par les fumées blanches qu'elle donne avec des vapeurs d'acide chlorhydrique, etc., enfin par le *réactif de Nessler*.

On prépare ce réactif de la façon suivante : on dissout 2 grammes d'iodure de potassium dans 60 centimètres cubes d'eau; on y ajoute de l'iodure rouge de mercure en chauffant légèrement, jusqu'à ce que ce sel ne se dissolve plus; on ajoute 20 centimètres cubes d'eau. A cette liqueur, on ajoute un volume et demi d'une solution concentrée de potasse caustique; et, s'il s'est produit un peu de précipité, on filtre. On conserve le réactif en flacons bien bouchés.

Le réactif de Nessler précipite l'ammoniaque en noir : cette réaction est très sensible.

Pour reconnaître la présence de l'ammoniaque ou de ses sels dans une liqueur ou dans un tissu de l'organisme en contenant une notable proportion, on ajoute de la soude caustique en excès, on chauffe légèrement. L'ammoniaque se révèle par son odeur caractéristique; elle fait bleuir un papier de tournesol humide exposé à ses vapeurs; elle donne avec les vapeurs qui se dégagent d'un flacon ouvert d'acide chlorhydrique des fumées blanches.

Quand la quantité d'ammoniaque ou de ses sels est petite, il est préférable d'opérer de la façon suivante. On dispose à la suite l'un de l'autre trois barboteurs à boule, le premier contenant de l'acide sulfurique concentré; le second, le liquide à examiner, additionné de soude caustique, ou d'un lait de chaux; le troisième, le réactif de Nessler; le tout est mis en rapport avec un aspirateur. L'air, en traversant l'acide sulfurique, se débarrasse de l'ammoniaque qu'il pourrait contenir; en traversant le liquide examiné, il se charge de l'ammoniaque et l'entraîne dans le réactif de Nessler qui se colore en noir, ou précipite en noir selon la quantité d'ammoniaque entraînée.

Pour doser l'ammoniaque de l'urine, plusieurs procédés ont été proposés; le plus recommandable de tous, le *procédé de choix*, pour les physiologistes et pour les cliniciens, est le procédé de Schlœsing légèrement amendé. Voici comment il convient de procéder :

Dans un cristallisoir de verre d'un diamètre de 10 centimètres environ, on introduit 25 centimètres cubes d'urine et 6 centimètres.

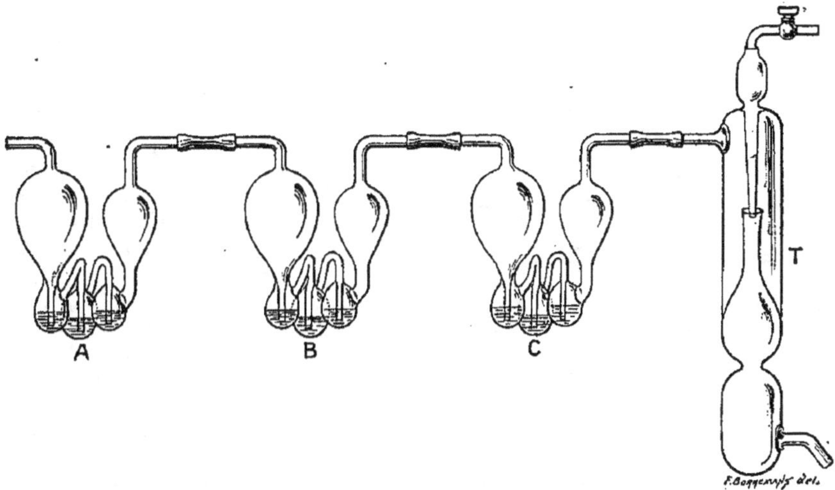

Fig. 120. — A, appareil à boule contenant l'acide sulfurique concentré; B, appareil contenant la liqueur alcalinisée; C, appareil contenant le réactif de Nessler; T, trompe à eau.

cubes d'un lait de chaux à 10 p. 100 (chaux 10, eau quantité suffisante pour 100 centimètres cubes). Le cristallisoir et son contenu sont introduits sous une cloche bien rodée, fermant exactement; au-dessus de ce cristallisoir, on place sur un triangle une capsule de verre contenant 10 centimètres cubes d'acide sulfurique 1/4 normal (12 gr. 25 acide sulfurique pour 1 litre). On abandonne le tout pendant trois jours à la température ordinaire. Dans ces conditions, toute l'ammoniaque contenue dans l'urine à l'état d'ammoniaque ou de sels ammoniacaux s'est dégagée et a été absorbée par l'acide sulfurique. Il suffit de titrer l'acide, par exemple au moyen d'une solution décinormale de soude (4 gr. NaOH pour 1 litre), pour pouvoir calculer la quantité d'ammoniaque fournie par les 25 centimètres cubes d'urine.

Cette méthode de dosage de l'ammoniaque remarquable par sa très grande simplicité a le défaut de ne fournir un résultat qu'après trois jours d'attente. Il est à craindre que, durant ces trois jours, une partie de l'urée contenue dans l'urine ait subi, malgré l'alcalinité du mélange urine-lait de chaux une légère fermentation ammoniacale et que les résultats de l'analyse ne soient légèrement faussés par l'introduction de l'ammoniaque néoformée. On a proposé sans doute de fluorer l'urine ; mais, en présence du lait de chaux, le fluorure est précipité et son action antiseptique est supprimée; il serait assurément préférable dans le cas présent d'assurer l'aseptie du mélange en le saturant de chloroforme : on pourrait par exemple ajouter à l'urine quelques gouttes de chloroforme et agiter vigoureusement au début de l'analyse, et placer sous la cloche c, à côté du cristallisoir a (fig. 121) une soucoupe contenant un peu de chloroforme pour assurer la saturation chloroformique de l'entier système contenu sous la cloche.

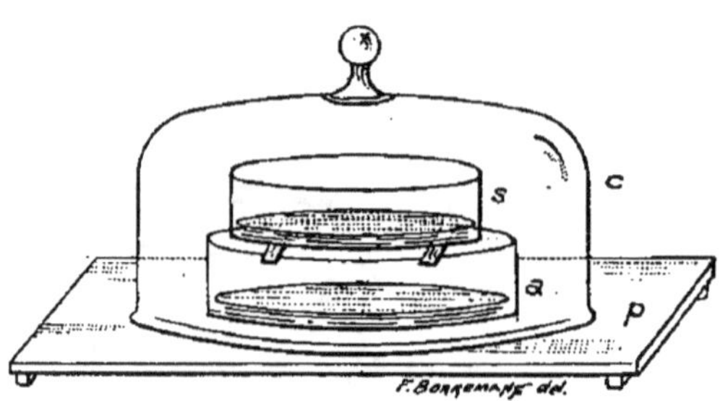

Fig. 121. — Dosage de l'ammoniaque. — c, cloche rodée reposant sur le plan de verre P : a, cristallisoir contenant le mélange urine-lait de chaux ; s, cristallisoir contenant l'acide sulfurique.

Exemple. — L'opération étant terminée, supposons qu'il faille 20 centimètres cubes de soude décinormale pour neutraliser l'acide. Comme il faut 25 centimètres cubes de cette solution pour neutraliser les 10 centimètres cubes d'acide sulfurique 1/4 normal, une partie de cet acide a été neutralisée par une quantité d'ammoniaque équivalente à 5 centimètres cubes de la solution décinormale de soude, équivalente par conséquent à 0 gr. 004 × 5, soit 0 gr. 02 de soude caustique. Or l'examen des formules chimiques de la soude NaOH et de l'ammoniaque NH^3 montre qu'à 40 grammes de soude sont chimiquement équivalents 17 grammes d'ammoniaque ; — qu'à 1 gramme de soude est chimiquement équivalent $\frac{17}{40}$, soit 0 gr. 425 d'ammoniaque. Donc à 0 gr. 02 de soude correspond 0 gr. 02 × 0,425, soit 0 gr. 0085 d'ammoniaque. Si donc 25 centimètres cubes d'urine contiennent 0 gr. 0085 d'ammoniaque, 1 litre en contient 40 fois plus, soit 0 gr. 0085 × 40, soit 0 gr. 340.

On a décrit plusieurs autres méthodes, fournissant plus rapidement que la précédente, des résultats exacts; mais aucune de ces méthodes ne répond aussi bien que la précédente aux besoins de simplicité qui sont ceux du physiologiste. Aussi ne croyons-nous pas utile de les exposer ici.

c. — *Acide urique et urates.*

L'*acide urique* $C^5H^4N^4O^3$ se trouve dans l'urine, à l'état d'u-
rates. L'acide urique est extrêmement peu soluble dans l'eau : il
se dissout dans environ 2 000 parties d'eau bouillante et dans environ 15 000 parties d'eau froide. Il est insoluble dans l'éther.

Sa formule de constitution est

$$OC\begin{cases} NH - CO - C - NH \\ NH - \quad\quad C - NH \end{cases}\hspace{-0.5em}\begin{matrix} \\ \| \\ \end{matrix}\ CO.$$

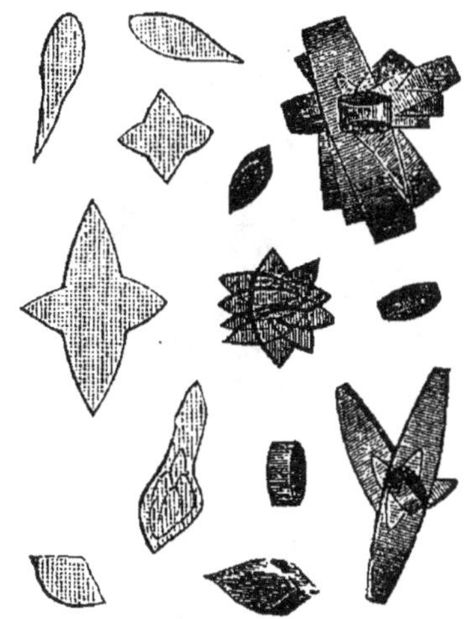

Fig. 122. — Acide urique hydraté précipité des urines par les acides.

Fig. 123. — Autre aspect de l'acide urique
hydraté déposé dans les urines.

C'est une trioxypurine (Voir chap. IV, p. 111).

L'acide urique, acide bibasique, forme deux séries de sels, les
urates et les *biurates*, tels que :

$$C^5H^2N^4O^3Na^2,\ \text{urate de soude,}$$
$$C^5H^3N^4O^3Na,\ \text{biurate de soude.}$$

Les urates neutres, tout en étant peu solubles dans l'eau, sont
néanmoins beaucoup plus solubles que l'acide urique : l'urate
neutre de soude se dissout à la température ordinaire dans 75 parties d'eau, l'urate neutre de potasse dans 40 parties d'eau, l'urate
neutre de chaux dans 1500 parties d'eau.

Les biurates sont en général moins solubles que les urates neutres; le biurate de soude se dissout dans 1 200 parties d'eau; le biurate de potasse se dissout dans 800 parties d'eau, le biurate d'ammoniaque dans 1 600 parties d'eau et le biurate de chaux dans 600 parties d'eau.

L'acide urique se combinant directement avec les alcalis pour former des urates d'alcalis plus solubles dans l'eau que l'acide urique, on dit quelquefois que l'acide urique est soluble dans les alcalis; il s'y dissout, il est vrai, mais en se transformant en urates.

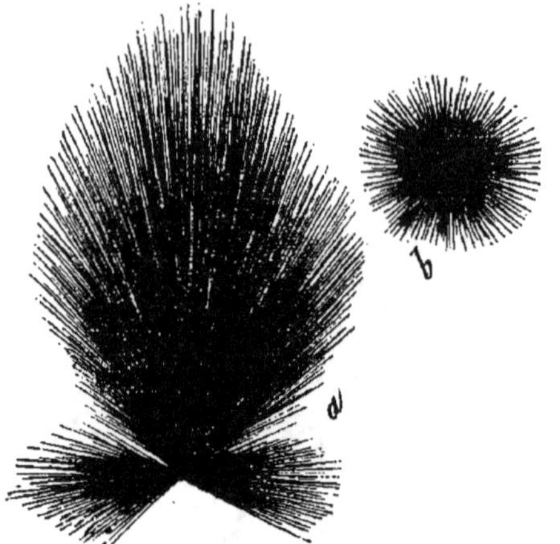

Fig. 124. — Urate acide d'ammoniaque cristallisé dans l'eau chaude.

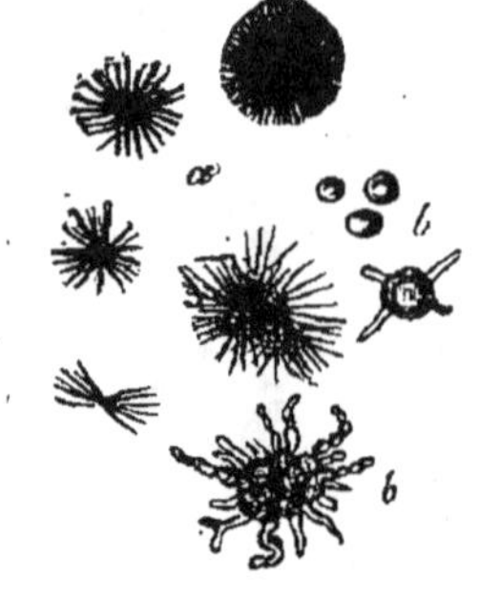

Fig. 125. — Urate acide de soude en aiguilles et sphérules.

L'urine humaine contient surtout de l'urate neutre de soude et un peu d'urate neutre de potasse (l'urine des oiseaux et des reptiles contient surtout du biurate d'ammoniaque).

Les urates sont décomposés par les acides minéraux, tels que l'acide chlorhydrique; il se forme de l'acide urique et un sel à acide minéral, tel qu'un chlorure.

Les urates possèdent la propriété de réduire la liqueur de Fehling en donnant un précipité blanchâtre d'urate cuivreux; mais ne possèdent pas la propriété de réduire, en présence d'alcalis, les sels de bismuth [1].

L'acide urique et les urates présentent deux réactions colorées, la réaction de la murexide et la réaction de Denigès, à signaler :

1. Ce fait présente un intérêt évident, au point de vue de la recherche de la glycose dans les urines; il montre qu'en cas de réduction légère de la liqueur de Fehling par une urine, il faut, avant d'affirmer que cette urine contient du sucre, obtenir un résultat positif avec la solution de bismuth.

Réaction de la murexide. — Si, dans une petite capsule de porcelaine, on verse sur une petite quantité d'acide urique ou d'urates solides, quelques gouttes d'acide nitrique, et si on chauffe, il se produit un abondant dégagement gazeux, en même temps que l'acide urique se dissout. Si on évapore au bain-marie la liqueur ainsi obtenue, il reste un résidu jaune. Si, après refroidissement, on ajoute à ce résidu quelques gouttes d'ammoniaque, la coloration devient rouge pourpre; — si, au lieu d'ammoniaque, on ajoute de la potasse, la coloration devient bleue ou bleue violette. Cet ensemble de réactions colorées constitue la réaction de la murexide [1]. (Pl. col. V, fig. P_1, P_2, P_3.)

Réaction de Denigès. — Si, dans une petite capsule de porcelaine, on chauffe quelques instants jusqu'à ébullition une petite quantité d'acide urique ou d'urates solides avec de l'eau et un peu d'acide nitrique, si on évapore à douce température, et si on ajoute au résidu 2 à 3 gouttes d'acide sulfurique et autant de benzine commerciale, il se produit une coloration bleue; cette couleur passe au brun quand on chasse la benzine par la chaleur, mais se reproduit quand on ajoute de nouveau quelques gouttes de benzine.

— Pour *doser approximativement l'acide urique* dans une liqueur contenant des urates, notamment dans l'urine, on se fonde sur la décomposition des urates par un acide minéral et sur l'insolubilité de l'acide urique.

A 200 centimètres cubes d'urine, on ajoute 10 centimètres cubes d'acide chlorhydrique de densité 1,12 et on abandonne le mélange dans un lieu frais pendant quarante-huit heures. Le dépôt d'acide urique ne se fait pas immédiatement; mais, au bout de vingt-quatre heures (en général au bout de quelques heures), on voit se former, sur les parois et au fond du vase, un précipité cristallin, fortement coloré, d'acide urique. On jette sur le filtre, on lave le précipité avec un peu d'eau, on dessèche dans le vide et on pèse [2].

Pour doser plus exactement l'acide urique, on dispose de nombreux procédés. Parmi ces procédés, nous ne retiendrons ici que le suivant qui

---

1. La réaction de la murexide n'est pas caractéristique de l'acide urique : on l'obtient également avec la xanthine, la cytosine, etc.

2. Il existe des méthodes de dosage plus précises, dont on trouvera les descriptions dans les traités de chimie analytique. — Nous indiquons ci-dessous une méthode permettant de doser l'azote purique (azote d'acide urique et des bases xanthiques).

se recommande au biologiste et au médecin par sa suffisante exactitude et par sa facile exécution.

A 300 centimètres cubes d'urine, on ajoute, pour en précipiter une substance mucoïde dont la présence altèrerait les résultats de l'analyse, 75 centimètres cubes d'un réactif convenable (eau 650 centimètres cubes, — acide acétique à 10 p. 100, 60 centimètres cubes; — sulfate d'ammoniaque 500 grammes; — acétate d'urane 5 grammes). On agite et on laisse reposer 5 minutes; on jette sur un filtre, et on recueille le liquide filtré, pour y doser l'acide urique. A 125 centimètres cubes de ce liquide, on ajoute 5 centimètres cubes d'ammoniaque concentrée; on agite, on laisse reposer vingt-quatre heures : l'acide urique se dépose à l'état d'urate d'ammoniaque. On jette sur un filtre sans plis et on y lave l'urate d'ammoniaque déposé à l'aide d'une solution aqueuse de sulfate d'ammoniaque à 10 p. 100. On fait ensuite passer le précipité du filtre dans un vase de Bohême à analyse, au moyen d'un jet d'eau bouillante, de façon à avoir à peu près 100 centimètres cubes; on y ajoute par petites fractions 15 centimètres cubes d'acide sulfurique concentré. On finit en titrant l'acide urique avec une solution N/20 de permanganate de potasse (contenant 1 gr. 582 de permanganate par litre) à une température de 50 à 60°. Chaque centimètre cube de cette solution décoloré correspond à 3,75 milligrammes d'acide urique.

La quantité d'acide urique contenue dans l'urine d'un homme adulte, ayant une alimentation mixte, est, en vingt-quatre heures, un peu moindre que 1 gramme. Cette quantité augmente considérablement dans les cas de leucémie; elle peut atteindre 4 grammes. Elle augmente également sous l'influence d'une alimentation riche en nucléoprotéides.

Chez les *oiseaux* et chez les *reptiles*, l'acide urique représente la plus grande partie de l'excrétion urinaire azotée : l'urée y est fort peu abondante. L'abondance d'urates peu solubles, dans l'urine des oiseaux et des reptiles, rend compte de l'état des urines de ces êtres : ces urines sont en partie solides.

Parmi les *principales réactions de décomposition* de l'acide urique, nous signalerons la suivante, qui présente quelque intérêt pour le physiologiste :

Sous l'influence d'agents oxydants, tels que l'acide nitrique, le permanganate de potasse, etc., l'acide urique se décompose et donne divers produits, parmi lesquels se trouve l'*urée*.

1° En faisant agir sur l'acide urique, l'acide nitrique à froid ou le chlore, on a obtenu de l'urée et de l'alloxane

$$C^5H^4N^4O^3 + O + H^2O = C^4H^2N^2O^4 + CO(NH^2)^2$$

ou

$$OC\Big\langle{\begin{matrix}NH-CO-C-NH\\ \| \\ NH-\!\!-\!\!-C-NH\end{matrix}}\Big\rangle CO+O+H^2O=OC\Big\langle{\begin{matrix}NH-CO-CO\\ \\ NH-\!\!-\!\!-CO\end{matrix}}+CO(NH^2)^2.$$

Ac. urique.   Alloxane.   Urée.

En faisant agir l'acide nitrique à chaud sur l'alloxane, on le transforme en acide parabanique et acide carbonique

$$C^4H^2N^2O^4 + O = C^3H^2N^2O^3 + CO^2$$

ou

$$OC\Big\langle{\begin{matrix}NH-CO-CO\\ \| \\ NH-\!\!-\!\!-CO\end{matrix}}+O=OC\Big\langle{\begin{matrix}NH-CO\\ \| \\ NH-CO\end{matrix}}+CO^2.$$

Alloxane.   Ac. parabanique.

L'acide parabanique, par hydratation (l'ébullition avec de l'eau suffit
pour obtenir ce résultat), donne d'abord de l'acide oxalurique, puis de
l'acide oxalique et de l'eau

$$C^3H^2N^2O^3 + H^2O = C^3H^4N^2O^4 \ (Ac. \ oxalurique)$$

et

$$C^3H^4N^2O^4 + H^2O = CO(NH^2)^2 + C^2O^4H^2$$

Ac. oxalurique.   Urée.   Ac. oxalique.

ou

$$OC\Big\langle{\begin{matrix}NH-CO\\ \| \\ NH-CO\end{matrix}}+H^2O=OC\Big\langle{\begin{matrix}NH^2\\ \\ NH-CO-COOH\end{matrix}}$$

Ac. parabanique.   Ac. oxalurique.

et

$$OC\Big\langle{\begin{matrix}NH^2\\ \\ NH-CO-COOH\end{matrix}}+H^2O=OC\Big\langle{\begin{matrix}NH^2\\ \\ NH^2\end{matrix}}+COOH-COOH.$$

A. oxalurique.   Urée.   Ac. oxalique.

2° En faisant agir sur l'acide urique le permanganate de potasse, ou à
l'ébullition le bioxyde de plomb, on engendre de l'allantoïne et de l'acide
carbonique

$$C^5H^4N^4O^3 + O + H^2O = C^4H^6N^4O^3 + CO^2$$

Ac. urique.   Allantoïne.

ou

$$OC\Big\langle{\begin{matrix}NH-CO-C-NH\\ \| \\ HN-\!\!-\!\!-C-NH\end{matrix}}\Big\rangle CO+O+H^2O$$

Ac. urique.

$$= OC\Big\langle{\begin{matrix}NH-CO\\ \| \\ NH-CH-NH-CO-NH^2\end{matrix}}+CO^2.$$

Allantoïne.

L'action prolongée des oxydants décompose d'ailleurs l'allantoïne en
acide oxalique et urée

$$OC\begin{cases}NH - CO\\NH - CH - NH - CO - NH^2\end{cases} + O + 2H^2O = C^2O^4H^2 + 2CO(NH^2)^2.$$

Allantoïne. Ac. oxalique. Urée.

Les agents oxydants permettant d'obtenir de l'urée en partant de
l'acide urique, on en a conclu que, dans l'organisme, l'urée pourrait avoir comme précurseur l'acide urique ; en d'autres termes,
on en a conclu que l'acide urique est un produit incomplètement
oxydé de la désassimilation azotée de l'organisme, l'urée étant le
produit le plus oxydé. — On a constaté en outre que l'injection
d'acide urique ou d'urates détermine une augmentation de l'excrétion d'urée chez les mammifères.

Mais ces conclusions sont purement hypothétiques, et on peut
leur adresser deux objections capitales :

1° Chez les oiseaux, dans l'organisme desquels les oxydations
sont aussi énergiques que chez les mammifères, c'est l'acide urique
qui domine dans l'urine, c'est l'urée qui y est peu abondante. Il y
a plus : si, chez l'oiseau, on injecte des acides aminés, leucine,
glycocolle, et même de l'urée, on constate que l'acide urique augmente dans les urines et que l'urée n'augmente pas.

2° Dans les maladies où l'on constate des troubles de la respiration pulmonaire ou de la respiration intime des tissus, à la suite
des hémorragies, dans des atmosphères confinées, ou pauvres en
oxygène, on ne constate pas d'augmentation de l'acide urique dans
l'urine et de diminution de l'urée, chez les mammifères.

Nous avons précédemment indiqué (p. 111 et 112) les relations
chimiques intimes qui unissent l'acide urique et les bases xanthiques, que nous avons trouvées parmi les produits de décomposition des acides nucléiques, des nucléines, des nucléoprotéides.
C'est là un fait de toute première importance : les physiologistes
et les cliniciens réunissent tous ces corps en un groupe auquel ils
donnent le nom de *groupe des dérivés de la purine*.

L'acide urique et les bases xanthiques sont en effet considérés
aujourd'hui comme des dérivés proches de la purine : l'acide
urique est une trioxypurine, les bases xanthiques étant : l'adénine
une aminopurine ; l'hypoxanthine, une oxypurine ; la guanine,
une amino-oxypurine, et la xanthine, une dioxypurine (Voy.
chap. iv, p. 111 et 112).

Ces relations sont intéressantes à connaître, car elles permettent de supposer que l'acide urique, produit dans l'organisme des mammifères, dérive du noyau nucléique des nucléoprotéides des tissus, bien que les chimistes n'aient pas obtenu l'acide urique, *in vitro*, parmi les produits de décomposition des nucléoprotéides. Notre hypothèse se trouve d'ailleurs appuyée par le fait de l'augmentation de l'élimination urique à la suite d'une ingestion abondante de nucléoprotéides.

Les physiologistes et les pathologistes peuvent déterminer la quantité d'azote éliminée sons forme d'acide urique et de bases xanthiques, disons la quantité de l'*azote des purines* par la méthode suivante.

100 centimètres cubes d'urine non albumineuse (ou débarrassée d'albumine par coagulation) sont portés à l'ébullition, additionnés de 10 centimètres cubes d'une solution de bisulfate de soude à 50 p. 100 et immédiatement après de 10 centimètres cubes d'une solution de sulfate de cuivre à 10 p. 100; le tout est porté à l'ébullition. Il se produit, dans ces conditions, une combinaison insoluble d'oxydule de cuivre et des purines (acide urique et bases xanthiques). Pour en favoriser la précipitation, on ajoute 5 centimètres cubes d'une solution aqueuse de chlorure de baryum à 10 p. 100, qui donne un précipité de sulfate de baryte, entraînant la combinaison cuivreuse-purique. On laisse reposer deux heures; on jette sur un filtre, on lave à l'eau tiède. On n'a plus qu'à doser, par la méthode de Kjeldahl, l'azote du précipité (on traite le filtre et le précipité, quitte à déterminer l'azote contenu dans un filtre identique) : c'est l'azoté des purines.

Si l'on voulait distinguer dans cette somme la part revenant à l'acide urique et celle revenant aux bases xanthiques, ce qui peut être utile pour certaines recherches, il faudrait doser exactement l'acide urique, calculer l'azote correspondant et le retrancher de l'azote des purines, pour obtenir l'azote des bases xanthiques. Dans ce cas, l'acide urique devrait être très exactement dosé.

L'acide urique et les urates, qui sont éliminés par les urines chez les mammifères, ne représentent vraisemblablement qu'une partie de l'acide urique engendré par les tissus, car le foie possède la propriété de les transformer en urée.

Les physiologistes démontrent par contre que, chez les oiseaux, l'acide urique et les urates urinaires ont une double origine : une partie provient directement de la désintégration des substances protéiques des tissus, mais une autre partie provient de la transformation intrahépatique des sels ammoniacaux et de l'urée produits par les tissus.

d. — Acide hippurique et ses sels.

L'urine de l'homme, et surtout l'urine des mammifères herbivores, contient de *l'acide hippurique*, ou plus exactement des *hippurates*.

L'acide hippurique est une substance cristallisant en prismes rhombiques allongés, peu soluble dans l'eau (soluble dans 600 parties d'eau froide), soluble dans l'alcool. — L'acide hippurique est un acide monobasique, donnant des sels cristallisables.

Les hippurates d'alcalis ou des terres alcalines sont solubles dans l'eau et dans l'alcool.

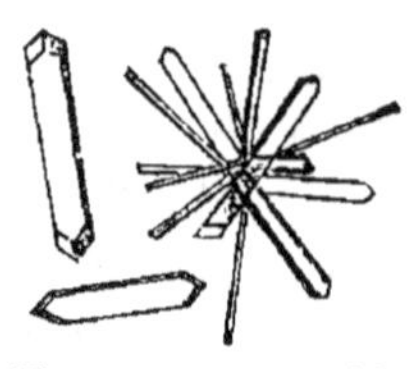

Fig. 126. — Acide hippurique (d'après Funke).

Bouilli avec des acides minéraux ou des alcalis caustiques, l'acide hippurique est dédoublé, avec fixation d'eau, en acide benzoïque et glycocolle (ce dédoublement de l'acide hippurique se produit également dans l'urine soumise à l'action des microorganismes de la putréfaction : l'urine putrifiée contient des benzoates et du glycocolle).

Inversement, un mélange d'acide benzoïque et de glycocolle, chauffé dans un tube scellé, donne de l'acide hippurique, avec perte d'eau.

L'acide hippurique est donc du *benzoate de glycocolle*; ou acide benzoylaminoacétique.

$$C^6H^5COOH + NH^2CH^2COOH = H^2O + C^6H^5CONH^2COOH.$$
Acide benzoïque. Glycocolle.   Acide hippurique.

En étudiant la bile, nous avons vu que l'acide glycocholique, qu'on trouve dans la bile de l'homme et dans la bile du bœuf, est un cholalate de glycocolle. Le glycocolle se produit par l'action des alcalis à haute température, ou par l'action du suc pancréatique, ou par l'action des microbes de la putréfaction sur les protéines contenant le noyau glycocolle, particulièrement sur les substances gélatineuses. On peut admettre que, dans l'organisme, parmi les produits de désassimilation de ces protéines et plus particulièrement de ces substances gélatineuses, se trouve le glycocolle; mais ce glycocolle ne reste jamais libre : il se conjugue soit avec l'acide cholalique, soit avec l'acide benzoïque.

D'où vient l'acide benzoïque.

On trouve les hippurates dans l'urine des animaux à jeun; donc, au moins pour une partie, l'acide benzoïque est un produit de désassimilation des tissus. — D'autre part, parmi les produits de putréfaction des substances alimentaires, surtout des substances végétales, on a reconnu la présence de produits qui, tels que l'acide phénylpropionique, sont transformables dans l'organisme en acide benzoïque.

On admet donc que l'acide benzoïque, qui passe dans l'urine à l'état d'acide hippurique, a son origine dans les produits aromatiques de la désintégration protéique dans l'intestin ou dans les tissus. Ces produits sont transformés dans l'économie en acide benzoïque, qui se conjugue avec le glycocolle, produit de désassimilation des tissus.

Ces considérations sont appuyées par les faits suivants. — Chez un animal donné, la quantité d'acide hippurique des urines, toutes autres conditions étant égales, diminue lorsqu'on réduit la ration azotée. — La quantité d'acide hippurique est surtout grande chez les herbivores, c'est-à-dire chez les animaux qui se nourrissent de substances capables de fournir, à la désintégration, de l'acide benzoïque ou des substances précurseurs de l'acide benzoïque, en plus grande abondance que les protéines animales. — Enfin, on a signalé ce fait, que, tant que le jeune veau se nourrit exclusivement de lait, on trouve dans ses urines de l'acide urique et pas ou peu d'acide hippurique; dès qu'il se nourrit d'herbe, l'acide hippurique apparaît en quantité importante, à côté de l'acide urique.

La quantité d'acide hippurique, excrétée en vingt-quatre heures par un homme adulte, ayant une alimentation mixte, est un peu moindre que 1 gramme.

Notons incidemment ce fait intéressant : si on injecte dans l'organisme des oiseaux de l'acide benzoïque, on le retrouve dans les urines à l'état d'*acide ornithurique* ou benzoate d'ornithine. L'ornithine, qui, chez les oiseaux, prend dans cette réaction la place du glycocolle des mammifères, est, nous le savons, un acide diaminovalérianique, dont nous avons signalé précédemment (p. 79) les relations intimes avec l'arginine, noyau fondamental de la molécule albumineuse.

e. — *Créatinine*.

Signalons, parmi les produits azotés de l'urine, la *créatinine*. En étudiant le muscle, nous avons indiqué les relations étroites qui unissent la créatinine et la créatine du muscle. Nous avons dit que

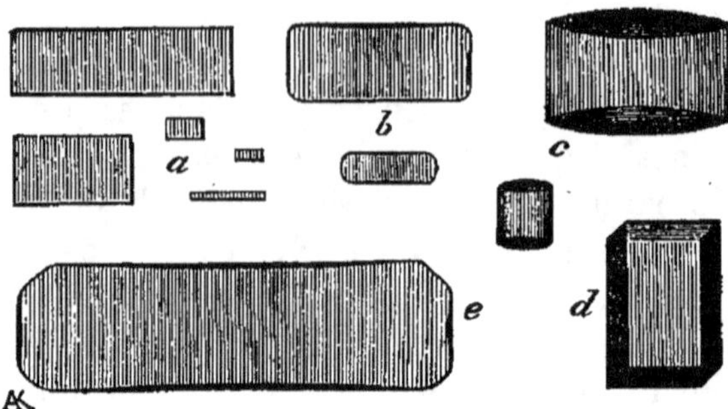

Fig. 127. — Créatinine (d'après Robin et Verdeil).

la créatine, bouillie avec l'acide chlorhydrique dilué, perd une molécule d'eau et se transforme en créatinine. Il est par conséquent probable, sinon certain, que la créatinine de l'urine a pour précurseur la créatine, produit de désassimilation de la substance musculaire.

La créatinine est une substance cristallisable, un peu soluble (8 à 9 p. 100) dans l'eau froide, assez soluble dans l'eau chaude, très peu soluble (1 p. 100) dans l'alcool absolu froid, plus soluble

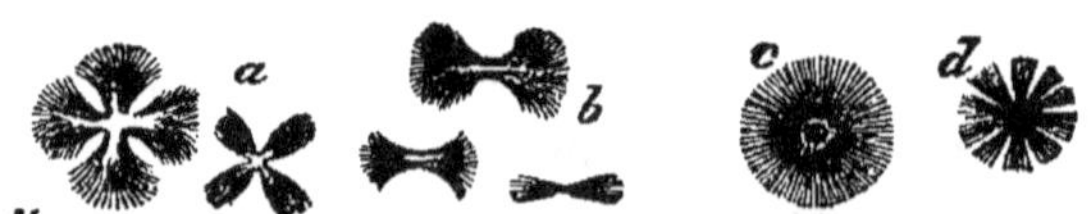

Fig. 128. — Chlorhydrate de créatinine.

dans l'alcool absolu chaud ; presque complètement insoluble dans l'éther.

Elle répond à la formule $C^4H^7N^3O$ ou à la formule développée

$$NH = C \diagdown^{\displaystyle NH\text{———}CO} _{\displaystyle N(CH^3) - CH^2}$$

la créatine répondant elle-même à la formule $C^4H^9N^3O^2$ ou à la formule développée.

$$NH = C\underset{\textstyle\diagdown N(CH^3)\text{-}CH^2\text{-}CO^2H.}{\overset{\textstyle\diagup NH^2}{}}$$

La quantité de créatinine éliminée en vingt-quatre heures par un homme adulte est d'environ 1 gramme.

IV. — SUBSTANCES DIVERSES

a. — *Pigments urinaires.*

Les pigments urinaires n'ont pas tous été méthodiquement étudiés. On connaît seulement avec quelque précision l'*urobiline*, pigment jaune, qu'on trouve surtout abondant dans les cas de maladies fébriles. Cette substance, nous l'avons dit précédemment, présente des relations intimes avec la bilirubine, substance colorante de la bile. Nous avons dit que, sous l'influence des agents hydrogénants, la bilirubine et aussi la biliverdine sont transformées en hydrobilirubine, substance qui est généralement considérée comme identique à l'urobiline :

$$C^{32}H^{36}N^4O^6, \qquad C^{32}H^{40}N^4O^7.$$
$$\text{Bilirubine.} \qquad\qquad \text{Urobiline.}$$

Pour manifester la présence d'urobiline dans une urine, on a indiqué différents procédés, parmi lesquels nous retiendrons seulement le suivant qui nous paraît le plus sensible.

On prépare un réactif A et un réactif B. Le réactif A s'obtient en versant avec précaution 20 centimètres cubes d'acide sulfurique concentré dans 100 centimètres cubes d'eau, en y dissolvant 5 grammes d'oxyde jaune de mercure, et en filtrant. — Le réactif B s'obtient en dissolvant 10 centigrammes d'acétate de zinc dans 100 centimètres cubes d'alcool à 95 p. 100 et ajoutant quelques gouttes d'acide acétique pour clarifier.

A 30 centimètres cubes d'urine, on ajoute 200 centimètres cubes du réactif A ; on laisse reposer cinq minutes et on filtre. Au liquide filtré, on ajoute 5 centimètres cubes de chloroforme et on agite vigoureusement. On se débarrasse du liquide aqueux; on filtre le chloroforme; on lui ajoute goutte à goutte le réactif B tant qu'il se produit un trouble (10 gouttes environ). Au moment où la liqueur se clarifie, il apparaît une fluorescence verte caractéristique si l'urine contenait de l'urobiline.

Ce procédé est applicable même aux urines chargées de pigments biliaires et riches en indoxyle.

L'urobiline existe généralement dans l'urine sous forme d'urobilinogène, incolore; cette substance chromogène se transformant en urobiline au contact de l'oxygène de l'air, sous l'influence de la lumière.

Le pigment jaune de l'urine normale a été appelé urochrome ; le pigment rougeâtre des sédiments urinaires a été appelé uroéry-thrine. L'étude de ces deux pigments et de quelques autres qu'on a rencontrés dans l'urine n'est pas faite, et leur signification physiologique n'a pas été reconnue.

b. — *Non-dosé urinaire ou indosé urinaire.*

Si on détermine, pour une urine donnée, d'une part le résidu sec, d'autre part la somme des cendres, de l'urée, de l'acide urique, de l'ammoniaque, de l'acide hippurique, de la créatinine, on trouve toujours une différence importante entre les deux nombres : le résidu sec de l'urine de vingt-quatre heures dépasse de plusieurs grammes la somme indiquée. C'est donc qu'il existe, à côté des substances dosées, un certain nombre de substances dont on ne tient actuellement aucun compte individuel dans les analyses. La somme de ces substances représente ce qu'on peut appeler le *non-dosé urinaire* ou l'*indosé urinaire*.

Ce non-dosé urinaire oscille selon les cas, et, pour les urines de vingt-quatre heures d'un homme adulte, entre 5 et 20 grammes ; il comprend de 16 à 38 p. 100 des matières organiques de l'urine et 2 à 10 p. 100 de l'azote total. Il comprend environ le tiers du carbone total de l'urine.

Que sont les substances qui constituent le non-dosé urinaire ? On en est réduit encore à l'heure actuelle à de simples indications. Notons seulement le fait suivant : si on dialyse pendant longtemps de l'urine humaine en présence d'eau courante, jusqu'à disparition de toute trace d'acide aminé, et si, sur le résidu sec du contenu du dialyseur évaporé, on fait agir l'acide chlorhydrique bouillant, on obtient, parmi les produits de l'hydrolyse, du glycocolle, de l'alanine, de la phénylalaline, de la leucine, de l'acide glutamique, toutes substances qui sont les amino-acides, que nous avons trouvés parmi les produits d'hydrolyse des substances albumineuses. Qu'en conclure, sinon qu'il passe dans l'urine à l'état normal des fragments assez volumineux de la molécule albumineuse. Sous quelle forme ? C'est ce que l'avenir nous révélera.

c. — *Diastases de l'urine*.

On a signalé dans les urines normales la présence de diastases en quantités généralement petites, variables d'ailleurs suivant le moment de l'observation. L'urine de l'homme renfermerait de l'amylase capable de saccharifier l'amidon, de la pepsine capable de peptoniser les substances protéiques en présence d'acide chlorhydrique dilué, du labferment capable de caséifier le lait. On n'a pas trouvé de trypsine dans l'urine.

V. — URINES PATHOLOGIQUES

L'urine peut contenir, outre les substances que nous avons décrites, d'autres substances qui apparaissent sous l'influence d'états pathologiques divers.

Les principales substances [1] qu'on peut trouver ainsi dans l'urine sont :

1° Des substances albumineuses;

2° Du sucre;

3° Du sang ou de l'hémoglobine;

4° Des pigments et des acides biliaires, etc.

5° Des substances acétoniques.

Une urine qui contient des substances albumineuses est dite albumineuse; il y a *albuminurie*.

---

1. A côté des substances indiquées, dont la détermination est d'une grande utilité pour le médecin, nous citerons encore les suivantes : les acides-aminés, la cystine, l'alkaptone.

L'urine normale de l'homme sain contient-elle des acides-aminés? Il est possible qu'elle en renferme des traces; mais à coup sûr la quantité de ces acides-aminés y est toujours très petite. Mais on les trouve (notamment la leucine, la tyrosine et le glycocolle) en quantité très grande dans diverses maladies ou intoxications, et particulièrement dans l'atrophie aiguë du foie et dans l'intoxication phosphorée.

Chez certains individus, et cela en dehors de tout état morbide, l'urine contient de la cystine (il y a *cystinurie*); elle en contient constamment et durant toute la vie; elle en contient parfois une telle quantité qu'il se forme dans la vessie des dépôts de cystine, qui constituent des calculs blanchâtres, lisses ou granuleux, dont la consistance rappelle celle de la paraffine refroidie.

Chez d'autres individus, en dehors de tout état morbide, et durant toute la vie, l'urine contient constamment de l'alkaptone (il y a *alkaptonurie*). Les urines alkaptoniques, alcalinisées à l'aide de soude caustique et abandonnées à l'air se colorent en brun foncé ou en noir; elles réduisent la liqueur de Fehling; mais elles ne réduisent pas le sous-nitrate de bismuth, et ne fermentent pas par la levure de bière. — L'alkaptone ne représente pas un individu chimique, mais un

Une urine qui contient du sucre est dite sucrée; il y a *glycosurie*.

Si l'urine contient du sang, il y a *hématurie*; si elle contient, non plus le sang total, mais seulement la matière colorante du sang, il y a *hémoglobinurie*.

Une urine qui contient des substances biliaires, notamment des pigments biliaires, est dite *ictérique*.

Si l'urine contient des substances acétoniques, il y a *acétonurie*.

Nous indiquerons brièvement les procédés employés pour reconnaître dans l'urine la présence d'éléments anormaux.

a. — *Urines albumineuses*.

Les urines albumineuses peuvent contenir les substances suivantes :

$$\left\{\begin{array}{l} \textit{Sérumalbumine,} \\ \textit{Sérumglobuline,} \\ \textit{Protéoses.} \end{array}\right.$$

La présence des deux premières substances peut être révélée par les réactions suivantes :

1° Épreuve par l'ébullition. — L'urine soumise à l'analyse

mélange de deux substances, l'acide homogentinisique et l'acide uroleucinique, le premier plus abondant toujours que le second. L'acide homogentinisique est un acide dioxyphénylacétique :

$$C^6H^3{<\!\!\!\begin{array}{l} OH \qquad\qquad (3) \\ OH \qquad\qquad (5) \\ CH^2 - CO^2H \quad (4) \end{array}}$$

l'acide uroleucinique est un acide dioxyphényl α lactique répondant à la formule

$$C^6H^3{<\!\!\!\begin{array}{l} OH \qquad\qquad\qquad\quad (3) \\ OH \qquad\qquad\qquad\quad (5) \\ CH^2 - CHOH - CO^2H. \quad (4) \end{array}}$$

La parenté chimique de ces deux corps se manifeste nettement par ces formules. Ils dérivent selon toute vraisemblance du groupement phénylalanine

$$C^6H^5 - CH^2 - CH(NH^2) - CO^2H$$

contenu dans les molécules protéiques, par désamination et par oxydation; mais ils n'ont probablement pas de rapports intimes avec la tyrosine, le groupement oxhydrilé de celle-ci occupant une autre position

$$C^6H^4{<\!\!\!\begin{array}{l} OH \qquad\qquad\qquad\qquad\qquad (4) \\ CH^2 - CH(NH^2) - CO^2H \quad (4) \end{array}}$$

peut être alcaline, neutre ou acide. Il convient d'aciduler très légèrement les urines alcalines et neutres au moyen d'acide acétique, pour éviter une précipitation, à la température d'ébullition, de phosphate tricalcique dissous dans l'urine, grâce à la présence de gaz carbonique (on acidule à 2, à 1 p. 1 000, ou même à 0,5 p. 1 000 ; — par exemple, on ajoute 2 centimètres cubes, ou 1 centimètre cube d'acide acétique à 1 p. 100 à 10 centimètres cubes d'urine).

L'urine ainsi acidulée est portée à l'ébullition : un précipité se produit. Ce précipité ne peut être un précipité de phosphates terreux, puisque l'urine est acide : c'est un coagulum albumineux. — Veut-on s'en assurer, on sépare ce coagulum par filtration, on le lave à l'eau, et on vérifie qu'il donne les réactions colorées des substances albumineuses : réaction xanthoprotéique, réaction du biuret, réaction de Millon, réaction glyoxylique.

L'urine contient alors une substance albumineuse coagulable, sérumalbumine ou sérumglobuline.

2° **Épreuve par l'acide nitrique.** — Si, dans un verre à précipité, on verse de l'acide nitrique fort et au-dessus une couche d'urine, de façon que les deux liqueurs ne se mélangent pas, on voit, lorsque l'urine est albumineuse, se former, au contact des deux liquides, un anneau blanc nuageux, dû à une précipitation de la substance albumineuse.

3° **Épreuve par le ferrocyanure de potassium acétique.** — Si l'on additionne l'urine de 2 p. 100 d'acide acétique (20 centimètres cubes d'urine de 5 centimètres cubes d'acide acétique à 10 p. 100) et de quelques gouttes d'une solution de ferrocyanure de potassium (solution à 5 p. 100), on voit se former, lorsque l'urine est albumineuse, un précipité. On sépare par le filtre ce précipité ; on le lave bien, et on vérifie qu'il donne les réactions colorées des substances albumineuses (Voy. p. 90).

4° **Épreuve par le réactif de Tanret.** — Le réactif de Tanret, solution acétique d'iodure double de mercure et de potassium (p. 92), précipite les substances albumineuses coagulables par la chaleur, les protéoses et des alcaloïdes. Le précipité dû aux substances albumineuses est insoluble à chaud et à froid dans l'éther ; ce sont là des caractères qui le distinguent des précipités dus aux protéoses et aux alcaloïdes.

Pour employer le réactif de Tanret, on en verse un excès dans l'urine. S'il se forme un précipité, immédiatement, précipité qui ne disparaît ni par addition d'eau qui dissoudrait l'acide urique précipité par l'acide du réactif de Tanret dans les urines riches en urates, ni par addition d'alcool, ni par agitation avec de l'éther, c'est de l'albumine.

Une urine albumineuse présente les réactions colorées des substances albumineuses. — Elle donne la réaction du biuret, mais cette réaction peut être rendue moins nette par la coloration de l'urine : aussi convient-il en général de diluer l'urine, pour diminuer l'intensité de sa coloration (la réaction du biuret se produit dans les liqueurs albumineuses très diluées : il faut, pour que cette réaction ne se produise plus, que la liqueur contienne moins d'un dix-millième de substances albumineuses). — Elle donne la réaction xanthoprotéique ; mais la coloration de l'urine rend difficile à saisir la première partie de la réaction, c'est-à-dire la coloration jaune serin, produite par l'acide nitrique dans les liqueurs albumineuses. — Elle donne la réaction de Millon ; mais il convient d'ajouter un grand excès de liqueur de Millon, parce que, les chlorures et les phosphates de l'urine précipitant le sel de mercure du réactif, il pourrait ne pas se produire de coloration rouge brique dans une liqueur albumineuse, si la totalité du sel mercurique avait été précipitée.

De ces trois réactions colorées, la réaction du biuret est la plus caractéristique : les deux autres réactions sont moins démonstratives, l'urine pouvant contenir des substances autres que les protéines donnant ces réactions.

Pour ces raisons, la recherche des substances albumineuses de l'urine ne doit pas être faite, ou tout au moins ne doit pas être faite exclusivement à l'aide des réactions colorées. — Les quatre réactions de précipitation précédemment indiquées, contrôlées dans deux cas (coagulation par la chaleur, précipitation par le ferrocyanure de potassium acétique) par les réactions colorées du précipité, dans un autre (réaction de Tanret) par les propriétés du précipité, sont les véritables méthodes de recherche des substances albumineuses dans l'urine.

L'urine renferme parfois une *substance mucinoïde*, d'ailleurs mal connue, qu'on pourrait, si l'on n'y apportait quelque précaution, confondre avec des substances albumineuses. Il importe donc de noter que l'urine à mucine ne coagule pas quand elle est bouillie sans avoir été additionnée d'aucun réactif ; mais, si on lui a ajouté en petite quantité un acide quelconque, de l'acide acétique par exemple, elle donne déjà à froid un très fin précipité, qui ne disparaît ni ne diminue à l'ébullition.

On peut d'ailleurs compléter et confirmer les conclusions fournies par

c. — *Diastases de l'urine*.

On a signalé dans les urines normales la présence de diastases en quantités généralement petites, variables d'ailleurs suivant le moment de l'observation. L'urine de l'homme renfermerait de l'amylase capable de saccharifier l'amidon, de la pepsine capable de peptoniser les substances protéiques en présence d'acide chlorhydrique dilué, du labferment capable de caséifier le lait. On n'a pas trouvé de trypsine dans l'urine.

V. — URINES PATHOLOGIQUES

L'urine peut contenir, outre les substances que nous avons décrites, d'autres substances qui apparaissent sous l'influence d'états pathologiques divers.

Les principales substances [1] qu'on peut trouver ainsi dans l'urine sont :

1° Des substances albumineuses;

2° Du sucre;

3° Du sang ou de l'hémoglobine;

4° Des pigments et des acides biliaires, etc.

5° Des substances acétoniques.

Une urine qui contient des substances albumineuses est dite albumineuse; il y a *albuminurie*.

---

1. A côté des substances indiquées, dont la détermination est d'une grande utilité pour le médecin, nous citerons encore les suivantes : les acides-aminés, la cystine, l'alkaptone.

L'urine normale de l'homme sain contient-elle des acides-aminés? Il est possible qu'elle en renferme des traces; mais à coup sûr la quantité de ces acides-aminés y est toujours très petite. Mais on les trouve (notamment la leucine, la tyrosine et le glycocolle) en quantité très grande dans diverses maladies ou intoxications, et particulièrement dans l'atrophie aiguë du foie et dans l'intoxication phosphorée.

Chez certains individus, et cela en dehors de tout état morbide, l'urine contient de la cystine (il y a *cystinurie*); elle en contient constamment et durant toute la vie; elle en contient parfois une telle quantité qu'il se forme dans la vessie des dépôts de cystine, qui constituent des calculs blanchâtres, lisses ou granuleux, dont la consistance rappelle celle de la paraffine refroidie.

Chez d'autres individus, en dehors de tout état morbide, et durant toute la vie, l'urine contient constamment de l'alkaptone (il y a *alkaptonurie*). Les urines alkaptoniques, alcalinisées à l'aide de soude caustique et abandonnées à l'air se colorent en brun foncé ou en noir; elles réduisent la liqueur de Fehling; mais elles ne réduisent pas le sous-nitrate de bismuth, et ne fermentent pas par la levure de bière. — L'alkaptone ne représente pas un individu chimique, mais un

Une urine qui contient du sucre est dite sucrée ; il y a *glyco-surie*.

Si l'urine contient du sang, il y a *hématurie* ; si elle contient, non plus le sang total, mais seulement la matière colorante du sang, il y a *hémoglobinurie*.

Une urine qui contient des substances biliaires, notamment des pigments biliaires, est dite *ictérique*.

Si l'urine contient des substances acétoniques, il y a *acétonurie*.

Nous indiquerons brièvement les procédés employés pour reconnaître dans l'urine la présence d'éléments anormaux.

a. — *Urines albumineuses.*

Les urines albumineuses peuvent contenir les substances suivantes :

$$\left\{ \begin{array}{l} \textit{Sérumalbumine,} \\ \textit{Sérumglobuline,} \\ \textit{Protéoses.} \end{array} \right.$$

La présence des deux premières substances peut être révélée par les réactions suivantes :

1° Épreuve par l'ébullition. — L'urine soumise à l'analyse

mélange de deux substances, l'acide homogentinisique et l'acide uroleucinique, le premier plus abondant toujours que le second. L'acide homogentinisique est un acide dioxyphénylacétique :

$$C^6 H^3 \underset{\diagdown}{\overset{\diagup}{-}} \begin{array}{l} OH \qquad (3) \\ OH \qquad (5) \\ CH^2 - CO^2H \quad (4) \end{array}$$

l'acide uroleucinique est un acide dioxyphényl α lactique répondant à la formule

$$C^6 H^3 \underset{\diagdown}{\overset{\diagup}{-}} \begin{array}{l} OH \qquad\qquad\qquad (3) \\ OH \qquad\qquad\qquad (5) \\ CH^2 - CHOH - CO^2H. \quad (4) \end{array}$$

La parenté chimique de ces deux corps se manifeste nettement par ces formules. Ils dérivent selon toute vraisemblance du groupement phénylalanine

$$C^6 H^5 - CH^2 - CH(NH^2) - CO^2H$$

contenu dans les molécules protéiques, par désamination et par oxydation ; mais ils n'ont probablement pas de rapports intimes avec la tyrosine, le groupement oxhydrilé de celle-ci occupant une autre position

$$C^6 H^4 \underset{\diagdown}{\overset{\diagup}{}} \begin{array}{l} OH \qquad\qquad\qquad\qquad (4) \\ CH^2 - CH(NH^2) - CO^2H \quad (4) \end{array}$$

l'essai que nous venons d'indiquer par les essais suivants faits avec l'acide nitrique fort et avec une solution d'acide citrique obtenue en dissolvant 75 grammes d'acide dans 100 grammes d'eau.

On verse de l'urine dans un verre à réactions, puis à sa surface, soit de l'acide nitrique, soit de l'acide citrique. — Si l'urine contient la substance mucinoïde sans substances albumineuses, il se forme au contact de l'acide citrique une zone nébuleuse; au contact de l'acide nitrique, il ne se forme pas d'anneau, mais il apparaît une zone nébuleuse à quelque distance au-dessus du plan de séparation. — Si l'urine contient une substance albumineuse sans substance mucinoïde, il ne se produit rien avec l'acide citrique; avec l'acide nitrique, il se forme un anneau au contact immédiat de l'acide. — Si l'urine contient les deux substances, il se forme au contact de l'acide citrique une zone nébuleuse, et au contact de l'acide nitrique un anneau surmonté d'une zone nébuleuse.

Le dosage des substances albumineuses coagulables contenues dans une urine peut se faire d'une façon approchée, suffisante pour les besoins de la clinique, ou d'une façon précise, nécessaire dans certains cas.

Le *dosage clinique* se fait généralement au moyen de l'*appareil* et avec le *réactif d'Esbach*, ou *réactif picro-citrique*. L'appareil est essentiellement composé d'un tube portant deux traits. On remplit le tube jusqu'au premier trait avec de l'urine albumineuse, et on verse jusqu'au second trait le réactif. Ce réactif est obtenu en dissolvant dans 100 grammes d'eau, 2 grammes d'acide citrique et 1 gramme d'acide picrique. On ferme le tube avec un bouchon de caoutchouc, on le retourne plusieurs fois pour mélanger, en évitant de produire de la mousse, et on abandonne au repos pendant vingt-quatre heures. L'albumine précipitée se dépose : une graduation placée à la partie inférieure du tube indique en grammes la quantité approximative d'albumine contenue dans un litre d'urine.

Pour les *dosages exacts*, on a recours à la *méthode de coagulation*. On acidule l'urine avec de l'acide acétique, ajouté en quantité convenable pour que le mélange en contienne 1 p. 1000. On chauffe à l'ébullition, et on jette sur un filtre taré sec. On s'assure que toute l'albumine a été coagulée, en soumettant à l'épreuve par l'acide nitrique le liquide qui filtre (s'il contient encore un peu d'albumine, il faut recommencer la préparation en acidulant l'urine un peu plus). On lave sur le filtre le précipité, à l'eau d'abord, puis à l'éther. On dessèche le filtre et le précipité et on pèse.

Pour doser séparément l'albumine et la globuline urinaires,

on sature l'urine de sulfate de magnésie; on jette sur un filtre taré;
on lave avec une solution saturée de sulfate de magnésie; on porte
le filtre et son contenu à 110°, pour coaguler la globuline retenue; on lave à l'eau, pour entraîner le sulfate de magnésie qui
imprègne le filtre et le coagulum, puis à l'alcool et à l'éther. On
dessèche et on pèse. On obtient le poids de la globuline. Par différence entre le poids total des substances albumineuses coagulables et le poids de la globuline, on a le poids de l'albumine.

Pour reconnaître dans l'urine la présence de *protéoses*, il faut
débarrasser l'urine des substances albumineuses coagulables
qu'elle peut contenir, en la portant à l'ébullition, après l'avoir
très légèrement acidulée par l'acide acétique. La liqueur filtrée
donne-t-elle la réaction du biuret, elle contient des protéoses. —
Il n'est pas possible de contrôler cette réaction du biuret au moyen
des réactions de précipitation des protéoses : l'alcool, le sublimé,
le tannin, l'acide phosphomolybdique et l'acide phosphotungstique
en effet précipitent des substances existant normalement dans les
urines non albumineuses. — Il n'est pas possible d'employer, pour
la même raison, les précipitants des protéoses, tels que l'acide
picrique; l'acide picrique précipite en effet la créatinine.

Lorsque l'urine contient des protéoses primaires, on peut contrôler la réaction du biuret par les réactions propeptoniques (Voir
chap. IV, p. 100). Si l'urine précipite à froid par l'acide nitrique,
ou par le ferrocyanure de potassium acétique, ou par le chlorure
de sodium acétique, le précipité formé étant soluble à l'ébullition
pour se reformer par refroidissement, l'urine contient des protéoses.

Ces réactions propeptoniques ne sont nettes qu'avec les protéoses primaires; les protéoses secondaires ne les donnent pas
franchement; les peptones ne les donnent pas du tout. Dans le
cas des protéoses secondaires et des peptones, on n'a que la réaction du biuret.

Dans la recherche des protéoses dans l'urine, on peut procéder
encore de la façon suivante : à 10 centimètres cubes d'urine,
qu'elle soit albumineuse ou non, peu importe, on ajoute 8 grammes
de cristaux de sulfate d'ammoniaque, et on chauffe jusqu'à
l'ébullition, qu'on maintient quelques secondes : les substances
albumineuses et les protéoses ont été précipitées dans ces conditions. On centrifuge au moyen d'une petite centrifugeuse à main,

pour agglomérer le précipité au fond du tube; on décante le liquide; on ajoute 10 centimètres cubes d'eau distillée et on porte à l'ébullition; les substances albumineuses coagulées ne se dissolvent pas, les protéoses précipitées se dissolvent. On jette sur un filtre, et on recherche dans le filtrat les protéoses par la réaction du biuret.

Les substances albumineuses les plus fréquemment contenues dans l'urine sont la *sérumalbumine* et la *sérumglobuline*, surtout la sérumalbumine. Les protéoses ne s'y observent que dans certains cas assez rares.

b. — *Urines sucrées.*

L'urine peut contenir une quantité plus ou moins considérable de *glycose*. Nous avons étudié (chap. II, p. 45) les propriétés de la glycose, et indiqué les moyens de la caractériser et de la doser dans une liqueur.

a. **La glycose est une substance dextrogyre.** — L'urine sucrée doit donc posséder la propriété de dévier à droite le plan de polarisation de la lumière. Mais l'urine peut contenir des substances pathologiques possédant un pouvoir rotatoire : tels sont les substances albumineuses, les acides biliaires, etc.; ces substances sont lévogyres : si donc une urine dévie le plan de polarisation à droite, on peut affirmer, d'une façon presque certaine, qu'elle contient de la glycose.

b. **La glycose est un sucre réducteur** : elle réduit la liqueur de Fehling, en donnant de l'oxyde cuivreux rouge; — elle réduit aussi, en présence d'alcalis, les sels de bismuth, en donnant un dépôt noir de bismuth métallique.

Pour rechercher la présence de glycose dans une urine, on peut donc porter à l'ébullition un mélange d'urine et de liqueur de Fehling (on doit vérifier que la liqueur de Fehling dont on se sert ne se réduit pas d'elle-même, lorsqu'on la porte à l'ébullition). S'il se produit un précipité d'oxyde cuivreux, l'urine contient du sucre.

Parfois, il se produit simplement un changement de teinte : le mélange de liqueur de Fehling et d'urine passe au jaune foncé rougeâtre, sans qu'il soit possible de voir un précipité. Parfois, il se produit bien un précipité, mais ce précipité n'est pas rouge, il est blanchâtre ou bleuâtre. Dans ces deux cas, on ne peut affirmer la présence du sucre; mais on n'en peut pas non plus nier la présence. L'urine contient normalement des substances, telles que la créatinine, qui possèdent la propriété de maintenir en solution une petite quantité d'oxyde cuivreux, la liqueur passant au jaune rougeâtre, — et des substances (sels ammoniacaux et autres) qui donnent, sous l'influence de la soude, les unes à froid déjà, les autres à l'ébullition, de l'ammoniaque capable de dissoudre également l'oxyde cuivreux. D'autre part, l'urine contient normalement des substances, telles que l'acide urique et aussi la créatinine, capables, suivant les proportions de substances et les conditions de l'ébullition, de réduire la liqueur de Fehling, en donnant des précipités blanchâtres ou même bruns rougeâtres.

On comprend, par conséquent, qu'une urine contenant une forte proportion de créatinine peut faire passer au brun rougeâtre, sans précipitation, le mélange d'urine et de liqueur de Fehling (une partie de la créatinine réduit le sel cuivrique et l'excès de créatinine maintient l'oxyde cuivreux en solution). On comprend qu'une urine, qui contient une faible proportion de sucre, peut se comporter de même : le sucre réduit la solution cuivrique et le précipité cuivreux reste dissous grâce à la présence de créatinine ou d'ammoniaque.

D'autre part, la formation d'un précipité peu abondant, blanchâtre ou jaune blanchâtre, peut résulter de la réduction de la liqueur cuivrique par l'acide urique. Mais si la liqueur contient peu de sucre et beaucoup d'acide urique, le précipité peut présenter les mêmes apparences : le sucre donne de l'oxyde cuivreux rouge; l'acide urique donne un précipité souvent blanchâtre : le mélange des deux constitue un précipité blanchâtre.

En résumé, on ne doit affirmer la présence du sucre dans l'urine que lorsqu'on observe un précipité nettement rougeâtre d'oxyde cuivreux; — on ne doit nier la présence du sucre dans l'urine que lorsque le mélange d'urine et de liqueur de Fehling ne change pas de coloration à l'ébullition et ne donne pas de précipitation.

— Pour rechercher la présence de glycose dans l'urine, on peut, au lieu d'une solution cuivrique, employer une solution bismuthique. On sait qu'en présence d'alcalis caustiques les sels de bismuth sont réduits à l'ébullition par la glycose. La solution bismuthique généralement employée se prépare en dissolvant 4 grammes de sel de Seignette dans 100 centimètres cubes d'une solution de soude caustique à 10 p. 100, et faisant digérer au bain-marie dans cette liqueur 2 grammes de sous-nitrate de bismuth (*réactif de Nylander*).

Pour reconnaître le sucre, au moyen de cette liqueur, on ajoute 1 centimètre cube de cette liqueur à 10 centimètres cubes d'urine et on porte à l'ébullition pendant au moins 2 minutes. Si l'urine contient du sucre, il se produit une coloration jaune, puis jaune brun, puis la liqueur se trouble et devient noire ; enfin peu à peu se produit un dépôt noir, généralement considéré comme constitué par du bismuth métallique pulvérulent.

Cette réaction ne présente pas les causes d'erreur que nous venons de signaler à propos de la réaction avec la liqueur de Fehling : en effet, ni l'acide urique, ni la créatinine ne réduisent la solution de bismuth. Cependant l'urine peut contenir, au moins accidentellement, des substances capables de réduire la solution de bismuth. Aussi convient-il, pour avoir une certitude absolue, de contrôler cette réaction par quelque autre, comme il est nécessaire de contrôler la réaction donnée par la liqueur de Fehling.

c. **La glycose est un sucre fermentescible**. — Une solution sucrée, additionnée de levure de bière, fermente. Cette fermentation est rendue manifeste par le dégagement de bulles de gaz carbonique. Si donc on ajoute à une urine (qu'on acidule souvent très légèrement par l'acide tartrique, pour favoriser la fermentation) de la levure de bière, et si on constate un dégagement très net de gaz carbonique, on peut affirmer la présence de sucre dans l'urine.

d. On a proposé de reconnaître le sucre urinaire au moyen de la *phénylhydrazine*. Le procédé n'est d'ailleurs à employer que lorsque l'urine contient au moins 2 p. 100 de sucre ; il est assurément moins sensible que le procédé chimique par réduction.

On introduit dans un tube à réaction 5 centimètres cubes d'urine, 10 gouttes de phénylhydrazine, 20 gouttes d'acide acétique glacial et 2 centimètres cubes d'une solution saturée de sel marin. On chauffe ce mélange soit au bain-marie bouillant, soit directement sur la flamme. L'osazone se dépose d'autant plus rapidement que l'urine est plus riche en sucre. On vérifie les cristaux microscopiquement (Voy. p. 60).

Quant au *dosage du sucre* de l'urine, il se fait par les procédés dont nous avons indiqué les grandes lignes au chapitre iii (p. 48). Ces procédés se rangent en trois groupes : — les procédés physiques : détermination du pouvoir rotatoire, — les procédés chimiques : détermination du pouvoir réducteur, — les procédés biologiques : détermination de la quantité du gaz carbonique dégagé dans la fermentation. — On trouvera dans les ouvrages spéciaux d'analyse urinaire les indications nécessaires pour pratiquer une analyse rigoureusement exacte.

c. — *Urines sanglantes et urines à hémoglobine*.

L'urine contient parfois les éléments du sang : le microscope permet alors de constater dans l'urine la présence des éléments figurés du sang ; l'analyse chimique démontre dans l'urine la présence de substances albumineuses coagulables par la chaleur, et l'examen spectroscopique démontre la présence d'oxyhémoglobine.

L'urine peut contenir seulement de l'hémoglobine ou des dérivés de l'hémoglobine, notamment de la méthémoglobine. L'examen spectroscopique (Voy. chap. VII, p. 192 et suiv.) permet de reconnaître dans l'urine la présence de substances dérivées des matières colorantes du sang. L'examen chimique permet de faire la même recherche : il suffit de faire avec l'extrait sec de l'urine la préparation des cristaux d'hémine, reconnaissables à l'examen microscopique.

d. — *Urines biliaires*.

Les éléments de la bile, sels biliaires et pigments biliaires, peuvent passer dans l'urine. (Pl. col. V, fig. Q_1, Q'_1, Q_2, Q'_2.)

Les sels biliaires peuvent être manifestés par la réaction de Pettenkofer que nous avons étudiée précédemment (p. 244).

Dans le cas particulier de l'urine, on prend 10 centimètres cubes d'urine, on ajoute quelques gouttes d'une solution de saccharose à 10 p. 100, puis, par petites portions, en agitant et en évitant que la température du mélange ne dépasse 70°, 5 centimètres cubes d'acide sulfurique. Il se produit, quand il y a des sels biliaires, une couleur rouge pourpre, dont on peut vérifier le spectre d'absorption.

Les pigments biliaires sont généralement recherchés par la réaction de Gmelin (p. 253). Mais cette réaction n'est pas du tout recommandable dans le cas de l'urine, parce que la gamme des couleurs de Gmelin se trouve altérée par les couleurs urinaires préexistantes, ou par celles qu'on engendre en ajoutant l'acide nitrique.

Le procédé le plus recommandable est le suivant. A 10 centimètres cubes d'urine, on ajoute 5 centimètres cubes d'une solution de chlorure de baryum à 10 p. 100, on agite vigoureusement et on centrifuge. Le précipité qui se forme contient du sulfate, du phosphate et éventuellement du bilirubinate de baryum. On le délaie dans 4 centimètres cubes d'alcool à 90 p. 100, renfermant 5 p. 100 de son volume d'acide chlorhydrique. On porte au bain-marie bouillant pendant une minute : on abandonne au repos, et au besoin on centrifuge, pour séparer le précipité, et on examine le liquide surnageant. S'il est incolore, il n'y avait pas de pigments biliaires ; — s'il est coloré en bleu verdâtre ou en vert foncé, il y avait des pigments biliaires ; — s'il est coloré en brun, il y a doute. Dans ce dernier cas, on ajoute 2 gouttes d'eau oxygénée à 10 volumes et on porte de nouveau au bain-marie une minute. Si la teinte verte apparaît, il y avait des pigments biliaires ; sinon il n'y en avait pas.

e. — *Urines acétoniques.*

On a signalé, dans le cours de certaines maladies, et particulièrement, mais non pas exclusivement, dans le cours du diabète, la présence dans l'urine *d'acide β. oxybutyrique*, d'*acide acétylacétique* et d'*acétone*, trois substances qu'on réunit parfois sous le nom général de *substances acétoniques*.

On peut établir facilement par l'examen de leurs formules de constitution leur incontestable parenté chimique : par oxydation de l'acide β. oxybutyrique, on passe à l'acide acétylacétique.

$$CH^3 - CHOH - CH^2 - CO^2H + O = CH^3 - CO - CH^2 - CO^2H + H^2O.$$

Ac. β. oxybutyrique.   Ac. acétylacétique.

En enlevant CO^2 à l'acide acétylacétique, on obtient l'acétone

$$CH^3 - CO - CH^2 - CO^2H = CH^3 - CO - CH^3 + CO^2.$$

Ac. acétylacétique.   Acétone.

Dans les urines acétoniques, on trouve généralement de l'acétone et des acétylacétates, c'est-à-dire les substances contenant le groupement cétonique -CO- ; l'acide oxybutyrique par contre y fait assez souvent défaut.

L'origine et la signification pathologique des substances acétoniques de l'urine ne sont pas exactement connues.

Divers procédés ont été proposés pour caractériser, isoler et doser ces substances dans l'urine. Nous nous bornerons ici à indiquer une méthode simple qui permet au médecin de caractériser dans une urine l'acétone et les acétylacétates, sans distinguer entre l'une et les autres, ce qui ne lui importe absolument pas, et sans tenir compte de l'acide β. oxybutyrique, ce qui ne présente aucun inconvénient.

Sous l'influence des acides très étendus, l'acide acétylacétique est mis en liberté dans l'urine qui contient des acétylacétates, et il est, par ces mêmes acides, décomposé à chaud en acide carbonique et acétone. Il sera donc facile d'obtenir, sous la forme acétone, les deux corps acétoniques essentiels, et il suffira de caractériser l'acétone.

L'acétone est facilement volatil; on aura dès lors un incontestable avantage à distiller les urines acétoniques et à pratiquer la recherche de l'acétone dans le distillat, parce qu'on aura ainsi éliminé diverses substances urinaires dont la présence nuirait à la réalisation des essais destinés à manifester l'acétone.

On acidule légèrement 250 centimètres cubes d'urine à l'aide d'acide sulfurique; et on distille; on recueille les premières parties qui passent (20 centimètres cubes suffisent, car toute l'acétone y est contenue, pourvu que la distillation ait été faite lentement), et on fait sur ce distillat les essais suivants :

1° On constate que le distillat, comme l'urine qui l'a fourni d'ailleurs, a une odeur d'acétone.

2° On ajoute un peu d'alcali et quelques gouttes de liqueur de Gram (solution d'iode dans l'iodure de potassium, p. 64), et on chauffe : s'il y avait de l'acétone, il se forme de l'iodoforme reconnaissable à son odeur et à la forme des cristaux microscopiques qu'il laisse déposer.

3° On ajoute un peu d'alcali et quelques gouttes d'une solution aqueuse de nitroprussiate de soude : s'il y avait de l'acétone, il se produit une couleur rouge rubis.

4° On ajoute une solution saturée d'orthonitrobenzaldéhyde et on alcalinisé avec de la soude : s'il y avait de l'acétone, il se produit une coloration jaune, puis verte, et finalement il se dépose de l'indigo, qu'on peut isoler en agitant avec du chloroforme qu'il colore en bleu.

f. — *Calculs urinaires.*

Les calculs urinaires les plus communs chez l'homme sont par ordre de fréquence :

{ Les calculs d'acide urique et d'urates.
{ Les calculs de phosphates.
{ Les calculs d'oxalates, etc.

Les calculs d'acide urique, calcinés sur une lame de platine, brûlent sans laisser de résidu notable; ils donnent la réaction de la murexide (Voy. p. 401); traités par la lessive de soude caustique à l'ébullition, ils ne dégagent pas d'ammoniaque. — Les calculs d'urate d'ammoniaque brûlent sans laisser de résidu notable; ils donnent la réaction de la murexide, et dégagent des vapeurs ammoniacales, lorsqu'ils sont traités par la lessive de soude caustique à l'ébullition.

Les *calculs de phosphates* ne brûlent pas; ils se dissolvent dans les acides chlorhydrique et acétique sans effervescence, et leur solution donne les réactions connues des phosphates (Voy. chap. 1er, p. 10).

Les *calculs d'oxalates* sont dissous par l'acide chlorhydrique

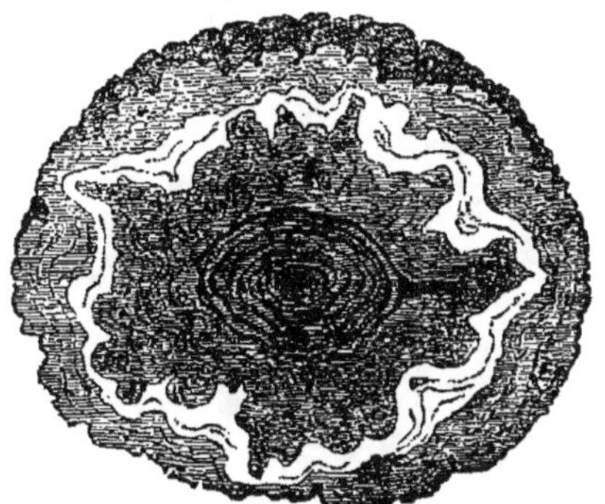

Fig. 129. — Calcul d'acide urique.

Fig. 130. — Calcul de phosphate de chaux déposé autour d'un noyau précédemment brisé d'acide urique (d'après Arm. Gautier).

sans effervescence, mais ne sont pas dissous par l'acide acétique; après calcination, ils sont dissous par l'acide acétique avec effervescence (transformés en carbonates par la calcination).

Les calculs urinaires sont rarement composés d'une seule substance; ce sont en général des mélanges, dans lesquels dominent certaines substances; aussi obtient-on en général des réactions peu nettes, quand on se propose d'étudier par un essai grossier leur constitution, et faut-il d'ordinaire recourir à une analyse plus délicate et plus précise.

On trouve enfin exceptionnellement des calculs autres que ceux que nous avons signalés (calculs de cystine, calculs de xanthine, etc.) : qu'il nous suffise d'en avoir indiqué l'existence.

TABLE ANALYTIQUE

1904-12. — Coulommiers. Imp. PAUL BRODARD. — 4-13.

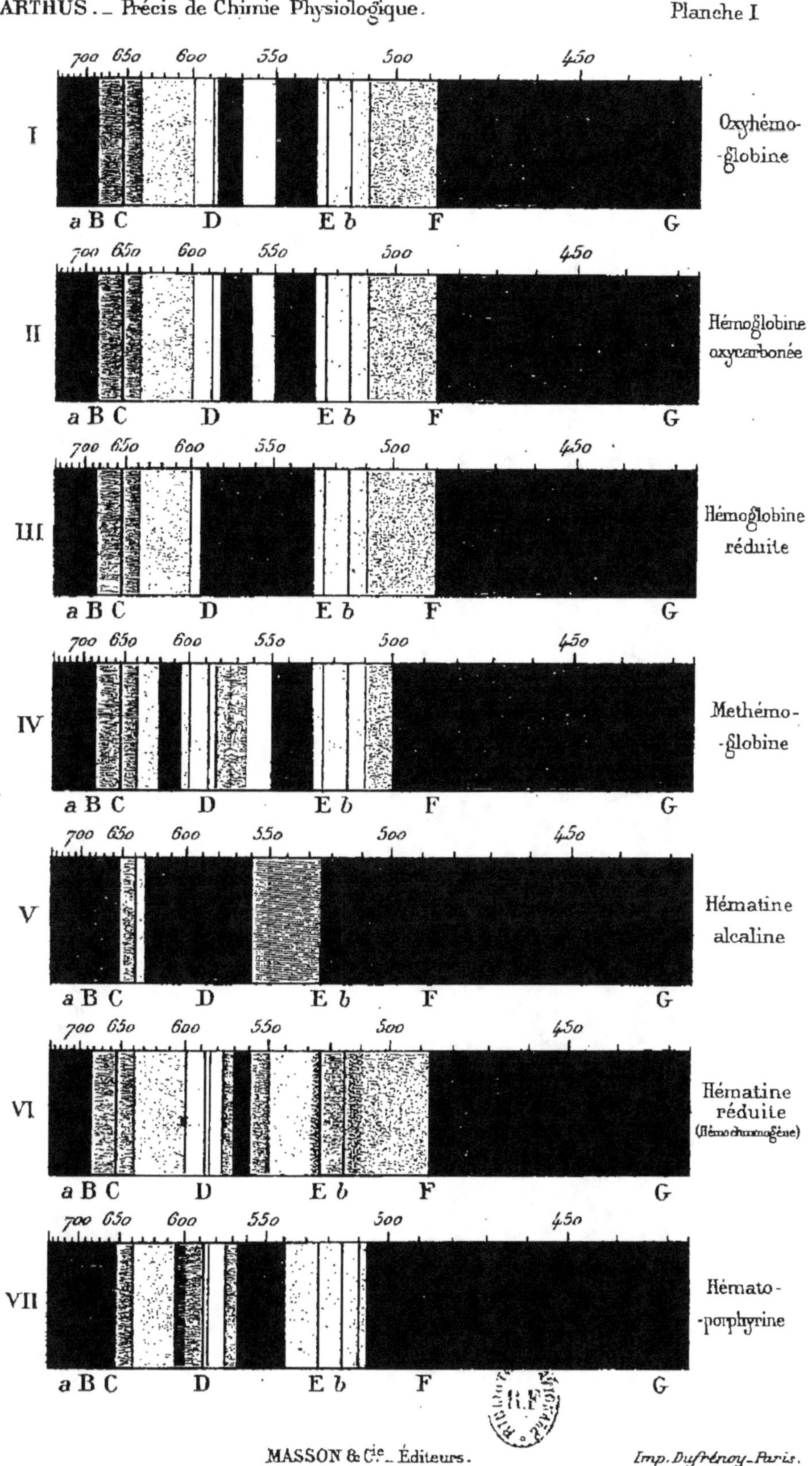

MASSON & Cie. Éditeurs.   Imp. Dufrénoy - Paris.

VALEUR NUTRITIVE DE QUELQUES ALIMENTS D'APRÈS KONIG

Aliment					
Bœuf, demi gras.	21,0	5,5	1,0		
Veau maigre.	20,0	1,5	2,0		
Porc maigre.	20,5	7,0	1,0		
Brochet.	18,5	0,5	1,0		
Egle-fin.	17,0	0,5	1,5		
Hareng mariné.	19,0	17,0	16,5		
Œufs	12,5	12,0	1,0		
Lait de vache complet.	3,5	4,0	4,8	0,7	
......„... „..... maigre.	3,1	4,8	0,7		
Beurre du commerce. 0,7	84,4	0,6	1,0		
Saindoux de porc. 0,5	99,0				
Fromage maigre.	34,0	11,5	3,5	5,0	
Petits pois secs.	23,0	2,0	52,5	5,5	2,5
Riz.	6,5	1,0	78,5	0,5	1,0
Farine moyenne de froment.	11,0	1,25	71,0	0,65	0,75
Farine de seigle.	11,5	2,0	69,5	1,5	1,5
Pain de froment (commun).	6,5	0,5	49,0	0,6	1,0
Pain de seigle.	6,0	0,5	47,0	0,5	1,5
Pommes de terre.	2,0	0,2	20,7	1,0	1,0
Choux.	2,5	0,5	6,5	1,5	1,0
Salade. 1,5	2,5	0,5			
Fruits (à l'état frais). 0,5	10,0	4,0	0,5		

Échelle : 0 5 10 15 20 25 30 35 40 45 50 55 60 65 70 75 80 85 90 95 100

Légende :

Protéines principes azotés.

Graisses

Hydrates de carbone.

Cellulose.

Sels (Cendres).

Eau.

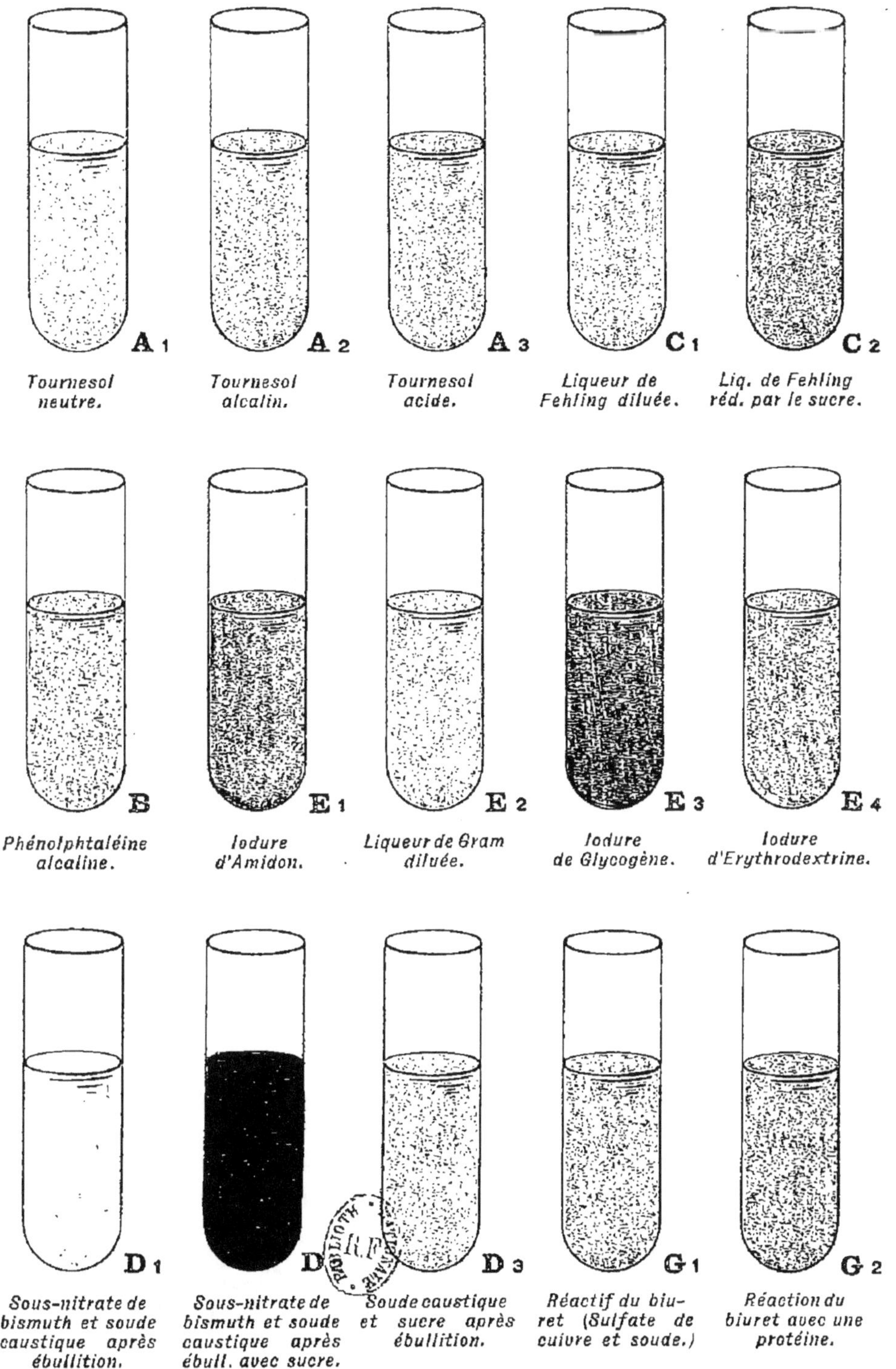

Masson et Cie, Éditeurs

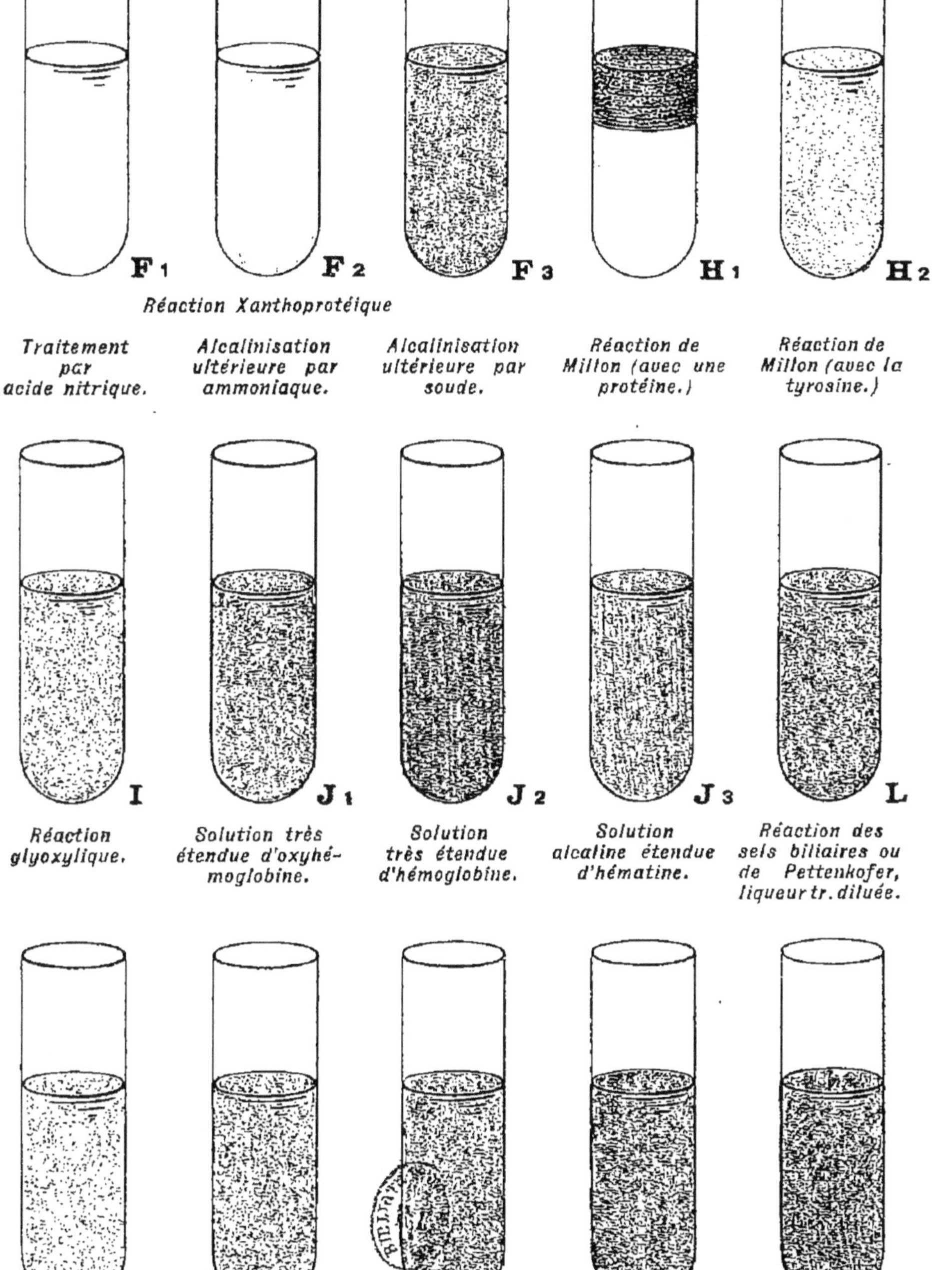

Masson et Cⁱᵉ, Éditeurs

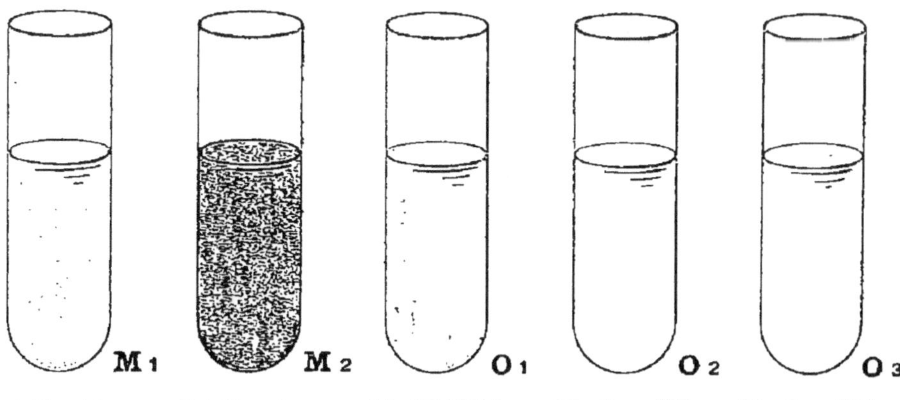

Solution chloro-
formique diluée
de bilirubine.

Solution alcoo-
lique diluée de
biliverdine.

Réactif d'Uffel-
mann (phénol et
perchlor. de fer.)

Réaction d'Uf-
felmann avec
acide lactique.

Réaction d'Uf-
felmann av. acide
chlorhydrique.

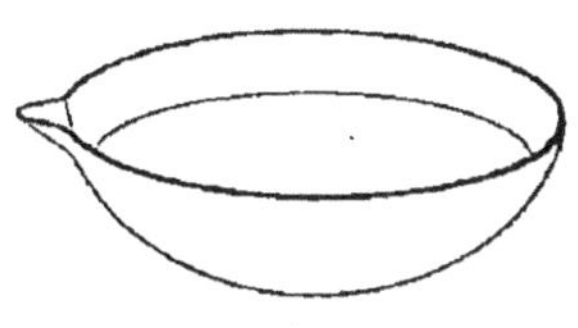
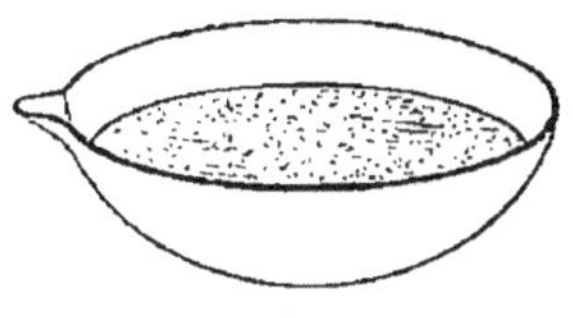
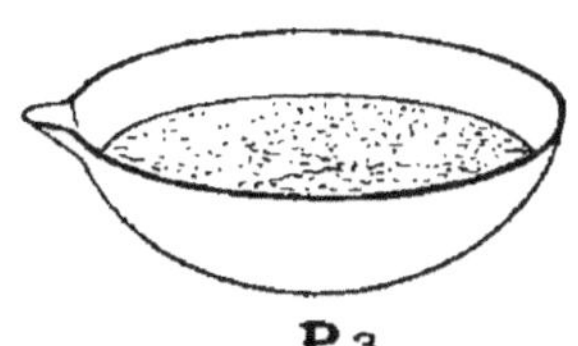

Réaction de la murexide,
1re phase - Acide nitrique.

Réaction de la murexide,
2e phase - Ammoniaque.

Réaction de la murexide,
2e phase – Soude.

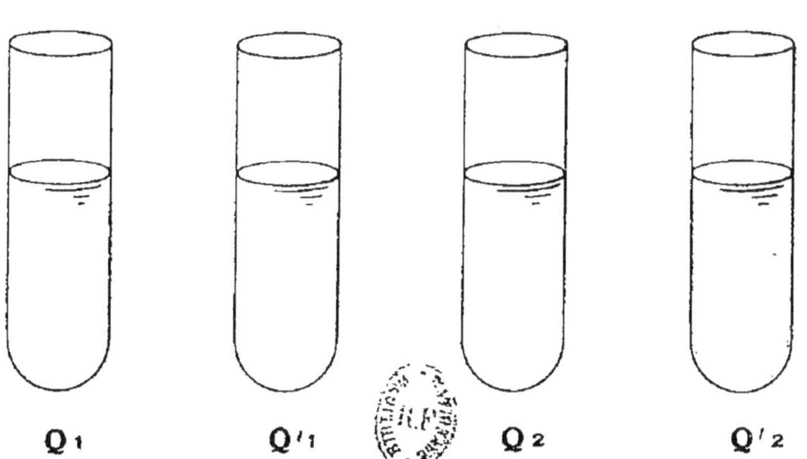

Urines normales.

Urines biliaires.

Masson et Cie, Éditeurs

Nouveau Traité de

PATHOLOGIE GÉNÉRALE

PUBLIÉ PAR

<table>
<tr><td>CH. BOUCHARD
Professeur honoraire de pathologie générale
à la Faculté de Paris,
Membre de l'Académie des Sciences
et de l'Académie de Médecine.</td><td>G.-H. ROGER
Professeur de pathologie expérimentale
à la Faculté de Paris,
Membre de l'Académie de Médecine
Médecin de l'Hôtel-Dieu.</td></tr>
</table>

Vient de paraître :

Tome I. 1 vol. gr. in-8° de 909 pages, avec 56 fig. relié toile. **22**

Matières contenues dans le Tome I :

H. Roger : *Introduction.* — **P.-J. Cadiot** et **H. Roger** : *Pathologie comparée.* — **P. Vuillemin** : *Path. végétale.* — **H. Roger** : *Étiologie et pathogénie.* — **M. Duval** et **P. Mulon** : *L'embryon; Tératogénie.* — **P. Le Gendre** : *Hérédité et Pathologie.* — **Ch. Achard** : *Immunités et prédispositions morbides.* — **P. Courmont** : *Anaphylaxie.* — **F. Lejars** : *Agents mécaniques.* — **A. Imbert** : *Le travail professionnel.* — **J.-P. Langlois** : *Variations de pression extérieure.* — **J. Bergonié** : *Les agents physiques.* — **Th. Nogier** : *La lumière.* — **P. Lenoir** : *Les caustiques.*

CONDITIONS DE PUBLICATION

Le **Nouveau Traité de Pathologie générale** *sera publié en* **quatre volumes élégamment reliés.** *Chaque tome sera vendu séparément et le prix en sera fixé selon l'étendue des matières. Jusqu'à la publication du tome II, il est accepté des* **souscriptions à l'ouvrage complet** *au prix de.* . . . . **88** fr.

COLLECTION DE PRÉCIS MÉDICAUX

(VOLUMES IN-8°, CARTONNÉS TOILE ANGLAISE SOUPLE)

Anatomie et Dissection, par **H. ROUVIÈRE**, professeur agrégé à la Faculté de Médecine de Paris. — TOME I. — **Tête, Cou, Membre supérieur.** *1 vol. in-8° de 431 p.* (*197 fig., presque toutes en couleurs*). **12** fr. TOME II (*et dernier*) **paraîtra en novembre 1912.**

Introduction à l'étude de la Médecine, par **G.-H. ROGER**, professeur à la Faculté de Paris. *4° édit.* **10** fr.

Physique biologique, par **G. WEISS**, professeur agrégé à la Faculté de Paris. *2° édition revue* (*543 figures*). . . . . **7** fr.

Physiologie, par **Maurice ARTHUS**, professeur à l'Université de Lausanne. *4° édition.* . . . . . . (*Sous Presse*)

Chimie physiologique, par **M. ARTHUS**. *6° édition*, (*118 fig. et 2 planches*). . **6** fr.

Biochimie, par **E. LAMBLING**, professeur de chimie organique à la Faculté de Médecine de Lille (600 pages) **8** fr.

Dissection, par **P. POIRIER** et **A. BAUMGARTNER**, ancien prosecteur, *2° édition* (*241 figures*). . . . . . **8** fr.

Examens de Laboratoire *employés en clinique*, par **L. BARD**, professeur à l'Université de Genève, avec la collaboration de MM. **G. MALLET** et **H. HUMBERT**. *2° édition* (*162 figures en noir et en couleurs*). **10** fr.

Diagnostic médical **et Exploration clinique,** par **P. SPILLMANN** et **P. HAUSHALTER**, professeurs, et **L. SPILLMANN**, professeur agrégé à la Faculté de Nancy, *2° édition entièrement revue* (*181 figures*). . . . . . **8** fr.

Médecine infantile, par **P. NOBÉCOURT**, agrégé à la Faculté de Paris. *2° édition entièrement refondue* (*136 figures et 2 planches hors texte en couleurs*). **14** fr.

Chirurgie infantile, par **KIRMISSON**, professeur à la Faculté de Paris, *2° édition* (*475 figures*). . . . . **12** fr.

COLLECTION DE PRÉCIS MÉDICAUX *(Suite)*

Médecine légale, par LACASSAGNE, P^r à l'Université de Lyon, 2ᵉ *édition (112 fig. et 2 pl.)*. **10** fr.

Ophtalmologie, par V. MORAX, ophtalmologiste de l'hôpital Lariboisière (*339 fig. et 3 pl.*) . . **12** fr.

Dermatologie, par J. DARIER, médecin de l'hôpital Broca. (*122 figures*). . . . . **12** fr.

Pathologie exotique, par E. JEANSELME, agrégé à la Faculté de Paris, et E. RIST, médecin des hôpitaux (*160 figures et 2 planches*) . . . . **12** fr.

Thérapeutique et Pharmacologie, par A. RICHAUD, professeur agrégé à la Faculté de Paris, 2ᵉ *édition revue avec figures*. **12** fr.

Parasitologie, par E. BRUMPT, professeur agrégé à la Faculté de Paris (683 *fig. et 4 pl. en couleurs*). **12** fr.

Microbiologie clinique, par F. BEZANÇON, agrégé à la Faculté de Paris. *Deuxième édition revue (148 figures)* . . . . **9** fr.

Précis de Pathologie Chirurgicale par MM. BÉGOUIN, BOURGEOIS, PIERRE DUVAL, A. GOSSET, JEANBRAU, LECÈNE, LENORMANT, R. PROUST, TIXIER, 4 volumes in-8°, cartonnés toile anglaise.

TOME I. — **Pathologie chirurgicale générale, Maladies générales des Tissus, Crâne et Rachis,** par MM. P. LECÈNE R. PROUST, Professeurs agrégés à la Faculté de Paris et L. TIXIER, Professeur agrégé à la Faculté de Lyon. *1 vol. (349 figures)* **10** fr.

TOME II. — **Tête, Cou, Thorax,** Par MM. H. BOURGEOIS, Oto-rhino-laryngologiste des Hôpitaux de Paris, et CH. LENORMANT, Professeur agrégé à la Faculté de Paris. *1 vol. (312 figures)*. . . . . **10** fr.

TOME III. — **Glandes mammaires, abdomen,** par MM. Pierre DUVAL, A. GOSSET, P. LECÈNE, Ch. LENORMANT, Professeurs agrégés à la Faculté de Paris. *1 vol. (352 figures)*. . . . . **10** fr.

Pour paraître en 1912 :

TOME IV. — **Organes génito-urinaires, membres,** par MM. P. BÉGOUIN, E. JEANBRAU, R. PROUST, L. TIXIER.

Aide-Mémoire

de Thérapeutique

PAR

G.-M. DEBOVE
Doyen honoraire de la Faculté de Médecine
Professeur de Clinique
Membre de l'Académie de Médecine

G. POUCHET
Professeur de Pharmacologie et Matière
médicale à la Faculté de Médecine
Membre de l'Académie de Médecine

A. SALLARD
Ancien interne des Hôpitaux de Paris

DEUXIÈME ÉDITION, ENTIÈREMENT REVUE (CODEX 1908)

1 *vol. in-8° de* VIII-911 *pages, imprimé sur 2 colonnes, relié toile.* **18 fr.**

LE TRAITEMENT

scientifique et pratique

de la Tuberculose

Pulmonaire

Par Louis RÉNON
Professeur agrégé à la Faculté de Médecine de Paris,
Médecin de l'Hôpital Necker, Membre de la Société de Biologie.

1 *vol. in-8° de* VIII-325 *pages* . . . . **4 fr.**

TRAITÉ ÉLÉMENTAIRE

de

Clinique Médicale

Par G.-M. DEBOVE et A. SALLARD

1 *vol. grand in-8° de* 1296 *pages, avec* 275 *figures, relié toile.* **25 fr.**

HUITIÈME ÉDITION, REVUE ET AUGMENTÉE

FORMULAIRE ✤ ✤ ✤ ✤ ✤ ✤ ✤
✤ ✤ ✤ ✤ ✤ ✤ THÉRAPEUTIQUE

CODEX DE 1908

PAR MM.

G. LYON
Ancien chef de clinique
à la Faculté de Médecine
de Paris

P. LOISEAU
Ancien préparateur
à l'École supérieure de Pharmacie
de Paris

AVEC LA COLLABORATION DE MM.

L. DELHERM | **Paul-Émile LÉVY**

1 *vol. in-18 tiré sur papier indien très mince, relié maroquin souple.* **7 fr.**

Des suppressions de médicaments tombés en désuétude ont été faites de façon à laisser à ce formulaire son caractère pratique. Parmi les additions de médicaments nouveaux signalons celle du *Dioxydiamido-arsénobenzol*, avec l'indication de la technique. Le chapitre SÉROTHÉRAPIE a été remanié. Un chapitre nouveau traite de la VACCINOTHÉRAPIE. Les parties consacrées à l'ELECTROTHÉRAPIE, à la RADIOTHÉRAPIE, etc., ont été revues par le docteur Delherm. La lis e des *stations d'altitude* a été revisée.

Ainsi remanié, ce Formulaire continuera à justifier la faveur du public.

HUITIÈME ÉDITION, REVUE ET AUGMENTÉE
DU

Traité élémentaire ✤ ✤ ✤ ✤ ✤ ✤
✤ ✤ de Clinique Thérapeutique

Par le Dr Gaston LYON
Ancien chef de clinique médicale à la Faculté de Médecine de Paris

1 *vol. grand in-8° de* XII-1791 *pages, relié toile anglaise. . .* **25 fr.**

Diagnostic et Traitement des
Maladies de l'Estomac

Par G. LYON

1 *vol. in-8° de* 724 *pages, avec figures. Cartonné toile . . . . .* **12 fr**

BIBLIOTHÈQUE DE THÉRAPEUTIQUE CLINIQUE
à l'usage des Médecins praticiens (suite)

LES
Médicaments usuels
Par le Dr Alfred MARTINET

QUATRIÈME ÉDITION, ENTIÈREMENT REVUE

1 vol. in-8° de 609 pages avec figures dans le texte. . . . . . . **6 fr.**

Les Aliments usuels
Composition — Préparation

Par le Dr Alfred MARTINET

DEUXIÈME ÉDITION, ENTIÈREMENT REVUE

1 volume in-8° de VIII-352 pages avec figures. . . . . **4 fr.**

Les
Agents physiques usuels

*(Climatothérapie — Hydrothérapie
Crénothérapie — Thermothérapie
Méthode de Bier — Kinésithérapie
Électrothérapie — Radiumthérapie)*

Par les Drs A. MARTINET, A. MOUGEOT,
P. DESFOSSES, L. DUREY, Ch. DUCROC-
QUET, L. DELHERM, H. DOMINICI.

1 vol. in-8° de XVI-633 pages, avec 170 fig. et 3 planches hors texte. **8 fr.**

Traité
d'Hygiène Militaire

par G.-H. LEMOINE
Médecin principal de première classe
Professeur d'Hygiène à l'Ecole d'application du Service de Santé
militaire du Val-de-Grâce
Membre du Conseil supérieur d'Hygiène de France

1 *vol. gr. in-8° de* XXIV-758 *pages, avec* 89 *figures, broché* . . **12** *fr.*

Traité de
l'Inspection des Viandes

**de boucherie, des volailles et gibiers, des poissons,
crustacés et mollusques**

par J. RENNES
Ex-Inspecteur du Service sanitaire de la Seine,
Vétérinaire départemental de Seine-et-Oise

1 *vol. grand in-8° de* VIII-368 *pages avec* 45 *planches* . . . . . **15** *fr.*

BIBLIOTHÈQUE
d'Hygiène thérapeutique

FONDÉE PAR
le professeur PROUST

Chaque ouvrage, cartonné toile : **4** *francs.*

Vient de paraître :

L'Hygiène des Albuminuriques (2° *édition, entièrement revue*), par
le Dr Maurice SPRINGER, ancien chef de laboratoire de la Faculté
de Médecine à la clinique médicale de l'hôpital de la Charité.

L'Hygiène du Goutteux (2° *édition*), par le Dr A. MATHIEU.
L'Hygiène de l'Obèse (2° *édition*), par le Dr A. MATHIEU.
L'Hygiène des Asthmatiques, par le Pr E. BRISSAUD.
Hygiène et Thérapeutique thermales, par G. DELFAU.
Les Cures thermales, par G. DELFAU.
L'Hygiène du Neurasthénique (3° *édition*), par le Pr G. BALLET.
L'Hygiène du Tuberculeux (2° *édition*), par le Dr CHUQUET.
Hygiène et Thérapeutique des Maladies de la bouche (2° *édition*),
par le Dr CRUET.
L'Hygiène des Maladies du cœur, par le Dr VAQUEZ.
L'Hygiène du Dyspeptique (2° *édition*), par le Dr LINOSSIER.
Hygiène thérapeutique des Maladies des fosses nasales, par
les Drs LUBET-BARBON et R. SARREMONE.
Hygiène des Maladies de la Femme, par le Dr A. SIREDEY.
Hygiène du Syphilitique (2° *édition*), par le Dr H. BOURGES.

LA PRATIQUE ✸ ✸ ✸ ✸ ✸ ✸ ✸

✸ ✸ ✸ ✸ ✸ ✸ ✸ NEUROLOGIQUE

PUBLIÉE SOUS LA DIRECTION DE

PIERRE MARIE

Professeur à la Faculté de Médecine de Paris, Médecin de la Salpêtrière.

PAR MM.

O. CROUZON, G. DELAMARE, E. DESNOS, Georges GUILLAIN, E. HUET, LANNOIS, A. LÉRI, François MOUTIER, POULARD, ROUSSY.

SECRÉTAIRE DE LA RÉDACTION :
O. CROUZON.

———

1 vol. gr. in-8°, de XVIII-1408 p., 303 *fig. dans le texte.*

Relié . . . . **30 fr.**

L'idée première qui a dirigé les auteurs a été de faire dans le sens le plus plein du mot un *traité de séméiotique*, faire en sorte qu'un médecin, nullement spécialisé en quelque sens que ce soit, puisse se trouver en état de pratiquer un examen complet de tous les appareils au point de vue de la pathologie nerveuse et de tirer de cet examen toutes les conséquences qui en découlent.

Ils ont voulu d'ailleurs mettre le praticien en mesure non seulement de poser le diagnostic clinique d'une maladie nerveuse, mais encore pour en poser le diagnostic anatomique et anatomo-pathologique.

Enfin, le présent volume contient un exposé des notions psychiatriques indispensables pour la clinique journalière, et aussi tous les renseignements nécessaires pour l'internement des aliénés.

Une *Partie Thérapeutique* complète les conseils autorisés donnés par les auteurs sur l'ensemble de la séméiologie nerveuse. La Pratique Neurologique a été très illustrée. Plus de 300 photographies, dessins, figures schématiques, éclairent le texte et en rendent la lecture plus démonstrative.

Vient de paraître :

Pressions artérielles
et Viscosité sanguine

CIRCULATION — NUTRITION — DIURÈSE

Par le Docteur **Alfred MARTINET**

1 *vol in-8° de* 273 *pages avec* 102 *fig. en noir et en couleurs* . . **7** fr.

Vient de paraître :

Technique Opératoire
Physiologique

(TUBE DIGESTIF ET ANNEXES)

PAR

Albert LE PLAY

Docteur ès sciences et en médecine,
Ancien chef de clinique médicale à la Faculté de Médecine,
Chef de laboratoire à l'Hôpital Laënnec.

Avec une préface de M. le Professeur Charles RICHET

1 *vol. gr. in-8° de* 159 *pages, avec* 132 *fig. dans le texte*. . . . . **6** *fr.*

Traité de Physiologie

PAR

P.-J. MORAT	**Maurice DOYON**
Professeur à l'Université de Lyon.	Professeur adjoint à la Faculté de Médecine de Lyon.

5 *volumes gr. in-8°, avec figures en noir et en couleurs dans le texte.*

TOME I. **Fonctions élémentaires.** — Prolégomènes, contraction.
— Sécrétion, milieu intérieur, avec 194 figures. . . . . **15** fr.
TOME II. **Fonctions d'innervation,** avec 263 figures. . . . . **15** fr.
TOME III. **Fonctions de nutrition.** — Circulation. — Calorification,
avec 173 figures. . . . . **12** fr.
TOME IV. **Fonctions de nutrition** (*suite et fin*). — Respiration,
excrétion. — Digestion, absorption, avec 167 figures. . . . . **12** fr.

Sous presse : TOME V ET DERNIER
Fonctions de relation et de reproduction

OUVRAGE COMPLET :

Traité d'Histologie

PAR

A. PRENANT
Professeur
à la Faculté de Médecine de Paris.

P. BOUIN
Professeur agrégé
à la Faculté de Médecine de Nancy

L. MAILLARD
Chef des travaux de Chimie biologique
à la Faculté de Médecine de Paris.

Tome I : CYTOLOGIE GÉNÉRALE ET SPÉCIALE

1 *vol. gr. in-8°, de* 977 *p., avec* 791 *fig. dont* 172 *en couleurs.* **50** *fr.*

Tome II : HISTOLOGIE ET ANATOMIE MICROSCOPIQUE

1 *vol. gr. in-8° de* XL-1199 *p., avec* 572 *fig. dont* 31 *en couleurs.* **50** *fr*

Technique du Diagnostic
par la méthode
DE DÉVIATION DU COMPLÉMENT
Par P.-F. ARMAND-DELILLE

Ancien chef de clinique de la Faculté de Médecine de Paris.
1 *vol. in-8° de* 200 *p.,* 25 *fig. et* 1 *planche en couleurs, cart..* . **5** *fr.*

Précis Élémentaire
d'Anatomie, de Physiologie
et de Pathologie

PAR

P. RUDAUX

Ancien chef de clinique de la Faculté de Médecine.
DEUXIÈME ÉDITION, ENTIÈREMENT REFONDUE
1 *vol. in-8°, de* XXII-783 *pages, avec* 538 *figures dans le texte.* . **9** *fr.*

P. POIRIER — A. CHARPY

Traité
d'Anatomie Humaine

Nouvelle édition, entièrement refondue par

A. CHARPY ET **A. NICOLAS**
Professeur d'Anatomie à la Faculté Professeur d'Anatomie à la Faculté
de Médecine de Toulouse. de Médecine de Paris.

O. Amoëda — Argaud — A. Branca — R. Collin — B. Cunéo
G. Delamare — Paul Delbet — Dieulafé — A. Druault — P. Fredet
Glantenay — A. Gosset — M. Guibé — P. Jacques
Th. Jonnesco — E. Laguesse — L. Manouvrier — P. Nobécourt
O. Pasteau — M. Picou — A. Prenant — H. Rieffel — Rouvière
Ch. Simon — A. Soulié — B. de Vriese — Weber.

L'ouvrage **complet** (5 tomes en 13 fascicules) est en vente au prix de **171** fr.

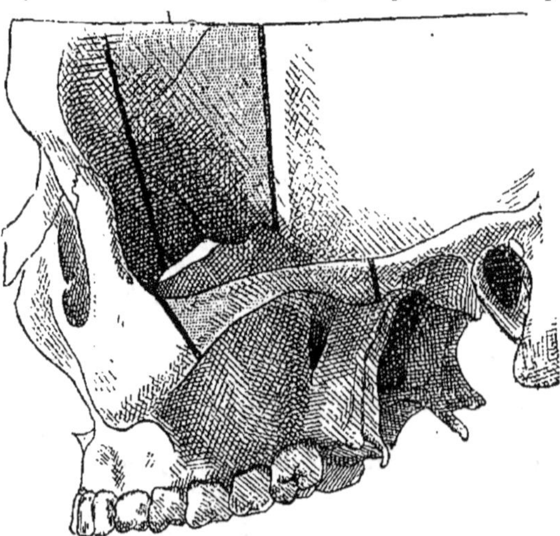

Fig. 112. — Section de la paroi externe de l'orbite. Section de l'apophyse zygomatique.

OUVRAGE COMPLET

Traité de
Technique Opératoire

PAR

CH. MONOD
Professeur agrégé à la Faculté de Médecine
de Paris
Chirurgien honoraire des hôpitaux,
Membre de l'Académie de Médecine.

J. VANVERTS
Chirurgien des hôpitaux de Lille.
Ancien interne lauréat des hôpitaux
de Paris, Membre correspondant
de la Société de Chirurgie.

**DEUXIÈME ÉDITION
ENTIÈREMENT
REFONDUE**

ψ ψ ψ

2 volumes grand in-8°, formant ensemble XII-2016 pages avec 2337 figures dans le texte. . . **40** fr.

Le tome I n'est plus vendu séparément. Le tome II est vendu aux acheteurs du tome I. . . . . . . **18** fr.

Condenser les descriptions sans rien sacrifier de la clarté, supprimer tout ce qui semblait tombé en désuétude, et cela pour pouvoir donner place à certaines opérations nouvelles ou à d'autres intentionnellement omises dans la première édition parce que non encore consacrées par l'usage, tel est le travail considérable qu'ont poursuivi les auteurs dans cette deuxième édition. La plupart des chapitres anciens ont été remaniés, quelques-uns même complètement trans-

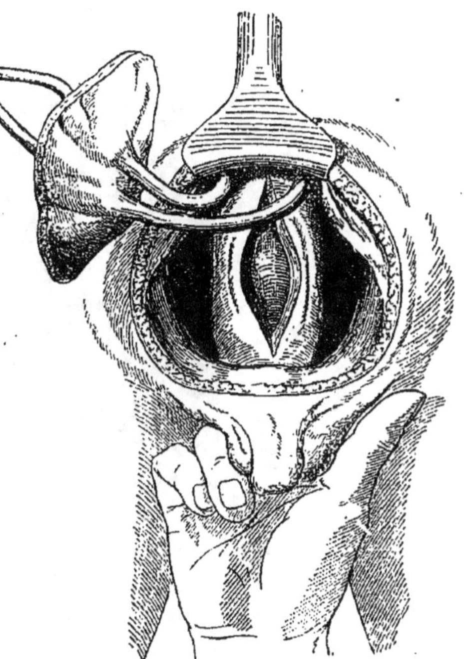

Fig. 695. — *Cysto-entérostomie extra-péritonéale pour exstrophie vésicale. Abouchement rectal des uretères* (Peters). — Les uretères sont libérés. — La paroi antérieure sous-péritonéale du rectum est ouverte.

formés. Les index bibliographiques ont été intégralement mis au courant en même temps que nombre d'indications anciennes, et aujourd'hui sans intérêt pratique, étaient supprimées.

Enfin l'illustration a été à la fois augmentée et entièrement revisée : nombre de clichés de la première édition ont fait place à des figures nouvelles.

Manuel de Dentisterie Opératoire

PAR

Edward C. KIRK, D. D. S.

Professeur de clinique dentaire à l'Université de Philadelphie
Directeur de "The Dental Cosmos"

TROISIÈME ÉDITION, REVUE ET AUGMENTÉE

ADAPTATION FRANÇAISE

PAR

Raymond LEMIÈRE

Docteur en Médecine et chirurgien dentiste de l'Université de Paris,
Docteur en chirurgie dentaire à l'Université de Philadelphie.

1 *vol. grand in-8° de* IV-856 *pages avec* 875 *fig. dans le texte.* **30** *fr.*

Traité de Gynécologie

Clinique et Opératoire

par Samuel POZZI

Professeur de Clinique gynécologique à la Faculté de Médecine de Paris,
Membre de l'Académie de Médecine, Chirurgien de l'hôpital Broca.

QUATRIÈME ÉDITION, ENTIÈREMENT REFONDUE

AVEC LA COLLABORATION DE **F. JAYLE**

2 *vol. grand in-8° formant ensemble* 1500 *pages avec* 894 *figures
dans le texte. Reliés toile.* . . . . **40** *fr.*

Précis ❦ ❦ ❦ ❦ ❦ ❦ ❦ ❦ ❦
❦ ❦ ❦ d'Obstétrique

PAR MM.

A. RIBEMONT-DESSAIGNES	G. LEPAGE
Professeur à la Faculté de Médecine	Professeur agrégé à la Faculté de Médecine
Accoucheur de l'hôpital Beaujon	de Paris
Membre de l'Académie de Médecine	Accoucheur de l'hôpital de la Pitié

SIXIÈME ÉDITION

AVEC 568 FIGURES DANS LE TEXTE, DONT 400 DESSINÉES PAR M. RIBEMONT-DESSAIGNES

1 *vol. grand in-8° de* 1420 *pages, relié toile.* . . . . **30** *fr.*

L'ŒUVRE MÉDICO-CHIRURGICAL (Dr CRITZMAN, Directeur).

Suite de Monographies Cliniques
SUR LÉS QUESTIONS NOUVELLES
EN MÉDECINE, EN CHIRURGIE ET EN BIOLOGIE

Chaque Monographie est vendue séparément . . . . **1** fr. **25**

Il est accepté des Abonnements pour une série de 10 Monographies consécutives au prix à forfait et payable d'avance de **10** francs pour la France et **12** francs pour l'Etranger (port compris).

DERNIÈRES MONOGRAPHIES PUBLIÉES :

49. **Physiologie de l'acide urique**, par P. FAUVEL, docteur ès sciences, professeur à l'Université catholique d'Angers.
50. **Le Diagnostic fonctionnel du cœur**, par W. JANOSWSKI, professeur agrégé à l'Académie médicale de Saint-Pétersbourg.
51. **Les Arriérés scolaires**, par R. CRUCHET.
52. **Artério-Sclérose et Athéromasie.** par le Pr J. TEISSIER.
53. **Les Sulfo-éthers urinaires** (*physiologie et valeur clinique dans l'auto-intoxication intestinale*), par H. LABBÉ et G. VITRY.
54. **Les injections mercurielles intra-musculaires dans le traitement de la Syphilis**, par le Dr A. LEVY-BING.
55. **Anticorps, antigènes et Méthode de déviation du Complément** (*Le Mécanisme de l'Immunité*), par P.-F. ARMAND-DELILLE, ancien chef de clinique à la Faculté de Paris (*3e tirage*).
56. **L'Anaphylaxie et les réactions anaphylactiques** (*Maladie du sérum ; cuti et ophtalmo-réaction à la tuberculine*), par le Dr P.-F. ARMAND-DELILLE (2e *tirage*).
57. **Les Sutures vasculaires**, par L. IMBERT, professeur et J. FIOLLE, chef de clinique à l'Ecole de Médecine de Marseille.
58. **L'Hérédité normale et pathologique.** par le P^r CH. DEBIERRE.
59. **Traitement chirurgical de la Tuberculose pulmonaire** (*Pneumectomie. — Pneumotomie. — Collapsthérapie. — Méthode de Freund*), par les Drs TUFFIER, professeur agrégé à la Faculté de Médecine de Paris et J. MARTIN, chef de clinique chirurgicale à la Faculté de Montpellier.
60. **La Rachicentèse**, par MM. P. RAVAUT, médecin des hôpitaux de Paris, GASTINEL et VELTER, internes des hôpitaux de Paris.
61. **Les Métaux colloïdaux électriques en thérapeutique**, par MM. L. BOUSQUET et H. ROGER, chefs de clinique à la Faculté de Montpellier.
62. **De la Névralgie intercostale** (*Étude des symptômes accusés par les malades*), par le Dr W. JANOWSKI.
63. **Traitement du cancer inopérable**, par le Dr TUFFIER.
64. **La gymnastique respiratoire**, par le Dr P. DESFOSSES et Mme BURMAN-OBERG.
65. **De l'Incontinence d'Urine chez les enfants**, par le Dr D. COURTADE.
66. **Les Poisons Tuberculeux** et leurs rapports avec l'anaphylaxie et l'immunité, par le Dr P.-F. ARMAND-DELILLE.
67. **La Chirurgie des Vésicules séminales**, par les Drs J. et P. FIOLLE.
68. **Traitement actuel du rhumatisme blennorragique**, par E. CHAUVET.
69. **Les Vagues Utéro-Ovariennes**, par H. STAPFER.

Encyclopédie Scientifique ❧ ❧
❧ ❧ des Aide=Mémoire

Publiée sous la direction de H. LÉAUTÉ, Membre de l'Institut
Chaque ouvrage forme un volume petit in-8°, vendu : Broché, **2** fr. **50**
Cartonné toile, **3** fr.

DERNIERS VOLUMES PUBLIÉS

Hygiène coloniale, par le Dr A. KERMORGANT, *membre de l'Académie de Médecine.*

Hygiène de l'habitation, sol, emplacement, matériaux, par M. BOUSQUET.

Méthodes de mesure employées en radioactivité, par Albert LABORDE.

Maladies des voies urinaires, urètre, vessie, par le Dr BAZY, chirurgien des hôpitaux, membre de la Société de chirurgie, 4 vol.
    I. *Moyens d'exploration et traitement.* 2e édition. II. *Séméiologie.* III. *Thérapeutique générale. Médecine opératoire.* IV. *Thérapeutique spéciale.*

Biologie générale des bactéries, par le Dr E. BODIN, professeur de Bactériologie à l'Université de Rennes.

Les bactéries de l'air, de l'eau et du sol, par E. BODIN.

Les conditions de l'infection microbienne et l'immunité, par E. BODIN.

Technique radiothérapique, par le Dr H. BORDIER, professeur agrégé à la Faculté de Médecine de Lyon.

Précis élémentaire de dermatologie par MM. BROCQ et JACQUET, médecins des hôpitaux de Paris, 2e édition, entièrement revue. 5 vol.
    I. *Pathologie générale cutanée.* II. *Difformités cutanées, éruptions artificielles, dermatoses parasitaires.* III. *Dermatoses microbiennes et néoplasies.* IV. *Dermatoses inflammatoires.* V. *Dermatoses d'origine nerveuse. Formulaire.*

Examen et séméiotique du cœur, par les Drs Pierre MERKLEN, médecin de l'hôpital Laënnec et Jean HEITZ, 2 vol.
    I. *Inspection, palpation, percussion, auscultation (4e édition).*
    II. *Le rythme du cœur et ses modifications (4e édition).*

Les amétropies et leur correction par les lunettes, par H. SPINDLER, médecin major de l'armée.

Maladies des organes respiratoires. *Méthode d'exploration : signes physiques,* par le Dr Léon FAISANS, Médecin de l'Hôpital de la Pitié (4e *édition*).

La Matière vivante, par F. LE DANTEC, chargé de cours à la Sorbonne (2e *édition*).